Steuerung der Implementation
von Flughäfen

Luisa Becker-Ritterspach

Steuerung der Implementation von Flughäfen

Eine Untersuchung des Flughafenbaus in Frankfurt a.M. und Berlin-Brandenburg

Luisa Becker-Ritterspach
Berlin, Deutschland

Luisa Becker-Ritterspach wurde durch die Erich-Becker-Stiftung über ein zweijähriges Promotions-Stipendium gefördert.

Dissertation der Freien Universität Berlin, D 188

ISBN 978-3-658-07356-5　　　　　　　ISBN 978-3-658-07357-2 (eBook)
DOI 10.1007/978-3-658-07357-2

Die Deutsche Nationalbibliothek verzeichnet diese Publikation in der Deutschen Nationalbibliografie; detaillierte bibliografische Daten sind im Internet über http://dnb.d-nb.de abrufbar.

Springer VS
© Springer Fachmedien Wiesbaden 2015
Das Werk einschließlich aller seiner Teile ist urheberrechtlich geschützt. Jede Verwertung, die nicht ausdrücklich vom Urheberrechtsgesetz zugelassen ist, bedarf der vorherigen Zustimmung des Verlags. Das gilt insbesondere für Vervielfältigungen, Bearbeitungen, Übersetzungen, Mikroverfilmungen und die Einspeicherung und Verarbeitung in elektronischen Systemen.

Die Wiedergabe von Gebrauchsnamen, Handelsnamen, Warenbezeichnungen usw. in diesem Werk berechtigt auch ohne besondere Kennzeichnung nicht zu der Annahme, dass solche Namen im Sinne der Warenzeichen- und Markenschutz-Gesetzgebung als frei zu betrachten wären und daher von jedermann benutzt werden dürften.

Gedruckt auf säurefreiem und chlorfrei gebleichtem Papier

Springer VS ist eine Marke von Springer DE. Springer DE ist Teil der Fachverlagsgruppe Springer Science+Business Media.
www.springer-vs.de

Vorwort

Das Interesse an dem Forschungsthema „Steuerung der Implementation von Flughäfen - Eine Untersuchung des Flughafenbaus in Frankfurt am Main und Berlin-Brandenburg" - reicht in die Zeit meines Studiums zurück, was mir die Beobachtung der erheblichen Zeitverzögerungen des Flughafenbaus in Deutschland über einen langen Zeitraum ermöglichte. Zunächst näherte ich mich dem Thema durch die intensive Recherche in den zugänglichen Niederschriften von Politik und Verwaltung, aber auch in Zeitungen und Zeitschriften, die das Thema nicht zuletzt aufgrund der zahlreichen Skandale und der Proteste der Bevölkerung, die sich um den Ausbau der Flughäfen in Deutschland rankten, immer wieder aufgriffen. Dabei beschäftigte mich vor allem der Versuch der Politik, neue Verfahrenswege zu beschreiten, um Großprojekte effizienter umzusetzen und mit mehr Legitimation auszustatten. Im Vordergrund standen damit die unterschiedlichen Verfahren. Die zahlreichen Protokolle der Mediationssitzungen, Sachstandsberichte, Gesetzesvorlagen und Parlamentsbeschlüsse und die Ergebnisse der Untersuchungsausschüsse wurden zu meiner jahrelangen nicht immer leicht verdaulichen Hauptlektüre.

Unterstützt und immer wieder neu motiviert wurde ich dabei insbesondere bei den Colloquien meines Doktorvaters, Prof. Dr. Ralf Rytlewski, bei dem ich mich an allerster Stelle auch für die langjährige Geduld bedanken möchte. Auch Herrn Prof. Dr. Peter Massing, danke ich, der sofort bereit war, als zweiter Gutachter zu fungieren.

Für eine finanzielle Unterstützung durch die Fraport-Stiftung möchte ich mich an dieser Stelle ebenfalls bedanken.

Mein ganz besonderer Dank gilt meinen Eltern, Raimund und Wiebke Becker-Ritterspach, die auch in schwierigen Phasen weiter an mich geglaubt haben und ohne deren Unterstützung, ich die Arbeit nicht hätte abschließen können. Auch die kritischen Diskussionen und Anregungen über die Ergebnisse meiner Arbeit mit meinem Vater sollen nicht unerwähnt bleiben. Meiner Mutter möchte ich insbesondere danken, die mir in der Endphase der Arbeit oft die Betreuung meiner Tochter abgenommen hat.

An dieser Stelle möchte ich mich auch nochmals bei meinem Freund, Ramin Goltchin Far, bedanken, der mich sehr unterstützt hat.

Viele Personen, die mir während der Zeit Anregungen und Ermutigung gegeben haben, können hier nicht erwähnt werden. Ihnen danke ich hier insgesamt.

Für meine drei Töchter

Lilli, Veilchen und Elise

Inhaltsverzeichnis

1. Problemstellung und Untersuchungskonzept 1
1.1 Problemstellung.. 1
1.2 Konzept der Fallstudien 6
1.3 Forschungsstand.. 8

2. Steuerung von politischen Programmen 12
2.1 Sozialwissenschaftliche Erklärungsansätze 12
2.1.1 Implementationstheorie 14
2.1.2 Systemtheorie 15
2.2 Gründe für Steuerungsversagen 19
2.2.1 Governance.. 21
2.2.2 Institutionen 22
2.2.3 Institutionalisierung und De-Institutionalisierung 26
2.2.4 Unsicherheit 29
2.2.5 Handlungsspielräume.................................. 31
2.2.6 Hybridisierung 34
2.2.7 „Die Macht nicht lernen zu müssen"............. 35
2.2.8 Strategisches und/oder opportunistisches Verhalten .. 38
2.3 Untersuchungsannahmen..................................... 43

3. Flughafenplanung in Deutschland..........................45
3.1 Verkehrs- und Flughafenplanung in Deutschland........ 46
3.1.1 Raumordnungsverfahren............................. 47
3.1.2 Planfeststellung 49
3.1.3 Planwerke... 51
3.2 Neue Strategien der Verkehrs- und Flughafenplanung in Deutschland 55
3.2.1 Selbstorganisation – Mediationsverfahren 56
3.2.2 Gesetzliche Neuerung in der Verkehrsplanung........... 62
3.2.3 Flughafenkonzepte der Bundesregierung 65

3.2.4 Privatisierung 68

4. Flughafen Frankfurt am Main – Ausbau der Landebahn 73

4.1 Historie und Entwicklung des Verfahrens 73

    4.1.1 Übersicht: Der Planungs- und Genehmigungsprozess für den Bau der vierten Startbahn des Flughafens Frankfurt/M. 81

4. 2 Analyse formeller und informeller Regelungsverfahren 84

    4.2.1 Mediation – eine Zukunftsregion im offenen Dialog 86

        4.2.1.1 Initiierungs- und Vorbereitungsphase 87

        4.2.1.2 Verhandlungsphase 106

        4.2.1.3 Die Umsetzungsphase 114

        4.2.1.4 Verzögerungen 126

    4.2.2 Regionales Dialogforum 127

        4.2.2.1 Initiierungsphase 128

        4.2.2.2 Vorbereitungsphase 137

        4.2.2.3 Verhandlungsphase 145

        4.2.2.4 Umsetzungsphase 158

        4.2.2.5 Verzögerungen 168

    4.2.3 Flughafenkonzepte der Bundesregierung 2000/2009 und Masterplan der „Initiative Luftverkehr Deutschland" . 170

        4.2.3.1 Verzögerungen 187

    4.2.4 Raumordnungsverfahren 189

        4.2.4.1 Verzögerungen 202

    4.2.5 Landesentwicklungsplan und Regionalplan Südhessen 203

        4.2.5.1 Verzögerungen 219

    4.2.6 Planfeststellungsverfahren 220

        4.2.6.1 Verzögerungen 239

4.2.7 Teil-Privatisierung 240
    4.2.7.1 Verzögerungen 245

5. Flughafen Berlin Brandenburg – Ausbau des Flughafens **246**
5.1 Historie und Entwicklung des Verfahrens................... 246
    5.1.1 Übersicht über Planungs- und Genehmigungsprozess für den Ausbau des Flughafens Berlin-Brandenburg..... 250
5.2 Analyse formeller und informeller Regelungsverfahren **253**
    5.2.1. Mediation – Bürgerdialog Flughafen Berlin- Brandenburg International 254
        5.2.1.1 Initiierungs- und Vorbereitungsphase......................................255
        5.2.1.2 Verhandlungsphase..263
        5.2.1.3 Umsetzungsphase 267
        5.2.1.4 Verzögerungen 271
    5.2.2 Raumordnungsverfahren 272
        5.2.2.1 Verzögerungen 280
    5.2.3 Gemeinsame Landesplanung Berlin-Brandenburg ... 280
        5.2.3.1 Verzögerungen 295
    5.2.4 Planfeststellungsverfahren 296
        5.2.4.1 Verzögerungen 317
    5.2.5 Verkehrswegebeschleunigungsgesetz...................... 318
        5.2.5.1 Verzögerungen 324
    5.2.6 Voll-Privatisierung 325
        5.2.6.1 Verzögerungen 334

6. Vergleich der Fallbeispiele **336**
6.1 Mediationsverfahren... 338
6.2 Flughafenkonzept/ Verkehrswegebeschleunigungsverfahren 348

6.3 Raumordnungsverfahren 350
6.4 Landesentwicklungspläne 353
6.5 Planfeststellungsverfahren 358
6.6 Privatisierung 362

7. Fazit 365

L1 Literaturverzeichnis – Allgemein 382
L2 Literarturverzeichnis – Frankfurt 385
   L 2.1 Zeitungen – Frankfurt 386
   L 2.2 Zeitungen-Online – Frankfurt 386
L3 Literaturverzeichnis – Berlin 389
   L 3.1 Zeitungen – Berlin 390
   L 3.2 Zeitungen-Online – Berlin 390
D1 Dokumentenverzeichnis – Allgemein 393
D2 Dokumentenverzeichnis – Frankfurt 394
D3 Dokumentenverzeichnis – Berlin 409

Tabellen- und Abbildungsverzeichnis 416

Anhang 417

Zusammenfassung 425

Summary 427

Abkürzungsverzeichnis

ACI	Airports Council International
ACR	Airport Research Center
ADL	Arbeitsgemeinschaft Deutscher Luftfahrtunternehmen
ADV	Arbeitsgemeinschaft Deutscher Verkehrsflughäfen
AG FFM	Aktiengesellschaft Frankfurt Flughafen am Main
BAF	Bundesamt für Flugsicherung
BARIG	Board of Airline Representatives in Germany e.V.
BBF	Berlin Brandenburg Flughafen Holding
BbgVerfG	Brandenburgischen Verfassungsgerichts
BBI	Bündnisses der Bürgerinitiativen kein Flughafenausbau
BBI	Single Airport Berlin Brandenburg International
BDF	Bundesverband der Deutschen Fluggesellschaften e.V.
BFG	Berliner Flughafen-Gesellschaft
BGBl	Bundesgesetzblatt
BMU	Bundesministerium für Umwelt
BT	Bundestag
BUND Hessen	Umwelt- und Naturschutz Deutschland/ Landesverband Hessen
BVBB	Bürgerverein Berlin Brandenburg e.V
BVerwG	Bundesverwaltungsgericht
BVWP	Bundesverkehrswegeplanung
CADEC	Computer Aided Design Environment for Composites

CDU	Christliche Demokratische Union Deutschlands
CSU	Christlich Soziale Union in Bayern
DFS	Deutsche Flugsicherung
DLR	Deutschen Zentrums für Luft- und Raumfahrt
EKHN	Evangelische Kirche in Hessen und Nassau
FAA	Federal Aviation Administration
FAG	Flughafen Frankfurt am Main Aktiengesellschaft
FDP	Freie Demokratische Partei Deutschlands
FBS	Flughafen Berlin-Schönefeld GmbH
GL	Gemeinsame Landesplanungsabteilung
GROVerfV	Gemeinsame Raumordnungsverfahrensverordnung-
GVBl	Gesetz- und Verordnungsblatt
HLPG	Hessisches Landesplanungsgesetz
HMUEJF	Hessischen Ministerium für Umwelt, Energie, Jugend, Familie und Gesundheit
HMWVL	Hessisches Ministerium für Wirtschaft, Verkehr und Landesentwicklung
IAGL	Institut zur Abwehr von Gesundheitsgefahren durch Lärm
KAG	Kommunale Arbeitsgemeinschaft Flughafen Frankfurt am Main
LEP	Landesentwicklungsplan
LEP e.V.	Gemeinsamer Landesentwicklungsplan für den engeren Verflechtungsraum Berlin-Brandenburg
LEP FS	Landesentwicklungsplan Flughafenstandortsicherung
LEPro	Landesentwicklungsprogramm

LEP SF	Landesentwicklungsplan Standortsicherung Flughafen
LH	Lufthansa
LPlanV	Landesplanungsvertrag
LuftVg	Luftverkehrsgesetz
NABU Hessen	Naturschutzbund Deutschland/Landesverband Hessen
OLG	Oberlandesgericht Brandenburg
OVG	Oberverwaltungsgericht
PEG	Projektgesellschaft Flughafen Berlin-Brandenburg International
PlVereinfG	Planungsvereinfachungsgesetz
PPBS	Planning-Programming-Budgeting-System
PPS	Projektplanungsgesellschaft Schönefeld
RDF	Regionales Dialogforum
ROG	Raumordnungsgesetz
ROV	Raumordnungsverordnung
RP	Regierungspräsident
RPDA	Regierungspräsidium
SDW	Schutzgemeinschaft Deutscher Wald"
SPD	Sozialdemokratische Partei Deutschlands
ULA	Ausschuss für Umwelt, ländlichen Raum, und Verbraucherschutz
UVPG	Umweltverträglichkeitsprüfung
VC	Pilotenvereinigung Cockpit
VCD	Verkehrsclub Deutschland

Ver.di	Vereinte Dienstleistungs-gewerkschaft
VerkPBG	Verkehrswegeplanungsbeschleunigungsgesetz
VfGBbg	Verfassungsgericht des Landes Brandenburg
VGH Hessen	Verwaltungsgerichtshof Hessen
VhU e. V.	Vereinigung der Hessischen Unternehmerverbände
VMK	Verkehrsministerkonferenz
VwGO	Verwaltungsgerichtsordnung
VwVfG	Verwaltungsverfahrensgesetz
WiDeMa	Bürgerinitiative Wicker, Delkenheim, Massenheim gegen Fluglärm
WVA	Ausschuss für Wirtschaft und Verkehr
WIB	Weltrauminstitut Berlin GmbH
ZRM	Initiative Zukunft Rhein Main

1. Problemstellung und Untersuchungskonzept

1.1 Problemstellung

Die Großflughäfen in Deutschland haben in den letzten Jahrzehnten trotz immer wiederkehrender Einbrüche während des 1. Golfkrieges in den 90er Jahren, nach den Terror-Anschlägen des 11. September 2001 in den USA und der Wirtschaftskrise 2009 hohe Wachstumsraten im Bereich des Fracht- und Passagieraufkommens zu verzeichnen gehabt. So erhöhen sich die Passagierzahlen in Deutschland laut Statistischem Bundesamt 2007 um 6,3%, 2008 um 0,9% und 2010 insgesamt um 5 % gegenüber dem Vorjahr. Die Zahl der Passagiere betrug 2010 erstmals 166,8 Millionen. Allerdings brachen die Zahlen 2009 um 4,5% ein.[1] Beim Frachtaufkommen einschließlich Luftpost konnte 2007 ein Plus von 5,1%, 2008 ein Plus von 4,4% und 2010 die höchste Zuwachsrate seit Aufnahme der Berichterstattung zum Luftverkehr im Jahr 1951 gemessen werden. Es wird hierbei von einem Rekordwachstum gesprochen, das um 22,5% gegenüber 2009 anstieg. In Tonnen ist das ein Wachstum von 0,8 Millionen Tonnen auf 4,2 Millionen Tonnen. Ebenso wie beim Passagieraufkommen muss jedoch auch hier beachtet werden, dass in der Finanzmarkt- und Wirtschaftskrise 2009 gegenüber 2008 ein Rückgang um 6,2% zu verzeichnen war.[2] Obschon die Zahlen schwanken, operieren die 5 Großflughäfen in Deutschland, Frankfurt, München, Hamburg, Berlin und Düsseldorf aus der Sicht der Flughafenbetreiber am Rand ihrer Kapazitätsmöglichkeiten.[3] Zudem wächst aus ihrer Sicht der Konkurrenzdruck zu anderen europäischen Großflughäfen, die ihre Anlagen den neuen Bedingungen anpassen und ausbauen. Aufgrund dieser Entwicklung fordern staatliche wie private Flughafenbetreiber, die Flughäfen weiter

---

[1] Statistisches Bundesamt: Verkehr. Verkehr im Überblick 2010. Fachserie 8, Reihe 1.2/ Wiesbaden 2011, S. 128.
[2] ebda., S. 71.
[3] vgl. Bundesministerium für Verkehr, Bau und Wohnungswesen (Hrsg.): Flughafenkonzept der Bundesregierung. Berlin 2000, S. 37.

auszubauen.[4] Sowohl der Flughafen Frankfurt am Main, Berlin Schönefeld, Düsseldorf als auch der Flughafen Franz-Josef Strauß in München stehen im Jahr 2000 vor weiteren Ausbaumaßnahmen der Landebahnen wie der Flughafen-terminals.[5] Der Bau und Ausbau von Flughäfen in Deutschland ist dabei keine Privatangelegenheit, sondern liegt in der Regel beim Staat. Die überwiegende Mehrheit der Flughäfen wird von Bund und Ländern als Gesellschafter betrieben und sie entscheiden in einem aufwendigen Planungsverfahren über den Bau und Ausbau.[6] Doch entscheiden sie nicht alleine: Längst beteiligen sich betroffene Bürger und Umweltinitiativen, fordern weitgehende Mitspracherechte, oder aber lehnen den Ausbau komplett ab.

In den letzten Jahrzehnten ist der Widerstand gegen den Ausbau von Flughäfen in der Bevölkerung enorm angewachsen. Der Lärm der Flugzeuge bei Starts und Landungen, aber auch der Verlust von Grünflächen oder bebauten Arealen, die für den Ausbau der Flughäfen weichen müssen, führt zu Protesten. Das wachsende Umweltverständnis führt dazu, dass sich die betroffenen Anwohner zu großen Bürgerbewegungen zusammenschließen, um Flughafenprojekte politisch und juristisch zu stoppen.[7] Immer mehr Akteure sind damit in die Entscheidungsabläufe involviert, was die Umsetzung solcher Projekte häufig sehr schwierig gestaltet und erheblich verzögert.

Politische Akteure stehen deshalb bei Flughafenausbauten regelmäßig vor dem Problem langer Planungszeiten, d.h. einem Zeitbedarf von bis zu 20 Jahren zwischen Planungsbeginn und erstem Spatenstich. Als Beispiele

---

[4] vgl. Bund Länder Arbeitsgruppe Flughafenkapazitäten: Auszüge aus dem Bericht vom 3. September 1999 der Bund/ Länder Arbeitsgruppe Flughafenkapazitäten an die VKM. Konzept für die Kapazitätsentwicklung des dezentralen Flughafensystems in Deutschland. Auszüge mit Aktualisierungen der Länder aus 2000. In: Bundesministerium für Verkehr, Bau und Wohnungswesen (Hrsg.): Flughafenkonzept der Bundesregierung. Berlin 2000, S. 66.
[5] ebda., S. 19f.
[6] ebda., S.16f.
[7] vgl. BBI: Unsere Ziele. Mai 2012. URL: http://bbi.unser-forum.de/unsereziele.htm. Stand: 05.05. 2012.

gelten die gescheiterten Pläne für einen Großflughafen für Hamburg bei Kaltenkirchen, die über 18 Jahre andauernde konfliktreiche Auseinandersetzung um die Startbahn 18 West in Frankfurt am Main, die 23 Jahre andauernde Planung bzw. der Ausbau eines Großflughafens in Berlin oder das über 23 Jahre dauernde Prozedere bis zum Bau des Münchner Flughafens im Jahre 1992.[8]

Die Erkenntnis, dass eine Vielzahl an Personen und Gruppen mit unterschiedlichsten Interessen in solche Prozesse involviert ist und diese verzögert, ist dabei nicht neu. In zahlreichen Fallstudien der Implementationsforschung wurde dies bereits nachgewiesen.[9] Neu ist jedoch, wie der Staat mit der Vielzahl an Akteuren umgeht. Während bei den ersten Ausbaumaßnahmen in den 80er Jahren staatliche und private Akteure zum Teil gewaltsam aufeinander stießen, werden seit Beginn der 90er Jahre bei solchen Großprojekten Lösungen in neuen Regelungsverfahren gesucht.[10]

Mit einer Vielzahl von Maßnahmen wird versucht, die verschiedenen Beteiligten und Interessen neu zu organisieren, mit dem Ziel, die verschiedenen Bedürfnisse besser zu berücksichtigen und zugleich die Verfahren zu komprimieren und damit zu beschleunigen. Ein erster Schwerpunkt liegt dabei in der stärkeren Beteiligung der Öffentlichkeit, was zum Beispiel durch die Einführung von Mediationsverfahren und/oder Dialogforen erreicht werden soll. Bisher trafen Flughafenbefürworter und

---

[8] Zwicker, M.: Großflughafen endgültig begraben. In: KN-Online. 23.3.2013. URL: http://www.kn-online.de/Lokales/Segeberg/Grossflughafen-endgueltig-begraben. Stand: 24.04.2013; Wörner, J. H.: Von der Startbahn 18 West zur Politik von Morgen – Die Beiträge im Überblick. In: ders. (Hrsg.): Das Beispiel Frankfurt Flughafen – Mediation und Dialog als institutionelle Chance. Dettelbach 2003, S. 17- 22; Senatsverwaltung für Stadtentwicklung und Umwelt: Verkehrsflughafen Berlin-Schönefeld / Berlin Brandenburg (BER). O.J., URL: http://stadtentwicklung.berlin.de/verkehr/politik_planung/luft/schoenefeld/. Stand: 24.04.2013; Bayern im Web: Flughafen München. O.J., URL: http://www.bayern-im-web.de/oberbayern/muenchen/flughafen-muenchen.php, Stand: 10.1.2011.

[9] vgl. Pressman J./ Wildawsky A.: Implemenation. The Oakland Project Series. Berkley, Los Angeles, London 1984.

[10] Fietkau, H.-J./Weidner, H.: Umweltverhandeln. Konzepte, Praxis und Analysen alternativer Konfliktregelungsverfahren. Berlin 1998.

Gegner häufig nur bei Anhörungen, Demonstrationen bis zu gewaltsamen Ausschreitungen oder in letzter Instanz vor Gericht aufeinander. Mediationsverfahren sollen nun insbesondere dazu beitragen, die verschiedenen Interessen im Vorfeld anzuhören, Konfrontationen zu vermeiden und bestenfalls aufwendigen Gerichtsverfahren vorzubeugen.

Ein zweiter Schwerpunkt liegt auf der Vereinfachung der Planungsverfahren (z.B. Verkehrswegebeschleunigungsgesetz und Planungsvereinfachungsgesetz). Die verkürzten Planungsverfahren sollen die Rechte der am Verfahren zu Beteiligenden neu ordnen.[11]

Darüber hinaus wird in Erwägung gezogen, die bisher überwiegend dezentral angelegte Flughafenplanung in eine Flughafen-Gesamtplanung oder gar in ein integriertes bundesweites Verkehrskonzept (Flughafenkonzept der Bundesregierung) einzubeziehen. Bisher wird die Planung und Entwicklung von Groß-Flughäfen in Deutschland je nach räumlicher Lage des Flughafens durch ein Bundesland oder in Koordination durch zwei Bundesländer (in Grenzgebieten zwischen zwei Bundesländern) vorgenommen.[12] Die bisherige Regelung wird insbesondere deshalb kritisiert, da durch ein fehlendes Gesamtkonzept die Bundesländer jeweils ihren eigenen Interessen nachgehen und damit Flughäfen scheinbar „willkürlich", ohne den Gesamtbedarf zu berücksichtigen, ausgebaut werden.[13]

Eine weitere Maßnahme behandelt die private Finanzierung der Flughafenprojekte und deren Betreibung. Bisher waren Flughäfen überwiegend in öffentlicher Hand. Die Privatisierung wird dabei als eine Möglichkeit gesehen, Glaubwürdigkeit zurück zu erlangen. Die Doppelrolle des Staates als Eigentümer und Entscheider in einer Person beim Bau von

---

[11] Verkehrswegeplanungsbeschleunigungsgesetz (VerkPBG) vom 16. Dezember 1991 (BGBl. I S. 2174 das zuletzt durch Artikel 13 des Gesetztes vom 9. Dezember 2006 (BGBl. I S. 2833 (2007, 691)) geändert worden ist; Planungsvereinfachungsgesetz (PlVereinfG) vom 17. Dezember 1993 (BGBl. I S. 2123).
Bundeministerium für Verkehr, Bau und Wohnungswesen (Hrsg.): Flughafenkonzept der Bundesregierung. Berlin 2000, S. 18.
[13] ebda., S.19f.

Flughäfen wird von den Gegnern mit großer Skepsis betrachtet. Kritisiert wird die mangelnde Distanz, da der Antragssteller eines Projektes zugleich über die Durchführung entscheidet.[14]

Eine Reihe der hier erwähnten neuen Reglungen wird und wurde bereits bei den aktuellen Planungen der Flughafenerweiterungen in Frankfurt und Berlin berücksichtigt, so dass diese als Fallbespiele ausgewählt wurden. In Beiden Fällen kam und kommt es auch hier trotz der neuen Regelungsverfahren zu erheblichen Verzögerungen.

Der geplante Bau einer weiteren Startbahn (Nord) am Flughafen Frankfurt, der von einem Mediationsverfahren und dem anschließenden Bürgerforum begleitet wurde und wird, hat mit Zeitverzögerungen zu kämpfen. So musste die geplante Eröffnung der neuen Startbahn im Jahr 2006 um fünf Jahre verschoben werden und wurde erst am 21. Oktober 2011 in Betrieb genommen.

Auch in Berlin bedurfte es trotz Mediationsverfahren, Privatisierung und Verkehrswegebeschleunigungsgesetz bis zum gesicherten Planfeststellungsentscheid im Jahr 2006 für den Ausbau des Berlin-Brandenburger Flughafens Schönefeld über 15 Jahre.[15] Obwohl gerade dort zu Beginn nach dem Mauerfall eine positive Grundstimmung für einen neuen Flughafen vorherrschte und eine schnelle Umsetzung vermutet werden konnte.[16]

Angesichts dieser Situationen stellt sich nicht mehr allein die Frage, warum die Planung und der Bau von Flughäfen in der Vergangenheit so lange dauerten, sondern warum neue Regelungsverfahren nicht für eine schnellere Implementation solcher Großprojekte sorgen können.

---

[14] ebda., S. 46.
[15] Bundesverwaltungsgericht: Pressemitteilung. Grünes Licht für Flughafen Berlin-Schönefeld aber Einschränkung des Nachtflugbetriebs. 16.03.2006, URL: http://www.bverwg.de/presse/pressemitteilungen/pressemitteilung.php?jahr=2006&nr=1 5, Stand: 15.01.2013.
[16] Der Spiegel: Zwei Staaten, eine Stadt. Nr. 52/25.12.1989, S. 28.

Die Governance-Forschung, die sich mit neuen Beteiligungsformen auseinandersetzt, verspricht sich gerade durch die Mediationsverfahren mehr Legitimität und damit letztlich auch eine beschleunigte Umsetzung oder überhaupt eine Realisierung umstrittener Projekte.[17] Vor dem Hintergrund dieser Problemstellung ist an Hand eines Vergleichs von Groß-Flughafenprojekten in Deutschland zu klären, inwieweit die verschiedenen Regelungsverfahren geeignete Maßnahmen sind, um die Planung von diesen Projekten zu beschleunigen.

1.2 Konzept der Fallstudien

Das für dieses Projekt gewählte Forschungsdesign beruht auf einer qualitativen komparativen Fallstudienanalyse. Dies wird als Voraussetzung gesehen, ein möglichst ganzheitliches Verständnis der Prozesse bei der Implementation von Flughafenprojekten zu gewinnen.

Trotz der subjektiven Beschränkungen und der mangelnden Generalisierbarkeit werden komparative Fallstudien in dieser Untersuchung gewählt. Da die Studie nicht beabsichtigt, einen einzelnen Faktor in seiner Wirkung auf die Verzögerung von Verkehrsinfrastrukturprojekten in der Bundesrepublik zu untersuchen, sondern dynamische Wirkung kombinierter Faktoren im Vergleich, die weder leicht quantifizierbar, noch in ihrer Gesamtheit im Voraus konzeptualisierbar sind, erscheinen komparative Fallstudien als das geeignetste Mittel, dem Untersuchungsziel gerecht zu werden. Auch Yin hält ein auf Fallstudien basiertes Forschungsdesign insbesondere dann für geeignet, wenn der Forscher 'how'- und 'why'-Fragen stellt, wenig oder keine Kontrolle über forschungsrelevante Ereignisse hat, und diese Ereignisse ihrer Natur nach dynamisch und gegenwartsbezogen sind. All dieses trifft auf das geplante Forschungsprojekt zu.[18]

---

[17] Mayntz, R./ Scharpf, F.W.: Gesellschaftliche Selbstregulierung und politische Steuerung. Frankfurt 1995.
[18] Yin, R. K.: Case study research: Design and methods. Thousand Oaks, London, New

Aufgrund der methodologischen Vorentscheidung zu qualitativen Fallstudien muss die Zahl der untersuchten Unternehmen auf wenige Einheiten beschränkt bleiben. Um aber auch die Möglichkeit komparativer Analysen durchführen und Typologien auf der Grundlage kontrastierender und/oder ähnlicher Fälle entwickeln zu können, sollen zwei (Groß-) Flughäfen in Deutschland miteinander verglichen werden. Die Auswahl der Flughäfen erfolgt an Hand einer gewissen Homogenität – auch durch Raum und Zeit – der untersuchten Fälle, um die Vergleichbarkeit im Hinblick auf einige gemeinsame Dimensionen für die jeweilige Fragestellung zu gewährleisten. Dies bedeutet in Bezug auf die räumliche Auswahl der beiden Flughäfen, diese in Bundesländern mit engen überregionalen Verflechtungszusammenhängen auszuwählen, wie das Flughafenprojekt Schönefeld mit Brandenburg und Berlin und der Flughafen Frankfurt am Main in Hessen. Da die ausgewählten Flughäfen zum Teil mehrere Ausbauphasen durchlaufen haben (z.B. Flughafen Frankfurt am Main), liegt der Fokus auf einer Ausbauphase, die in einem zeitlich vergleichbaren Rahmen abläuft.

Auf dieser Basis ist dann eine möglichst große Heterogenität der einbezogenen Einheiten anzustreben, um auf diese Weise bedeutsame Variationen und unter Umständen charakteristische Muster unter den Fällen erkennen zu können.

Mit der Studie wird das Ziel verfolgt, die Schwierigkeiten von Problemlösungsansätzen für konfliktreiche Verfahren am Beispiel des Flughafen Schönefelds und Frankfurt am Main zu identifizieren. Zunächst wird sich der Fragestellung aus theoretischer Sicht genähert. Dazu werden die bisherigen Ansätze der Implementationsforschung, der Systemtheorie der Governanceforschung und der Institutionentheorie betrachtet und im Hinblick auf die Problemstellung der Arbeit ein eigner Theorierahmen entwickelt, an Hand dessen, die Auswirkungen neuer Regelungsverfahren auf die Verzögerung des Projektes untersucht werden können. Die

---

Delhi, Singapore [4] 2009, S. 11.

Ergebnisse des theoretischen Ansatzes werden anschließend auf die Fälle angewendet.

Die Fallstudien bauen auf dem theoretischen Konzept der Steuerungsansätze und Governance-Forschung auf. Anschließend werden die beiden Fälle im Hinblick auf die Verzögerungsursachen der beiden Projekte verglichen.

1.3 Forschungsstand

Die Verzögerungen beim Bau und Ausbau von Flughäfen in Deutschland, aber auch in anderen Ländern sind kein Novum. Bereits zu Beginn der 80er Jahre untersuchte Rucht in einer vergleichenden Studie die Implementationsprobleme beim Bau von Großflughäfen in Deutschland.[19]

Elke Winkler behandelt in ihrer Dissertation von 1992 am Beispiel der Flughafenerweiterung des Flughafens Stuttgart die Handlungsspielräume in Entscheidungsprozessen.[20] Dabei geht sie von einem positiv besetzten Begriff von Handlungsspielräumen aus, die, sofern sie genutzt werden, sich positiv auf Entscheidungsprozesse auswirken können und damit neue Lösungsmöglichkeiten für eine verbesserte Umsetzung von Flughafenprojekten erbringen könnten. Sie betrachtet dabei den Handlungsspielraum der Verwaltung.

Darüber hinaus gibt es eine Vielzahl an Studien, die sich mit der Frankfurter Flughafen-Mediation beschäftigt haben. Die meisten Studien behandeln dabei die Frage, inwieweit die Mediation als Regelungsinstrument geeignet ist oder nicht, um den umweltpolitisch motivierten Konflikt zu lösen.

Hans-Peter Meister nähert sich dem Themenkomplex Ausbau Frankfurter

---

[19] Rucht, D.: Flughafenprojekte als Politikum: Die Konflikte in Stuttgart, München und Frankfurt. Frankfurt 1984.
[20] Winkler, E.: Handlungsspielräume in Entscheidungsprozessen: Dargestellt am Planfeststellungsverfahren zur Flughafenerweiterung Stuttgart. Konstanz 1993.

Flughafen aus institutioneller Perspektive. Zunächst stellt er ein Steuerungsversagen des Staates fest. Er spricht neuen Lernstrategien bei stark konfliktbehafteten Projekten wie dem Ausbau von Flughäfen besondere Lösungskompetenz zu.[21] Voraussetzung ist jedoch für ihn, eine „richtige" Anwendung der Lernstrategien. In seiner Studie konzentriert er sich dabei auf das Mediationsverfahren am Frankfurter Flughafen. Vier Probleme sieht er bei der Anwendung von Mediationsverfahren. Als ersten Punkt nennt er die Gruppendynamik. Darunter versteht er die Stärke der Gruppe nach innen und die Vernetzung nach außen. Ist die Gruppe nach innen zu stark und nach außen zu schwach vernetzt, so werden die Ergebnisse der Gruppe nicht nach außen getragen und umgekehrt. Als zweiten Punkt nennt er den Charakter des Konflikts. Als problematisch sieht er dabei, dass die Auswirkungen des Konfliktes bei Infrastrukturmaßnahmen in der Zukunft liegen. Als dritten Problempunkt schneidet er die Verzahnung mit formal-gesetzlichen Verfahren an, welches bedeutet, dass zwar Ergebnisse erzielt werden, diese jedoch mit den formalen Verfahren erst in Einklang gebracht werden müssen. Als vierten Punkt spricht er die mangelnde Erfahrung mit Mediation in Deutschland an. Trotz aller Widerstände kommt er jedoch zu einem positiven Fazit.

Die Hessische Stiftung für Friedens- und Konfliktforschung hat zur Frankfurter Flughafen-Mediation 2000, 2003 und 2005 Berichte herausgebracht, die die Grenzen und das Potential des Mediations-Verfahrens im Rahmen des Frankfurter Flughafenausbaus betrachten.

Per-Olof Busch hat 2000 die Flughafenweiterung in Frankfurt das Verfahren in einer kritischen Würdigung betrachtet.[22] Er kommt zu dem Ergebnis, dass unter idealtypischen Vorstellungen von Mediation das Verfahren als gescheitert angesehen werden muss. Dennoch zieht er ähnlich wie Geis eine positive Bilanz, da aus seiner Sicht das Verfahren

---

[21] Meister, H.-P.: Institutionelle Verankerung von Dialog und Mediation. In: Wörner J.-D. (Hrsg.): Das Beispiel Frankfurter Flughafen. Dettelbach 2003, S. 241-260.
[22] Busch, P.-O.: Konfliktfall Flughafenerweiterung. Frankfurt 2000.

zur Versachlichung der Diskussion, zur Etablierung objektiver Entscheidungskriterien und zu einer weitgehenden Integration der ökologischen, ökonomischen und sozialen Folgen in die weiteren Überlegungen und Entscheidungen zur Entwicklung des Flughafens geführt hat.[23]

Beide Beiträge kommen zu einer insgesamt positiven Beurteilung und betonen insbesondere den Vorteil der Versachlichung der Diskussion. Sie beurteilen das Verfahren als Grundlage, um weitere Entscheidungen über eine Erweiterung überhaupt treffen zu können.

Darüber hinaus sind neue Regelungen beim Ausbau und Bau von Flughäfen aus verwaltungswissenschaftlicher Sichtweise betrachtet worden. Unter anderen hat sich Thorsten Siegel, wissenschaftlicher Referent am Forschungsinstitut für öffentliche Verwaltung bei der Deutschen Hochschule für Verwaltungswissenschaften Speyer mit der Frage einer verbesserten Konsenssuche bei konfliktreichen Verfahren beschäftigt.[24] Auch hier steht die Mediation als Regelungsverfahren im Mittelpunkt. Siegel konzentriert sich dabei auf die Wirkungsweise der Mediation im Rahmen des Planfeststellungsrechts. In seiner Beurteilung kommt er zu dem Ergebnis, dass das Mediationsverfahren mehr Flexibilität bietet und bestenfalls den Gang vor Gericht erspart. Zugleich betont er aber, dass zum Gelingen der Mediation eine rechtliche Verankerung von Nöten wäre, um mehr Rechtssicherheit der Ergebnisse zu gewährleisten.

Gemeinsam ist den meisten Untersuchungen, dass Mediationsverfahren Antworten auf die Steuerungsproblematik moderner Gesellschaften, nicht Teil des Problems sind.

Dies spiegelt sich auch in der Governance-Forschung wieder, die neue

---

[23] Geis, A.: Umstritten, aber wirkungsvoll: die Frankfurter Flughafen-Mediation. Frankfurt 2003.
[24] Siegel, T.: Mediation in der luftverkehrsrechtlichen Planfeststellung. In: Ziekow (Hrsg.): Flughafenplanung, Planfeststellungsverfahren, Anforderungen an die Planungsentscheidung. Berlin 2002, S. 77-116.

Regelungsformen als Lösungsweg aus der Steuerungskrise sieht.[25]

Siegel geht darüber hinaus und betrachtet die neuen Verfahren im Rahmen des vorgegebenen Institutionengefüges.[26] Keine der Studien geht jedoch explizit auf die verschiedenen neben und nacheinander eingebrachten Regelungsformen ein, die neben dem Mediations-verfahren noch existieren. Auch die Strategien der verschiedenen Akteure werden nicht näher betrachtet.

---

[25] Mayntz, R.: Governance Theory als fortentwickelte Steuerungstheorie. In: G. F. Schuppert (Hrsg.), Governance-Forschung. Vergewisserung über Stand und Entwicklungslinien. Bd. 1, Berlin 2005, S.11-19 (13); Mayntz, R.: Politische Steuerung: Aufstieg, Niedergang und Transformation einer Theorie. In: von Beyme, K./ Offe, C. (Hrsg.), Politische Theorien in der Ära der Transformation, PVS-Sonderheft 26/1995, S.163.
[26] Siegel, T.: Mediation in der luftverkehrsrechtlichen Planfeststellung, a.a.O., S. 77-116.

2. Steuerung von politischen Programmen

Der theoretische Analyserahmen umspannt die Möglichkeiten und Grenzen politischer Steuerung. Die Studie schließt an drei Forschungsstränge an, die in den vergangenen Jahren die wissenschaftliche Diskussion über staatliche wie privatwirtschaftliche Steuerungsprobleme und Steuerungsmöglichkeiten innerhalb der Politik- und Sozialwissenschaft geprägt haben: (1.) die politikwissenschaftliche Diskussion zwischen Systemtheorie und (2.) Governance-Ansatz, (3.) Akteursorientierten Institutionalismus und (4.) den Lösungsmöglichkeiten des institutionenökonomischen Ansatzes.

Zunächst werden die wichtigsten theoretischen Grundlagen erörtert, auf denen diese Analyse aufgebaut ist. Dazu zählt ein Überblick über die Steuerungstheorie und Governance-Forschung. Anschließend folgt auf der Basis des Governance-Ansatzes, der Institutionenökonomik und des Akteurs-orientierten Institutionalismus eine Konkretisierung des für die Analyse zugrunde gelegten Theorierahmens.

Die erwähnten Ansätze sind im Kontext dieser Studie deshalb von Bedeutung, weil sie sich sowohl mit den Ursachen für Implementationsschwierigkeiten von politischen Programmen bzw. Projekten als auch Lösungskonzepten einer verbesserten Umsetzung beschäftigen. Damit sind sie zugleich Ausgangspunkt für die Beobachtung und Beurteilung von Implementationsschwierigkeiten und Lösungskonzepten für eine verbesserte Umsetzung des Baus bzw. Ausbaus von Groß-Flughäfen.

2.1 Sozialwissenschaftliche Erklärungsansätze

Die einzelnen Ursachen für die Implementationsschwierigkeiten – bis hin zum Scheitern von staatlichen Programmen und Projekten – werden in der empirischen und theoretischen Forschung vielfältig und zum Teil auch sehr unterschiedlich beantwortet. Zu Diskussionen führte jedoch weniger die Frage nach den Ursachen für Implementationsprobleme, sondern ob eine staatliche Steuerung überhaupt möglich ist. Gemein ist den Untersuchungen eine einheitliche Beobachtung: Der Staat steht nicht mehr im Zentrum der Steuerung, sondern teilt sich die Verantwortung mit gesellschaftlichen Akteuren.

Bisher galt, dass „von oben nach unten" regiert wird. Demokratisches staatliches Regieren muss dabei u.a. sich beziehend auf Lipset neben einer effizienten Modernisierung zwei wesentliche Funktionen erfüllen: Zum einen muss der Staat effektiv sein, in dem gesellschaftliche Probleme gelöst werden und zum anderen muss er demokratisch legitimiert sein, um Akzeptanz finden zu können.

„(…) the stability of a given democratic system depends not only on the system's efficiency in modernization but also upon the effectiveness and legitimacy of the political system." [27]

Genau diese Vorstellung funktioniert jedoch nicht mehr. Ist der Staat effektiv, ist er häufig nicht demokratisch legitimiert; Ist er demokratisch legitimiert, ist er häufig nicht mehr effektiv; oder aber er ist weder demokratisch legitimiert noch effektiv.

Um dieses Problem zu lösen und damit die gesellschaftlichen Probleme anzugehen, wurde bis Ende der 1960er Jahre des letzten Jahrhunderts eine Reformierung des politisch-administrativen Systems angestoßen. Als Vorbild galten die USA. Hier wurde 1965 unter der Regierung von Präsident Lyndon B. Johnson ein neues "Planning-Programming-Budgeting-System" (PPBS) eingeführt. PPBS sollte langfristig die Effektivität der Verwaltung verbessern, indem klarer Ziele definiert wurden, die Kosten und Nutzen politischer Programme definiert und bewertet wurden und dies wiederum mit dem Budget und der langfristigen Finanzplanung verknüpft wurde.[28]

Daraus entwickelte sich in den 1970er Jahren eine umfassende Planungsliteratur. Die in Deutschland insbesondere durch Mayntz und

---

[27] Lipset, S. M.: Some Social Requisites of Democracy: Economic Development and Political Legitimacy. In: The American Political Science Review. Vol. 53, No. 1/March 1959, S. 86.
[28] vgl. Toffler, A..: Der Zukunftsschock. Bern, München, Wien ² 1970.

Scharpf beeinflusst wurde.[29] Die Vorstellung eines Staates der „Leistung- und Daseinsvorsorge" führte jedoch zu immer größeren Erwartungen an die staatliche Aufgabenerfüllung.

Trotz der Reformen konnte die staatliche Steuerungsfähigkeit nicht signifikant verbessert werden. Gleichzeitig sank die Legitimation gegenüber dem politischen System. In der Politik- und Sozialwissenschaft wird dies auch als Krise des Staates oder der Unregierbarkeit des Staates bezeichnet. Die Steuerungstheoretiker mussten sich also erneut den Fragen stellen, wer steuert, wie wird gesteuert und was wird gesteuert.[30]

2.1.1 Implementationstheorie

Bisher ging man von einer klaren Zweiteilung zwischen dem staatlichen Steuerungssubjekt und dem gesellschaftlichen Steuerungsobjekt aus, das heißt der Staat regiert von oben nach unten. Durch empirische Policy-Analysen, die das Steuerungssubjekt nicht mehr mit dem Staat, sondern mit einer Vielzahl von Akteuren mit unterschiedlichen Wahrnehmungen, Aufgaben, Interessen, Zielen und Strategien gleichsetzt, wurden private Akteure als Teil der Policy-Analyse nun mit einbezogen und die Zweiteilung aus wissenschaftlicher Perspektive aufgehoben. Untersuchungen der Implementationsforschung, die unter anderem Ursachen des erfolglosen Steuerns an Steuerungs-widerständen auf Seiten der Adressaten festmachten, bestätigten diesen Wandel. Ging man bisher davon aus, dass Gesetze verabschiedet und damit das Problem für den Gesetzgeber gelöst war, konnten Jeff Pressman und Aaron Wildavsky in einer Studie zur Implementation sozialpolitischer Programme feststellen, dass die

---

[29] vgl. Mayntz, R./ Scharpf, F.W.: Kritierien, Voraussetzungen und Einschränkungen aktiver Politik. In: ders.: Planungsorganisation – Die Diskussion um die Reform von Regierung und Verwaltung des Bundes. München 1973. S. 115-145.
[30] ebda., S. 115-145.

Durchführungsphase und mit ihr die daran beteiligten Akteure über Erfolg oder Misserfolg entscheiden.[31]

2.1.2 Systemtheorie

Die eigentliche Ursache für das Scheitern von politischen Programmen und somit der Wandel des Verständnisses von politischer Steuerung wird jedoch in der Politikwissenschaft mit dem Eintreten der sozialwissenschaftlichen Modernisierungstheorie in die Policy-Forschung verbunden. Die Erklärungsansätze für die Grenzen politischer Steuerung und damit die Ursache für das Scheitern oder die Verzögerung von politischen Projekten basieren in Deutschland zumeist auf dem systemtheoretischen Ansatz von Niklas Luhmann. Zugleich werden jedoch die Schlussfolgerungen, die Luhmann daraus zieht – wie auch in dieser Studie – in der mehrheitlichen Ursachenforschung akteurszentrierter Ansätze abgelehnt, da aus ihrer Sicht Luhmann den Versuch jeglicher politischer Steuerung anderer gesellschaftlicher Teilsysteme für unmöglich hält.

Im Mittelpunkt der Erklärung von Steuerungsdefiziten steht bei Luhmann die funktionale Differenzierung – dem auch diese Studie folgt.

Unter funktionaler Differenzierung wird dabei verstanden, dass sich Gesellschaften aufgrund des stetig voranschreitenden Modernisierungsprozesses arbeitsteilig in eine Vielzahl von Teilsystemen aufgliedern, in Politik, Wirtschaft, Wissenschaft, das Rechtssystem, die Religion, die Familie, das Erziehungssystem und das Gesundheitssystem – und dabei spezifische Leistungen erbringen, die nur sie leisten können, gleichzeitig sich jedoch in Abhängigkeit zu den anderen Teilsystemen befinden.[32]

Niklas Luhmann versteht moderne Gesellschaften dabei als sich selbst immer wieder reproduzierend, das heißt, autopoietisch. Entscheidend sind

---

[31] Pressman, J./ Wildawsky, A.: Implemenation, a.a.O.
[32] Luhmann, N.: Soziologische Aufklärung 4. Beiträge zur funktionalen Differenzierung der Gesellschaft. Opladen ³ 2005.

dabei die Kommunikationssysteme der einzelnen Teilsysteme, die in sich geschlossen sind. Luhmann bezeichnet sie als selbstreferentiell, das heißt, es besteht keine Möglichkeit der Kommunikation zwischen den verschiedenen Teilsystemen. Obschon die Funktionssysteme in einer gewissen gegenseitigen Abhängigkeit stehen und sich gegenseitig beeinflussen, schließt er eine übergreifende Kommunikation aus. Dies gilt auch für das Verhältnis zwischen dem politischen System und den übrigen Teilsystemen:

„Das politische System kann (...) nur sich selbst steuern (...). Das dies geschieht und wie dies geschieht, hat ohne Zweifel gewaltige Auswirkungen auf die Gesellschaft (...). Aber dieser Effekt ist schon nicht mehr Steuerung und auch nicht steuerbar."[33]

Gleichwohl kommt Luhmann nicht immer zu einem negativen Urteil über Möglichkeiten der Steuerung. Entscheidend ist dabei aus seiner Sicht der Umgang mit dem Begriff der Steuerung:

„Gegenstand von Steuerung sind nicht Systeme, sondern spezifische Differenzen (und nur wenige eignen sich). So gesehen mögen in komplexen Systemen Steuerungsmöglichkeiten zunehmen und, proportional im Verhältnis zu unzähligen erzeugten und verstärkten Differenzen, abnehmen."[34]

Unter „spezifischen Differenzen" versteht er beispielsweise den Unterschied zwischen Regierung und Opposition im politischen System.

Das politische System ist somit zu einer gewissen Selbststeuerung in der Lage, aber nicht mehr Steuerungszentrum und folglich nicht fähig andere Teilsysteme zu steuern.

---

[33] Luhmann, N.: Grenzen der Steuerung. In: ders.: Die Wirtschaft der Gesellschaft. Frankfurt 1988, S. 337.
[34] Luhmann, N.: Politische Steuerung: Ein Diskussionsbeitrag. In: Politische Vierteljahresschrift. 30. Jg., Heft 1/ 1989, S. 4-9 (8).

Die verschiedenen Teilsysteme der Gesellschaft haben ihre Eigenlogiken und entwickeln Eigendynamiken; eine Steuerung von "außen" durch die Politik ist daher nur begrenzt möglich.

„Jedes Funktionssystem orientiert sich an eigenen Unterscheidungen, also an eigenen Realitätskonstruktionen (...). Kein Steuerungsversuch kann diese Differenzen aufheben oder überbrücken". So kann beispielsweise, „was die Wirtschaft an Selbststeuerung nicht erbringen kann, eben von der Politik geleistet werden (...)." „Sie kollidiert hart mit dem Faktum der funktionalen Differenzierung, das es ausschließt, dass Systeme wechselseitig füreinander einspringen können."[35]

Folglich gibt es kein politisches Steuerungszentrum, das von oben nach unten die gesellschaftlichen Probleme löst. Darüber hinaus nimmt Luhmann das Problem des immer schnelleren Wandels auf, das dazu führt, dass während etwas gesteuert wird, milliardenfach in unzähligen Fällen bereits etwas anderes geschieht und somit gezielte Steuerung praktisch unmöglich ist.[36]

Mit dem Aufzeigen der zunehmenden Ausdifferenzierung von gesellschaftlichen Funktionsbereichen gibt Luhmann die Erklärung für die Überforderung des Staates und für das Nichtvorhandensein eines staatlichen Steuerungszentrums.

Der Beginn dieser Entwicklung wird im 19. Jahrhundert verortet. Die einsetzende Industrialisierung und die Demokratisierung führen zu einem breiteren Zugang zu Macht. Bürger können nun aktiv mitsprechen und ihre Bürgerrechte sind gesichert. Zugleich verändert sich mit dieser Entwicklung die Organisation von Macht, das heißt, dass quer zur bisherigen formalen Organisation von Befugnissen und Kompetenzen Netzwerke der Ab- und Mitsprache, des Aushandelns, Uminterpretierens und möglichen Widerstands entstehen können. Dies allein führt nicht oder muss nicht zum

---

35 Luhmann, N.: Grenzen der Steuerung, a.a.O., S. 325.
36 Luhmann, N.: Politische Steuerung: Ein Diskussionsbeitrag, a.a.O., S. 8.

Steuerungsversagen führen. So könnte die Selbststeuerungsfähigkeit der segmentär gegliederten Funktionssysteme die Politik von ihren Steuerungsaufgaben auch entlasten. Zum Problem wird jedoch laut Beck zum einen die Erwartungsüberlastung und zum anderen, dass aus Steuerungsobjekten veto-fähige Partner in Verhandlungssystemen werden.[37]

Die Erwartungsüberlastung wird dabei in den verschiedenen Ansätzen sehr unterschiedlich erklärt.

Gemein ist allen Ansätzen, dass sie die steigende Anspruchshaltung als prozesshaft oder kreisförmig beschreiben, das heißt, dass diese Entwicklung keinen Endpunkt kennt und somit der Staat in seinen Steuerungsbemühungen permanent überfordert scheint.

Parallel oder nachfolgend zur steigenden Anspruchshaltung gegenüber dem Staat nehmen die gesellschaftlichen Akteure zugleich die hinzugewonnen Rechte wahr und werden zu veto-fähigen Partnern. So folgert Beck:

„Auch Gerichte werden zu überall präsenten Kontrollinstanzen politischer Entscheidungen; und dies charakteristischerweise genau in dem Maße, in dem einerseits Richter ihre „richterliche Unabhängigkeit" auch gegen den politischen Strich wahrnehmen und andererseits die Bürger sich vom untertänigen Attribut staatlicher Erlasse zum politischen Partizipant entwickeln und ihre Rechte notfalls auch gegen den Staat vor Gericht einzuklagen versuchen. Es entstehen für den unabhängigen Richter Entscheidungsräume, und das heißt: pluralisiert und politisiert die Urteilsfindung. Der Gesetzesgeber tritt immer häufiger in die Rolle des Beklagten vor Gericht."[38]

---

[37] Beck, U.: Entgrenzung der Politik: Zum Verhältnis von politischer Steuerung und technisch-ökonomischen Wandel in der Risikogesellschaft. In: ders.: Risikogesellschaft. Auf dem Weg in eine andere Moderne. Frankfurt am Main 1986, S. 300-324.
[38] ebda., S. 316.

2.2 Gründe für Steuerungsversagen

Obwohl die Systemtheorie zur Basis der Erklärungsansätze von Steuerungsdefiziten geworden ist, wird den daraus gefolgerten Ergebnis einer völligen politischen Unsteuerbarkeit oder dem Versagen des Staates in dieser Studie nicht gefolgt.

Zunächst kann argumentiert werden, dass die Systemtheorie – ausgehend von der Unregierbarkei politischer Systeme – jegliche Politikfeldanalyse obsolet macht. Denn wo keine Steuerung stattfindet, braucht es auch keine Untersuchung über deren Steuerungsfähigkeit des politisch Handelnden und der gesellschaftlichen Steuerbarkeit. Es gibt also keine Weiterentwicklungsmöglichkeiten. So folgert Renate Mayntz:

„Die systemtheoretische Einbettung der Steuerungsdiskussion war zwar geeignet die fragwürdigen Prämissen der verbreiteten Klagen über staatliche Steuerungsmängel aufzuweisen. Die autopoietische Variante der Systemtheorie konnte jedoch lediglich den vermeintlichen Rückzug des Staates erklären, vermochte aber der politikwissenschaftlichen Diskussion keine positiven Impulse zu geben. Der Grund hierfür liegt darin, dass zentrale politische Steuerung im systemtheoretischen Modell nicht nur unmöglich ist, sondern dass es dafür auch keinen Bedarf gibt."[39]

Um jedoch den systemtheoretischen Ansatz zur Frage der Steuerbarkeit gesellschaftlicher Regelungsfelder brauchbar zu machen und zugleich nicht in Luhmanns "*Steuerungspessimismus*" zu verfallen, bedarf es, aus der Sicht von Mayntz einer *„positiven Theoriebildung."*[40]

Das zentrale Argument Akteurs-bezogener Ansätze lautet daher in Auseinandersetzung mit Luhmanns Kommunikationsbarriere zwischen den gesellschaftlichen Funktionssystemen, dass sie im Gegensatz zu Luhmann, der lediglich eine Perturbation der verschiedenen Teilsysteme

---

[39] Mayntz, R.: Politische Steuerung: Aufstieg, Niedergang und Transformation einer Theorie, a.a.O., S. 154.
[40] ebda., S.154.

für möglich hält, von einer Transparenz bzw. Interaktion zwischen den funktional differenzierten Kommunikationssystemen ausgehen.[41]

Scharpf wendet ein, dass selbst wenn ein funktionsspezifischer Code nur die Kommunikation im eigenen Sprachsystem strukturieren kann, doch zu bedenken ist, dass ja in diesen Kommunikationssystemen Individuen und Organisationen mit einer eigenständigen Selbstreferentialität tätig sind, die zum Teil sogar gleichzeitig mehreren Funktionssystemen angehören. Für diese alle gehören dann nicht nur das jeweils „eigene", sondern auch alle anderen Funktionssysteme zu den potentiell entscheidungsrelevanten Randbedingungen und hier liegen dann auch die Chancen politischer Steuerung.[42]

Weiterhin argumentiert Mayntz, dass weder das Verhandeln mit gesellschaftlichen Akteuren noch die Delegation von Regelungsfunktionen an Institutionen der Selbstverwaltung einen Steuerungsverzicht bedeuten muss, sondern als reiner Formenwandel der Politik zu verstehen ist.[43]

Daraus ergibt sich eine Vielfalt an Regelungsformen, die von spontaner, ungeplanter Selbstorganisation bis zur zentralen Steuerung reicht. Die Ursachen für den Steuerungsverlust oder die Unregierbarkeit, werden erkannt, aber zugleich als Chance bzw. als Formenwandel gewertet.

Der Wandel der Machtausübung im demokratisch politischen System wandelt das Verständnis von politischer Steuerung. Hierunter wird der Wandel von einer zentralen hierarchischen „von oben nach unten" zu einer kooperativen oder netzwerkartigen Steuerung verstanden.[44]

---

[41] Scharpf, F.W.: Politische Steuerung und Politische Institution. In: Politische Vierteljahreszeitschrift, 30. Jg, Heft 1/ 1989, S. 10-21 (14).
[42] ebda., S. 15.
[43] Mayntz, R.: Politische Steuerung: Aufstieg, Niedergang und Transformation einer Theorie, a.a.O., S. 159.
[44] Mayntz, R.:Governance Theory als fortentwickelte Steuerungstheorie, a.a.O., S. 13; Mayntz, R.: Politische Steuerung: Aufstieg, Niedergang und Transformation einer Theorie, a.a.O., S.163.

Dieses neue Politikverständnis spiegelt sich in den Begriffen wie *„der verhandelnde Staat", „der interaktive Staat", „der lernende Staat", „der argumentierende Staat, „der innovative Staat"* oder *"der aktivierende Staat"* wider.

Scharpf geht dabei davon aus, dass diese neuen kollektiven oder kooperativen Akteure, die jeweils über bestimmte Anteile an Steuerungsressourcen verfügen oder mitverfügen und gleichzeitig sehr unterschiedliche Interessen haben, sich gegenseitig berücksichtigen können. [45]

Dieser Formenwandel bringt jedoch nicht nur Vorteile, sondern kann auch zu neuen Herausforderungen (Steuerungsdefiziten) führen. So ist beim Bau von Flughäfen äußerst umstritten, ob neue Regelungsverfahren für eine verbesserte Umsetzung sorgen.

Zwar bilden sie in der Regel die Entwicklung des politischen Systems besser ab, lösen aber immer noch nicht die erheblichen Verzögerungen von bis zu 30 Jahren beim Bau von Großprojekten, wie eben auch bei dem Bau eines Flughafens in Deutschland.

Wenn nun die neuen Verhandlungsformen die Problematik der wenig effizienten Programmumsetzung erneut nicht zu lösen vermögen, muss vermutet werden, dass die Ursache für eine verzögerte Realisierung von Flughäfen nicht mehr allein bei der Vielzahl der Akteure, sondern in den Verhandlungsformen – innerhalb derer die komplexen Akteure agieren – zu suchen ist. Renate Mayntz bezeichnet den erweiterten Blick von den Akteuren auf die Verhandlungsformen auch „als Verschiebung der Perspektive von Steuerung zu *„Governance"*.[46]

2.2.1 Governance

Nun ist der Begriff *„Governance"* nicht gänzlich unbelastet, da er sowohl normativ als Gestaltungsprinzip im Sinne von *„Good Governance"* als auch

---

[45] Scharpf, F. W.: Politische Steuerung und Politische Institution, a.a.O., S. 14.
[46] Mayntz, R.: Governance Theory als fortentwickelte Steuerungstheorie, a.a.O., S. 13.

als Gegenbegriff zur „*hierarchischen Steuerung*"[47] verwendet wird. Gefolgt wird hier der von Mayntz benutzten neutraleren Begriffsbenutzung, die „*Governance*" in eine institutionalistische Perspektive rückt.

Sie definiert „*Governance*" als:

„*(...) alle wesentlichen Formen der Handlungskoordination. Das eigentlich >> Politische<<, das interventionistische Handeln tritt dabei in den Hintergrund: nicht die Intervention, das Steuerungshandeln von Akteuren, sondern die wie auch immer zustande gekommene Regelungsstruktur und ihre Wirkung auf das Handeln der ihr unterworfenen Akteure steht nun im Vordergrund.*"[48]

Unter „*Governance*" ist bei Mayntz der Regelungsaspekt in komplexen Strukturen zu verstehen, der externe Einflüsse wie Selbststeuerung mit einbezieht.[49]

Gefragt wird nun nach Gründen, warum „*Governance*" in komplexen Interaktionsformen nicht auch effizient ist. Dies folgt der These, dass die erfolgreiche, verzögerte oder gescheiterte Implementation politischer Programme und Projekte nicht nur durch individuelles und/oder korporatives Handeln, sondern auch durch Institutionen bestimmt wird.

2.2.2 Institutionen

Der Begriff Institutionen wird dabei in der Wissenschaft sehr unterschied-

---

[47] Der Begriff *Hierarchische Steuerung* geht zurück auf Scharpf, der zwischen hierarchischer Steuerung, Mehrheitsentscheidung und Verhandlung in Demokratien unterscheidet (Scharpf, F.: Interaktionsformen. Akteurszentrierter Institutionalismus in der Politikforschung. Opladen 2000, S. 281ff.). Scharpf lehnt sich hier an Lehmbruch an, der drei Regelsysteme in modernen Demokratien unterscheidet: Das hierarchisch-autoritäre Regelsystem, das Regelsystem des Parteienwettbewerbs und das Regelsystem des Verhandelns. Hierarchie bezeichnet hier die hierarchisch-bürokratische Entscheidungsfindung ohne Einbezug des einzelnen Bürgers. (Lehmbruch, G.: Parteienwettbewerb im Bundesstaat. Regelsysteme und Spannungslagen im Institutionengefüge der Bundesrepublik Deutschland. Opladen ² 1998, S. 14-19.)
[48] Mayntz, R.:Governance Theory als fortentwickelte Steuerungstheorie, a.a.O., S. 14.
[49] ebda., S.15.

lich verwendet, was zunächst eine Klärung des Begriffs und dessen Nutzung im Rahmen der Arbeit erfordert.

Unter Institutionen können regelmäßige Zusammenkünfte, ein Vertrag oder aber auch die besondere Autorität einer Person verstanden werden. Auch Orte, an denen häufige Treffen stattfinden oder öffentliche Einrichtungen werden als Institutionen bezeichnet. Der Wortgebrauch ist generell nicht eindeutig. So wird in vielen Einführungen darauf hingewiesen, dass der Begriff keine Trennschärfe besitzt.

Institutionen werden sowohl als soziale Gebilde als auch als normative Verhaltensmuster verstanden. Aufgrund seiner Bedeutungsvielfalt ist eine Nutzung des Begriffs im Rahmen dieser Untersuchung nicht einfach. Allerdings gibt es trotz der verschiedenen Definitionen eine Gemeinsamkeit, auf die sich die Nutzung des Begriffs hier stützt. Gemein ist den meisten Ansätzen, dass unter Institutionen von der Gesellschaft anerkannte Regelsysteme verstanden werden. Sie sollen das Verhalten von Individuen lenken und das Verhalten anderer Individuen koordinieren, um auf diese Weise kollektives Handeln möglich zu machen. Jepperson versteht dabei unter Anerkennung oder Gegebenheit von Institutionen, dass Akteure Gründe für ihre Existenz und ihren Zweck angeben können, sie als relativ feste Einrichtung in ihrer sozialen Umwelt behandeln und als zweckmäßige und sinnvolle Elemente eben dieser Umwelt erklären können.[50] Scott argumentiert weiter, dass Institutionen dadurch Anerkennung erhalten, da sie aus kognitiven, normativen und regulativen Strukturen und Handlungen bestehen, so dass sie (gesellschaftliche) Stabilität zur Folge haben. Diese drei Strukturen (regulative, kognitive und normative) bezeichnet Scott als Grundpfeiler der Institution.[51]

---

[50] Jepperson, R.: Institutions, institutional effects, and instiutionalism. In: Powell, W./ DiMaggio, P.: The new institutionalism in organizational analysis. Chicago 1991, S. 143-163 (147).
[51] Scott, R.W.: Institutions and Organizations. Thousand Oaks (CA) 1995, S.33f.

Tabelle 2.1 Three Pillars of Institutions

	Pillar		
	Regulative	Normative	Cognitive
Basis of compliance	Expedience	Social Obligation	Taken for granted
Mechanisms	Coercive	Normative	Mimetic
Logic	Instrumentality	Appropriateness	Orthodoxy
Indicators	Rules, Laws, Sanctions	Certification, accreditation	Prevalence, isomorphism
Basis of legitimacy	Legally sanctioned	Morally governed	Culturally supported, conceptually correct

Quelle: Scott, Richard W.: Institutions and Organizations. Thousand Oaks 2001, S. 52.

Die regulative Struktur bezieht sich auf die handlungsbegrenzenden und – regulierenden Pfeiler von Institutionen und beinhaltet die Regelsetzung, die Beobachtung, die Kontrolle und die Sanktionierung von Verhalten. Die Sanktionierung des Verhaltens, so argumentiert Scott dabei, sorgt dafür, dass sich die Akteure konform zu den Institutionen verhalten.[52]

Die normative Struktur beinhaltet den bewertenden, vorschreibenden und verpflichtenden Pfeiler von Institutionen. Institutionen, deren Normen und Werte akzeptiert sind, führen zu Legitimität und sorgen so für Stabilität.[53]

Die kognitive Struktur von Institutionen bezieht sich auf die Wahrnehmung von „*Wirklichkeit*" in einer Gesellschaft und die daraus resultierende Sinnhaftigkeit von Wirklichkeit.[54] Obschon Scott darauf hinweist, dass

---

[52] Scott, R.W.: Institutions and Organizations. Thousand Oaks (CA) 2001, S. 52f.
[53] ebda., S. 54f.
[54] ebda., S. 57.

Institutionen selten zu gleichen Teilen auf allen drei Säulen ruhen, stellt sich doch die Frage:

Was passiert, wenn Institutionen den Zustand eines anerkannten Regelsystems noch nicht erreicht haben?

Institutionalisten unterscheiden hier zwischen dem Prozess und dem Zustand der Institutionalisierung.

Institutionalisierung als Prozess meint:

„(...) den Vorgang, durch den sich soziale Beziehungen und Handlungen zu nicht mehr zu hinterfragenden entwickeln, d. h. zu einem Bestandteil einer Situation werden, die als "objektiv gegeben" betrachtet wird."

Institutionalisierung als Zustand meint:

„(...) Situationen, in denen die von einer Gesellschaft oder Kultur geteilte gedankliche Struktur der 'Wirklichkeit' bestimmt, was Bedeutung besitzt und welche Handlungen möglich sind".[55]

Die folgende Untersuchung befasst sich mit dem Prozess der Institutionalisierung und De-Institutionalisierung von Regelungen. Vorteil dieser Herangehensweise ist es, dass Institutionen nicht einfach als gegeben oder als etwas feststehendes verstanden werden, sondern ihrerseits absichtsvoll gestaltet und durch das Handeln von Akteuren verändert werden. Diese Herangehensweise folgt auch der Empfehlung von Quack, die für eine stärkere Beachtung der Institutionalisierung von Regeln in der Governance-Debatte plädiert.[56]

---

[55] Walgenbach, P.: Institutionalistische Ansätze in der Organisationstheorie. In: Kieser, A.: Organisationstheorien. Stuttgart 1995, S. 269-301 (271) in Anlehnung an Zucker, L. G.: Organizations as institutions. In: S. Bacharach (Hrsg.): Research in the sociology of organizations.Vol.2/1983, S. 1-47(2) und Di Maggio, P.J./ Powell, W. W.: Introduction. In: Powell, W. W./DiMaggio, P. J. (eds.): The New Institutionalism in Organizational Analysis. Chicago 1991, S. 1-38 (9).

[56] Quack, S.: Zum Werden und Vergehen von Institutionen. Vorschläge für eine dynamische Governanceanalyse. In: Schuppert, G. F.: Governance Forschung. Vergewisserung über Stand und Entwicklungslinien. Berlin 2005, S. 346-370 (361).

Es wird hier vermutet, dass die Ursache für die mangelnde Effizienz der Verfahren darin liegt, dass die Regelungen nicht vollständig institutionalisiert sind und daher ihre Struktur (kognitiv, normativ, regulativ) nicht vollkommen zur Entfaltung kommt. Hierbei wird zunächst der Frage nachgegangen, unter welchen Umständen Regelungsverfahren institutionalisiert oder (noch) nicht institutionalisiert sind.

2.2.3 Institutionalisierung und De-Institutionalisierung

Institutionalisierung- bzw. De-Institutionalisierungsansätze klären, wann Regelungsformen allgemein akzeptiert und legitimiert sind und damit effizient Interaktionen steuern können bzw. im Umkehrschluss wann und warum Regelungsformen noch nicht institutionalisiert sind. Im Folgenden werden zunächst die unterschiedlichen Ansätze der Institutionalisierung und De-Institutionalisierung von Reglungen vorgestellt und deren Nutzung im Rahmen der Arbeit begründet.

In der Organisationstheorie lassen sich zwei institutionalistische Ansätze unterscheiden: zum einen makro-institutionalistische Ansätze und zum anderen mikro-institutionalistische Ansätze.

Lepsius versteht Institutionalisierung als einen Prozess, bei dem Leitideen zu Institutionen werden. In diesem Prozess werden zunächst aus Leitideen Rationalitätskriterien, was er auch als Konkretisierung einer Leitidee bezeichnet. Das bedeutet, dass die Idee zu einer rationalen Maxime für die Mehrheit der Akteure wird. Dies allein reicht jedoch nicht für die Institutionalisierung. Als weiteren Punkt nennt er die Kontextbestimmung der Leitidee. Eine Leitidee schwebt nicht in einem luftleeren Raum, sondern grenzt sich zu anderen ab. Damit sie sich letztlich etabliert, bedarf sie der Durchsetzungskraft oder auch Sanktionsmacht.[57]

Unter Institutionenwandel ist somit ein

---

[57] Lepsius, R. M.: Institutionalisierung und Deinstitutionalisierung von Rationalitätskriterien. In: Göhler, G. (Hrsg.): Leviathan. Sonderheft 16/1997, S. 57-69.

„andauernder Vorgang der Institutionalisierung und De-Institutionalisierung von Leitideen" zu verstehen.[58]

„Der Institutionalisierungsprozeß umfasst nicht nur die Konkretisierung einer Leitidee, sondern stets auch eine Kontextbestimmung ihrer Gültigkeit. Erlaubt der Handlungskontext keine Verhaltensorientierung an den Rationalitätskriterien, so können diese nicht oder nur unvollkommen verfolgt werden."[59]

Zur De-Instiutionalisierung kommt es nun aus Lepsius Sicht, da verschiedene Institutionen ihre eignen Rationalitätskriterien ausgebildet haben und gegenüber anderen im Konflikt stehen können, da diese gegensätzlich sind. Die Durchsetzung einer Leitidee führt mitunter zur De-Institutionalisierung einer andern.[60]

Thomas Berger und Peter Luckmann haben in ihrer Wissenssoziologie diesen Prozess aus mikrosoziologischer Sichtweise thematisiert. Ein Bereich ist aus ihrer Sicht dann institutionalisiert, wenn er unter sozialer Kontrolle steht. Zusätzliche Regeln oder Kontrollmaßnahmen entstehen, sofern die Institutionalisierungsvorgänge selbst zum eignen Erfolg nicht ausreichen.[61] Die Institutionalisierung läuft hierbei in vier Phasen ab:

Die erste Phase, die sogenannte Habitualisierung, erfolgt, wenn eine Handlung, die man häufig wiederholt, verfestigt und in weiteren Handlungen reproduziert werden kann:

„Habitualisierung in diesem Sinne bedeutet, dass die betreffende Handlung auch in Zukunft ebenso und mit eben der Einsparung von Kraft ausgeführt werden kann."[62]

---

[58] ebda., S. 63.
[59] ebda., S. 59.
[60] Lepsius, R. M.: Institutionalisierung und Deinstitutionalisierung von Rationalitätskriterien, a.a.O.
[61] Berger, P. L./ Luckmann, T.: Die gesellschaftliche Konstruktion der Wirklichkeit. Eine Theorie der Wissenssoziologie. Frankfurt am Main 1969 (1966), S. 58f.
[62] ebda., S.56.

Nach der Habitualisierung folgt die zweite Phase der reziproken Typisierung. Sobald eine Handlung nicht mehr nur für einen Einzelnen, sondern allgemeine Relevanz besitzt, wird sie reziprok typisiert.

„Institutionalisierung findet statt, sobald habitualisierte Handlungen durch Typen von Handelnden reziprok typisiert werden."[63]

In der dritten Phase, der Objektivierung erlangen nun habitualisierte Handlungen durch Vererbung einen größeren Geltungskontext und können so als objektive Wirklichkeit wahrgenommen werden. Das anfänglich subjektiv geteilte Wissen wird so zur gesellschaftlichen Wirklichkeit.[64]

Die vierte Phase bezeichnen sie als Sedimentierung, was bedeutet, dass die Handlung akzeptiert ist. Sie setzt sich nun als Wissen in der Gesellschaft fest.

Zur De-Institutionalisierung kommt es wiederum, so nehmen Luckmann und Berger an, nicht nur weil es zu Widersprüchen zwischen institutionalisierten Regeln kommt, sondern weil in Konkurrenz zu einander stehende Interessen und Macht – aber auch mangelnder Erfolg – eine Rolle spielen.[65]

Gefolgt wird hier dem mikroinstitutionalistischen Ansatz, da er aufgrund seiner Einteilung in Phasen, Aussagen über den Grad des Institutionalisierungsprozesses bzw. über unvollendete Institutionalisierungsprozesse treffen kann. Gleichwohl lassen sich trotz unterschiedlicher Ausgangspunkte beide Ansätze zusammenführen, da sie von einer Prozesshaftigkeit der Institutionalisierung ausgehen.

Ist eine (neue) Regelungsform nun umstritten oder nicht effektiv, wie es beim Ausbau von Flughäfen der Fall zu sein scheint, so ist zu vermuten, dass die Regelung nicht auf das Problem zugeschnitten ist und/oder diese noch nicht alle Phasen der Institutionalisierung oder De-

---

[63] ebda., S.58.
[64] ebda., S.54f.
[65] ebda., S. 56.

Institutionalisierung durchschritten hat. Entscheidend ist, dass hier die Institutionalisierung oder De-Institutionalisierung als Prozess angesehen wird, welcher im Gegensatz zu der Vorstellung der Institutionalisierung als Zustand begriffen wird, also einer sich in einem bestimmten Zeitraum nicht verändernden stabilen Situation entspricht, der nunmehr eine sich verändernde und damit zeitweise mögliche instabile und damit unsichere Komponente hinzufügt wird. Aufgrund dieser instabilen oder unsicheren Komponente, die aus der Prozesshaftigkeit der Institutionalisierung resultiert, wird in dieser Studie vermutet, dass diese Form von Regelungsverfahren nicht effizient ist und damit selbst zu Verzögerungen beiträgt.

2.2.4 Unsicherheit

Nun wird in der Regel davon ausgegangen, dass institutionelle Regelungen wechselseitige Erwartungssicherheit zwischen den Akteuren produzieren.

So bezeichnet auch Göhler Institutionen als stabil in einem *„doppelten Sinn":*

„Zum einen sind sie selbst stabil, nämlich Strukturierungen, die auf eine bestimmte Dauer gestellt sind – zum anderen haben sie auf diese Weise eine stabilisierende Wirkung, weil sie dem menschlichen Zusammenleben über die Situationsbedingtheit hinaus eine Form geben, die die Handlungen der anderen bis zu einem gewissen Grade erwartbar und in den Gemeinsamkeiten erkennbar macht."[66]

Dies gilt insbesondere für den Zustand einer Regel. Regeln befinden sich jedoch wie bereits erwähnt, nicht nur in einem Zustand, sondern in einem ständigen Prozess der Institutionalisierung und De-Institutionalisierung. Im Folgenden ist daher zu klären, warum Institutionen trotz vermeintlicher Stabilität Unsicherheit mit sich tragen können und warum diese Unsicherheit zu Verzögerungen führt.

---

[66] Göhler, G. (Hrsg.): Institutionenwandel. Opladen 1997, S. 25.

So stellt Siegrid Quack fest, dass sie im Prozess noch nicht oder nicht mehr die Eigenschaft besitzen können, Sicherheit zu produzieren.[67]

Ebenso wie Institutionen im *„doppelten Sinn"* für Stabilität sorgen, können sie auch im *„doppelten Sinn"* für Unsicherheit sorgen.

So geht Williamson in seiner Transaktionskostentheorie davon aus, dass sich Institutionen in ihrer Fähigkeit effektiv auf Störungen bzw. Unsicherheit zu reagieren, unterscheiden können:

Dabei nennt er zwei Arten von Unsicherheiten, die auf Transaktionen einwirken: Erstens, parametrische Unsicherheit über die situativen Bedingungen der Transaktion und deren zukünftige Entwicklung und zweitens Verhaltensunsicherheit, die sich aus der Möglichkeit opportunistischen Verhaltens der Interaktionspartner ergibt.[68] Quack geht von parametrischer und verhaltensorientierter Unsicherheit aus, die auf die Institutionalisierung einwirken. Allerdings führt diese Unsicherheit, bei Quack nicht zu mehr Unsicherheit, sondern zu Hybridisierungsakten der Institutionen, die für Lern- und Innovationsprozesse sorgen.[69]

Im Unterschied zu Quack, wird in dieser Studie davon ausgegangen, dass parametrische- und Verhaltensunsicherheit nicht nur auf die Institutionalisierung einwirkt und in Form von Hybridisierung von Verfahren bewältigt wird, sondern auch zu Verhaltensunsicherheit durch strategisches und opportunistisches Verhalten führt. Strategisches und/oder opportunistisches Verhalten entsteht dadurch, so wird hier vermutet, dass der Prozess der Institutionalisierung und De-Institutionalisierung von Regelungen bedeutet, wie Quack sagt, dass grundsätzlich Akteure immer wieder vor der Aufgabe stehen, sich die institutionellen Regeln anzueignen, sie zu interpretieren, zu adaptieren oder sogar zu hybridisieren.[70]

---

[67] Quack, S.: Zum Werden und Vergehen von Institutionen, a.a.O., S. 354.
[68] Williamson, O.: The Economic Institutions of Capitalism. Firms Markets, Relational Contracting. New York 1985, S. 57ff.
[69] Quack, S.: Zum Werden und Vergehen von Institutionen, a.a.O., S. 354.
[70] ebda., S. 349ff.

2.2.5 Handlungsspielräume

Nun wird in der Politikwissenschaft im allgemeinen davon ausgegangen, dass sich politische Akteure im Gegensatz zu Transaktionspartnern auf Märkten oder Interessenvertretern in der Politik auf Grund unvollständiger Informationen begrenzt rational verhalten und eher Routinen folgen, so dass sie eigentlich nicht dazu tendieren, Handlungsspielräume zu nutzen und damit Regelungen zu interpretieren oder zu hybridisieren. In der Entscheidungstheorie wird dagegen davon ausgegangen, dass sich Handlungsspielräume für Akteure nur aus den „vollständigen Kenntnissen" über Alternativen und ihre Konsequenzen sowie aus eindeutigen Zielkonzepten und Präferenzstrukturen ergeben. Es wird weiter davon ausgegangen, dass Handelnde Entscheidungen aufgrund verstandesmäßig nachvollziehbarer Überlegungen treffen. Der Handlungsspielraum und die Lösungssuche sind eindeutig festgelegt, da die Akteure die Lösungsalternativen kennen und nach rationalen Gesichtspunkten entscheiden.

Im Folgenden wird daher geklärt, ob und unter welchen Bedingungen Handlungsspielräume bei teil-rationalen Akteuren entstehen und genutzt werden. Handlungsspielräume werden dabei im Rahmen dieser Arbeit nicht problembewältigend definiert, das heißt als Möglichkeit zur Bewältigung eines Problems verstanden, wie es Quack nutzt, sondern neutraler definiert. Hierbei wird der Definition von Hucke gefolgt, der Handlungsspielräume als die Menge alternativer Handlungsmöglichkeiten, die einem Handlungssubjekt bei der Findung und Realisierung kollektiver Ziele mit Hilfe von Macht zur Verfügung stehen, bezeichnet.[71] Dies hat den Vorteil, dass Handlungsspielräume sowohl als problembewältigend als auch problemfördernd verstanden werden können und damit auch strategisch und opportunistisch genutzt werden können.

Quack geht davon aus, dass Akteure beim Auftreten neuer Problemstellungen zunächst einmal versuchen werden, diese durch Aktivierung ihres

---

[71] Hucke, J.: Politische Handlungsspielräume: Möglichkeiten und Probleme ihrer empirischen Bestimmung. Bad Honnef 1980, S.55f.

Repertoires von Lösungsroutinen zu bearbeiten und/oder institutionelle Regeln so umzuinterpretieren und zu dehnen, dass sie passfähig werden.[72]

Sie bezieht sich dabei auf die verhaltenswissenschaftliche Entscheidungstheorie zu deren Vertretern James March und Herbert Simon zählen.[73]

Hierbei werden die Handelnden des institutionellen Steuerungsprozesses nicht als rationale und strategisch denkende Akteure begriffen, wie dies in Rational-Choice Ansätzen geschieht, sondern als teil-rationale Partner.

Der Rational-Choice Ansatz, der sich mit dem sozialen Handeln des Individuums beschäftigt, geht davon aus, dass Akteure aus Eigeninteresse handeln. Bezogen auf die Ökonomie bedeutet dies, dass Akteure ausschließlich nach dem ökonomischen Nutzen streben. Dieses setzt Eigennutz, Herrschsucht und Opportunismus der Regierenden als grundsätzlich voraus.[74]

March und Simon wenden gegen das Modell eines rational handelnden Menschen ein, dass dieser nur im Fall von „Sicherheit", das heißt unter der Bedingung vollständigen und akkuraten Wissens der Konsequenzen, die aus allen Alternativen resultieren, rational Handeln kann.

"It assumes (1) that all the alternatives of choice are "given"; (2) that all the consequences attached to each alternative are known (...); (3) that the rational man has a complete utility-ordering (or cardinal function) for all possible sets of consequences."[75]

Das begrenzte Wissen der Akteure lässt sie in der Regel eher Routinen folgen als in neue Lösungsansätze zu investieren. Gleichwohl verfügen sie über bestimmte Handlungsspielräume, auch wenn aus der Sicht Quacks im Rahmen der Theorie begrenzter Rationalität durch Routinisierung und

---

[72] Quack, S.: Zum Werden und Vergehen von Institutionen, a.a.O., S. 356.
[73] March, J. G./ Simon, H. A.: Organizations. New York 1958, S. 6.
[74] Becker, G. S.: Der ökonomische Ansatz zur Erklärung menschlichen Verhaltens. Tübingen 1982 (1965).
[75] March, J. G./ Simon, H. A.: Organizations, a.a.O.

Programmierung des Problemlösungsverhaltens von einem eher *„sparsamen Umgang"* mit Neuerungen auszugehen ist.[76] Die Nutzung von Handlungsspielräumen erfolgt daher eher in Krisensituationen.

Vertreter des akteursinstitutionalistischen Ansatzes, darunter Scharpf, gehen davon aus, dass Institutionen Spielräume nutzen, da letztlich in ihnen Akteure interagieren und sie nicht vollständig Entscheidungssituationen determinieren können.[77]

Gefolgt wird hier dem akteurszentrierten Ansatz, da er bei der Nutzung von Spielräumen offen lässt, ob es zu Lernprozessen kommt oder nicht. Unter der Annahme, dass schwere Krisen auftreten, kommt es möglicherweise zu neuen oder veränderten Formen von Regelungsverfahren aber dabei nicht unbedingt auch zu neuen Lernprozessen. Institutionelle Strukturen werden den Handlungsspielräumen und Strategiewahlen angepasst oder genutzt, um die Position des jeweiligen Akteurs bestmöglich zu sichern.

Häufig werden jedoch der verhaltenswissenschaftliche Ansatz und der akteursorientierte Ansatz miteinander verbunden.

So argumentiert Benz, dass Institutionen Spielräume für Entscheidungen offen lassen – allerdings entsprechend einer konkreten (problematischen oder krisenhaften) Handlungssituation.

Unter Handlungssituation versteht er die handlungsrelevante, soziale und nichtsoziale Gegebenheiten umfassende Umwelt eines einzelnen Akteurs. Eine Situation kann dabei zum Handeln herausfordern, in dem sie den oder die Akteure mit einem Problem konfrontiert. Erst wenn ein Problem mit herkömmlichen Mitteln nicht gelöst werden kann, das heißt, wenn Krisen auftreten, werden die Interpretationsspielräume genutzt. So verbindet Benz den akteursinstitutionalistischen Ansatz mit dem Ansatz der verhaltenswissenschaftlichen Entscheidungstheorien.[78]

---

[76] Quack, S.: Zum Werden und Vergehen von Institutionen, a.a.O., S. 358.
[77] Scharpf, F.W.: Interaktionsformen, a.a.O., S. 83.
[78] Benz, A.: Policies als erklärende Variable in der politischen Theorie. In: Benz, A./ Seibel,

Ähnlich argumentiert Quack, die feststellt, dass Akteure durchaus in der Lage sind, zu experimentieren. Sie bezieht sich dabei auf eigene Fallstudien, die zeigen, dass exogene und endogene Veränderungen die Akteure dazu veranlassen, institutionelle Arrangements neu zu bewerten und zu verändern. Sie geht davon aus, dass Prozesse der Diffusion nicht zu einer einfachen Adaption führen, sondern Akteure Elemente von Modellen auf neuartige Weise mit eignen institutionellen Elementen verknüpfen, welches in einer Hybridisierung resultiert.[79]

Quack verwendet hierbei Hybridisierung in einem naturwissenschaftlichen positiven Sinne, eines im Resultat verbesserten Regelungsverfahrens.

2.2.6 Hybridisierung

Hybride sind nach der naturwissenschaftlichen Definition Produkte der Zeugung zwischen zwei verschiedenen Pflanzenarten mit bemerkenswerten Eigenschaften: sog. Bastardpflanzen sind demnach

„(...) in ihrem Wuchs kräftiger als die Eltern, sie bilden stärkere Stengel, zahlreiche Blätter und bisweilen ungewöhnlich viele Blüten, die überdies oft größer, schöner gefärbt, wohlriechender sind und Neigung haben sich zu füllen."[80]

Während in den Fall-Studien von Quack davon ausgegangen wird, dass die Hybridisierung von institutionellen Regelungen in Reaktion auf parametrische Unsicherheit zur Stabilisierung und damit zum Erfolgsgaranten der Programmumsetzung wird, wird in dieser Studie vermutet, dass die Hybridisierung des Regelungsverfahrens zu Verhaltensunsicherheit zwischen den Interaktionspartnern führt. In Folge des daraus resultierenden Vertrauensverlustes kommt es nicht zu einer vollständigen Institutio-

---

W. Theorieentwicklung in der Politikwissenschaft – Eine Zwischenbilanz. Baden-Baden 1997, S. 303-322 (305).
[79] Quack, S.: Zum Werden und Vergehen von Institutionen, a.a.O., S. 348f.
[80] Meyers Konversations-Lexikon: Bastardagium – Bastardpflanzen. Leipzig, Wien 1888, S. 437.

nalisierung der neuen Regelung.

Als Hybrid wird deshalb hier einer neutraleren Definition gefolgt, die hybrid als „*von zweierlei Herkunft*" oder als „*gemischt*" versteht.[81]

2.2.7 „Die Macht nicht lernen zu müssen"

Wie bereits dargelegt, entstehen neue, veränderte oder hybridisierte Regelungsformen, indem Handlungsspielräume genutzt werden.

Quack geht bei den neuen Regelungsverfahren von einem einsetzenden Lernprozess aus, der ein verbessertes Verfahren hervorbringt.[82] In der Organisationssoziologie wird dabei zwischen drei Lernformen unterschieden, die eine Aussage über die Qualität des Lernens oder den Lernumfang treffen:[83]

- Einfaches Lernen
- Komplexes Lernen
- Reflexives Lernen

Unter „*einfachem Lernen*", „*Verbesserungslernen*", oder „*single-loop-learning*" verstehen Argyris und Schön, dass auf Veränderungen der Umwelt mit einer Anpassung reagiert wird, die zugleich eine Verbesserung nach sich zieht.[84] Das bisherige Ziel wird dabei beibehalten aber die Strategie, die dorthin führt, wird verändert. Umgekehrt, erfolgt keine effektivere Anpassung an das jeweilige Ziel, bezeichnet Deutsch dies als „*pathologisches*" Lernen.[85]

„*Komplexes Lernen*", „*Veränderungslernen*" oder auch „*double-loop-*

---

[81] Duden: Das Fremdwörterbuch. Mannheim ⁷2001.
[82] Quack, S.: Zum Werden und Vergehen von Institutionen, a.a.O., S. 364.
[83] Argyris, C./ Schön, D. A.:Organizational Learning: A Theory of Action. Reading (Mass.) 1978.
[84] ebda., S. S. 35f.
[85] Deutsch, K. W.: Politische Kybernetik: Modelle u. Perspektiven. Freiburg (im Breisgau) 1969, S. 147.

learning" ist verbunden mit einem „in Frage stellen" der bisherigen Ziele oder Standards. Auf Umweltveränderungen wird mit einer neuen Zielausrichtung reagiert.

„Reflexives Lernen" nimmt bei Argyris und Schön die höchste Lernstufe ein. Hier geht es nicht mehr nur um eine Veränderung der Ziele sondern um die Lernbereitschaft und Umsetzung von Lernen der gesamten Organisation.[86]

Wenn nun aber die Hybridisierung nicht zu einem verbesserten Verfahren führt, muss entweder angenommen werden, dass das Verfahren nicht auf das Problem passt oder die Hybridisierung zwar stattgefunden, aber mit ihr kein positiver Lernprozess eingesetzt hat bzw. dieser nicht abgeschlossen ist. Daher ist zu klären, aus welchen Gründen Lernprozesse nicht stattfinden.

Netzwerkanalysen erklären die Ursache für nicht einsetzende Lernprozesse mit Macht. Insbesondere der Staat als Ort der Regelsetzung und Regeldurchsetzung aber auch die restlichen beteiligten Akteure verfügen über eine bestimmte Macht innerhalb eines Regelungsverfahrens. Nach Max Webers bekannter Definition bedeutet Macht,

„(...) jede Chance, innerhalb einer sozialen Beziehung den eignen Willen auch gegen Widerstreben durchzusetzen, gleichviel, worauf diese Chance beruht."[87]

Dies ist jedoch in einem kooperativ geprägten Staat eher die Ausnahme. Deshalb wird hier die Definition von Karl Deutsch aus seiner „Politischen Kybernetik" vorgezogen, dem auch die Netzwerkanalyse folgt, der Macht als Privileg nicht lernen zu müssen, versteht.[88] Nicht lernen zu müssen bedeutet dabei, dass Institutionen sich gegen Außeneinflüsse abschotten. Dies führt zu *„pathologischem"* Lernen. Deutsch versteht unter *„pathologi-*

---

[86] Argyris, C./ Schön, D. A.:Organizational Learning, a.a.O., S. 35 ff.
[87] Weber, M.: Macht und Gesellschaft. In: ders.: Wirtschaft und Gesellschaft – Grundriss der verstehenden Soziologie. Tübingen 1922. Teil I § 16.
[88] Deutsch, K. W.: Politische Kybernetik, a.a.O., S. 171.

schem" Lernen, dass Veränderungen nicht Verbesserungen bewirken, d.h. eine effektivere Adaption an bestehende Normen und Ziel ermöglichen, sondern zu einer weniger effektiven Zielerreichung führt.[89]

Der Staat sowie alle am Institutionalisierungsprozess beteiligten Akteure befinden sich in einer sich ständig verändernden Machtstruktur. Zugleich verfügen sie je nach Situation über einen bestimmten Handlungsspielraum, der ihnen die Entscheidung offen lässt, wie weit reichend sie lernen müssen. Spielräume werden dabei genutzt, um eigene Ziele und Interessen gewinnmaximierend, wie es der Rational-Choice Ansatz darlegt durchzusetzen.

Scharpf weist dabei darauf hin, dass gerade Verhandlungen, die in hierarchische Strukturen eingepasst sind, eher zu Einigungen führen.[90] Er sieht gerade im *„Schatten der Hierarchie"* eine wichtige Disziplinierungswirkung im Falle einer Nichteinigung in Verhandlungssystemen, die das Funktionieren von Verhandlungen sichert. Hierbei wird davon ausgegangen, dass Disziplinierungsmaßnahmen verwendet werden, wenn Konflikte auftauchen, die eine Verhandlung zum Scheitern bringen könnten.[91] Hinzu kommt, dass der Staat als Teilnehmer an Verhandlungsprozessen ab und zu auf die „*Rute im Fenster*" verweisen kann Der Staat als Teilnehmer bzw. Moderator verfügt dabei nach wie vor über die Macht oder „Rute im Fenster" der Regelsetzung und Durchsetzung, die sich gleichzeitig mit dem neuen institutionellen Arrangement vermischt, darüber oder daneben steht. Im Rahmen dieses Prozesses, werden hierarchische Autoritätsstrukturen eingepasst und damit die Leistungsfähigkeit des Verfahrens verbessert.[92]

---

[89] ebda., S. 147.
[90] Scharpf, F.W.: Interaktionsformen, a.a.O., S. 326.
[91] ebda., 323ff.
[92] Scharpf, F.W.: Interaktionsformen, a.a.O., S. 323.

Ebenso ist es aber möglich, so Göhler, dass in Prozessen der Verselbständigung sich Institutionen immer mehr Kompetenzen verschaffen, ohne ihre Adressaten durch Repräsentation entsprechend einzubeziehen.

"Vergleichsweise weniger Repräsentation bedeutet weniger Kontrolle, und somit sind solche Institutionen, (...) auch schwächer legitimiert."[93]

Diese Vermehrung von Macht entsteht jedoch in der Regel nicht in Situationen, in denen sich eine Machtverschiebung vollzieht, das heißt, zum Beispiel kooperative Verhandlungssysteme eingeführt werden.

Wenn jedoch neue Verhandlungssysteme eingeführt werden und zugleich hierarchische Autoritätsstrukturen eingepasst werden, wird hier davon ausgegangen, dass Disziplinierungsmaßnahmen getroffen oder angewendet werden, bevor überhaupt Konflikte auftauchen. In einem solchen Fall würde das Hervorholen der *„Rute im Fenster"* im Zusammenhang von neuen institutionellen Arrangements strategisch eingesetzt werden, um sich mehr Kompetenzen zu verschaffen. Das Verhandlungssystem, welches eigentlich mehr Repräsentation vorsieht, wird durch strategisches Verhalten hybridisiert oder sogar gänzlich aufgehoben. Die geringe Repräsentation bedeutet weniger Kontrolle, und somit ist diese Institution von Beginn an schwächer legitimiert, produziert Unsicherheit und/oder erhöht Erwartungen und kann sich letztlich nicht vollständig institutionalisieren.

2.2.8 Strategisches und/oder opportunistisches Verhalten

Die Vermutung, dass sich politische Akteure strategisch und/oder opportunistisch verhalten, führt zurück zum Rational Choice Ansatz, der rationalen Akteuren strategisches Verhalten unterstellt und zur Transaktionskostentheorie, die teilrationalen Akteuren opportunistisches nachsagt.

Allerdings ergeben sich bei der Anwendung dieses Ansatzes und der

---

[93] Göhler, G. (Hrsg.): Institutionenwandel, a.a.O., S. 36.

Theorie auf politische Akteure mehrere Probleme: Die Verhaltensannahmen der Transaktionskostentheorie beziehen sich überwiegend auf wirtschaftliche Akteure, denen auch opportunistisches Verhalten zugesprochen wird und die Verhaltensannahme der Strategiefähigkeit trifft in der Regel nur auf rein rationale Akteure zu, die über alle Informationen verfügen. Beides trifft in der Regel weniger auf politische Akteure zu.

Daher ist im Folgenden zunächst zu klären, ob und/oder unter welchen Bedingungen auch politische Akteure strategiefähig sind und/oder opportunistisch handeln können.

Die Transaktionskostentheorie geht davon aus, dass Transaktions-partner begrenzt rational aber auch opportunistisch handeln können. Die Transaktionspartner intendieren zwar dazu rational zu handeln, im Ergebnis sind sie dazu jedoch nur unvollkommen in der Lage, da sie nur über begrenzte Informationen verfügen und ihre Informationsverarbeitungskapazität beschränkt ist. Williamson bezeichnet dies auch als „halbstarke Form" der Rationalität.[94]

Diese Verhaltensannahme deckt sich zunächst auch mit den politischen Akteuren. Zugleich geht Williamson aber auch von der Verhaltensannahme aus, dass Transaktionspartner bei der Gestaltung von Austauschbeziehungen ihr Eigeninteresse verfolgen. Hierbei unterscheidet er zwischen drei Stufen der Verfolgung des Eigeninteresses: Als stärkste Form bezeichnet er dabei den Opportunismus. Die halbstarke Form ist die schlichte Verfolgung des Eigeninteresses und der Gehorsam ist die schwache Form (genau genommen ist diese null). Als opportunistisch bezeichnet er die Verfolgung des Eigeninteresses unter Zuhilfenahme von List. Dazu gehören auch Täuschung, Lügen, Stehlen aber auch subtilere Formen wie die Zurückhaltung, das Verbergen oder Verschleiern von Informationen. Unter opportunistischem Verhalten wird die konsequente Ausnutzung strategischer Vorteile verstanden. Dies meint in der Regel die

---

[94] Williamson, O.: The Economic Institutions of Capitalism, a.a.O., S. 54.

Bereitschaft individueller Akteure ihre individuellen Interessen zu verfolgen und gegebenenfalls auch ihre eigenen Präferenzen oder anderen gegenüber transaktionsrelevante Informationen (ganz oder teilweise) zu verbergen oder zu verfälschen und gemachte Zusagen und getroffene Vereinbarungen und allgemeine Regeln zu brechen und Lücken in den Vereinbarungen bzw. Regeln eigennützig auszunutzen.[95] Nun wird bei politischen Akteuren in der Regel nicht von individuellen Interessen ausgegangen. Dass sie trotzdem opportunistisch handeln können, wird hier darauf zurückgeführt, dass Individuen als Mitglied einer Organisation interessenbestimmt und damit im Rahmen dieser Organisation auch opportunistisch handeln. Dies geht zurück auf Parsons' Unterscheidung von „self-orientation" und „*collectivity-orientation*", die zwischen ichbezogenen und systembezogenen Interessen unterscheidet – dabei wird bei letzteren weiter differenziert.[96] Individuen können je nachdem als Mitglied einer sozialen Klasse, einer ethnischen Gemeinschaft, einer Organisation oder eines Staates interessenbestimmt handeln.[97]

Der Rational-Choice Ansatz unterstellt, wie bereits erwähnt, bei rein rationalen Akteuren strategisches Handeln. Da aber politische Akteure als teilrational gelten, ist zunächst anzunehmen, dass sie sich nicht strategisch verhalten können, da ihnen die notwendigen Informationen fehlen.

Dieser scheinbare Widerspruch zwischen den Verhaltensannahmen der „*begrenzten Rationalität*" und der „*Strategiefähigkeit*" von Akteuren lässt sich jedoch ähnlich wie beim Opportunismus auflösen:

---

[95] ebda., S. 54.
[96] Parson führt insgesamt 5 Pattern Variablen auf, um die verschiedenen Handlungsalternativen von Akteuren zu umschreiben:
- Affectivity vs. affective neutrality
- Self-orientation vs. collectivity-orientation
- Universalism vs. particularism
- Ascription vs. achievement
- Specificity vs. diffuseness

Parson, T.: The Social System. London 1951, S. 58ff.)
[97] ebda., S. 58ff.

Gefolgt wird hierbei Scharpfs Ansatz, der strategisches Handeln bei begrenzt rationalen politischen Akteuren für durchaus möglich hält, wenn die kognitiven und evaluativen Mechanismen neu formuliert werden. Unter kognitiven Mechanismen versteht er hierbei, dass komplexe Akteure wie zum Beispiel politische Akteure auf interpersonale Informationsverarbeitung und Kommunikation angewiesen sind. In der evaluativen Dimension setzt die Fähigkeit zu strategischem Handeln eine Integration der Präferenzen voraus. Allgemein ausgedrückt bedeutet dies die Fähigkeit, einige Verluste hinzunehmen, um größere Gesamtvorteile zu gewinnen (oder um größere Gesamtverluste zu vermeiden).

"Die strategische Fähigkeit ist dabei gering, wenn die einzelnen Mitglieder unterschiedliche kognitive Orientierungen haben, und sie wird größer, wenn die Weltbilder und Kausaltheorien relevanter Untergruppen in gemeinsamen – und empirisch zutreffenden – Interpretationen einer bestimmten Situation und der darin enthaltenen Optionen und Beschränkungen konvergieren."[98]

Was Scharpf unter einer bestimmten Situation versteht, bleibt dabei offen. Da Strategien in Verhandlungen zur Anwendung kommen, deren Ziel es sein sollte, Entscheidungen herbeizuführen, wird hier unter einer bestimmten Situation eine Entscheidungssituation verstanden.

Ausgehend von der Prämisse Scharpfs, dass Entscheidungen durch Institutionen nicht absolut determiniert sind, ergeben sich damit innerhalb von Entscheidungssituationen Spielräume für strategisches als auch opportunistisches Verhalten.

Oliver zeigt in ihrer Auseinandersetzung mit den institutionalistischen Ansätzen fünf strategische Reaktionen mit jeweils drei unterschiedlichen Taktiken auf, mit denen Organisationen auf Prozesse der Institutionalisierung von Regeln reagieren können.

---

[98] Scharpf, F.W.: Interaktionsformen, a.a.O., S. 107.

Tabelle 2.2 Strategische Reaktionen auf institutionelle Erwartungen

Strategien	Taktiken	Beispiele für die Taktiken
1. Erdulden	a) Gewöhnen b) Imitieren c) Befolgen	Als gesichert geltende Normen befolgen Institutionalisierte Modelle nachahmen Regeln befolgen und Normen akzeptieren
2. Kompromiss	a) Ausgleichen b) Befriedigen c) Verhandeln	Erwartungen unterschiedlicher Akteure ausgleichen Besänftigen, institutionalisierte Elemente anpassen Mit den "stakeholdern" in Verhandlungen treten
3. Vermeiden	a) Verbergen b) Puffern c) Fliehen	Nichtkonformität verstecken Anknüpfung zur institutionellen Umwelt lockern Ziele, Aktivitäten oder Standort ändern
4. Trotzen	a) Zurückweisen b) Herausfordern c) Angreifen	Explizite Normen und Werte ignorieren Gegen Regeln und Anforderungen ankämpfen Quellen institutionalisierter Zwänge angreifen
5. Manipulieren	a) Kooptieren b) Beeinflussen c) Steuern	Einflussreiche Akteure einbinden Werte und Kriterien entwickeln und formen Institutionelle Akteure und Prozesse beherrschen

Quelle: Oliver, C., zitiert nach: Walgenbach, P./ Meyer, R.: Neoinstitutionalistische Organisationstheorie. Stuttgart 2008, S. 124. [99]

---

[99] Tabelle 2.3 Strategic Responses to Institutional Processes

Strategies	Tactics	Examples
Acquiecse	Habit Imitate Comply	Following invisible, taken for granted norms Mimicking institutional models Obeying rules

2.3 Untersuchungsannahmen

Die Interpretation und/oder die Hybridisierung institutioneller Arrangements, so wird in dieser Studie vermutet, kann die Verzögerungsproblematik verstärken, die solchen Projekten anhaftet, anstelle sie zu verringern. Die Verschränkung von Entscheidungsverfahren führt dabei nicht nur zu einer Verminderung ihrer Leistungsfähigkeit, weil miteinander unverträgliche Verfahren sich gegenseitig blockieren, sondern weil die beteiligten Akteure bei der Anwendung oder Einführung von Regeln über Handlungsspielräume verfügen, die sie opportunistisch oder auch strategisch einsetzen.

Als Ursache für die mangelnde Effektivitätssteigerung von Regelungsverfahren im Rahmen von Programmen oder Projekten wird dann das Entscheidungsverhalten korporativer Akteure identifiziert, die sich im Prozess der Institutionalisierung von Regelungsverfahren zur Erreichung ihres Ziels strategisch vermeidend, trotzend oder manipulierend verhalten.

So wird im Rahmen dieser Arbeit gezeigt:

Erstens, dass sich bei der Institutionalisierung von Regelungen Interpretationsspielräume ergeben, die scheinbar rational und strategisch genutzt werden können,

Compromise	Balance	Balancing the expectations of multiple constituents
	Pacify	Placating and accommodating institutional elements
	Bargain	Negotiating with institutional stakeholders
Avoid	Conceal	Disguising nonconformity
	Buffer	Loosening institutional attachments
	Escape	Changing goals, activities, or domains
Defy	Dismiss	Ignoring explicit norms and values
	Challenge	Contesting rules and requirements
	Attack	Assaulting the source of institutional pressure
Manipulate	Co-opt	Importing influential constituents
	Influence	Shaping values and criteria
	Control	Dominating institutional constituents and processes

Quelle: Oliver C.: Strategic Responses to Institutional Processes. In: Academy of Management Review. Vol. 16, No. 1/ 1992, S.145-179 (152)).

zweitens, dass das strategische und opportunistische Verhalten der beteiligten Akteure zur Hybridisierung von neuen Regelungsverfahren führt

drittens, dass die Hybridisierung der Regelung im Kontrast zu den Ausgangserwartungen der beteiligten Akteure steht.

Die beteiligten Akteure erwarten trotz des strategischen Entscheidungsverhaltens eine *„einfache"* Adaption der Regel. Dies wiederum führt zu Unsicherheit und letztlich dazu, dass es den Reglungen an Legitimation fehlt, was bei Luckmann und Berger als entscheidender Schritt zur Institutionalisierung von Regelungen betrachtet wird.[100]

„Legitimation erfährt die institutionelle Ordnung dadurch, dass sie ihrem objektivierten Sinn kognitive Gültigkeit zuschreibt. Sie rechtfertigt die institutionelle Ordnung dadurch, dass sie ihren pragmatischen Imperativen die Würde des Normativen verleiht. Entscheidend ist hierbei, dass Legitimation sowohl eine kognitive als auch normative Seite besitzt."[101]

Es geht also nicht allein um die Implementation eines Flughafenprojektes sondern immer auch um die Implementation von institutionellen Arrangements, das heißt eine Art Implementation der Implementation. Nicht allein die Effektivität einer Regel ist die Frage, sondern wie effizient sie umgesetzt wird, entscheidet über den Erfolg der Implementation.

Probleme ergeben sich bei der Institutionalisierung aus der beschränkten Bereitschaft zu lernen bzw. aus zu großen Machtunterschieden.

Aufgrund ihrer ihnen verbliebenen Macht können sie ihren Handlungsspielraum so nutzen – so wird hier weiter angenommen, dass sie im Rahmen neuer Interaktionen althergebrachten Strategien folgen bzw. diese in die neuen Verfahren einbinden und/ oder opportunistisch handeln.

---

[100] Berger, P. L./ Luckmann, T.: Die gesellschaftliche Konstruktion der Wirklichkeit, a.a.O.
[101] ebda., S. 100.

3. Flughafenplanung in Deutschland

Die Luftverkehrspolitik in Deutschland geht seit Beginn der 90er Jahre neue Wege. Neben den herkömmlichen Planwerken und Fachplanungen bei Flughafeninfrastrukturvorhaben werden neue Regelungsverfahren wie Umweltmediation, Privatisierungen aber auch zentralstaatliche Lösungen angedacht und eingesetzt, um die zunehmenden Konflikte zu bewältigen.[102]

Es bedarf der Legitimation, damit formale wie neue informelle Verfahren institutionalisiert und bestenfalls die Konflikte effizienter und damit schneller ausgeräumt werden können. Jede Institution weist laut Gimmler sowohl eine Organisationsstruktur und explizite Regeln, als auch eine symbolische Dimension auf, das heißt: implizite Regeln, Normen, Konventionen oder Sinnkonzepte.[103] Diese Normen, Konventionen und Sinnkonzepte, die die Institution legitimieren, sind dabei selten ganz neu, sondern schon als eine Art Modell vorhanden, so dass ein Verfahren mit bestimmten Erwartungen verbunden ist. Es besteht also bereits eine Vielzahl an anerkannten Denk- und Verhaltensmustern.[104]

Womit sich die Frage stellt, welche expliziten und impliziten Regeln die verschiedenen Verfahren aufweisen bzw. welche Erwartungen und Bedingungen an die Verfahren geknüpft werden. Die Bedingungen und Kriterien dienen wiederum als Analyserahmen für die beiden Fallbeispiele, um untersuchen zu können, warum und ob die Regelungsverfahren institutionalisiert sind oder nicht.

---

[102] Bundeministerium für Verkehr, Bau und Wohnungswesen (Hrsg.): Flughafenkonzept der Bundesregierung 2000, a.a.O.; Bundesministerium für Verkehr, Bau und Wohnungswesen: Grundlagen für die Zukunft der Mobilität in Deutschland. Bundesverkehrswegeplan 2003. Berlin 2003; Ausschuss für Verkehr, Bau und Stadtentwicklung: Entwurf eines Gesetzes zur Beschleunigung von Planungsverfahren. Berlin 25. 10. 2006.
[103] Gimmler, A.: Institution und Individuum: Zur Institutionentheorie von Max Weber und Jürgen Habermas. Frankfurt a. M, New York 1998, S. 24.
[104] Scott, R.W.: Institutions and Organisations, a.a.O., 54f.

3.1 Verkehrs- und Flughafenplanung in Deutschland

Die Verkehrspolitik in Deutschland wird bundesweit gesetzlich gesteuert. Ausdruck findet dieses im Bundesverkehrswegeplan.[105] Vom Bundesministerium für Verkehr wird ein Bundesverkehrswegeplan erstellt, der für einen Zeitraum von ca. 14 Jahren den Investitions- und Planungsrahmen für die drei Verkehrsträger Schiene, Straße, Wasserstraße vorgibt. Der letzte Bundesverkehrswegeplan wurde 2003 für die Zeitspanne 2001 bis 2015 aufgestellt.[106] Er ist ein Rahmenplan und zugleich Planungsinstrument, jedoch kein Finanzierungsplan oder –programm für die Verkehrswege.

Im Gegensatz dazu steht die Flughafenplanung in Deutschland. Sie ist nicht Teil des Bundesverkehrswegeplans. Wo gebaut wird, entscheidet jedes Bundesland weitgehend allein. Die föderale Struktur der Bundesrepublik hat dazu beigetragen, dass jedes Land seine wirtschaftlichen und landesplanerischen Vorstellungen beim Flughafenausbau bestimmen konnte.[107] Eine Bedarfsplanung oder ein integriertes bundesweites Verkehrskonzept existieren nicht. Der Bau oder Ausbau eines Flughafens wird in Planwerken der Landesprogramme, Landesentwicklungspläne und Regionalpläne als eine Art Rahmenplan festgeschrieben. Parallel dazu findet in den Ländern die Fachplanung (Raumordnungsverfahren, Planfeststellungsverfahren und die luftrechtliche Genehmigung) statt. Hier geht es um die konkreten Planungen des Flughafenbaus.

Wie bereits erwähnt, werden an die Verfahren bestimmte Erwartungen und rechtlich bestimmte Abläufe gebunden, die im Folgenden dargestellt werden:

---

[105] Bundesministerium für Verkehr Bau und Wohnungswesen: Bundesverkehrswegeplan. 2012. URL: http://www.bmvbs.de/DE/VerkehrUndMobilitaet/Verkehrspolitik/Infrastrukturplanung/Bundesverkehrswegeplan/bundesverkehrswegeplan_node.html. Stand: 07.07.2012.
[106] Bundesministerium für Verkehr, Bau und Wohnungswesen: Grundlagen für die Zukunft der Mobilität in Deutschland, a.a.O.
[107] Zilch, K./ Diederichs, C. J./ Katzenbach, R. (Hrsg.): Handbuch für Bauingenieure: Technik, Organisation und Wirtschaftlichkeit-Fachwissen in einer Hand. Berlin, Heidelberg 2001, S. 152.

Bevor es zur endgültigen Entscheidung kommt, einen Flughafen zu bauen, setzt das eigentliche Regelungsverfahren ein, nämlich der Planungs- und Genehmigungsprozess.[108] Der Ablauf des Planungsverfahrens ist in einem mehrstufigen Verfahren im Luftverkehrsgesetz (LuftVG) vorgegeben.[109]

3.1.1 Raumordnungsverfahren

Zu Beginn der Planung eines Flughafens oder beim Ausbau wird gemäß dem vorgegebenen Rechtsrahmen ein Raumordnungsverfahren durchgeführt. Die Durchführung eines solchen Verfahrens gehört zu den expliziten Regeln. Hierbei geht es um die Feststellung des Standortes. Neben einer Abwägung verschiedener Standortalternativen und einer ersten Standortfestlegung sind beim Raumordnungsverfahren die Zugangsregeln der beteiligten Akteure festgelegt.[110]

Für die beteiligten Akteure ist entscheidend und zu erwarten, dass bei diesem verwaltungsinternen Abstimmungsverfahren die Bundes- und Landesbehörden, sowie die vom Vorhaben direkt betroffenen Gemeinden, deren Aufgabenbereich direkt durch das Infrastrukturprojekt berührt wird, gemäß Gesetzeslage beteiligt werden. So erwähnen und regeln die Länder Hessen und Berlin im Landesplanungsrecht bzw. in einer Verordnung über die einheitliche Durchführung von Raumordnungsverfah-

---

[108] Bickenbach, F./ Soltwedel, R./ Wolf, H. et.ali.: Ausbau der Flughafeninfrastruktur: Konflikte und institutionelle Lösungsansätze. Berlin, Heidelberg 2005, S. 47f.

[109] „Der durch den traditionellen Rechtsrahmen vorgegebene Planungs- und Genehmigungsprozess für Luftinfrastrukturanlagen stellt sich als mehrstufiges Entscheidungsverfahren dar, das für alle Flughäfen, die die Voraussetzungen eines Flughafens oder Landeplatzes mit beschränktem Bauschutzbereich nach § 17 LuftVg erfüllen, grundsätzlich aus:
dem Raumordnungsverfahren (einschließlich Umweltverträglichkeitsprüfung) gemäß § 6 Abs. 1-1 LuftVG
der luftrechtlichen Genehmigung gemäß § 6 LuftVG
der luftrechtlichen Planfeststellung gemäß § 8 LuftVG
besteht." (Bickenbach, F., Soltwedel/ R., Wolf, H. et.al.: Ausbau der Flughafeninfrastruktur, a.a.O., S. 47).

[110] ebda., S. 48; Gemeinsame Landesplanungsabteilung Berlin-Brandenburg (Hrsg.): Raumordnungspläne. 2012. URL: http://gl.berlin-brandenburg.de/landesentwicklungsplanung/plaene/index.html. Stand: 07.01.2012.

ren, im letzteren Fall im gemeinsamen Planungsraum Berlin-Brandenburg explizit die Beteiligungsrechte. So sieht das hessische Landesplanungsgesetz Folgendes vor:

„Das Raumordnungsverfahren ist ein verwaltungsinternes Abstimmungsverfahren. Die in § 4 des Raumordnungsgesetzes genannten Stellen, insbesondere die betroffenen Gebietskörperschaften und die Regionalversammlung, sind zu unterrichten und zu beteiligen. Die Öffentlichkeit wird in das Verfahren einbezogen. Hierzu wird die Planung oder Maßnahme öffentlich bekannt gemacht. Die erforderlichen Unterlagen werden während eines Zeitraums von einem Monat zur Einsicht öffentlich ausgelegt; gleichzeitig können diese Unterlagen auf der Internetseite der zuständigen Landesplanungsbehörde eingestellt werden. Den anzuhörenden Stellen und der Öffentlichkeit wird Gelegenheit gegeben, Anregungen und Bedenken bis zwei Wochen nach Ablauf der Auslegungsfrist schriftlich oder in elektronischer Form vorzubringen."[111]

„Im Raumordnungsverfahren sind alle von der Planung oder Maßnahme in ihrem fachlichen oder räumlichen Aufgabenbereich berührten öffentlichen Stellen im Sinne von § 3 Absatz 1 Nummer 5 des Raumordnungsgesetzes sowie die vom Bund oder Land anerkannten Vereinigungen mit dem Ziel der Förderung des Natur- und Umweltschutzes zu beteiligen. Die Gemeinsame Landesplanungsabteilung entscheidet im Einzelfall, ob weitere Stellen beteiligt werden sollen."[112]

Die betroffenen Gemeinden sind dabei verpflichtet, die zu prüfenden Planungen zur öffentlichen Einsicht auszulegen und Einwendungen von direkt Betroffenen entgegenzunehmen. Die Gemeinden können dann diese Einwendungen im eigentlichen Verfahrensprozess gegenüber der

---

[111] Hessisches Landesplanungsgesetz (HLPG) vom 6. September 2002. Zuletzt geändert durch Art. 11c G zur Änd. der Hessischen Gemeindeordnung und anderer Gesetze vom 16.12.2011 (GVBl. I S. 786) § 18 Abs. 6 Raumordnungsverfahren.
[112] Verordnung über die einheitliche Durchführung von Raumordnungsverfahren im gemeinsamen Planungsraum Berlin-Brandenburg. (Gemeinsame Raumordnungsverfahrensverordnung- GROVerfV) Vom 14. Juli 2010 (GVBl.II/10, [Nr. 47]) § 5 Abs. 1 Beteiligung.

zuständigen Landesbehörde vorbringen.[113] Die Beteiligung ist ein erster Schritt zur Legitimation des Raumordnungsverfahrens.

Inhaltlich geht es beim Raumordnungsverfahren um die Standortfrage. Es wird dabei eine vergleichende Standortprüfung durchgeführt, bei der jede Alternative auf ihre Eignung in Bezug auf die Raumordnung und die Auswirkungen auf die Umwelt überprüft wird.[114] Abschließend kommt es zu einer landesplanerischen Beurteilung, die verwaltungsrechtlich nicht angegriffen werden kann.[115]

Die Ergebnisse des Verfahrens sind allerdings nicht rechtlich bindend, so dass von ihnen abgewichen werden kann und den zuständigen Behörden Interpretationsspielraum ermöglicht wird.[116] In der Regel wird aber davon ausgegangen, dass die Behörden sich an die Ergebnisse halten, sofern nicht höherrangige Belange, wie etwa wirtschaftliche oder umweltpolitische Belange eine Rolle spielen.[117]

3.1.2 Planfeststellung

Im Anschluss an das Raumordnungsverfahren – und häufig Parallel zur Änderung der Landesentwicklungspläne bzw. Regionalpläne – erfolgt das Planfeststellungsverfahren gemäß § 8 LuftVG.

---

[113] § 18 Abs. 6 HLPG; § 5 Abs. 1 GROVerfV; Raumordnungsgesetz (ROG) vom 22. Dezember 2008 (BGBl. I S. 2986), das zuletzt durch Artikel 9 des Gesetzes vom 31. Juli 2009 (BGBl. I S. 2585) geändert worden ist. Abschnitt 2 – Raumordnung in den Ländern § 15 Raumordnung.
[114] Bickenbach, F./ Soltwedel, R./ Wolf, H. et.ali.: Ausbau der Flughafeninfrastruktur, a.a.O., S. 48; Gemeinsame Landesplanungsabteilung Berlin-Brandenburg (Hrsg.): Raumordnungspläne, a.a.O.
[115] § 7 GROVerfV; § 18 Abs. 6 HLPG.
[116] § 9 GROVerfV; § 18 Abs. 6 HLPG; Senatsverwaltung für Stadtentwicklung Berlin/ Ministerium für Landwirtschaft/ Umweltschutz und Raumordnung des Landes Brandenburg. Gemeinsame Landesplanungsabteilung Berlin-Brandenburg: Raumordnungsverfahren im gemeinsamen Planungsraum Berlin-Brandenburg. Potsdam 2001, S. 28.
[117] ebda., S. 28.

Die Träger des Vorhabens erstellen einen Plan, den sie bei der zuständigen Anhörungsbehörde einreichen.[118] Im Planfeststellungsverfahren ist neben der von der Landesregierung bestimmten Behörde eine Vielzahl an Akteuren explizit beteiligungsberechtigt. Eine rechtzeitige Informierung und Beteiligung kann damit erwartet werden. Zunächst wird den durch das beantragte Vorhaben in ihren Aufgabenbereichen betroffenen Behörden die Möglichkeit zur Stellungnahme gegeben. Darüber hinaus muss der Plan in den betroffenen Gemeinden öffentlich ausgelegt werden, so dass jedem Anwohner die Möglichkeit gegeben wird, Einwendungen zu erheben.[119] Das Erheben einer solchen Einwendung ist notwendig, will man später gegen den Planfeststellungsbeschluss klagen. Die Stellungnahmen der Behörden und die erhobenen Einwendungen werden nach Beendigung der Planauslegung im Rahmen von Erörterungsterminen diskutiert. Zum Ergebnis dieser Erörterungen gibt die Anhörungsbehörde eine Stellungnahme ab und leitet diese an die Planfeststellungsbehörde weiter.[120] So heißt es im Verwaltungsverfahrensgesetz:

„Im Planfeststellungsbeschluss entscheidet die Planfeststellungsbehörde über die Einwendungen, über die bei der Erörterung von der Anhörungsbehörde keine Einigung erzielt worden ist."[121]

Die Planfeststellungsbehörde besitzt dabei einen bestimmten Ermessungsspielraum, der sich aus Sicht von Bickenbach allein schon aus der Komplexität der Materie ergibt.[122] Ziel ist es jedoch, bei den Erörterungs-

---

[118] „Planfeststellungsbehörde ist die von der Landesregierung bestimmte Behörde des Landes, in dem das Gelände liegt. Erstreckt sich das Gelände auf mehrere Länder, so trifft die Bestimmung nach Satz 1 die Landesregierung des Landes, in dem der überwiegende Teil des Geländes liegt." (Luftverkehrsgesetz (LuftVG) in der Fassung der Bekanntmachung vom 10. Mai 2007 (BGBl. I S. 698), das durch Artikel 1 des Gesetzes vom 8. Mai 2012 (BGBl. I S. 1032) geändert worden ist. § 10.)
[119] § 10 LuftVG.
[120] ebda.
[121] Verwaltungsverfahrensgesetz (VwVfG) in der Fassung der Bekanntmachung vom 23. Januar 2003 (BGBl. I S. 102), das zuletzt durch Artikel 2 Absatz 1 des Gesetzes vom 14. August 2009 (BGBl. I S. 2827) geändert worden ist. § 74 Abs. 2.
[122] Bickenbach, F., Soltwedel/ R., Wolf, H. et.al.: Ausbau der Flughafeninfrastruktur, a.a.O., S. 51.

terminen die verschiedenen Konflikte beizulegen und eine möglichst breite Legitimation zu erhalten.

Diese Behörde erlässt nach Prüfung der Einwendungen, den Planfeststellungsbeschluss. Dieser Beschluss kann Auflagen an die Vorhabensträger enthalten und die Entschädigung Betroffener vorsehen.[123] Der Planfeststellungsbeschluss ist ein Verwaltungsakt, gegen den eine Klage vor dem zuständigen Verwaltungsgericht erhoben werden kann.[124]

Sinn und Zweck eines Planfeststellungsverfahrens ist es, bei größeren und raumbedeutsamen Planungen die normalerweise nötige Vielzahl an Einzelgenehmigungen verschiedener Fachbehörden durch eine einzige Genehmigung zu bündeln und damit zu ersetzen.[125] Dies dient dem Ziel, dass alle mit dem Vorhaben in Verbindung stehenden Fragen umfassend geklärt werden können und das Vorhaben eine möglichst breite Legitimation erhält.

3.1.3 Planwerke

Da der Bau eines Flughafens eine erhebliche Fläche einnimmt und diese dann nicht mehr für andere Planungen zur Verfügung steht, muss nicht nur ein Raumordnungsverfahren und Planfeststellungsverfahren durchgeführt und damit der Standort ausgewählt, sondern auch die Planwerke des jeweiligen Bundeslandes miteinbezogen und die benötigte Fläche damit eingeplant werden. Dies gehört ebenso zu den expliziten Regeln und greift zurück auf die Raumordnungsverordnung (ROV), die besagt, dass räumlich bedeutsame Planungen und Maßnahmen, wie die Planung oder Erweiterung eines Flughafens, der Raumordnung unterstellt sind.[126]

---

[123] § 74 Abs. 2 VwVfG.
[124] § 10 Abs. 7 LuftVG; Verwaltungsgerichtsordnung (VWGO) in der Fassung der Bekanntmachung vom 19. März 1991 (BGBl. I S. 686), die zuletzt durch Artikel 5 Absatz 2 des Gesetzes vom 24. Februar 2012 (BGBl. I S. 212) geändert worden ist. § 68 und § 70.
[125] § 9 Abs. 1 LuftVG.
[126] Erbguth, W.: Luftverkehr und Raumordnung – am Beispiel der Flughafenplanung. In:

Im Landesentwicklungsprogramm (LEPRO), Landesentwicklungsplan (LEP) und Regionalplan werden die Inhalte der Landesplanung geregelt und verbindliche Ziele festgelegt.[127] [128] Dies geht zurück auf, dass Raumordnungsgesetz, das besagt:

„In Raumordnungsplänen sind für einen bestimmten Planungsraum und einen regelmäßig mittelfristigen Zeitraum Festlegungen als Ziele und Grundsätze der Raumordnung zur Entwicklung, Ordnung und Sicherung des Raums, insbesondere zu den Nutzungen und Funktionen des Raums, zu treffen."[129]

Die Ziele müssen dabei gegenüber anderen Belangen abgewogen und begründet sein. Die Abwägung verschiedener Ziele dient erneut der Legitimation des Vorhabens.[130] Ebenso wie beim Raumordnungsverfahren sind hier die Beteiligungsrechte genau festgeschrieben.[131]

Da die Kommunen, regionalen Planungsverbände, öffentliche Planungsträger und Träger öffentlicher Belange durch die Festlegung von Flächen in ihrer Planung erheblich eingeschränkt werden können, müssen sie beim Landesentwicklungsprogramm/Landesentwicklungs-plan zur Stellungnahme aufgerufen und angehört werden.[132] Beim Regionalplan sind in Hessen drei Regierungsbezirke (Kassel (Nord- und Osthessen), Gießen (Mittelhessen) und Darmstadt (Südhessen) und in Brandenburg fünf

---

Neue Zeitschrift für Verwaltungsrecht, 22. Jg., Heft 2/ 2003, S. 145.; Raumordnungsverordnung (RoV) vom 13. Dezember 1990 (BGBl. I S. 2766), die zuletzt durch Artikel 5 Absatz 35 des Gesetzes vom 24. Februar 2012 (BGBl. I S. 212) geändert worden ist. § 1 Nr. 12 Einzelnorm.

[127] § 8 ROG.
[128] Das Landesentwicklungsprogramm bildet den übergeordneten Rahmen der Landesplanung. Der Landesentwicklungsplan konkretisiert die Planung des Landesentwicklungsprogramms. Die Regionalplanung ist wiederum ein wesentliches Instrument für die Umsetzung der Ziele des Landesentwicklungsprogramms und der Landesentwicklungspläne. (Gemeinsame Landesplanungsabteilung Berlin-Brandenburg (Hrsg.): Raumordnungspläne, a.a.O.)
[129] § 7 Abs. 1 ROG.
[130] § 7 Abs. 2 ROG.
[131] § 10 ROG.
[132] § 10 ROG.

regionale Planungsgemeinschaften bei der Erstellung zuständig.[133] Darüber hinaus gilt implizit, das heißt, es wird erwartet, dass bei Maßnahmen, die Großprojekte betreffen, die betroffenen Akteure möglichst früh über die Pläne informiert werden. Darunter wird verstanden, dass die Beteiligung erfolgt, bevor Präferenzen oder mögliche Vorentscheidungen getroffen wurden. So stellt auch ein Forschungsprojekt des Bundesinstituts für Bau- Stadt und Raumforschung fest:

„Die Öffentlichkeitsbeteiligung bei der Aufstellung von Raumordnungsplänen ist jedoch nicht nur eine gesetzliche Pflichtübung, vielmehr bietet sie Chancen für eine – ebenfalls im ROG geforderte – an der Leitvorstellung der nachhaltigen Raumentwicklung und auf Umsetzung orientierte Raumordnung. Hinzu kommt die wachsende Bedeutung einer "neuen Planungskultur" in der räumlichen Planung, die durch Adressatenorientierung, Dialog, Kooperation und Vermittlung auf den steuerungstheoretisch begründeten Wandel von einem hierarchischen zu einem kooperativen Verständnis staatlichen Handelns reagiert."[134]

Mit der Einführung der *„Strategischen Umweltprüfung"* muss seit 2005 auch die Öffentlichkeit an den Plänen beteiligt werden.[135] So sind die zuständigen Behörden verpflichtet, die Pläne öffentlich für mindestens einen Monat auszulegen. Wie diese Beteiligung abläuft (z.B. auch Online-Beteiligungen) bzw. wie die Stellungnahmen in die Pläne miteinbezogen werden und wie die zuständige Behörde den Bedarf, gegenüber anderen Belangen, abwägt, ist wiederum offen und ermöglicht Interpretationsspiel-

---

[133] Hessisches Ministerium für Wirtschaft, Verkehr und Landesentwicklung: Regionalpläne. 02.07 2009. URL: http://www.landesplanung-hessen.de/regionalplaene/regionalplan-mittelhessen/plankarte-pdf/. Stand: 04.01 2012. Berlin/ Brandenburg: Regionalplanung. 2013. URL: http://gl.berlin-brandenburg.de/regionalplanung/. Stand: 13.03.2013.
[134] Bundesamt für Bauwesen und Raumordnung, Bundesministerium für Verkehr Bau und Stadtenwicklung: Forschungsprogramme – Bereich Raumordnung. Dezember 2000. URL: http://www.bbsr.bund.de/cln_032/nn_21942/BBSR/DE/FP/ReFo/Raumordnung/OeffentlichkeitsbeteiligungRaumordnung/01_Start.html. Stand: 7. Januar 2012
[135] Die Umweltprüfung ist allerdings für den Ausbau des Berliner Flughafens nicht relevant, da dort mit den Plänen bereits 1995 und damit vor der Gesetzesänderung begonnen wurde.

raum.[136] Damit wird erwartet, dass die Belange der Betroffenen in die Planung miteinbezogen werden. Im geänderten Landesentwicklungsplan von Hessen 2000 heißt es in der zusammenfassenden Erklärung dazu:

„Gemäß § 7 Abs. 6 ROG und § 8 Abs. 3 HLPG ist den öffentlichen Stellen und der Öffentlichkeit frühzeitig und effektiv Gelegenheit zu geben, zum Entwurf des Plans und seiner Begründung sowie zum Umweltbericht Stellung zu nehmen."[137]

In Berlin und Brandenburg werden im gemeinsamen Landesplanungsvertrag, die Beteiligung beim Landesentwicklungs-programm bzw. beim Landesentwicklungsplan explizit geregelt:

„Der Entwurf des Landesentwicklungsprogramms und die Begründung sind bei der Gemeinsamen Landesplanungsabteilung, den Landkreisen und den kreisfreien Städten des Landes Brandenburg sowie bei den Bezirken und der für die vorbereitende Bauleitplanung zuständigen Senatsverwaltung von Berlin für die Dauer von zwei Monaten öffentlich auszulegen. Gleichzeitig ist der Entwurf in das Internet einzustellen. Ort und Dauer der Auslegung sowie die Internetadresse sind mindestens eine Woche vorher durch die Gemeinsame Landesplanungsabteilung im Amtsblatt für Brandenburg und im Amtsblatt für Berlin öffentlich bekannt zu machen. Die Bekanntmachung enthält den Hinweis, dass Stellungnahmen innerhalb einer Frist von bis zu drei Monaten ab Beginn der Auslegung abgegeben werden können. Den in ihren Belangen berührten öffentlichen Stellen sind der Entwurf des Landesentwicklungsprogramms und die Begründung zur Verfügung zu stellen und eine Frist von bis zu drei Monaten zur Abgabe einer Stellungnahme einzuräumen. Das Beteili-

---

[136] Gesetz über die Umweltverträglichkeitsprüfung (UVPG) in der Fassung der Bekanntmachung vom 24.Februar 2010 (BGBl. I S. 94), das zuletzt durch Artikel 5 Absatz 15 des Gesetzes vom 24. Februar 2012 (BGBl. I S. 212) geändert worden ist. §14i.
[137] Hessisches Ministerium für Wirtschaft, Verkehr und Landesentwicklung: Zusammenfassende Erklärung: Zur Änderung des Landesentwicklungsplans Hessen 2000 – nach § 8 Abs. 7 HLPG – Erweiterung Flughafen Frankfurt Main -. Wiesbaden 2006, S. 6.

gungsverfahren erfolgt in jedem der beiden Länder über denselben Zeitraum und in gleicher Form. Bei der Beteiligung können elektronische Informationstechnologien ergänzend genutzt werden."[138]

Der Entwurf des Landesentwicklungsplans wird dann dem jeweiligen Landesparlament zugeleitet. Je nach Entwurf muss dem Plan als Gesetz oder Rechtsverordnung durch das Landesparlament zugestimmt oder er muss zur Kenntnis genommen werden.*"[139]

Gegen den Landesentwicklungsplan kann nur in einem Normenkontrollverfahren geklagt werden. Der Landesentwicklungsplan unterliegt als Rechtsverordnung der verwaltungsgerichtlichen Normenkontrolle nach § 47 der Verwaltungsgerichtsordnung (VwGO). So ist beispielsweise eine kommunale Grundrechtsklage im Bereich des Möglichen und wird in der Regel auch von den zuständigen Behörden erwartet.

3.2 Neue Strategien der Verkehrs- und Flughafenplanung in Deutschland

Die bisherigen Verfahrensabläufe sind von erheblichen Verzögerungen begleitet, die insbesondere auf die zahlreichen Klagen von Anwohnern, Kommunen und Interessenverbänden zurückgeführt werden. Daher sind eine Vielzahl von neuen Handlungskonzepten und Regelungsverfahren und Gesetzesänderungen vorgenommen worden, die eine Verbesserung anstreben, um auf das ungebrochene Wachstum im Güter- und Personenverkehr beschleunigt reagieren und auf ökologische Aspekte stärker eingehen zu können.[140] Im Folgenden werden die verschiedenen

---

[138] Gesetz zu dem Landesplanungsvertrag vom 6. April 1995. Vom 20. Juli 1995 (GVBl.I/95, [Nr. 17], S.210) Artikel 7 Abs. 2 Landesentwicklungsprogramm.
[139] ebda., Artikel 8 Abs. 3; § 8 Abs. 3 und 4 HLPG.
[140] Bundeministerium für Verkehr, Bau und Wohnungswesen (Hrsg.): Flughafenkonzept der Bundesregierung 2000, a. a. O; Bundesministerium für Verkehr, Bau und Wohnungswesen: Grundlagen für die Zukunft der Mobilität in Deutschland. Bundesverkehrswegeplan 2003, a.a.O.; Ausschuss für Verkehr, Bau und Stadtenwicklung: Entwurf eines Gesetzes zur Beschleunigung von Planungsverfahren. Berlin 25.10. 2006.

Neuerungen und Konzepte näher vorgestellt. Bei den Neuerungen wird der Zeitraum von 1991 bis 2009 gewählt. Dies korrespondiert mit den beiden Fallbeispielen Frankfurt und Berlin. Erste Diskussionen um einen neuen Flughafen begannen in Berlin nach der Deutschen Einheit 1990. Die Diskussion um eine erneute Erweiterung des Frankfurter Flughafens begann im Jahr 1997.

Womit sich die Frage stellt, welche expliziten und impliziten Regeln die verschiedenen Verfahren aufweisen bzw. welche Erwartungen und Bedingungen an die Verfahren geknüpft werden.

3.2.1 Selbstorganisation – Mediationsverfahren

Das formelle Planungsverfahren wird häufig von zahlreichen Klagen begleitet, da es selten zu einer Einigung bei den Erörterungsterminen des Planfeststellungsverfahrens kommt. Eine außergerichtliche Einigung ist am Ende eines Planungsverfahrens unwahrscheinlich, da die Positionen dann bereits verhärtet sind.

Aus diesem Grund haben die Landesregierungen reagiert und es sind bei jüngsten Ausbauten der Flughäfen Frankfurt am Main und Berlin Schönefeld neue Regelungsverfahren zum Zuge gekommen, darunter die so genannte Mediation. Dieses Verfahren ist im deutschen Raum bisher wenig zur Anwendung gekommen und findet ihr Vorbild in nordamerikanischen Verfahren.

Eine eindeutige Definition des Begriffs Mediation, auf welcher die Umweltmediation aufbaut, lässt sich in der wissenschaftlichen Literatur nicht finden. So wird in der Regel davon ausgegangen, dass Mediation nur eine Basisdefinition erlaubt.[141]

Welche Erwartungen und Kriterien sind nun an ein Mediationsverfahren geknüpft?

---

[141] Breidenbach, S.: Mediation. Struktur, Chancen und Risiken von Vermittlung in Konflikten. Köln 1995, S. 137.

In der Mediationsliteratur hat sich trotz ungenauer Definition eine Vielzahl an Kriterien herausentwickelt, die der Mediation zugesprochen werden und an der gemessen wird, wann sie legitimiert und damit als letzten Schritt institutionalisiert ist. Der Kriterienkatalog hat praktisch schon eine Art Institutionalisierung durchschritten, der wiederum den meisten Verfahren als Grundlage dient und von den am Verfahren Beteiligten anerkannt ist.

Die meisten Mediatoren beziehen sich dabei auf das „Harvard-Konzept". Die Idee dieses Konzeptes basiert auf der Vorstellung, das Verhandlungen so ausgestaltet werden können, dass alle Teilnehmer Vorteile daraus ziehen.[142]

Zilleßen hält dabei zwei Aspekte für besonders entscheidend: Zum einen sollte das Ergebnis offen und inhaltlich nicht vorgegeben sein, sondern gemeinsam erarbeitet werden. Zum anderen verweist er auf die besondere Rolle des Mediators. Er sollte von allen Beteiligten akzeptiert sein. Zunächst muss er daher die Konfliktparteien dazu motivieren, am Verfahren überhaupt teilzunehmen. Grundlage dafür ist eine vertrauensvolle Arbeitsatmosphäre. Die einzelnen Verfahrensaspekte müssen im Vorfeld abgeklärt werden, damit die Teilnahme möglichst aller gewährleistet ist.[143] So sieht Zilleßen die besondere Funktion des Mediators darin, dass er auf jeder Stufe der Konfliktaustragung den Zusammenhang von prozedualen, psychologischen und inhaltlichen Aspekten beachtet. Der Mediator besitzt jedoch keine inhaltliche Entscheidungskompetenz. Seine Aufgabe besteht darin, das Verhandlungsverfahren zu organisieren, zu strukturieren und zu leiten. Um seine Rolle bestmöglich auszufüllen, muss

---

[142] Fisher, R./ Ury, W.: Das Harvard-Konzept. Sachgerecht verhandeln – erfolgreich verhandeln. Frankfurt am Main 2009 (1984), S. 41-140.
[143] Zilleßen, H. (Hrsg.): Mediation. Kooperatives Konfliktmanagement in der Umweltpolitik. Opladen, Wiesbaden 1998, S. 15ff.; Zilleßen, H.: Mediation als innovative Form der Partizipation Beispiel "Bürgerdialog Flughafen Berlin Brandenburg. In: Deutsche Gesellschaft für Technische Zusammenarbeit (Hrsg.): Mediation/Konfliktmanagement im Umweltbereich und seine Bedeutung im Rahmen der technischen Zusammenarbeit – Dokumentation eines Fachgesprächs am 10.11.1995 in der GTZ. Eschborn 1995, S. 9.

und sollte er sich gegenüber allen Beteiligten neutral verhalten.[144]

Kritisiert wird jedoch in der Mediationsliteratur, dass bei einer Mediation im öffentlichen Bereich, wie es auch bei einem Flughafenprojekt der Fall ist, nicht von einer idealtypischen Vorstellung einer Mediation ausgegangen werden kann. Es gibt hier also bereits andere Erfahrungen, Erwartungen und Vorstellungen, die mit einer Mediation in der Öffentlichkeit einhergehen. In einem DFG Forschungsprojekt wurde versucht, den Begriff Mediation in Bezug auf den Öffentlichen Bereich zu definieren und Kriterien zu entwickeln, die nicht idealtypisch sondern auf objektivier- bzw. beobachtbare Sachverhalte abzielen:

„Mediationsverfahren sind strukturierte Verfahren, in denen

1. *Vertreter der Konfliktparteien*
2. *Größtenteils in direkter „face-to-face" Kommunikation*
3. *Unter Leitung eines neutralen Mediators*
4. *Den Konflikt gemeinsam bearbeiten mit dem Ziel einer teilweisen oder vollständigen und von Allen getragenen Lösung."*[145]

Die Kriterien der Vertraulichkeit, Ergebnisoffenheit und Informiertheit beziehen sie dabei nicht ein, da sie aus der Sicht von Meuer und Troja schwer operationalisierbar sind.[146] Da es in dieser Studie aber um Erwartungen im Vorfeld einer Mediation geht und nicht rein um objektive Kriterien, werden diese hier mit einbezogen. Vielmehr bleibt fest-zuhalten, dass sowohl idealtypische als auch objektive Kriterien an ein Mediationsverfahren geknüpft werden.

---

[144] ebda. S. 15.
[145] Meuer, D./ Troja, M.: Mediation im Öffentlichen Bereich-Status und Erfahrungen in Deutschland 1996-2002. Abschlussbericht eines Forschungsprojektes im Rahmen des DFG-Schwerpunktsprogramms " Mensch und globale Umweltveränderungen". Oldenburg 2004, S. 15
[146] ebda., S. 15.

Darüber hinaus hat Günther Erfolgskriterien zusammengestellt, die sie auch als Abgleich für den Erfolg eines Mediationsverfahrens vorschlägt und hier übernommen werden, da diese insbesondere auf Umweltmediationen Bezug nehmen, wie es auch bei Berlin und Frankfurt der Fall ist:

„Aspekte für Erfolgskriterien von Umweltmediationsverfahren

- *Fachliche Überzeugung und Angemessenheit der Sachlösungen*
- *Wahrung der Umwelt- und Sozialverträglichkeit sowie ökonomische Vertretbarkeit der Lösungen*
- *Anzahl, Art und Inhalte der erreichten Konsense bzw. der verbliebenen Dissense*
- *Unmittelbare und frühzeitige Information und Beteiligung der Betroffenen*
- *Gewährung einer funktionierenden Kommunikationsplattform zur gemeinsamen Problemdefinition und -bearbeitung sowie zu einer konsensualen Lösungssuche*
- *Einsatz für eine „Waffengleichheit" im Diskussions- und Verhandlungsprozeß*
- *Transparenz des Verfahrens durch ausreichende Dokumentation der (Teil-)Ergebnisse*
- *Versicherung der Beteiligten, sich an die Verfahrensspielregeln und andere Übereinkünfte zu halten*
- *Abschließendes Urteil der Beteiligten, trotz aller Schwierigkeiten nochmals an einem solchen Mediationsverfahren mitzuwirken"*[147]

Neben den Kriterien bestehen in der Mediations-Literatur auch Vorstellungen über den Ablauf einer Mediation. Sie geben weiteren Aufschluss

---

[147] Günther, B.: Mediation in öko-sozialen Gestaltungsprozessen. In: Apel H./Günther B.: Mediation und Zukunftswerkstatt: Prozeßwerkzeuge für die Lokale Agenda 21. Frankfurt a. M. 1998, S. 87.

darüber, unter welchen Bedingungen eine Mediation institutionalisiert wird.

Die Mediation erfolgt nach Susskind/Cruikshank in drei Phasen (Prenegotiation, Negotiation, Implementation), die im Deutschen in die Vorbereitungs-, Verhandlungs- und Umsetzungsphase unterschieden werden können.[148] Fuchs und Hehn stellen diesem noch eine Initiierungsphase voran, so dass von vier Phasen ausgegangen werden kann. Dieser Einteilung wird hier gefolgt, da insbesondere bei Flughafen-Konflikten die Initiierung besondere Schwierigkeiten bereitet.[149]

Die Initiierungsphase klärt zunächst drei Fragen: Erstens wird über die Mediation als solche, zweitens wird über die Personalfrage, das heißt den Mediator, entschieden und drittens wird die Finanzierungsfrage geklärt.[150]

Der erste Schritt zur Initiierung einer Mediation ist ihre Beauftragung. Ziel sollte es dabei sein, dass diese nicht von oben, sondern von möglichst allen Betroffenen und Beteiligten initiiert wird. Günther wendet dabei ein, dass in der Regel federführende Verwaltungen auf Bundes-, Landes- oder kommunaler Ebene, die Mediation beauftragen. Gleichwohl weist sie darauf hin, dass es möglich sein sollte und damit erwartbar, dass die Betroffenen ein frühzeitiges Mitspracherecht erhalten.[151]

Daran anschließend folgt die Bestimmung eines oder mehrerer Mediatoren. Ein wichtiges Kriterium neben der Neutralität des Mediators ist, dass über die Wahl des Mediators Einvernehmen herrschen sollte.[152]

Weiterhin ist die Kostenfrage zu klären. Insbesondere bei komplexen Sachverhalten kann ein Mediationsverfahren sich über mehrere Monate

---

[148] Susskind, L./ Cruikshank, J.: Breaking the Impasse: Consensual Approaches to Resolving Public Disputes. New York 1987, S. 142f.
[149] Fuchs, G., Hehn, M.: Umweltmediation. Bonn 1999, S. 28.
[150] ebda., S. 27; Günther, B.: Mediation in öko-sozialen Gestaltungsprozessen, a.a.O., S. 55.
[151] ebda., S.55.
[152] Busch, P.-O.: Konfliktfall Flughafenerweiterung, a.a.O., S. 12.

hinziehen. Daher muss möglichst frühzeitig die Finanzierungsfrage und damit die Kostenübernahme geklärt werden.[153]

In der Vorbereitungsphase, der zweiten Phase, werden die Verhandlungsteilnehmer ausgewählt. Diese Aufgabe übernimmt in der Regel der Mediator.[154] Ebenso wie in der Initiierungsphase lassen sich auch hier bestimmte Kriterien ermitteln, die den Erfolg des Verfahrens wesentlich beeinflussen können: Insbesondere bei luftverkehrsrechtlichen Planfeststellungen, die eine Vielzahl von Interessen berühren, ist häufig ein großer Teilnehmerkreis einzubeziehen. Zugleich muss aber auch die Arbeitsfähigkeit garantiert bleiben, so dass es sich anbietet Untergruppen oder Arbeitskreise zu bilden.[155]

Als nächste Schritte sind der Verhandlungsrahmen abzustecken und der Verhandlungsgegenstand sowie die Organisation zu konkretisieren.[156]

Abgeschlossen wird die Verhandlungsphase oder Arbeitsphase von der Unterzeichnung der Verhandlungsübereinkunft.[157] Entscheidend ist hierbei, zwischen Positionen und Interessen zu differenzieren.[158] Mit Positionen ist hier der jeweilige konkrete Standpunkt gemeint, auf dem das zu verfolgende Ziel, wie zum Beispiel das „Für und Wider" eines Flughafenbaus, aufbaut. Die jeweiligen Interessen hinter diesen Positionen können jedoch differenzieren. So geht es in der Regel einer Bürgerinitiative nicht allein um das „Wider" des Flughafenbaus, sondern zum Beispiel um die Vermeidung von Lärmbelästigung. Diese kann möglicherweise durch aktive oder passive Lärmschutzmaßnahmen zu einem Interessenausgleich

---

[153] Günther, B.: Mediation in öko-sozialen Gestaltungsprozessen, a.a.O., S. 56; Zilleßen, H. (Hrsg.): Mediation. Kooperatives Konfliktmanagement in der Umweltpolitik, a.a.O.
[154] Kessen, S./ Troja, M.: Die Phasen und Schritte der Mediation als Kommunkiaktionsprozess. In: F. Haft/Schlieffen v. S.: Handbuch Mediation. München: 2002, § 16 Rn. 12.
[155] Günther, B.: Mediation in öko-sozialen Gestaltungsprozessen, a.a.O., S. 66f.
[156] ebda., S. 67f.
[157] ebda., S.54.
[158] Fisher, R., Ury, W.: Das Harvard-Konzept, a.a.O., S. 71f.

führen. Durch die Angleichung der Interessen können widersprechende Positionen in win-win-Situationen um-gewandelt werden.[159]

Die Umsetzungsphase schließt das Mediationsverfahren ab. Die erzielte Einigung muss letztlich implementiert werden und die beteiligten Akteure müssen sich an das Ergebnis gebunden fühlen.[160]

3.2.2 Gesetzliche Neuerung in der Verkehrsplanung

Da das mehrstufige Planungsverfahren sehr viel Zeit in Anspruch nimmt, wurden auf Bundesebene einige gesetzliche Neuerungen in der Verkehrsplanung vorgenommen, die auch für die Projekte in Berlin und Frankfurt relevant sind. Dazu zählen:

1. das Verkehrswegeplanungsbeschleunigungsgesetz (VerkPBG),

2. das Planungsvereinfachungsgesetz (PlVeinfG) und

3. das Infrastrukturplanungsbeschleunigungsgesetz (InfraStrPlan VBeschlG).

Der Gesetzgeber erwartete sich von diesen Gesetzen, dass sie das Planfeststellungsverfahren beschleunigen und vereinfachen, indem sie die Beteiligung der Öffentlichkeit neu regelte und eingrenzte. Diese Neuerungen auf Bundesebene standen damit diametral zu den Bemühungen der Mediationsverfahren, die Beteiligung der Betroffenen erhöhen wollten.

Um Verkehrsprojekte in den neuen Bundesländern, dabei auch in Berlin und Brandenburg, schneller voranzubringen, wurde 1991 das Verkehrswegeplanungsbeschleunigungsgesetz verabschiedet.[161] Es beschränkte den Zugang, die Beteiligungsrechte und Klage-möglichkeiten der Öffentlichkeit beim Planfeststellungsverfahren, um Möglichkeiten der

---

[159] Günther, B.: Mediation in öko-sozialen Gestaltungsprozessen, a.a.O., S. 75f.
[160] ebda., S. 54.
[161] VerkPBG; Nohlen D./ Grotz F. (Hrsg.): Das kleine Lexikon der Politik. München 2011 (2001), S. 446.

gerichtlichen Verzögerungen zu vermeiden. Weiterhin wurde hier die Öffentlichkeit nun in die Umweltverträglichkeitsprüfung erst im Rahmen des Planfeststellungsverfahrens einbezogen.[162] Das Bundesverwaltungsgericht sollte im ersten und letzten Rechtszug über sämtliche Streitigkeiten, die ein Planfeststellungsverfahren betreffen, entscheiden.[163] Die Anfechtungsklage gegen einen Planfeststellungs-beschluss hat keine aufschiebende Wirkung des Ausbaus.[164]

1993 wurde das Planungsvereinfachungsgesetz vom Bundestag verabschiedet, das leicht modifiziert Instrumente zur Planungsbeschleunigung aufgriff, die bereits im Verkehrswegeplanungsbeschleunigungsgesetz für die neuen Bundesländer befristet Geltung hatten. Darüber hinaus sollte es das Zulassungsverfahren vereinfachen. Hiermit konnten auch die alten Bundesländer von der neuen Regelung profitieren. Neben der eingeschränkten Beteiligung und den beschränkten Klagemöglichkeiten der Öffentlichkeit beim Planfeststellungsverfahren wurden hier auch die Fristen für die Beteiligung verkürzt.[165] So mussten die Behörden, deren Aufgaben-bereich durch das Vorhaben berührt wird, ihre Stellungnahmen innerhalb einer von der Anhörungsbehörde gesetzten Frist abgeben, die drei Monate nicht übersteigen durfte.[166]

Unter Leitung des ehemaligen hessischen Wirtschaftsministers Posch wurde 2004 eine Expertenkommission durch den hessischen Ministerpräsident Koch (CDU) eingesetzt, um einen Gesetzentwurf zur Beschleunigung und Vereinfachung von Planungsverfahren zu erarbeiten.[167] Auf Initiative des Hessischen Ministerpräsidenten Koch beschloss der Bundestag Ende 2006 zur Beschleunigung der Planungsverfahren von

---

[162] § 2 VerkPBG.
[163] § 5 VerkPBG.
[164] § 5 Nr. 2 VerkPBG.
[165] 10 Abs. 2 Nr. 3 LuftVG.
[166] PlVereinfG; Delbanco, H.: Die Änderung von Verkehrsflughäfen. Tübingen, Berlin 1998, S. 67.
[167] Hessische Landesregierung: Pressemitteilung: Roland Koch fordert Vereinfachung und Beschleunigung von Großprojekten. Wiesbaden 18.10.2005.

Infrastrukturvorhaben das Infrastruktur-planungsbeschleunigungsgesetz. Das Infrastrukturbeschleunigungs-gesetz ersetzte auch das Verkehrswegebeschleunigungsgesetz.[168] Erwartet wurde, bzw. Ziel war es, von den Antragsstellern des Verkehrsausschusses:

„(...)weitere Maßnahmen zur Beschleunigung und Vereinfachung von Planungsverfahren für Verkehrsprojekte zu ergreifen und damit insbesondere die Rechtsstellung anerkannter Naturschutzvereine im Anhörungsverfahren zur Planfeststellung im Interesse der Vereinfachung, Transparenz und Beschleunigung der Verfahren ausdrücklich zu regeln."[169]

Es sah für die im Gesetz ausdrücklich benannten Verkehrsprojekte vor, dass ausschließlich das Bundesverwaltungsgericht in erster und letzter Instanz zuständig sei. Dieser beschleunigte Rechtsweg galt für Projekte zur Deutschen Einheit, Hinterlandanbindungen der deutschen Seehäfen, Vorhaben mit internationalem Bezug und Vorhaben, die gravierende Verkehrsengpässe beseitigen sollen.[170] Neben der Einschränkung für Klagemöglichkeiten wurde für Naturschutz- und Umweltschutzvereinigungen beim Planfeststellungsverfahren eine Beteiligungsfrist gesetzt. So mussten sie ihre Stellungnahmen innerhalb von zwei Wochen nach Ende der einmonatigen Auslegungsfrist vorbringen. Auch wurden die Natur- und Umweltschutzvereinigungen künftig über die Auslegung der Planunterlagen im Wege der ortsüblichen Bekanntmachung benachrichtigt und nicht mehr über eine gesonderte Mitteilung.[171] Darüber hinaus wurde die Geltungsdauer von Plan-feststellungsbeschlüssen abgesichert und auf 10 Jahre mit einer Verlängerungsmöglichkeit von 5 Jahren auf Antrag

---

[168] Gesetz zur Beschleunigung von Planungsverfahren für Infrastrukturvorhaben (InfraStrPlanVBeschlG) vom 09.12.2006 BGBl. I S. 2833 (Nr. 59), 2007 I S. 691. Artikel 13.
[169] Deutscher Bundestag: Beschlussempfehlung und Bericht des Ausschusses für Verkehr, Bau und Stadtentwicklung (15. Ausschuss), BT-Drucksache 16/3158, Berlin 25.10. 2006, S. 2.
[170] Artikel 13 InfraStrPlanVBeschlG; Deutscher Bundestag: Plenarprotokoll 16/61, Berlin 27.09. 2006, S. 5995.
[171] ebda., S. 5995;. Artikel 5 InfraStrPlanVBeschlG.

festgelegt.[172] Damit konnte auch später mit dem Bau begonnen werden, im Falle, dass beispielsweise Gelder nicht rechtzeitig zur Verfügung stehen. Die Raumordnungsverfahren wurden künftig durch Landesrecht geregelt, welches ermöglichte, dass Raumordnungsverfahren zu Gunsten einer landesplanerischen Stellungnahme entfallen.[173] Darüber hinaus wurde der Erörterungstermin bei Planfeststellungsverfahren ins pflichtgemäße Ermessen der Behörde gestellt. Insbesondere wenn keine Einigung zu erwarten war, sollte zukünftig auch darauf verzichtet werden können.[174]

3.2.3 Flughafenkonzepte der Bundesregierung

Während das Mediationsverfahren und Bürgerforum sowie die neuen Bundesgesetze als neue Verfahren zu Abklärung von strittigen Punkten bei der Fachplanung unterstützend wirken sollten, sollte das Flughafenkonzept der Bundesregierung (2000 und 2009) die Planwerke der Bundesländer weiter absichern, indem der Bund an der Festlegung des Baus und Ausbaus von Flughäfen aus zentraler Position stärker mitwirkt.[175] Zwei Erwartungen von Seiten der Initiatoren waren mit dem Verkehrskonzept verbunden. Erwartet wurde, dass das neue Verkehrskonzept zum einen den Bau und Ausbau von Flughäfen bundesweit sicherstellt und zum zweiten effizienter macht:

- *„Die Flughafeninfrastruktur muss so entwickelt werden, dass die Aufgaben für Wirtschaft und Gesellschaft in Deutschland nachhaltig gesamtwirtschaftlich effizient und betriebswirtschaftlich mittel- und langfristig rentabel erfüllt werden können.*

- *Eine deutschlandweite, länderübergreifende koordinierte Strategie*

---

[172] Artikel 5 InfraStrPlanVBeschlG; Deutscher Bundestag: Plenarprotokoll 16/61, a.a.O. S.5995f.
[173] ebda., S. 5996 Artikel 10 InfraStrPlanVBeschlG.
[174] Deutscher Bundestag: Plenarprotokoll 16/61, a.a.O., S. 5996; Artikel 5 InfraStrPlanVBeschlG
[175] Bundeministerium für Verkehr, Bau und Wohnungswesen (Hrsg.): Flughafenkonzept der Bundesregierung 2000, a.a.O; Bundesministerium für Verkehr, Bau und Stadtentwicklung (Hrsg.): Flughafenkonzept Bundesregierung 2009, a.a.O.

und Planung zur Entwicklung der Flughafeninfrastruktur, einschließlich ökologischer und sozialer Aspekte, und damit zur Bedienung der Nachfrage, ist erforderlich."[176]

Neben vereinfachenden Maßnahmen im planerischen Ablauf und dem Erproben neuer Beteiligungsverfahren beim Flughafenbau und Ausbau begannen Länder und Bund Ende der 90er Jahre die Aufteilung zwischen Bund und Ländern beim Flughafenbau insgesamt zu überdenken. In Deutschland fehlte eine Rahmenplanung im Flughafenbereich. In der Verkehrsministerkonferenz im April 1998 und im Positionspapier der Ministerkonferenz für Raumordnung im Zusammenhang mit dem Europäischen Raumentwicklungskonzept im November 1999 forderten die Minister den Bund in eine stärkere Verantwortung für eine transparente, nachvollziehbarere Festlegung des Ausbaus der Flughafeninfrastruktur einzubeziehen.[177] Dafür sollte der Bund ein Konzept für das dezentrale Flughafensystem in die Bundesverkehrswegeplanung (BVWP) unter Beteiligung der Raumordnung aufstellen.[178] Ziel war es, für nachfolgende Zulassungs-verfahren mehr Planungssicherheit zu erzielen. Darüber hinaus sollte der Bedarf für Kapazitätserweiterungen zur Abwicklung des Luftverkehrs und die Festlegung von Zielgrößen als Rahmenkonzept für die Flughafeninfrastruktur vom Bund ermittelt werden:[179]

„Bund und Länder verständigen sich darauf, dass der Bund nach den Vorstellungen der Länder den Planungen von Flughäfen und den eignen Vorstellungen ein „Konzept für die Kapazitätsentwicklung des dezentralen

---

[176] Bundesministerium für Verkehr, Bau und Stadtentwicklung (Hrsg.): Flughafenkonzept Bundesregierung 2009, a.a.O, S. 1.
[177] Vekehrsministerkonferenz: Beschluss der Verkehrsministerkonferenz. Punkt 2 Nr. 3. der Tagesordnung. Magdeburg 16./17. April 1998; Positionspapier der Ministerkonferenz für Raumordnung: Raumordnerische Anforderungen an die Kooperation der deutschen Flughäfen in der Europäischen Union, o.O. 18. November 1999.
[178] Vekehrsministerkonferenz: Beschluss der Verkehrsministerkonferenz, a.a.O.; Positionspapier der Ministerkonferenz für Raumordnung: Raumordnerische Anforderungen an die Kooperation der deutschen Flughäfen in der Europäischen Union, a a.O.
[179] ebda., Nr. 4.

Flughafensystems Deutschland" aufstellt. Der Bund übernimmt die Koordinierung mit der Europäischen Kommission im Zusammenhang mit der Fortschreibung der Leitlinien für den Aufbau eines transeuropäischen Verkehrsnetzes. Das Konzept soll bei der Fortschreibung des Bundesverkehrswegeplans berücksichtigt werden."[180]

Ein erstes größeres Konzept der Bundesregierung zur Flughafenplanung wurde 1999 vom Parlamentarischen Staatssekretär beim Bund, Lothar Ibrügger (SPD), vorgelegt, das ein verstärktes Engagement des Bundes in der Flughafenpolitik vorbereitete und den Ausbau des Flughafens Frankfurt und Berlin bestätigte.[181] 2000 wurde ein erstes Flughafenkonzept der Bundesregierung beschlossen, dass durch einen Masterplan ergänzt wurde, der auf Initiative der Deutschen Flugsicherung GmbH, des Flughafens München GmbH, der Fraport AG, und der Deutschen Lufthansa AG sowie unter der Schirmherrschaft des Bundesministers für

---

[180] Vekehrsministerkonferenz: Beschluss der Verkehrsministerkonferenz, a.a.O
[181] Die Bundesregierung ging 1999 davon aus, dass sich der Luftverkehr in den nächsten 15 Jahren in Deutschland verdoppeln würde. Angesichts dieser Entwicklung forderte er, dass die Stellung des deutschen Luftverkehrsmarktes im internationalen Wettbewerb zu festigen wäre, womit Kapazitätserweiterungen als notwendig angesehen wurden. Damit sah die Bundesregierung weiterhin die Notwendigkeit eines Ausbaus der Infrastruktur im Luftverkehr. Der Flughafen Frankfurt sollte dabei seine zentrale Stellung auch in Zukunft beibehalten. Ebenso sollten aber auch die so genannten Sekundär-Hubs wie München, Düsseldorf, Berlin und Hamburg auf ihren Kapazitätsbedarf und Ausbau überprüft werden.
Bei der Finanzierung von Kapazitätsausbauten forderte der Bund die privatwirtschaftliche Investitionsbereitschaft stärker zu nutzen, um den Finanzbedarf der Flughäfen durch Privatkapital zu decken.
Um umweltpolitischen Gesichtspunkten besser gerecht zu werden und damit die Lärmbelastung und Schadstoffemissionen zu verringern, sah sie (die Bundesregierung) ein ganzes Bündel an Maßnahmen vor, das von einer Besteuerung von Kerosin, über eine Ausweitung des Anreizsystems zum Einsatz umweltfreundlicher Flugzeuge durch lärmabhängige Landeentgelte bis zu einer Differenzierung der Gebühren- oder Entgeltbemessung in der Luftfahrt nach Schadstoffausstoß ausging. In diesem Zusammenhang wies Staatssekretär Ibrügger jedoch auch auf die Verantwortung der Länder und der Kommunen hin, die zwischen den verschiedenen Interessen einen Ausgleich finden sollten, wobei er den Fluglärmkommissionen eine besondere Bedeutung zuwies. (Ibrügger, L.: Rede des Parlamentarischen Staatssekretärs beim Bundesminister für Verkehr, Bau- und Wohnungswesen, Dipl.-Ing. Lothar Ibrügger, MdB, "Ausbau der Infrastruktur im Luftverkehr" anlässlich der Veranstaltung des Deutschen Vekehrsforums. o.O. 28.10.1999. URL: http://www.bmvbw.de/cms-aussenspezial/externalViews/External. Stand: 15.04.2004.)

Verkehr, Bau und Stadtentwicklung 2004 und 2006 aufgestellt wurde.[182]

Im Mai 2009 verabschiedete das Bundeskabinett auf der Grundlage der vorherigen Konzepte und des Masterplans das „Flughafenkonzept der Bundesregierung". Es ging dabei um eine Optimierung des föderal organisierten Flughafensystems im gesamten Verkehrssystem der Bundesrepublik. Erwartet wurde dabei, dass der Bund seine eigene Luftverkehrsstrategie entwickelt und stärker übergreifend in die Planung einwirken würde, wobei die Länder nach wie vor die Planung ausführen. Im Konzept wurde jedoch nicht explizit geregelt, wie der Bund zukünftig genau eingriff und schaffte somit Möglichkeiten für Interpretationsspielräume:[183]

„Der Bund wird künftig eine stärkere Rolle wahrnehmen und sein Bundesinteresse entsprechend geltend machen, um im übergeordneten Interesse des gesamten Luftverkehrsstandortes Deutschland sicher zu stellen, dass bedarfsgerecht Kapazitäten bereitgestellt und Fehlinvestitionen und Wettbewerbsverzerrungen vermieden werden."[184]

Dem Flughafen Frankfurt mit seiner Hub-Funktion aber u.a. auch Berlin wird im Flughafenkonzept besonders Rechnung getragen und seine bedarfsgerechte Weiterentwicklung als Interesse der Bundesregierung angesehen.[185]

3.2.4 Privatisierung

Der Bund wollte jedoch nicht nur stärker auf die Flughafenplanung Einfluss

---

[182] Bundeministerium für Verkehr, Bau und Wohnungswesen (Hrsg.):Flughafenkonzept der Bundesregierung 2000, a.a.O.; Luftverkehr für Deutschland (Hrsg.): Masterplan zur Entwicklung der Flughafeninfrastruktur -zur Stärkung des Luftverkehrsstandortes Deutschlands im interantionalen Wettbewerb. Berlin Oktober 2004; Luftverkehr für Deutschland (Hrsg.): Masterplan zur Entwicklung der Flughafeninfrastruktur – zur Stärkung des Luftverkehrsstandortes Deutschland. Frankfurt Dezember 2006.
[183] Bundesministerium für Verkehr, Bau und Stadtenwicklung: Flughafenkonzept Bundesregierung 2009, a.a.O., S. 7f.
[184] ebda., S. 4.
[185] ebda., S. 36.

nehmen, er wollte sich zugleich aus seiner Rolle als Anteilseigner der Flughäfen zurückziehen und die deutschen Großflughäfen nach und nach privatisieren (so auch Berlin). Seit Beginn der 90er Jahre wandelte sich in der Bundesrepublik die bisher vorherrschende Vorstellung der Selbstverständlichkeit eines staatlichen Betriebes der Flughäfen. Die Bundesregierung begründete ihre Privatisierungspläne mit zwei Argumenten: Zum einen sah sie die deutschen Flughäfen insbesondere im Zusammenhang des dynamischen Wachstums im Luftverkehr, eines national wie international zunehmenden Wettbewerbs- und Liberalisierungsdrucks nicht mehr konkurrenzfähig. Während sich international in den industrialisierten Ländern ein Trend zur Privatisierung beobachten ließ, befanden sich zum Zeitpunkt des Flughafenkonzeptes von 2000 trotz zunehmender Liberalisierung der wichtigsten Luftverkehrsmärkte die deutschen Verkehrsflughäfen nach wie vor vollständig im Eigentum der öffentlichen Hand.[186] Zum anderen verzeichneten die Bundes- und Landeshaushalte steigende Haushaltsdefizite, die Modernisierungen, Aus- oder Neubauten von Flughäfen in Frage stellten.[187]

Während sich der Bund auf der einen Seite stärkeren Einfluss anstrebte, wie beim Flughafenkonzept aufgezeigt, wollte er sich auf der anderen, der finanziellen Seite stärker zurückziehen.

Bisher waren die deutschen Verkehrsflughäfen zwar privatwirtschaftlich organisierte Gesellschaften, die aufgrund ihres Gesellschaftszwecks der Bereitstellung flughafenbezogener Dienstleistungen dienen. Hinter den Gesellschaften standen jedoch überwiegend Bund, Länder und zum Teil auch Städte als Anteilseigner. Sie stellten oder stellen die zur Abwicklung des Luftverkehrs notwendige Struktur zu Verfügung, sind aber auch über diesen Luftverkehrsrahmen hinaus unternehmerisch tätig.[188]

---

[186] Bundeministerium für Verkehr, Bau und Wohnungswesen (Hrsg.): Flughafenkonzept der Bundesregierung 2000, a.a.O., S. 46.
[187] ebda., S. 46.
[188] ebda., S. 57.

Verschiedene Erwartungen standen sich bei den Privatisierungsvorstellungen gegenüber. Zum einen wurde mit einer Privatisierung eine Effizienzsteigerung verbunden. Darüber hinaus wollten sich der Bund und die Länder durch die Privatisierung der Flughäfen aus der Rolle des Anteilseigners zurückziehen, um so ihre Rolle als Planer und Genehmigungsbehörde bei Ausbauten besser wahrnehmen zu können.[189] Dies entsprach auch den Erwartungen der Bürgerinitiativen, die sich in der Vergangenheit insbesondere an der Doppelrolle des Staates gestört hatten.[190] Andererseits wurde aber auch an den Staat die Erwartung der Daseinsvorsorge gestellt, die auch die Sicherstellung der Verkehrswege und Infrastruktur beinhaltet.[191] Mit einer Privatisierung würde der Staat dieser Erwartung möglicherweise nicht mehr nachkommen. So konstatiert Wolf:

„Andererseits bedeutet Privatisierung aber auch, daß die öffentliche Hand mit den Eigentumsrechten ein Instrument verliert, welches es ihr erlaubt, das Angebotsverhalten des Flughafens direkt zu steuern."[192]

Es zeigt sich, dass die Privatisierungsambitionen auf unterschiedliche Erwartungen stießen und damit sowohl Erwartungssicherheit, als auch Unsicherheit in sich trugen.

Es stellt sich also auch hier die Frage, unter welchen Umständen eine Privatisierung institutionalisiert ist und damit Legitimation erhält?

---

[189] Beckers, T./ et al.: Privatisierung und Re-Regulierung der deutschen Flughäfen unter Berücksichtigung inter-nationaler Erfahrungen; Vortrag auf den 19. Verkehrswissenschaftlichen Tagen am 22.09.2003 an der TU Dresden. 2003. URL: http://wip.tu-berlin.de/de/kontakt_mitarbeiter/tb/paper_vortraege_download/vwt_dd-tub_wipflughaefen_ regulierung_privatisierung-v214_sm+tb_17.09.2003.pdf. Stand 09.03.2012.

[190] Flughafen.unser-Forum: Koch plant Rücktritt als Aufsichtsratsvorsitzender der Fraport. 04.04.2003. URL: von http://www.flughafen.unser-forum.de/?show=yhgR. Stand: 08.07.2007.

[191] Pompl, W.: Luftverkehr – eine ökonomische und politische Einführung. Heidelberg, Berlin, New York 2007, S. 51.

[192] Wolf, H.: Privatisierung der Flughäfen? Zu den Rahmenbedingungen für eine effiziente Flughafenpolitik nach der Liberalisierung des EU-Luftverkehrs. In: Die Weltwirtschaft: 2. Ausg./1996, S.190-218 (207).

Auch hier gibt es keine klare Definition einer Privatisierung. Vielmehr gibt es verschiedene Formen der Privatisierung, die eine engere und eine erweiterte Begriffsdefinition kennen.

Im engeren Sinn wird unter Privatisierung die vollständige Umwandlung von staatlichem privates Eigentum verstanden, etwa durch den Verkauf eines staatlichen Unternehmens an private Investoren. Dies wird auch als materielle Privatisierung bezeichnet. Hier kann erwartet werden, dass der Staat sich auf seine Regulierungsrolle (Raumplanung und Fachplanung) beschränkt.[193] Allerdings verliert er hier ein wichtiges Steuerungselement, welches er aber beispielsweise durch die Festlegung von Zielen vertraglich festlegen kann und somit die privaten Verfügungsrechte einschränkt.

Dieser ursprüngliche Privatisierungsbegriff wurde in der politischen Diskussion erweitert. Beispiele für diese Begriffserweiterung sind die formelle und die funktionale Privatisierung: Bei der formellen Privatisierung wird die Rechtsform des Betriebes in eine GmbH oder AG umgewandelt, wobei jedoch der Staat die Anteile an diesem Unternehmen selber hält.[194]

Anders verhält es ich bei der funktionalen Privatisierung: Hier werden private Unternehmen mit Aufgaben beauftragt, die vorher von staatlichen Einrichtungen erfüllt wurden. Das private Unternehmen übernimmt dabei bezogen auf den Staat eine Aufgabe.[195] Die Aufgaben werden so zwar auf private Unternehmen übertragen, die Gewährleistungsverantwortung für die zu erbringende Leistung bleibt jedoch zumeist bei der öffentlichen Verwaltung und damit verbleibt der Staat auch weiterhin in seiner Doppelrolle des Regulierers und Unternehmers, wie sie von Bürgerinitiativen und Umweltverbänden kritisiert wird.[196]

---

[193] Brede, H.: Grundzüge der öffentlichen Betriebswirtschaftslehre. 2. Ausg., Oldenbourg 2005, S. 39.
[194] ebda., S. 39.
[195] Burgi, M.: Funktionale Privatisierung und Verwaltungshilfe. Tübingen 1999, S. 146.
[196] Storr, S.: Der Staat als Unternehmer. Tübingen 2001, S. 59.

Es ergeben sich also verschiedene Möglichkeiten und auch hybride Formen der Privatisierung für Bund und Länder um die Privatisierung umzusetzen und zu institutionalisieren. Dabei trifft die Art der Privatisierung, ob hybrid oder als „materiell" bezeichnete Privatisierung zunächst noch keine Aussage über den Institutionalisierungsgrad. Sie stellen lediglich unterschiedliche Formen der Privatisierung dar. Es kann hier nur vermutet werden, dass die hybriden Formen mehr Einfluss verschiedener Akteure ermöglichen und damit mehr Möglichkeiten zu strategischem Verhalten entstehen.

4. Flughafen Frankfurt am Main – Ausbau der Landebahn

4.1 Historie und Entwicklung des Verfahrens

Der Frankfurter Flughafen steht seit den 1960er Jahren für eine Geschichte der konflikthaften Auseinandersetzungen um die Erweiterung der Startbahnen, indessen Folge der Ausbau erheblich verzögert wurde.[197]

Aufgrund der befürchteten Kapazitätsengpässe wurde Ende der 90er Jahre eine neue Debatte um eine vierte Landebahn ausgelöst und ein langjähriges Tabu gebrochen.[198] Schließlich galt der Ausbau des Flughafens Frankfurt am Main nach den gewaltsamen Ausschreitungen der 1980er Jahre – bei denen während eines nächtlichen Zusammenstoßes zwischen Polizisten und Demonstranten zwei Polizisten am Sperrzaun der Startbahn erschossen wurden – als abgeschlossen. So verkündete der damalige Ministerpräsident Börner (SPD) in den 1970er Jahren, dass mit der Durchsetzung des Projektes Startbahn 18 West kein Baum mehr fallen wird.[199] Dies spiegelte sich auch im Planfeststellungsbeschluss wider, der einen weiteren Ausbau der Landebahnen ausschloss.[200] Im Koalitionsvertrag der rot-grünen Landesregierung von 1995 war eine Begrenzung des Flughafens auf sein damaliges Gelände festgeschrieben.

---

[197] Beim Frankfurter Flughafen können zwei konflikthafte Ausbauphasen unterschieden werden: Die erste, um den Ausbau der Landebahn 18 West und die zweite um den Ausbau einer vierten Nord-West-Landebahn (Wörner, J. H.: Von der Startbahn 18 West zur Politik von Morgen – Die Beiträge im Überblick, a.a.O., S. 17ff.). Im Mittelpunkt der Untersuchung steht die zweite Ausbauphase, da hier neue kooperative Regelungsverfahren, wie der Gesprächskreis Flughafen, Mediation und im Anschluss das „Regionale Dialogforum" zur Anwendung kamen. Die ursprünglich für 2006 geplante Fertigstellung der Landebahn Nord-West wurde erst am 21. Oktober 2011 eröffnet (Fraport AG: Neue Landebahn. 21.10.2011. URL: http://www.fraport.de/content/fraportag/de/entwicklung_frankfurtairport/neue_landebahn.html. Stand: 02.01.2012.

[198] Geis, A.: Umstritten, aber wirkungsvoll, a.a.O., S. 3f.

[199] Rippegather, J.: Klar zur Landung. In: Frankfurter Rundschau Online. 20.10.2011. URL: http://www.fr-online.de/flughafen-frankfurt/flughafen-ausbau-klar-zur-landung,2641734,11040336.html. Stand: 13.04.2012.

[200] Hessisches Ministerium für Wirtschaft und Technik: Planfeststellungsbeschluß betreffend Ausbau des Flughafens Frankfurt/Main. In: Staatsanzeiger für das Land Hessen: Nr. 18, Wiesbaden 1971, S. 755.

„Das Areal des Rhein-Main-Flughafens wird auf die derzeitige Fläche begrenzt. Eine zusätzliche Start- und Landebahn sowie eine Verschiebung des Parallelbahnsystems und die Nutzung der Startbahn 18 als Landebahn ist ausgeschlossen."[201]

Im Herbst 1997 forderte der Vorstandsvorsitzende der Lufthansa (LH), Jürgen Weber in einem Interview mit dem Spiegel erstmals, aufgrund der drohenden Kapazitätsengpässe am Flughafen Frankfurt am Main, die Kapazitäten zu erweitern. Um die Start- und Landeslots aufzustocken, schlug er eine neue Landebahn vor.

„Erstes Ziel muß es sein, die Kapazitäten des Frankfurter Flughafens zu erweitern. Mehr als 70 bis 80 Starts und Landungen pro Stunde sind dort nicht drin. Und die sind so gut wie ausgeschöpft. Politiker und die Bevölkerung müssen sich entscheiden: Entweder Frankfurt entwickelt sich weiter und spielt eine Rolle im Konzert der internationalen Großflughäfen, oder Frankfurt entwickelt sich langfristig zu einem Drehkreuz zweiter Ordnung und wird von einem anderen Großflughafen überholt."[202]

1997 überschritt der Frankfurter Flughafen erstmals die 40 Millionen Grenze bei den Passagierzahlen. Im Frachtbereich schlug er 2007 1.39 Mio. Tonnen um.[203]

Der Frankfurter Flughafen arbeitete aus der Sicht der Bundesregierung 1998 bei 44 Millionen Passagieren im Jahr an seiner Kapazitätsgrenze und war zu 96% ausgelastet.[204]

---

[201] Hessische Landesregierung: Koalitionsvereinbarungen für die 14. Wahlperiode des Hessischen Landtags zwischen Bündnis 90/Die Grünen und SPD. 1995-1999. Wiesbaden 27.03.1995, S. 87.
[202] Deckstein, D. v./ Pieper, D.: Neue Startbahn: Interview mit Lufthansa-Chef Jürgen Weber über verärgerte Kunden, Verluste im innerdeutschen Flugverkehr und seine Forderung nach Ausbau des Frankfurter Flughafens. In: Spiegel, Nr. 47/17. 11.1997, S. 126.
[203] Statistisches Bundesamt (Hrsg.): Statistisches Jahrbuch 1997 für die Bundesrepublik Deutschland. Stuttgart 1997, S. 323.
[204] Bundesministerium für Verkehr, Bau und Wohnungswesen (Hrsg.): Flughafenkonzept der Bundesregierung 2000, a.a.O., S. 37.

Gemessen an Passagierzahlen war der Frankfurter Flughafen laut dem größten Dachverband für Flughafenbetreiber Airports Council International (ACI) 2000 der siebtgrößte Flughafen der Welt und hinter London der zweitgrößte in Europa. Gemessen am Frachtaufkommen war Frankfurt 2000 sogar der größte europäische Flughafen vor Paris.

Tabelle 4.1 Passagieraufkommen ausgewählter Flughäfen im Vergleich 2000

Rank	City (Airport)	Total Passengers	% Change
1	ATLANTA	80 162 407	2.7
2	CHICAGO	72 144 244	0.6
3	LOS ANGELES	66 424 767	4.8
4	LONDON	64 606 826	3.8
5	DALLAS	60 687 122	1.1
6	TOKYO	56 402 206	3.8
7	FRANKFURT/MAIN	49 360 630	7.6
8	PARIS	48 246 137	10.6
9	SAN FRANCISCO	41 040 995	1.8
10	AMSTERDAM	39 606 925	7.7
11	DENVER	38 751 687	1.9
12	LAS VEGAS	36 865 866	9.0
13	MINNEAPOLIS	36 751 632	5.8
14	SEOUL	36 727 124	10.1
15	PHOENIX	36 040 469	7.4
16	DETROIT	35 535 080	4.6
17	HOUSTON	35 251 372	6.7
18	NEWARK	34 188 468	1.7

19	MIAMI	33 621 273	0.8
20	MADRID	32 893 190	17.5
21	NEW YORK (JFK)	32 856 220	3.7
22	HONG KONG	32 752 359	10.2
23	LONDON	32 065 685	4.9
24	ORLANDO	30 823 509	5.6
25	ST LOUIS	30 561 387	1.2
26	BANGKOK	29 616 432	8.5
27	TORONTO	28 930 036	4.1
28	SINGAPORE	28 618 200	9.8
29	SEATTLE	28 408 553	2.5
30	BOSTON	27 412 926	1.3

(ACI Traffic Data: World airports ranking by total passengers – 2000; Airports participating in the ACI monthly traffic statistics collection; Total Passengers: Arriving + departing passengers + direct transit passengers counted once.)

Quelle: Airports Council International (Hrsg): ACI Traffic Data: World airports ranking by total passengers – 2000 1.11. 2001. URL: http://www.aci.aero/cda/aci_common/display/main/aci_content07_c.jsp?zn=aci&cp=1-5-54-55-189_666_2__. Stand: Juli 2011.

Tabelle 4.2 Frachtaufkommen 2000

Rank	City (Airport)	Total Cargo	% Change
1	MEMPHIS	2 489 078	3.2
2	HONG KONG	2 267 609	13.4
3	LOS ANGELES	2 038 784	5.1
4	TOKYO	1 932 694	4.9
5	SEOUL	1 874 232	13.2
6	NEW YORK (JFK)	1 817 727	5.1
7	ANCHORAGE	1 804 221	8.8
8	FRANKFURT/MAIN	1 709 942	11.1
9	SINGAPORE	1 705 410	12.0
10	MIAMI	1 642 744	(0.5)
11	PARIS	1 610 484	13.2
12	LOUISVILLE	1 519 528	5.5
13	CHICAGO	1 468 553	(3.1)
14	LONDON	1 402 089	3.4
15	AMSTERDAM	1 267 385	3.4
16	TAIPEI	1 208 838	14.5
17	INDIANAPOLIS	1 165 431	10.4
18	NEWARK	1 082 406	(1.0)

19	OSAKA	999 693	15.7
20	DALLAS/FT WORTH	904 994	9.0
21	ATLANTA	894 471	1.3
22	SAN FRANCISCO	869 839	3.3
23	BANGKOK	867 942	7.3
24	DAYTON	832 246	(7.0)
25	BEIJING	774 207	67.5
26	TOKYO	769 747	6.3
27	BRUSSELS	687 385	1.9
28	OAKLAND	685 425	2.8
29	SUBIC BAY	629 679	(11.9)
30	SYDNEY	590 009	12.0

(ACI Traffic Data: World airports ranking by total cargo – 2000; Airports participating in the ACI monthly traffic statistics collection;Total Cargo: loaded + unloaded freight + mail in metric tonnes.)

Quelle: Airports Council International (Hrsg): World airports ranking by total cargo – 2000 1.11. 2001. URL: http://www.aci.aero/cda/aci_common/display/main/aci_content07_c.jsp?zn=aci&cp=1-5-54-55-189_666_2__. Stand: Juli 2011.

Die Bundesregierung befürchtete Kapazitätsengpässe aufgrund des dynamischen Wachstums von ca. 5 bis 6 % pro Jahr im Luftverkehr.[205] Ein Hauptproblem sah sie in der begrenzten Kapazität des bisherigen Start-

---

[205] Bundeministerium für Verkehr, Bau und Wohnungswesen (Hrsg.): Flughafenkonzept der Bundesregierung 2000, a.a.O., S 34.

und Landebahnsystems. [206] Der Frankfurter Flughafen verfügte bisher über zwei parallele Start- und Landebahnen mit einer Länge von 4.000 m sowie einer reinen Startbahn mit einer Länge von 4.000 m.

Erschwerend befanden sich in der Nähe des Frankfurter Flughafens der Kelsterbacher Wald sowie das Chemiewerk Ticona, die eine Ausweitung aus umweltpolitischer Sicht als problematisch erscheinen ließen.[207]

Da der Flughafen Frankfurt auf eine lange Geschichte der konflikthaften Auseinandersetzungen zurückblicken kann (Startbahn 18), schien dieses Projekt auf den ersten Blick geradezu prädestiniert, neue Governance-Strukturen zu institutionalisieren und damit einen Beitrag zu einer verbesserten Umsetzung zu leisten.

So war davon auszugehen, dass insbesondere neue Beteiligungs-verfahren wie der „Gesprächskreis Flughafen", das Mediationsverfahren „Mediation – eine Zukunftsregion im offenen Dialog", das daran anschließende „Dialogforum" und das „Umwelthaus" erfolgreich institutionalisiert wurden und ihren Beitrag zu weniger Konflikten im traditionellen Verfahren und damit einer beschleunigten Umsetzung leisten konnten.

---

[206] „Die Kapazität eines Flughafens wird durch den Koordinationseckwert bestimmt, der die Leistungsgrenze in möglichen Flugbewegungen pro Stunde ausdrückt. Es handelt sich bei dieser Messzahl um einen erklärenden Wert, der die Bewegungskapazität der auf einem Flughafen vorhandenen Start- und Landebahnen, die Umschlagsleistung vorhandener Flugzeugpositionen und kritische Terminalkomponenten (z.B. Check-in-Schalter, Gate-Räume, Gepäckausgabe oder Security-Kontrollen) durch Umrechnung in Bewegungseinheiten mittelbar ableitet." (Bundesministerium für Verkehr, Bau und Wohnungswesen (Hrsg.): Flughafenkonzept der Bundesregierung 2000, a.a.O., S. 35).

[207] Stadt Kelsterbach: Rathaus, Verwaltung. Das Ticona-Werk und die geplante Landebahn sind nicht vereinbar. 2003. URL: http://www.kelsterbach.de/rathaus-verwaltung/verwaltung/aemter-und-abteilungen/stabsstelle-oeffentlichkeitsarbeit/pressemitteilungen/detailansicht.html?tx_ttnews%5Bsearch_date_selector_year%5D=-1&tx_ttnews%5Bsearch_date_selector_month%5D=-1&tx_ttnews%5Bpointer%5D=233&tx_ttnews%5Btt_news%5D=84&tx_ttnews%5BbackPid%5D=145&cHash=034becd672. Stand: 01.07.2011.

4.1.1 Übersicht: Der Planungs- und Genehmigungsprozess für den Bau der vierten Startbahn des Flughafens Frankfurt/M.

1997

Beginn der Diskussion um einen Flughafenausbau

Juli 1998

Hessische Landesregierung schlägt ein ergebnisoffenes Mediationsverfahren vor

August 1998

Beginn des Mediationsverfahrens

Januar 2000

Ende des Mediationsverfahrens und Vorstellung der Mediationsergebnisse

Mai 2000

Der Hessische Landtag spricht sich einstimmig für ein Nachtflugverbot aus. Der Flughafen-Aufsichtsrat beschließt das Ausbauvorhaben einschließlich Nachtflugverbots und nennt eine Landebahn im Nordwesten des Areals als bevorzugte Variante

Juni 2000

Politische Grundsatzentscheidung zugunsten des Baus einer vierten Landebahn. Ausbau nimmt die erste Hürde: Das Regierungspräsidium Darmstadt stuft eine neue Landebahn als raumverträglich ein. Am wenigsten belastend sei die Nordwest-Variante

September 2000

Der Fraport-Aufsichtsrat verkündet die eigene Entscheidung zum Bau der vierten Landebahn

Oktober 2001

Einleitung des Raumordnungsverfahrens

Juni 2002

Abschluss des Raumordnungsverfahrens.

Dezember 2002

Der Fraport-Aufsichtsrat bindet den Ausbau definitiv an ein Nachtflugverbot

September 2003

Einleitung des Planfeststellungsverfahrens

Frühjahr 2004

Ein Gutachten des TÜV Pfalz weist auf Sicherheitsrisiken durch ein nahe der geplanten Landebahn gelegenes Chemiewerk hin.

Herbst 2004

Vervollständigung der Planfeststellungs-unterlagen durch Fraport AG

Ende 2005

Beginn des Erörterungstermins

März 2006

Die öffentliche Erörterung von 127.000 Einwendungen gegen den Ausbau endet nach 101 Tagen

Herbst 2006

Fertigstellung der Stellungnahme der Anhörungsbehörde zum Anhörungsverfahren

Oktober 2006

Der Hessische Verwaltungsgerichtshof Kassel weist eine Klage des Chemiewerks Ticona gegen die Abflugrouten zurück

Dezember 2007

Planfeststellungsbeschluss

Januar 2008

Städte, Fluggesellschaften und Umweltverbände klagen gegen den Planfeststellungs-beschluss

2009/2010

(zunächst geplant) Inbetriebnahme der neuen Landebahnen

August 2009

Der Hessische Verwaltungsgerichtshof entscheidet, dass die Landebahn Nordwest grundsätzlich gebaut werden darf

21. Oktober 2011

Inbetriebnahme der neuen Landebahn

Quelle: Wörner, J.-D.: Abschlussdokumentation RDF 2000-2008. Wiesbaden 2010; Mediationsgruppe Flughafen Frankfurt am Main: Dokumentation zum Mediationsverfahren. Wiesbaden 2000; Hessisches Ministerium für Wirtschaft, Verkehr und Landesentwicklung: Informationen zum geplanten Ausbau des Flughafens Frankfurt am Main. 2008. URL: http://www.hessen.de/irj/HMWVL_Internet?cid=6177f24103bbe3a87d6a3ed1b2dfd9a5. Stand: 02.06.2012; Eigene Zusammenstellung.

4.2 Analyse formeller und informeller Regelungsverfahren

Es wird hier von der theoretischen Vorannahme ausgegangen, dass Akteure innerhalb eines institutionellen Rahmens, in dem sie agieren, über Entscheidungsspielräume verfügen. [208] Diese Entscheidungsspielräume ermöglichen ihnen, neue Regelungen zu adaptieren, zu interpretieren und/oder aber zu hybridisieren.[209] Von diesem Ausgangspunkt aus, ist zu klären, ob sich Verzögerungen beim Ausbau des Frankfurter Flughafens auch auf eine mangelnde Institutionalisierung von Regelungsverfahren zurückführen lassen, die zu einer mangelnden Legitimation des Verfahrens führen. In Folge der mangelnden Legitimation kommt es zu neuen Konflikten, die wiederum zu Zeitverzögerungen führen.

Zu unterscheiden ist zwischen dem Prozess der Institutionalisierung von „informellen" und „formellen" Regeln. Zum Prozess der Institutionalisierung von informellen Regeln wird in Bezug auf den Frankfurter Flughafen auf Landesebene der „Gesprächskreis Flughafen", das Mediationsverfahren „Mediation – eine Zukunftsregion im offenen Dialog" und das daran anschließende „Dialogforum" gezählt.[210] Zu den formellen Steuerungs- und Koordinationsformen sind die Planwerke und Fachplanungen zu zählen.[211] Darüber hinaus ist auf Bundesebene das Flughafenkonzept der Bundesregierung von 2000 und seiner Fortschreibung von 2009 sowie die Initiative „Luftverkehr für Deutschland" mit ihrem Masterplan 2004[212] für die gesamte Bundesrepublik zu erwähnen. [213]

---

[208] Scharpf, F.: Interaktionsformen, a.a.O., S. 83.
[209] Quack, S.: Zum Werden und Vergehen von Institutionen, a.a.O., S. 348f.
[210] Gemeinnütziges Umwelthaus GmbH: Die Archive des Mediationsverfahrens Flughafen Frankfurt und des Regionalen Dialogforums. 2012. URL: http://www.forum-flughafen-region.de/service/archive-mediation-rdf/. Stand: 07.05.2012.
[211] Zu den Planwerken gehören der Landesentwicklungsplan und die Regionalpläne. Zur Fachplanung gehören die Aufstellung eines Raumordnungsplans und das Planfeststellungsverfahren.
[212] 2003 haben die Deutsche Lufthansa AG (DLH), der Flughafen Frankfurt AG (Fraport), der Flughafen München GmbH (FMG) und die Deutsche Flugsicherung GmbH (DFS) die Initiative „Luftverkehr für Deutschland" unter der Schirmherrschaft des Bundesministeriums für Verkehr, Bau und Stadtentwicklung gegründet, die neue Leitlinien für die Entwicklung des Luftverkehrs in der Bundesrepublik und insbesondere

In der folgenden Analyse wird geprüft:

- ob die Verfahren den Institutionalisierungsprozess (Habitualisierung, Objektivierung, Sedimentierung) vollzogen haben oder nicht.[214]
- ob sich die Ergebnisse des Verfahrens auf strategisches Verhalten der beteiligten Akteure zurückführen lassen.
- ob es zu Lernprozessen gekommen ist.
- ob Verzögerungen auf strategisches Verhalten zurückzuführen sind.

Die Fähigkeit zu strategischem Verhalten von komplexen Akteuren ist – wie bereits unter 2.2 erwähnt – besonders groß, wenn die kognitiven und evaluativen Mechanismen neu formuliert werden.[215] Dabei wird auf die fünf, von Oliver aufgestellten strategischen Reaktionen mit jeweils drei Taktiken, mit denen Organisationen auf Prozesse der Institutionalisierung von Regeln reagieren, zurückgegriffen.[216] Akteure werden hier in politische, private und wirtschaftliche unterteilt. Die politischen und wirtschaftlichen Akteure sprechen sich dabei in der Regel für den Ausbau aus. Ausnahme bilden die Kommunen und insbesondere das Bündnis 90/Die Grünen in Hessen, die gegen einen erneuten Ausbau sind. Die privaten Akteure, das heißt insbesondere die Anwohner, sprechen sich in der Regel gegen das Projekt aus. Zu der Dreiteilung der Akteursgruppen erfolgt damit noch eine Unterteilung in Gegner und Befürworter des Projektes.

---

auch für den Frankfurter Flughafen entwickelt hat (Luftverkehr für Deutschland (Hrsg.): Masterplan zur Entwicklung der Flughafeninfrastruktur, a.a.O.).

[213] Bundeministerium für Verkehr, Bau und Wohnungswesen (Hrsg.): Flughafenkonzept der Bundesregierung 2000, a.a.O.; Bundesministerium für Verkehr, Bau und Stadtentwicklung (Hrsg.): Flughafenkonzept Bundesregierung 2009, a.a.O.; Luftverkehr für Deutschland (Hrsg.): Masterplan zur Entwicklung der Flughafeninfrastruktur, a.a.O.

[214] Berger, P. L./ Luckmann, T.: Die gesellschaftliche Konstruktion der Wirklichkeit, a.a.O., S. 54ff.

[215] Scharpf, F.: Interaktionsformen, a.a.O., S.107.

[216] Oliver, C.: Strategic Responses to Institutional Processes, a.a.O., S. 152.

4.2.1 Mediation – eine Zukunftsregion im offenen Dialog

Das Mediationsverfahren „Mediation – eine Zukunftsregion im offenen Dialog" beim Flughafen Frankfurt am Main lässt sich in vier verschiedene Phasen einteilen.[217] Ausgehend von der Prozesshaftigkeit der Institutionalisierung, durchschreitet sie drei Institutionalisierungsphasen (Habitualisierung, Objektivierung und Sedimentierung). Zugleich sind Mediationsverfahren, wie gezeigt, nicht neu und haben sich schon über den lokalen Kontext hinaus etabliert, so dass das Konzept der Mediation bereits die Phase der Habitualisierung und Objektivierung durchschritten hat oder dabei ist, sie zu durchschreiten, denn es bestehen bereits eine Vielzahl an anerkannten Denk- und Verhaltensmustern. So weisen auch Luckmann und Berger darauf hin, dass es schon ein „Vorher" gab:

"Die Wirklichkeit der Alltagswelt erscheint bereits objektiviert, das heißt konstruiert durch eine Anordnung von Objekten, die schon zu Objekten deklariert worden waren, längst bevor ich auf der Bühne erschien."[218]

So erfolgt die Analyse an Hand eines Abgleiches des „Mediationsverfahrens" mit den sogenannten bereits objektivierten Denk- und Verhaltensmustern, auf die die Legitimation eines Mediations-Verfahrens zurückgeführt wird. Zu den Denk- und Verhaltensmustern gehören neben der Bedingung, dass alle Beteiligten Vorteile aus dem Verfahren ziehen, sowie der Offenheit des Verfahrens, vor allem die Konsensfähigkeit und die Bereitstellung eines neutralen Dritten als Mediator.[219]

---

[217] Mediationsverfahren sind nach Susskind/Cruikshank bzw. Siegel durch drei bzw. vier Phasen, nämlich die Vorbereitung, Initiierung, Verhandlung und Umsetzung gekennzeichnet.

[218] Berger, P. L./ Luckmann, T.: Die gesellschaftliche Konstruktion der Wirklichkeit, a.a.O., S. 24.

[219] Fisher, R./ Ury, W.: Das Harvard-Konzept. Sachgerecht verhandeln – erfolgreich verhandeln, a.a.O., S. 41-140; Zilleßen, H. (Hrsg.): Mediation, a.a.O., S. 15ff.; Zilleßen, H.: Mediation als innovative Form der Partizipation Beispiel "Bürgerdialog Flughafen Berlin Brandeburg, a.a.O., S. 9.

4.2.1.1 Initiierungs- und Vorbereitungsphase

Unter dem Druck der Forderungen des Vorstandsvorsitzenden der Lufthansa, Jürgen Weber, nach einem erneuten Ausbau im Mai 1997 berief der damalige Ministerpräsident Hans Eichel (SPD) im Februar 1998 den sog. „Gesprächskreis Flughafen" ein, in dem das weitere Vorgehen in der Flughafenfrage beraten werden sollte.[220]

Die Teilnehmer des „Gesprächskreises" kamen aus verschiedenen Bereichen wie Wirtschaft, Kirchen, Gewerkschaften, Politik sowie der Flughafen Frankfurt am Main Aktiengesellschaft (FAG). Umweltverbände und/oder Bürgerinitiativen wurden 1998 nicht eingeladen.[221] [222] Der „Gesprächskreis" sollte ein Verfahren entwickeln, in dem die weitere Zukunft des Flughafens diskutiert werden konnte. Dies deckte sich auch mit den ersten Überlegungen der „Gruppe Projektplanung" in der hessischen Staatskanzlei, die ein Mediationsverfahren favorisierte.[223] Der „Gesprächskreis" schlug die Bildung einer Mediationsgruppe vor. In der Geschäftsordnung wurden die Kriterien für die Auswahl der Mediatoren und ihre Aufgaben näher umrissen:

„(1) Die Mediatoren sind allen Beteiligten gegenüber in gleicher Weise zur Neutralität und Loyalität verpflichtet. Sie sind keine Mitglieder der Mediationsgruppe.

(2) Wichtigste Aufgabe der Mediatoren ist es, den Beteiligten die Wege zu einer möglichst einvernehmlichen gemeinsamen und fairen Konfliktlösung zu öffnen. Sie haben das Informations- und Verhandlungsverfahren zu organisieren, zu strukturieren und zu leiten.

(3) Die Mediatoren helfen in Abstimmung mit der Mediationsgruppe, den Konflikt zu analysieren, denkbare Lösungsmöglichkeiten zu suchen,

---

[220] Wörner, J.-D.: Abschlussdokumentation RDF 2000-2008, a.a.O., S. 16.
[221] ebda., S. 16; Busch, P.-O.: Konfliktfall Flughafenerweiterung, a.a.O., S. 22.
[222] Siehe: Anhang: Übersicht 1.
[223] Siehe: Wörner, J.-D.: Abschlussdokumentation RDF 2000-2008, a.a.O., S. 16; Busch, P.-O.: Konfliktfall Flughafenerweiterung, a.a.O., S. 22.

Verfahrensschritte festzulegen und die notwendigen Informationen über entscheidungsrelevante Fakten zu beschaffen. Dazu gehört auch das Beiziehen von Akten und von wissenschaftlichen und technischen Gutachten. Bei der Verhandlungsleitung achten sie auf eine faire und konstruktive Kommunikation zwischen den Konfliktgegnern. Zur Förderung des Gruppenbewußtseins gehören auch gemeinsame Mahlzeiten, Besichtigungen und Exkursionen.

(4) Die Mediatoren vertreten die Mediationsgruppe nach außen und gegenüber Dritten.

(5) Die Mediatoren legen gemeinsam fest, wie die Aufgabenverteilung unter ihnen geregelt werden soll." [224]

Weiterhin legte der „Gesprächskreis" die Teilnehmerzahl fest.

„Er empfahl, eine Mediationsgruppe mit bis zu 20 Mitgliedern, geleitet von zwei oder höchstens drei gleichberechtigten Mediatoren, einzusetzen."[225]

Auf Vorschlag des „Gesprächskreises Flughafen" und vor dem Hintergrund der Erfahrungen mit dem jahrelangen konflikthaften Verfahren mit der Startbahn 18 West aber auch im Zuge einer neuen Umweltpolitik seit Beginn der 90er Jahre, entschloss sich die Hessische Landesregierung im Mai 1998 unter der Leitung des damaligen Ministerpräsidenten Hans Eichel ein neuen institutionellen Lösungsansatz bei der Erweiterungsfrage des Flughafens Frankfurt am Main anzuwenden. Die „Mediation – eine Zukunftsregion im offenen Dialog" sollte frühzeitig – d.h. bereits vor Einleitung der gesetzlich vorgeschriebenen Genehmigungsverfahren – die Beteiligung möglichst vieler direkt von dem Ausbauvorhaben des Frankfurter Flughafens Betroffenen in den Planungsprozess einbeziehen,

---

[224] Mediationsgruppe Flughafen Frankfurt am Main: Geschäftsordnung der Mediationsgruppe Flughafen Frankfurt am Main vom 16. Juli 1998 (Fassung gemäß Beschluss vom 01.10.1999). Frankfurt am Main 1998, S. 1.
[225] Mediationsgruppe Flughafen Frankfurt am Main: Bericht – Mediation Flughafen Frankfurt am Main. Darmstadt 2000, S. 7.

um Verhandlungslösungen im Vorfeld zu entwickeln und eine Konflikteskalation frühzeitig zu verhindern helfen.[226]

Der Gesprächskreis formulierte die Aufgabe des Mediationsverfahrens folgendermaßen:

„Die Mediationsgruppe will mit einem offenen, unabhängigen und fairen Informations- und Beratungsverfahren erreichen, daß die Voraussetzungen geklärt werden, unter denen der Flughafen Frankfurt am Main die Leistungsfähigkeit der Wirtschaftsregion Rhein-Main im Hinblick auf Arbeitsplätze und Strukturelemente dauerhaft sichern und verbessern kann, ohne zugleich die umweltrelevanten Belastungen der Siedlungsregion Rhein-Main nachhaltig zu vergrößern."[227]

Den Vorsitz hatten drei Mediatoren: Der Frankfurter IHK-Präsident Dr. Frank Niethammer, der evangelische Pfarrer Prof. Kurt Oeser und der SPD-Europa-Abgeordnete Prof. Klaus Hänsch. Mit Prof. Kurt Oeser und IHK-Präsident Dr. Frank Niethammer fiel die Wahl auf zwei Personen, die bereits in das Verfahren involviert waren und zwei gegensätzliche Positionen vertraten (Kurt Oeser zählte bereits seit Jahren zu den Ausbaugegnern, während Frank Niethammer klarer Befürworter eines Ausbaus war). Die Auswahl der ersten beiden Mediatoren (IHK-Präsident Dr. Frank Niethammer und der evangelische Pfarrer Prof. Kurt Oeser) waren im Vorfeld durch den Gesprächskreis und Ministerpräsident Eichel festgelegt worden. Der dritte Mediator, Prof. Klaus Hänsch wurde durch die ersten zwei selbst ausgewählt.[228] Die Mediationsgruppe setzte sich aus 21 Repräsentanten[229] – der Fluggesellschaften, des Flughafenbetreibers, der Flugsicherung, der umliegenden Kommunen, des Bundesverkehrsministeriums, der Hessischen Verkehrs- und Umweltministerien, der IHK

---

[226] vgl. Geis, A.: Umstritten, aber wirkungsvoll, a.a.O., S.5f; Busch, P.-O.: Konfliktfall Flughafenerweiterung, a.a.O., S. 22 .
[227] Mediationsgruppe Flughafen Frankfurt am Main: Geschäftsordnung der Mediationsgruppe Flughafen Frankfurt am Main, a.a.O., S. 1.
[228] Busch, P.-O.: Konfliktfall Flughafenerweiterung, a. a. O., S. 26; Mediationsgruppe Flughafen Frankfurt am Main: Bericht, a.a.O., S. 7.
[229] Siehe: Anhang: Übersicht 2.

Frankfurt, der Gewerkschaften und der Bürgerinitiative "Offenbacher Fluglärmvereinigung", Unternehmerverbände und Gewerkschaften – zusammen. Ferner waren die Fraport AG (damals noch Flughafen Frankfurt Main AG), die Deutsche Lufthansa AG, die Deutsche Flugsicherung GmbH (DFS) und BARIG (Board of Airline Representatives in Germany) vertreten.[230] Umweltschutzverbände und andere Bürgerinitiativen verweigerten die Teilnahme.[231] Es wurden drei Arbeitskreise (1- Arbeitskreis Verkehr, 2- Arbeitskreis Ökologie, Gesundheit und Soziales und 3- Arbeitskreis Ökonomie) gegründet, die sich mit unterschiedlichen thematischen Schwerpunkten der Frage eines Baus oder Nichtbaus stellten.[232]

---

[230] Mediationsgruppe Flughafen Frankfurt/Main: Bericht, a.a.O., S. 182ff.; Mediationsgruppe Flughafen Frankfurt/Main: Dokumentation zum Mediationsverfahren, a.a.O., S. 147.
[231] vgl. Busch, P.-O.: Konfliktfall Flughafenerweiterung, a.a.O., S. 26; Mediationsgruppe Flughafen Frankfurt/Main: Bericht, a .a . O., S. 7.
[232] **Arbeitskreis Verkehr**
V 1 Kapazitätswachstum durch unterschiedliche Ausbauvarianten
V 2 Entwicklung des Flugverkehrs
V 3 Kooperation von Flughäfen
V 4 Ausbau Schienenverkehr, Verknüpfung der Verkehrsträger
V 5 Privatisierung des Flughafens
V 6 Strategie und Wettbewerb der Luftverkehrsgesellschaften
V 7/V 8 Fiskalische Belastung der Kraftstoffe & Verkehrsträger sowie der Flugpreise
V 9 Innovationen im Flugzeugbau (Triebwerke und Flugzeuge)
V 10 Ökologisch motivierte Gesetzgebung, Entwicklungen in der EU
V 10a Liberalisierung im Luftverkehr
V 10b Flughafensysteme
V 10c Lärmschutzregelungen
V 11 Flugsicherung, Navigation und Flugsicherheit
V 11a Prüfung der sicherheitstechnischen Machbarkeit der Bahnvarianten des FAA-Gutachtens
V 11b Technologien und Verfahren zur Flugsicherung und Navigation für den Abflug und den Anflug im lokalen Luftraum
V 11c Potenzielle Erhöhung des flugtechnischen Risikos am Frankfurter Flughafen durch zukünftig erhöhte Flugverkehrsbewegungen
V 11d Entscheidungshierarchien bei der Einführung und Diffusion neuer Technologien und Verfahren der Flugsicherung und Navigation
V 11e Grundlagenpapiere der DFS
V 12 Erfahrungen an anderen Standorten
V 13 Machbarkeit Wiesbaden-Erbenheim groß?
V 14 Landgebundener Verkehr
V 15 Konkretisierung der Planungen in Frankfurt

Sowohl Flughafengegner als auch Befürworter konnten auf keine Tradition von kooperativen Konfliktlösungen zurückblicken, so dass von Beginn an von einem gespannten Vertrauensverhältnis auszugehen war. [233] Eine Habitualisierung durch wiederholtes gemeinsames kooperatives

---

Arbeitskreis Ökologie, Gesundheit und Soziales
Ö 1 Fluglärmbelastung – Status Quo
Ö 2/Ö3 Wirkungen von Fluglärm
Ö 4 Analyse und Bewertung vorliegender Beschwerdedateien
Ö 5 Lärmminderungspläne
Ö 6 Bodenlärm im Flughafenbereich
Ö 7 Fluglärmbelastung – 2015
Ö 8 Maßnahmen im Bereich Fluglärm
Ö 9 Humantoxikologische Bewertung der Emissionen
Ö 9a Allgemeine Bewertung
Ö 9b Konkrete Bewertung
Ö 10 Weitere Gesundheitsindikatoren
Ö 11 Globale ökologische Auswirkungen
Ö 12 Auswirkungen im Bereich Wasser
Ö 13 Auswirkungen im Bereich Luft
Ö13a Recherche Kerosin
Ö13b Emissionsprognose
Ö13c Immissionsprognose
Ö 14 Auswirkungen im Bereich Natur, Wald, Kleinklima
Ö 15 Geruchsbelästigungen
Ö 16 Auswertung der Lärmberechnungen bezüglich Wohn- und Arbeitsbevölkerung
Ö 17 Kartierung von Konflikten für die Siedlungsentwicklung
Ö 18 Einfluss auf Siedlungsentwicklung – Konfliktbewertung
Ö 19 Einfluss auf die Sozialstruktur
Ö 20 Ersatz- und Ausgleichsmaßnahmen

Arbeitskreis Ökonomie
W 1 Direkte Einkommens- und Beschäftigungseffekte des Flughafens Frankfurt/Main
W 2 Einkommens- und Beschäftigungseffekte des Flughafens Frankfurt/Main bei alternativen Szenarien zur Flughafenentwicklung
W 3 Bedeutung von Flughäfen für Struktur und Entwicklung der regionalen Wirtschaft – ein europäischer Vergleich
W 4 Bedeutung des Flughafens Frankfurt/Main als Standortfaktor für die regionale Wirtschaft – Wertschöpfungs- und Beschäftigungseffekte der Flughafenanbindung
W 5 Entwicklung der Cargo-City-Süd – Ansiedlungsentwicklung und Beschäftigtenstruktur
W 6 Externe Effekte des Flugverkehrs
W 7 Flächenpotenziale im Flughafenumland
W 8 Wirtschaftliche Effekte der Umsteiger am Frankfurter"
(Quelle: Mediationsgruppe Flughafen Frankfurt/Main: Dokumentation zum Mediationsverfahren, a.a.O., S. 158ff.)

[233] Busch, P.-O.: Konfliktfall Flughafenerweiterung, a.a.O., S. 30.

Zusammentreffen war bereits zu Beginn nicht gegeben, da die Erfahrungen damit fehlten.[234]

Obwohl die Vertreter von Bürgerinitiativen und Umweltverbänden – wie bereits erwähnt – nicht an der Initiierungsphase beteiligt waren, hatten sie jedoch eine frühzeitige Beteiligung erwartet, die zu den Kriterien in der Initiierungsphase der Mediation gehört.[235] Damit zeigt sich, dass immerhin die Form des Verfahrens zu Beginn vom Grundsatz her durchaus auch bei den Flughafengegnern anerkannt war und eine Objektivierung bereits stattgefunden hatte. Da jedoch von den bereits anerkannten Verhaltensmustern (Unmittelbare und frühzeitige Information und Beteiligung der Betroffenen) [236] abgewichen wurde, verlor das Verfahren schnell an Vertrauen.

Dies hatte zur Folge, dass von einem Teil des Personenkreises, nämlich den Flughafengegnern, der Verfahrensbeginn nicht anerkannt und für intransparent erklärt wurde und somit eine Habitualisierung, Objektivierung und letztlich eine Sedimentierung und damit vollständige Institutionalisierung von Beginn an in Frage gestellt war.[237] Inwieweit sich dies auf die

---

[234] Wesentliche Vorrausetzung für die Habitualisierung ist laut Berger und Luckmann, dass Akteure spezifische Denk- und Verhaltensmuster zur Lösung bestimmter Aufgabenstellungen erbringen. Darunter ist zu verstehen, dass sich jede Handlung, die man häufig wiederholt, verfestigt und in weiteren Handlungen reproduziert werden kann (Berger, P. L./ Luckmann, T.: Die gesellschaftliche Konstruktion der Wirklichkeit, a.a.O., S.58f.)
„Habitualisierung in diesem Sinne bedeutet, dass die betreffende Handlung auch in Zukunft ebenso und mit eben der Einsparung von Kraft ausgeführt werden kann." (Berger, P. L./ Luckmann, T.: Die gesellschaftliche Konstruktion der Wirklichkeit, a.a.O., S. 56.)

[235] Busch, P.-O.: Konfliktfall Flughafenerweiterung, a.a.O., S. 31; Günther, B.: Mediation in öko-sozialen Gestaltungsprozessen, a.a.O., S.87.

[236] ebda., S. 87.

[237] In der dritten Phase, der Objektivierung erlangen nun habitualisierte Handlungen durch Vererbung einen größeren Geltungskontext und können so als objektive Wirklichkeit wahrgenommen werden. Das anfänglich subjektiv geteilte Wissen wird so zur gesellschaftlichen Wirklichkeit.
Die vierte Phase bezeichnen Luckmann und Berger als Sedimentierung, was bedeutet, dass die Handlung akzeptiert ist. Sie setzt sich nun als Wissen in der Gesellschaft fest (Berger, P. L./ Luckmann, T.: Die gesellschaftliche Konstruktion der Wirklichkeit, a.a.O., S.54f.)

strategische und/oder opportunistische Nutzung von Spielräumen bei Regeln zurückführen lässt, ist nachfolgend zu klären.

Strategisches Verhalten der Flughafenbefürworter

Zunächst ist festzustellen, dass die Regierung auf den Vorstoß eines erneuten Ausbaus der Landebahn am Frankfurter Flughafen durch Vorstandsvorsitzenden der Lufthansa (LH), Jürgen Weber ablehnend reagierte.

Sowohl BÜNDNIS 90/ DIE GRÜNEN als auch die SPD auf der Landesebene lehnten zunächst die Forderung des Vorstands-vorsitzenden der Lufthansa (LH), Jürgen Weber, des Baues einer neuen Start- und Landebahn ab. Der damalige hessische Ministerpräsident und Landesvorsitzende der SPD, Hans Eichel, sah sich zunächst an die Koalitionsvereinbarungen gebunden, die eine Erweiterung ausschlossen. [238] Die Opposition, bestehend aus CDU und FDP befürwortete dagegen schon früh einen weiteren Ausbau. Hier zeigt sich, dass zunächst die Strategiefähigkeit der politischen Akteure gering war, da sie unterschiedliche Ziele hatten.[239] In der anschließenden Legislaturperiode (1995-1999) revidierte die SPD-geführte Landes-regierung ihre ablehnende Haltung vollständig. Sie schloss nun einen erneuten Ausbau nicht mehr völlig aus. Über die Gründe, die hinter dieser völlig neuen politischen Zielrichtung stehen, kann nur spekuliert werden. Fakt ist, dass zur selben Zeit in mehreren Bundesländern die Landebahnen ausgebaut wurden. In München entstand ein neuer „Hub". [240] Berlin bereitete den Ausbau zu einem neuen

---

[238] Hessische Landesregierung: Koalitionsvereinbarung – Für die 14. Wahlperiode des Hessischen Landtags zwischen Bündnis 90/die Grünen und SPD 1995-1999. Wiesbaden 1995, S. 87.
[239] Scharpf, F.: Interaktionsformen, a.a.O., S.107.
[240] Flughafen München: Pressemitteilung: Grünes Licht für Kapazitätsausbau Flughafen München GmbH nimmt Planungen für dritte Bahn auf. 7.7.2005. URL: http://www.munich-airport.de/de/micro/newsroom/mediathek/pm/2005/q3/pm5/index.jsp. Stand: 08. Januar 2008.

Großflughafen vor.[241] Schaut man über die Landesgrenze hinweg, wurden auch dort die Flughäfen weiter ausgebaut. London, Amsterdam und Paris bauten zu Beginn der 1990er Jahre ihre Flughäfen weiter aus. So entstand innerhalb Deutschlands und in Europa neue Konkurrenz für Frankfurt. Eine Tatsache war auch, dass der Frankfurter Flughafen seit Jahren an seiner Kapazitätsgrenze operierte. [242] Handlungsbedarf war demnach aus verschiedenen Gründen geboten. Zunächst machte die Landes-SPD auf die Bedeutung des Flughafens, insbesondere im Hinblick auf die Arbeitsplätze und die Verkehrsinfrastruktur für die Region, aufmerksam. Dabei setzte die SPD auf ein integriertes Verkehrskonzept, welches die Deutsche Bahn stärker einbinden würde.[243]

Die neue Haltung der SPD machte den Gesprächskreis und das daraus resultierende Mediationsverfahren erst möglich.

Sie brach damit die jahrelange stille Übereinkunft, dass ein erneuter Flughafen-Ausbau grundsätzlich ein Tabu-Thema sei. [244] Stattdessen entschied sich die Landesregierung für ein neues Regelungsverfahren, nämlich den „Gesprächskreis Flughafen". Damit ignorierte sie nach den Ausschreitungen der Landebahn West in den 1980er Jahren die über ein Jahrzehnt geltende Übereinkunft mit den Anwohnern, den Flughafen nicht weiter auszubauen. [245] Werden nun die 5 von Oliver aufgestellten strategischen Reaktionen mit jeweils drei Taktiken, mit denen Organisationen auf Prozesse der Institutionalisierung von Regeln reagieren, auf das Vorgehen der Landesregierung angewendet, so ist die erste Reaktion der Regierung im Hinblick auf die Institutionalisierung neuer Regelungsverfahren im gewissen Sinne einer Strategie des *Trotzens* mit der Taktik

---

[241] Herberg, G.: Meilenenstein für Flughafenprojekt. Berlin Brandenburg International. In: Bayerischer Monatsspiegel. 4 + 5/1999, S. 98.
[242] Bundeministerium für Verkehr, Bau und Wohnungswesen (Hrsg.): Flughafenkonzept der Bundesregierung 2000, a.a.O., S. 37; Statistisches Bundesamt (Hrsg.): Statistisches Jahrbuch 1997 für die Bundesrepublik Deutschland. Stuttgart 1997, S 323.
[243] vgl. Busch, P.-O.: Konfliktfall Flughafenerweiterung, a.a.O., S 21ff.
[244] Geis, A.: Umstritten, aber wirkungsvoll, a.a.O., S. 3f.
[245] ebda., S. 3f.

Zurückweisen zu zuordnen. Es zeigt sich hier, dass bisher geltende Normen und Werte in Form des Koalitionsvertrages und einer jahrelangen stillen Übereinkunft mit den betroffenen Bürgern vor Ort ignoriert oder vernachlässigt wurden. Gleichwohl lässt sich nicht nur vom *Ignorieren von Normen und Werten* und damit von einer Strategie des *Trotzens* und des *Manipulierens* sondern auch von einer Strategie des Kompromisses sprechen.[246]

Wie bereits erwähnt, veränderte die SPD ihre Haltung in Bezug auf den Flughafenausbau. Standen bisher ökologische Kriterien im Vordergrund, rückten nun Arbeitsplätze und die Verkehrsinfrastruktur in den Mittelpunkt. Die Landes-SPD machte in diesem Sinne auf die Bedeutung des Flughafens, insbesondere im Hinblick auf die Arbeitsplätze und die Verkehrsinfrastruktur für die Region, aufmerksam.[247] Darüber hinaus schlug Ministerpräsident Eichel den Konfliktparteien ein Vermittlungsverfahren vor.[248]

„*Die damalige, von mir geführte Hessische Landesregierung hat sich dann zu einem Mediationsverfahren entschieden. Sie verband dies mit der Hoffnung, einen Raum für kreative Lösungen zu öffnen.*"[249]

Er entwickelte damit zum einen Werte und Kriterien, um die Flughafengegner zu beeinflussen und versuchte, indem er selbst ein Verfahren vorschlug, den Prozess zu *steuern*. Diese beiden Taktiken (*Beeinflussen und Steuern*) lassen sich zur Strategie des *Manipulierens*, wenn auch in eher zulässiger Form, zuordnen.[250]

Zugleich entschieden sie sich aber mit der Idee eines integrierten Verkehrskonzeptes und mit der Mediation für Verfahren, die den

---

[246] Oliver, C.: Strategic Responses to Institutional Processes, a.a.O., S. 152.
[247] Busch, P.-O.: Konfliktfall Flughafenerweiterung, a.a.O., S. 21f.
[248] Mediationsgruppe Flughafen Frankfurt/Main, a.a.O., S. 7.
[249] Eichel, H.: Politik durch Dialog – Neue Kommunikationsformen. In: J.-D. Wörner: Das Beispiel Frankfurt Flughafen – Mediation und Dialog als institutionelle Chance. Dettelbach 2003, S. 53.
[250] Oliver, C.: Strategic Responses to Institutional Processes, a.a.O., S. 152.

Flughafengegnern eine Teilnahme am „policy making process" ermöglichten, was als Strategie des *Kompromisses* gewertet werden kann.[251]

Beim nächsten Schritt, der Wahl der Mediatoren kann wiederum eine gegenteilige Strategie festgestellt werden. Hier *trotzte* die hessische Landesregierung indem sie *ignorierte*, dass ein Mediator neutral sein sollte.[252] Anstelle drei neutrale Mediatoren einzusetzen, entschied sie sich für Mediatoren, die gegensätzlichen Positionen vertreten. So argumentierte der damalige Ministerpräsident Eichel im Rückblick:

„Wir haben damals erst gar nicht den Versuch gemacht, Mediatoren zu gewinnen, die neutral waren. Es gab in diesem Verfahren – jedenfalls in der Region – auch kaum jemanden der neutral war."[253]

So gehörte der Umweltpfarrer Kurt Oeser zu den Gegnern des Flughafenbaus während der Präsident der Hessischen IHK, Dr. Frank Niethammer zu den Befürwortern zu zählen war. Dass die Regierung zwei der drei Mediatoren festlegte, kann weiterhin dem *Trotzen* zugesprochen werden.[254] Grundsätzlich wird bei Mediationsverfahren erwartet, dass über die Wahl des Mediators Einvernehmen herrschen sollte und dieser neutral ist.[255]

Bei der Erteilung des Untersuchungsauftrages der hessischen Landesregierung an die Mediatoren, zeigt sich dagegen wieder eine *kompromissbereite*, dem Verfahren gegenüber offene Strategie.[256] So wurden die Mediatoren beauftragt zu untersuchen, unter welchen Voraussetzungen dies erfolgen soll:

---

[251] vgl. Busch, P.-O.: Konfliktfall Flughafenerweiterung, a.a.O., S. 21f.; Oliver, C.: Strategic Responses to Institutional Processes, a.a.O., S. 152.
[252] Zilleßen, H. (Hrsg.): Mediation, a.a.O., S. 15.
[253] Eichel, H.: Politik durch Dialog – Neue Kommunikationsformen, a.a.O., S. 53; Oliver, C.: Strategic Responses to Institutional Processes, a.a.O., S. 152.
[254] Siehe: Breidenbach, S.: Mediation – Struktur, Chancen und Risiken von Vermittlung und Konflikt. Köln: Dr. Otto Schmidt, 1995, S. 145.
[255] Zilleßen, H. (Hrsg.): Mediation, a.a.O., S. 15.
[256] Oliver, C.: Strategic Responses to Institutional Processes, a.a.O., S. 152.

"(...) unter welchen Voraussetzungen der Flughafen dazu beitragen kann, die Leistungsfähigkeit der Wirtschaftsregion Rhein-Main im Hinblick auf Arbeitsplätze und Strukturelemente dauerhaft zu sichern und zu verbessern, ohne die ökologischen Belastungen für die Siedlungsregion außer Acht zu."[257]

Oliver beschreibt in ihren Beispielen für diese Taktiken, dass Erwartungen unterschiedlicher Akteure ausgeglichen werden und/oder mit den „Stakeholdern" in Verhandlungen getreten wird.[258] Die Initiatoren des Verfahrens gingen damit einen entscheidenden Schritt zur Institutionalisierung des neuen Verfahrens. Zwar nutzten die politischen Akteure ihren Handlungsspielraum insbesondere bei der Wahl des Mediators, setzten aber zugleich auf neue offene Verfahren. Ein wichtiges Kriterium der Mediation ist dabei, dass die Entscheidung nicht von oben fällt, sondern alle Gruppen in einem möglichst großen Konsens zu einer gemeinsamen Regelung finden bzw. wenigstens ein frühzeitiges Mitspracherecht erhalten.[259] Dies war allerdings nicht der Fall. Der Vorschlag, überhaupt ein neues Verfahren auszuprobieren, zeigt jedoch auch die *Lernbereitschaft* der Landesregierung. Da sie das Verfahren steuerten, kann aber nur von einem *einfachen Lernen* gesprochen werden.[260]

Der Strategie des *Kompromisses* wurde im nächsten Schritt, der Vorbereitung des Verfahrens, von der Landesregierung nicht unbedingt weiter gefolgt. Hier standen dagegen erneut Strategien des *Trotzens* und *Manipulierens* im Vordergrund, was sich daran feststellen lässt, dass die Landesregierung die Mitglieder des Gesprächskreises auswählte.[261] Die Mehrheit der im Gesprächskreis vertretenen Akteure war dabei staatlich

---

[257] Hänsch K./ Niethammer F./ Oeser, K.: Bericht. In: Hessische Staatskanzlei: Das Mediationsverfahren Flughafen Frankfurt 2000, S. 6.
[258] Oliver, C.: Strategic Responses to Institutional Processes, a.a.O., S. 152.
[259] Zilleßen, H. (Hrsg.): Mediation, a.a.O., S. 17f.; Günther, B.: Mediation in öko-sozialen Gestaltungsprozessen, a.a.O., S. 55.
[260] vgl. Mediationsgruppe Flughafen Frankfurt am Main: Bericht, a.a.O., S. 7; Argyris C./Schön, D. A.: Organizational Learning, a.a.O., S. 35.
[261] Oliver, C.: Strategic Responses to Institutional Processes, a.a.O., S. 152.

und kam aus Regierungskreisen.[262] Ein selbst bestimmter Findungs- und Organisationsprozess, aus dem ein Mediationsverfahren – dem „Harvard-Konzept" folgend – hervorgehen sollte, war somit aus der Sicht der Flughafengegner nicht mehr gegeben.[263] Diese Norm *ignorierte* die Landesregierung. Damit lässt sich bei der Entscheidung über die Zugangsregelungen die Strategie des *Trotzens* mit der Taktik *Zurückweisen* nachvollziehen.[264] Der von Oliver skizzierten Reaktionen auf institutionelle Erwartungen folgend, lässt sich hier erneut die Strategie des *Manipulierens* nachweisen, wobei drei unterschiedliche Taktiken aufgezeigt werden können: Die Regierung *kooptierte*, indem sie bestimmte einflussreiche Akteure einband oder versuchte einzubinden, sie *beeinflusste*, indem sie neue Werte und Kriterien (Schaffung neuer Arbeitsplätze in der Region) entwickelte und formte und sie *steuerte*, indem sie institutionelle Akteure und Prozesse beherrschte.[265] Weiterhin veränderten die Teilnehmer in der Präambel der Geschäftsordnung die ursprüngliche Fragestellung. Es sollte nunmehr erreicht werden, dass:

„(...) die Voraussetzungen geklärt werden, unter denen der Flughafen Frankfurt am Main die Leistungsfähigkeit der Wirtschaftsregion Rhein-Main im Hinblick auf Arbeitsplätze und Strukturelemente dauerhaft sichern und verbessern kann, ohne zugleich die umweltrelevanten Belastungen der Siedlungsregion Rhein-Main zu vergrößern."[266]

Mit dieser neuen Formulierung steckten die Teilnehmer den Verhandlungsrahmen klar ab und räumten umweltrelevanten Bereichen, wenn überhaupt, nur einen Status quo ein.

Auch Lewin weist darauf hin, dass diese Veränderung der Fragestellung zwar die ökologischen Belastungen miteinbezog, dass aber keine

---

[262] Wörner, J.-H.: Abschlussdokumentation RDF 2000-2008, a.a.O., S. 16.
[263] Fisher, R./ Ury, W.: Das Harvard-Konzept, a.a.O., S.35-137.
[264] Oliver, C.: Strategic Responses to Institutional Processes, a.a.O., S. 152.
[265] ebda., S. 152.
[266] Mediationsgruppe Flughafen Frankfurt am Main: Geschäftsordnung der Mediationsgruppe Flughafen Frankfurt. Frankfurt am Main. 1998, S. 1.

Verbesserung angestrebt wurde. Mit dieser Eingrenzung blieb das Mediationsverfahren aus seiner Sicht weit hinter den hergebrachten Anforderungen zurück.[267] Die Offenheit des Verfahrens war so von Beginn an nicht gewährleistet, was sich jedoch als Denk- und Verhaltensmuster bei der Anwendung von Mediationsverfahren als wichtiges Element etabliert hat.[268]

Auch im nächsten Schritt steuerte die hessische Landesregierung das Verfahren, indem sie im „Gesprächskreis Flughafen" über die Zugangsregeln der anschließenden Mediation bestimmten. Die Teilnehmerzahl der Mediation wurde auf 20 Mitglieder begrenzt, um die Arbeitsfähigkeit zu garantieren. Nach Regionen aufgeteilt sollten vier Bürgerinitiativen, vier Kommunen, zwei Vertreter der Wirtschaft, zwei Umweltverbände in der Region sowie ein Vertreter der FAG, der DFS, der Gewerkschaften in Hessen, des Bundesministeriums für Verkehr, des Hessischen Ministeriums für Wirtschaft, Verkehr und Landesentwicklung (HMWVL), des Hessischen Ministeriums für Umwelt, Energie, Jugend, Familie und Gesundheit (HMUEJF), des Board of Airline Representatives in Germany (BARIG) und der LH beteiligt werden.[269] Anna Geis spricht im Rahmen ihrer Analyse des Mediations-verfahrens sogar von einer offensichtlichen *politischen Steuerung*.[270] Nachdem von außen Forderungen einer Erweiterung laut wurden und die Landesregierung aufgrund der Entwicklung im Luftverkehr unter Druck geriet, reagierte sie bewusst oder unbewusst mit einer Strategie des *Manipulierens*, indem sie das Verfahren steuerte.[271] Eine Ausnahme bilden allerdings die Arbeitskreise, hier ging die Landesregierung zunächst nicht strategisch *manipulierend* oder *vermeidend* vor. Die Bildung dieser wird von Mediationsexperten

---

[267] Lewin, D.: Das "Mediationsverfahren" und das "Regionale Dialogforum Flughafen Frankfurt" – Bereicherung oder Gefahr für rechtsstaatliche Planung?. In: Sofia-Diskussionsbeiträge zur Institutionenanalyse, Nr. 1-3, Darmstadt 2001, S. 12.
[268] vgl. Fietkau/ H.-J.,Weidner, H.: Umweltverhandeln, a.a.O., S. 15; Zilleßen, H. (Hrsg.): Mediation, a.a.O., S. 15.
[269] Mediationsgruppe Flughafen Frankfurt/Main: Bericht, a.a.O., S. 182ff.
[270] Geis, A.: Umstritten, aber wirkungsvoll, a.a.O., S. 27.
[271] Oliver, C.: Strategic Responses to Institutional Processes, a.a.O., S. 152.

empfohlen, um die Arbeitsfähigkeit der Mediation zu garantieren.[272] In diesem Punkt kann die Vorgehensweise der Regierung als Strategie des *Kompromisses* gewertet werden. Sie war in diesem Punkt bereit mit den „Stakeholdern" in Verhandlung zu treten.

Die CDU-FDP Opposition unterstützte das Verfahren nur bedingt und kritisierte die schlechte Vorbereitung des neuen Verfahrens, was aus Geis Sicht auch dem aufkommenden Landtagswahlkampf von 1999 in Hessen geschuldet war.[273] Damit folgten auch sie einer Strategie des *Trotzens* mit der Taktik *Herausfordern*. Wobei die Taktik *Herausfordern* sich hierbei weniger auf die neue Regelung als auf die Akteure bezieht, die die neue Regelung implementieren wollten.[274]

Die SPD geführte hessische Landesregierung (1995-99) behielt ihren Kurs bei, obwohl sich abzeichnete, dass das Mediationsverfahren nicht von allen anerkannt würde. Auf Veränderungen und Einflüsse von außen reagierte die Regierung nicht mit einem *Lernprozess*, der das Verfahren beispielsweise offener hätte gestalten können. Geis beurteilt die mangelnde Flexibilität der Regierung mit den bevorstehenden Landtagswahlen. Ein Einlenken hätte zu diesem Zeitpunkt wie ein Eingeständnis wirken können, dass das Mediationsverfahren nicht gut vorbereitet worden sei.[275] Ein Strategiewechsel hätte möglicherweise größere Stimmenverluste verursacht.

Erst als die eingeladenen Umweltverbände und Bürgerinitiativen, Der Bund für Umwelt- und Naturschutz Deutschland/ Landesverband Hessen (BUND Hessen), Schutzgemeinschaft Deutscher Wald/Landesverband Hessen (SDW Hessen), Umweltschutzorganisation Naturschutzbund Deutschland/Landesverband Hessen (NABU Hessen), und das BBI, eine Absage zur konstituierenden Sitzung erteilten, wandelte die Regierung ihre

---

[272] Günther, B.: Mediation in öko-sozialen Gestaltungsprozessen, a.a.O., S. 66f.
[273] Geis, A.: Umstritten, aber wirkungsvoll, a.a.O., S. 26.
[274] Oliver, C.: Strategic Responses to Institutional Processes, a.a.O., S. 152.
[275] Geis, A.: Umstritten, aber wirkungsvoll, a.a.O., S. 26.

Taktik von einer „starken Steuerung" zu einer *Kooperation* ab und versuchte darüber hinaus auch ausgleichend zu wirken und einen *Kompromiss* zu erzielen, indem sie zum Gespräch mit ca. 40 Vertretern der Bürgerinitiativen und Umweltverbände einluden.[276] Darüber hinaus gab es mehrere Einzelgespräche zwischen Ministerpräsident Hans Eichel (SPD) und den Vorstandsmitgliedern der Umweltverbände, sowie einen Briefwechsel, in dem Eichel in einem Schreiben vom 1. September 1998 versicherte, dass:

„(...) das Mediationsverfahren völlig offen ist. Es gibt seitens der Landesregierung keinerlei Vorfestlegungen. (...) Die Zielbestimmung ist in einer sehr eingehenden Erörterung im Gesprächskreis Flughafen konsensual erarbeitet worden. (...) Was die Frage der Repräsentanz der Region anbelangt, so liegt es nach meinem Dafürhalten in der Kompetenz von Mediatoren und Mediationsgruppe, sofern die eingeladenen Bürgerinitiativen und Naturschutzverbände von dem Angebot zur Mitgliedschaft in der Mediationsgruppe keinen Gebrauch machen wollen, die frei werdenden Plätze durch Kommunalvertreter aus der Region aufzufüllen."[277]

Es ist festzustellen, dass die Regierung ihre Strategie mit einer Ausnahme (Bildung der Arbeitskreise) erst wechselte und flexibilisierte, nachdem die Mediation zu scheitern drohte und bot dann eine stärkere *Kooperation* an. Die Regierung musste somit „Lernen" und sich auf das Verfahren tatsächlich einlassen. Wie bereits unter 2.2.7 erwähnt, ist hier zwischen *einfachem und komplexen Lernen* zu unterscheiden.[278] Da die Regierung nicht ihre Interessenslage und Werte veränderte (z.B. den weiteren Ausbau abzulehnen), sondern nur ihre Strategie von einer *manipulierenden* zu einer *kompromissbereiten*, kann nur von einem *einfachen Lernen*

---

[276] Busch, P.-O.: Konfliktfall Flughafenerweiterung, a.a.O., S. 27.; Mediationsgruppe Flughafen Frankfurt/Main: Bericht, a.a.O., S. 7f.; Oliver, C.: Strategic Responses to Institutional Processes, a.a.O., S. 152.
[277] Mediationsgruppe Flughafen Frankfurt am Main: Bericht, a.a.O., S. 8.
[278] Argyris C./ Schön, D. A.: Organizational Learning, a.a.O., S. 35.

gesprochen werden, welches aber durchaus problemlösungsorientiert war. Da die Flughafengegner auch weiterhin das Verfahren ablehnten, vergab die Landesregierung die freigewordenen Plätze an die betroffenen Kommunen, statt das Verfahren abzubrechen.

Der Schwenk der Landesregierung von einer Ablehnung eines weiteren Flughafenbaus aufgrund zuvor höher gewichteter umweltpolitischer Kriterien hin zu einer Öffnung einer Diskussion über einen Ausbau wurde von einer Doppelstrategie des *Trotzens* und des *Kompromisses* begleitet.[279] Die Strategie des *Kompromisses* wurde jedoch nicht sehr intensiv weiter verfolgt und erst bei der Androhung der Flughafengegner, am Verfahren nicht teilzunehmen, wieder aufgenommen.

Sie machten Gebrauch von ihrer Macht, über die Zugangsregeln allein zu entscheiden und *steuerten* somit das im Idealfall auf Selbstbestimmung aufbauende Verfahren *von oben*, wodurch das Verfahren hybridisiert wurde.[280] Die Hybridisierung führte jedoch nicht zu einer verbesserten Umsetzung des neuen Verfahrens sondern zur Ablehnung durch weite Teile der Flughafengegner.

Die Steuerung des Gesprächskreises durch die politischen Akteure und der Konsensbeschluss mit der Wirtschaft über ein Mediationsverfahren war eine Mischung aus *Manipulieren* und *Kompromissbereitschaft*.[281] Gleichwohl zeigte die Regierung durchaus Lernbereitschaft, wenn auch nur im Rahmen ihrer Strategie. In Folge dessen schaffte es nicht bei allen Beteiligten die notwendige Akzeptanz und das Vertrauen, das für die Institutionalisierung neuer Regeln notwendig ist.[282] Damit standen das Mediationsverfahren und das daran anschließende „Regionale Dialogforum" von Beginn an in Konkurrenz zum Planfeststellungs-verfahren, dass

---

[279] Oliver, C.: Strategic Responses to Institutional Processes, a.a.O., S. 152.
[280] Deutsch, K. W.: Politische Kybernetik, a.a.O., S. 437.
[281] Oliver, C.: Strategic Responses to Institutional Processes, a.a.O., S. 152.
[282] Berger, P. L./ Luckmann, T.: Die gesellschaftliche Konstruktion der Wirklichkeit, a.a.O., S. 54ff.

für die Flughafengegner letztlich sicherer erschien, da sie hier die Möglichkeit hatten und haben, juristisch gegen das Verfahren vorzugehen.

Strategisches Verhalten der Flughafengegner

Obwohl die Umweltverbände und Bürgerinitiativen Zugang zum Mediationsverfahren erhielten, lehnten sie mit Ausnahme der „Offenbacher Vereinigung gegen Fluglärm" in der Initiierungs- und Vorbereitungsphase das Verfahren ab, da sich ihre Erwartungen daran nicht erfüllten.[283] Das notwendige Vertrauen herrschte nicht vor und es war aus ihrer Sicht auch zweifelhaft, dass die Mediation ergebnisoffen und neutral durchgeführt werden würde.[284] So begründeten die Bürgerinitiativen des „Bündnisses der Bürgerinitiativen kein Flughafenausbau" (BBI) ihre Nicht-Teilnahme an der Mediation folgendermaßen:

„Die 17 Bürgerinitiativen aus dem Bündnis haben nach 6 Wochen Diskussion beschlossen, an der Mediation nicht teilzunehmen. Die Formulierung des Mediations-Zieles läßt den Schluß zu, daß der Ausbaubeschluß schon in den Köpfen ist. Das Verfahren ist ein reines Akzeptanz-Management. Auch die Umweltverbände lehnen eine Teilnahme an der Mediation ab. Es gehe nur noch um das „Wie",, nicht um das „Ob„ des Ausbaus. Die Parteien in Wiesbaden lassen nicht erkennen, daß sie sich an Mediationsergebnis halten werden."[285]

Auch beklagten sie, dass es keine Rechtsbindung gäbe. Der BUND Hessen und die NABU Hessen fassten in einer Stellungnahme für das Landtags-Hearing zum Frankfurter Flughafen die Gründe für das Fernbleiben am Mediationsverfahren folgendermaßen zusammen:

---

[283] Mediationsgruppe Flughafen Frankfurt am Main: Bericht, a.a.O., S. 7.
[284] Mediationsgruppe Flughafen Frankfurt am Main: Dokumentation zum Mediationsverfahren, a.a.O., S. 11.
[285] BBI: BBI-Chronik 1998: Juni 1998. URL: http://bbi.unser-forum.de/Chronik/1998.htm. Stand: 07.11.2011.

"Unsere Verbände haben sich ausschließlich aus formalen Gründen gegen die Mitwirkung an dem sog. "Mediationsverfahren" entschieden. Die wichtigsten und von uns mehrfach öffentlich dargelegten lauteten:

1. *Das Verfahren war nicht ergebnisoffen.*
2. *Die Funktion des neutralen Moderators kann nicht durch ein Kollegialgremium gegensätzlicher Interessen ersetzt werden.*
3. *Es fehlte an der politischen Selbstbindung der im Landtag vertretenen Parteien an das Verfahrensergebnis."*[286]

In der Vergangenheit waren von Seiten der Politik bereits zahlreiche Versprechungen zum Endzustand des Frankfurter Flughafens gemacht worden, die aus Sicht der Bürgerinitiativen und Umweltverbände aber nicht eingehalten wurden. Somit bestand bereits zu Beginn der Einführung des Verfahrens keine Vertrauensbasis in Hessen.[287] Da sich die Bürgerinitiativen und Umweltverbände mit Ausnahme der „Offenbacher Vereinigung" organisationsübergreifend verbündeten und für ein Fernbleiben der Mediation entschieden, kann insgesamt hinsichtlich deren Vorgehensweise von einer hohen Strategiefähigkeit dieser Gruppe gesprochen werden.[288]

---

[286] BUND Hessen/NABU: Archiv: Mehr Aufrichtigkeit in der Flughafen Debatte. 10.-12.05.2000. URL: http://www.bund-hessen.de/themen_und_projekte/flughafen_frankfurt/archiv/mehr_aufrichtigkeit_landtag_shearing_2000/. Stand: 12.11.2009.

[287] BUND Hessen: Flugverkehr schädigt Mensch, Klima und Umwelt – kein Ausbau des Frankfurter Flughafens. 21.03.1998. URL: http://www.bund-hessen.de/themen_und_projekte/flughafen_frankfurt/archiv/resolution_der_landes_deligiertenversammlung_1998/. Stand: 08.07.2006.

[288] Mediationsgruppe Flughafen Frankfurt am Main: Bericht, a.a.O., S. 7; Busch, P.-O.: Konfliktfall Flughafenerweiterung, a. a. O., S. 30; Scharpf, F.: Interaktionsformen, a.a.O., S. 107.

Sie entschieden sich für die Strategie des *Trotzens* mit der Taktik *Ankämpfen*, indem sie sich gegen die Mediation und gegen den Ausbau wendeten.[289]

Die Umweltverbände, Bürgerinitiativen und Anrainergemeinden entschieden sich aber nicht nur zu *Trotzen* sondern folgten bereits in dieser frühen Phase einer weiteren Strategie: Sie entschieden sich für die Strategie *Erdulden*, mit der Taktik *Befolgen*, indem sie bestehende Regeln befolgten.[290] Sie beschlossen nämlich, dem rechtlich gebotenen Entscheidungsprozess zu folgen und konzentrierten sich auf das Planfeststellungsverfahren, das durch die Erörterungstermine den Zugang der Verbände und Initiativen sicherte. Hierbei mussten sie sich jedoch nicht unbedingt auf einen *Kompromiss* einlassen, sondern konnten gegen den Beschluss der Planfeststellungsbehörde klagen.[291] Darüber hinaus lässt sich auch noch eine Strategie des *Manipulierens* feststellen. Die Umweltverbände, Bürgerinitiativen und Anrainergemeinden sprachen sich zu Beginn gegen das Mediationsverfahren aus, in dem sie Werte und Kriterien entwickelten, die eine Teilnahme faktisch unmöglich machten. So argumentieren sie, dass bei der Mediation über Wissensstände verhandelt würde, die sich schnell überholen könnten, da sie auf Prognosen beruhen. Auch die Vorsitzende des BUND, Angelika Zahrnt warnte in einer Kundgebung im Jahr 2000:

„Auch der Bau einer neuen Bahn schafft nur einen sehr geringen Kapazitätsspielraum für den Flughafen. Wächst der Flugverkehr so, wie in der sog. Mediation kalkuliert, dann ist die neue Bahn bereits nach 13 Jahren wieder dicht. Bleibt es dagegen bei dem stürmischen Wachstum der letzten Jahre, dann ist die Kapazität schon viel schneller, nämlich nach nur 7 Jahren erschöpft. Der Bau einer neuen Bahn am Frankfurter Flughafen ist keine Lösung, sondern Stückwerk und damit Unsinn. Wer

---

[289] Oliver, C.: Strategic Responses to Institutional Processes, a.a.O., S. 152.
[290] ebda., S. 152.
[291] vgl. Busch, P.-O.: Konfliktfall Flughafenerweiterung, a.a.O., S. 35; Geis, A.: Umstritten, aber wirkungsvoll , a.a.O., S. 6.

nur über eine neue Bahn spricht, hat die Problemlage entweder nicht verstanden oder er will Sie, die Bewohnerrinnen und Bewohner des Rhein-Main-Gebietes täuschen."[292]

Auch befürchteten die Gegner, dass ein frühzeitiges Einlenken ihre Position später schwächen könnte. Weiterhin betonten sie, dass der Bau sowieso schon beschlossene Sache sei, so dass eine Mediation über das ob und wie Zeitverschwendung sei.[293]

4.2.1.2 Verhandlungsphase

Die Verhandlungsphase war ebenfalls überwiegend von der Wirtschaft und Landesregierung getragen. Bürgerinitiativen und Gemeinden blieben den Verhandlungen weiterhin fern. Gleichwohl wurde die Mediation fortgeführt.

Auch für die Verhandlungsphase haben sich Denk- und Verhaltensmuster (Feststellung der Interessen, Vorschläge von Lösungsmöglichkeiten) für ein Mediationsverfahren etabliert, die zur Legitimation beitragen sollen.[294]

Im Mittelpunkt der inhaltlichen Arbeit der Mediationsgruppe standen zwei Fragestellungen:

1. *„Welchen Einfluss hat der Flughafen Frankfurt auf die Verkehrsentwicklung, die Umwelt, die Regionalentwicklung sowie die Wirtschafts- und Arbeitsmarktentwicklung der Siedlungs- und Wirtschaftsregion Rhein/Main?"*

2. *„Wie wird die zukünftige Entwicklung des Flughafens Frankfurt die Siedlungs- und Wirtschaftsregion Rhein/Main beeinflussen?"*[295]

---

[292] BUND Hessen.: Archiv: Rede zur Demonstration gegen die Flughafenerweiterung. 03.03.2000 URL: http://www.bund-hessen.de/themen_und_projekte/flughafen_frankfurt/archiv/rede_zur_demonstration_gegen_die_flughafenerweiterung_2000/. Stand: 05.01.2010.
[293] BUND Hessen/ NABU: Archiv: Mehr Aufrichtigkeit in der Flughafen Debatte, a.a.O.; Geis, A.: Umstritten, aber wirkungsvoll, a.a.O., S. 6.
[294] Günther, B.: Mediation in öko-sozialen Gestaltungsprozessen, a.a.O., S. 54.
[295] Mediationsgruppe Flughafen Frankfurt/Main: Dokumentation zum Mediationsverfahren,

Es wurden in den verschiedenen Gruppen die vorhandenen Positionen formuliert, die unterschiedlichen Interessen entwickelt und auf dieser Basis Lösungsmöglichkeiten entwickelt und bewertet.[296] Am 31. Januar 2000 präsentierten die beteiligten Akteure den Endbericht der Mediation in der Öffentlichkeit. Darin kamen sie zu dem Ergebnis, eine weitere Start- und Landebahn am Flughafen Frankfurt am Main zu bauen.

„Die Mediationsgruppe hat intensiv über den Nichtausbau des Flughafens beraten. Unter Abwägung aller Gesichtspunkte hält sie aufgrund der wirtschaftlichen Bedeutung des Flughafens für das Rhein-Main-Gebiet, Hessen und für die Bundesrepublik Deutschland den Ausbau des derzeitigen Bahnsystems[297] für erforderlich."[298]

Von außen betrachtet wurde in dieser Phase den etablierten Denk- und Verhandlungsmustern Rechnung getragen. Gleichwohl wurde die Mediation erneut nur von wirtschaftlichen und politischen Akteuren getragen, ist daher als einseitig zu bezeichnen. Nach wie vor nahm nur ein Teil der Akteure an den Verhandlungen teil, so dass dem Mediationsverfahren die Akzeptanz weiter Teile der betroffen Akteure fehlte. Somit mangelte es dem Institutionalisierungsprozess weiterhin an Legitimation. Inwieweit sich dies auf die strategische und/oder opportunistische Nutzung von Spielräumen zurückführen lässt, ist nachfolgend zu klären.

Strategisches Verhalten der Flughafenbefürworter

Politische (Hessische Landesregierung) und wirtschaftliche Akteure setzten trotz des Fernbleibens zahlreicher Umweltgruppen und Gemeinden die Mediation fort und begannen mit der Verhandlungsphase. Diese Entscheidung als solche lässt sich der Strategie *Manipulieren* mit der

---

[296] a.a.O., S. 14.
[297] ebda., S. 20.
[298] Mit Bahnsystem sind hier die Landebahnen gemeint.
Mediationsgruppe Flughafen Frankfurt am Main: Bericht, a.a.O., S. 178f.

Taktik *Steuern* zuordnen, da sie weiterhin den Prozess beherrschten.[299] Die Mediationsgruppe setzte das Verfahren fort und legte die weitere Vorgehensweise fest. Beim eigentlichen Verfahren einigte sie sich auf eine kooperative Problemlösungssuche wie es nach den Kriterien eines Mediationsverfahrens vorgesehen ist.[300] Die Mediatoren betonten, dass sie sich dem Konsensprinzip verpflichtet fühlten.

„Nach einer ungeschriebenen Regel wurde solange diskutiert bis einer der drei Mediatoren eine Zusammenfassung des Diskussionsstands formulieren und ohne Widerspruch als Ergebnis feststellen konnte."[301]

Sie setzten in diesem Punkt auf eine Strategie des Kompromisses mit der Taktik *Verhandeln* bzw. *Ausgleichen*, was sich an der Herangehensweise und dem Ablauf des Arbeitsprogramms nachvollziehen lässt.[302]

Um das Arbeitsprogramm zu bewältigen, wurden wie bereits erwähnt drei Arbeitskreise mit unterschiedlichen thematischen Schwerpunkten (1. Verkehr, 2. Ökologie, Gesundheit und Soziales und 3. Ökonomie) gegründet, in denen über die Möglichkeit einer Erweiterung bzw. Nicht-Erweiterung diskutiert wurde. In den Arbeitskreisen wurden wissenschaftliche Untersuchungen erörtert und Vorschläge zum weiteren Umgang mit den beteiligten Konfliktparteien unterbreitet.[303] Diese Vorgehensweise deckt sich mit den Kriterien der Verhandlungsphase, wie sie Günther

---

[299] Mediationsgruppe Flughafen Frankfurt am Main: Dokumentation zum Mediationsverfahren, a.a.O., S. 7; Mediationsgruppe Flughafen Frankfurt am Main: Bericht, a.a.O., S.8; Busch, P.-O.: Konfliktfall Flughafenerweiterung, a.a.O., S. 27f.; Oliver, C.: Strategic Responses to Institutional Processes, a.a. O., S 152.

[300] vgl. Mediationsgruppe Flughafen Frankfurt am Main: Dokumentation zum Mediationsverfahren, a.a.O., S. 7; Mediationsgruppe Flughafen Frankfurt am Main: Bericht, a.a.O., S.8; Busch, P.-O.: Konfliktfall Flughafenerweiterung, a.a.O., S. 37.

[301] Hänsch, K./ Niethammer, F./ Oeser, K.: Vermittlung und Interesse – Die Mediatorengruppe als Verfahrensinnovation. In: J.-D. Wörner: Das Beispiel Frankfurter Flughafen – Mediation und Dialog als institutionelle Chance. Dettelbach 2003, S. 85.

[302] Oliver, C.: Strategic Responses to Institutional Processes, a.a.O., S 152.

[303] Mediationsgruppe Flughafen Frankfurt/Main: Bericht, a.a.O., S. 9.

vorstellt und kann somit der Strategie des *Kompromisses* mit der Taktik *Verhandeln* zugeordnet werden.[304]

Die Atmosphäre in den Beratungen wurde von den Teilnehmern als konstruktiv beschrieben. Wissenschaftliche Gutachten, „Hearings" oder Arbeitspapiere legten die beteiligten Konfliktparteien gemeinsam im Konsens fest, so dass für alle gleichermaßen die Möglichkeit bestand, den Gegenstand der Beratungen zu beeinflussen und ihnen wichtig erscheinende Aspekte untersuchen zu lassen.[305]

Um die Offenheit des Verfahrens zu gewährleisten, wurden vier Zukunftsszenarien für den Flughafen bis zum Jahr 2015 im Verfahren entwickelt.[306] Bevor die beteiligten Konfliktparteien mit der Bewertung der einzelnen, zur Verfügung stehenden Varianten innerhalb der vier grundlegenden Szenarien zur Entwicklung des Flughafens begannen, einigten sie sich auf der Basis der Ergebnisse aus den Arbeitskreisen auf grundlegende Annahmen und legten Beurteilungskriterien fest.

Das erste Szenario A (Ausbau mit voller Kapazität) ging aufgrund einer Steigerung der Flugzeugbewegungen auf 660.000 und der Fluggäste auf 72 Millionen von einem Ausbau des Flughafens aus. Das zweite Szenario B beschrieb einen Ausbau mit einer begrenzten Kapazität. Das dritte Szenario C sah keinen Ausbau aber eine Optimierung des Bahnensystems durch die Nutzung neuer Technologien vor. Das vierte Szenario sah eine Begrenzung der Kapazitäten vor und kam damit einer Null-Variante gleich, was bedeutet hätte, den Flughafen in seiner jetzigen Größe zu belassen.[307] Für die einzelnen Szenarien untersuchten und diskutierten die

---

[304] Günther, B.: Mediation in öko-sozialen Gestaltungsprozessen, a.a.O., S. 67.
[305] Mediationsgruppe Flughafen Frankfurt am Main: Bericht, a.a.O., S. 9; Hänsch, K./ Niethammer, F./ Oeser, K.: Vermittlung und Interesse, a.a.O., S. 84; Bora, A./ Wolpert, M.: Das Mediationsverfahren Flughafen aus der Sicht der Teilnehmer und Beobachter? Daten zur Evaluation. In: J.-D. Wörner: Das Beispiel Frankfurt Flughafen. Mediation und Dialog als institutionelle Chance. Dettelbach 2003, S. 135.
[306] Mediationsgruppe Flughafen Frankfurt am Main: Dokumentation zum Mediationsverfahren, a.a.O., S. 14.
[307] Mediationsgruppe Flughafen Frankfurt am Main: Dokumentation zum

Beteiligten in den Arbeitskreisen die jeweiligen ökologischen, sozialen, wirtschaftlichen und verkehrlichen Auswirkungen in der Region Rhein-Main im Jahr 2015.

Diese Herangehensweise deckt sich mit den Kriterien eines Mediationsverfahrens in der Verhandlungsphase und lässt auf ein offenes Verfahren schließen, welches am ehesten der Strategie *Kompromiss* und taktisch dem *Ausgleich* zuzuordnen wäre.[308] Die Regierung versuchte in dieser Phase nicht *von oben zu steuern*, da sie über alle Möglichkeiten diskutieren ließ – auch über eine Null-Variante.

Auch bei dem Ergebnis setzte die Mediationsgruppe auf eine Strategie des *Kompromisses* mit der Taktik *Ausgleichen*, welches sich am Ergebnis des Verfahrens belegen lässt.[309] Das Ergebnis wurde an fünf Bedingungen geknüpft. Erstens sollte das vorhandene System optimiert, zweitens die Kapazität durch den Bau einer neuen Landebahn erweitert, drittens sollte ein Nachtflugverbot durchgesetzt, viertens ein Anti-Lärm-Paket entwickelt und fünftens ein „Regionales Dialogforum" eingesetzt werden.[310]

Zu den Optimierungsmaßnahmen wurde zum Beispiel die Verlagerung von Flügen auf andere Flughäfen und die Schiene gezählt. In der Zeit von 23.00 bis 5.00 Uhr sollte ein Nachtflugverbot gelten.[311]

Weiterhin wurde im Konsens festgelegt, dass sich die beteiligten Akteure im abschließenden Votum auf keine bestimmte Variante des Ausbaus festlegten. Die Mediatoren befürworteten lediglich den Ausbau einer neuen

---

[308] Mediationsverfahren, a.a.O., S. 122; Mediationsgruppe Flughafen Frankfurt am Main: Bericht, a.a.O., S.10; Busch, P.-O.: Konfliktfall Flughafenerweiterung, a.a.O., S. 37. Günther, B.: Mediation in öko-sozialen Gestaltungsprozessen, a.a.O., S. 54; Oliver, C.: Strategic Responses to Institutional Processes, a.a.O., S 152.
[309] ebda. S. 152.
[310] Mediationsgruppe Flughafen Frankfurt am Main: Dokumentation zum Mediationsverfahren, a.a.O., S. 139; Mediationsgruppe Flughafen Frankfurt am Main: Bericht, a.a.O., S. 178.
[311] Mediationsgruppe Flughafen Frankfurt am Main: Dokumentation zum Mediationsverfahren, a.a.O., S. 139f.; Mediationsgruppe Flughafen Frankfurt am Main: Bericht, a.a.O.,S. 178.

Landebahn im Nordwesten bzw. im Süden bei gleichzeitigem Rückbau der Startbahn 18 West.[312][313]

Im Ergebnisprotokoll des Mediationsverfahrens zeigte sich allerdings, dass die Konfliktparteien nicht nur einer Strategie des *Konsenses* und *Kompromisses* folgten: So hatten sechs Gemeinden in der Klausurtagung vor der Verabschiedung des Mediationsendberichts darauf hingewiesen, dass zur Kapazitätserweiterung kein Ausbau erfolgen soll.[314]

Es lässt sich feststellen, dass die politischen Akteure das Verfahren weiter steuerten jedoch beim Verfahrensablauf den Konsens und Ausgleich anstrebten, wie das Ergebnis der Mediation zeigt. Damit lässt sich die mangelnde Institutionalisierung nur zum Teil mit dem strategischen Verhalten der Akteure erklären. Innerhalb des Verfahrens gibt es in der Verhandlungsphase sowohl Verhaltensweisen, die eine Legitimation des Verfahrens wahrscheinlicher machen als auch Strategien, die einer Legitimation entgegenstehen. Bei den politischen Akteuren lässt sich durchaus ein *Lernverhalten* feststellen. Sie brachen das neue Verfahren trotz der Schwierigkeiten mit den Flughafengegnern nicht ab. Sie folgten

---

[312] Mediationsgruppe Flughafen Frankfurt am Main: Dokumentation zum Mediationsverfahren, a a.O., S. 139f.; Mediationsgruppe Flughafen Frankfurt am Main: Bericht, a.a.O., S. 178.

[313] *„Die beiden Varianten im Norden sind in ihren Auswirkungen sowohl im Hinblick auf den Waldverlust als auch auf die Lärmbelastung vergleichbar. Allerdings ergibt sich bei einer Detailbetrachtung eine leichte Präferenz für einen Ausbau im Nordwesten. Der Bau einer neuen Start- und Landebahn im Süden muss mit dem Rückbau der Startbahn West verbunden werden. Hierdurch ergibt sich ein geringerer Waldverbrauch als beim Bau einer Nordbahn. Beim Betrieb einer Start- und Landebahn im Süden wäre nach den derzeit vorliegenden Berechnungen eine deutlich höhere Zahl von Menschen relativ hohen Dauerschallpegeln ausgesetzt. Bisher nicht belastete Gebiete wären von Fluglärm neu betroffen, andere würden durch den Rückbau der Startbahn West entlastet. Alle Varianten sind im Hinblick auf Lärmvermeidung und –verminderung noch optimierbar. Den Mediatoren erscheinen aber die bei der Südbahn erzielbaren Optimierungspotenziale am größten. Die Mediatoren halten die Südvariante auch deshalb weiter für beachtenswert, weil sie mehr als alle anderen Varianten Optionen für eine langfristige und flexible Entwicklung des Flughafen so offenhält, zum Beispiel für eine Nutzung von Erbenheim."* (Mediationsgruppe Flughafen Frankfurt am Main: Dokumentation zum Mediationsverfahren, a.a.O., S.141.)

[314] Mediationsgruppe Flughafen Frankfurt am Main: Dokumentation zum Mediationsverfahren, a.a.O., S. 141.

der Herangehensweise eines klassischen Mediationsverfahrens und gründeten die verschiedenen Arbeitskreise.[315] Gleichwohl lässt sich hier eher von einem *pathologischen Lernen* sprechen, da nicht von einer effektiveren Zielerreichung gesprochen werden kann.[316] Ihr Ziel, ein allseits anerkanntes Mediationsverfahren durchzuführen, erreichten sie nämlich nicht. Sie waren nicht in der Lage, die Gegner mit an den Verhandlungstisch zu bringen. Organisationen können aber nur lernen, wenn sie erkennen, an welchen Stellen der Organisation Probleme vorliegen, und sie Ideen haben, wie diese besser gelöst werden.[317] Zwar erkannte die Landesregierung ein Problem in der mangelnden Beteiligung, sie war aber nicht in der Lage, gemeinsam einen tragfähigen Konsens zu finden.[318]

Strategisches Verhalten der Flughafengegner

Die Flughafengegner entschieden sich bis auf eine Ausnahme nach wie vor auch den Verhandlungen fernzubleiben und folgten damit einer Strategie des *Trotzens* indem sie gegen die neu zu institutionalisierende Regel, nämlich die Mediation ankämpften.[319] Dabei waren sie in Sorge, dass eine Beteiligung an der Mediation ihre Strategiefähigkeit bei einer späteren Klage einschränken könnte.[320] Die Flughafengegner blieben der Mediation somit nicht nur aus Gründen der mangelnden Transparenz beim Verfahrensablauf fern, sondern somit auch aus strategischen Gründen. Das Verfahren bot aus ihrer Sicht nicht mehr Sicherheit im Umgang mit der Ausbauplanung, sondern beförderte die Sorge, dass ihre Positionen nicht

---

[315] Günther, B.: Mediation in öko-sozialen Gestaltungsprozessen, a.a.O., S. 66f.
[316] Argyris, C./ Schön, D. A.: Organizational Learning, a.a.O., S. 35f.; Deutsch, K. W.: Politische Kybernetik, a.a.O., S. 147.
[317] Argyris, C./ Schön, D. A.: Organizational Learning, a.a.O., S. 36.
[318] Ewen, C.: Das Mediationsverfahren zum Frankfurter Flughafen aus der Sicht von Mediationsexperten – Christoph Ewen im Gespräch mit Markus Troja und Meinfried Striegnitz. In: J.-D., Wörner: Das Beispiel Frankfurter Flughafen – Mediation und Dialog als institutionelle Chance. Dettelbach 2003, S. 98.
[319] Oliver, C.: Strategic Responses to Institutional Processes, a.a.O., S. 152.
[320] vgl. BUND Hessen, NABU: Archiv: Mehr Aufrichtigkeit in der Flughafen Debatte, a.a.O.; Busch, P.-O.: Konfliktfall Flughafenerweiterung, a.a.O., S. 35.

gehört werden würden und später ihren Spielraum für Klagen einschränken oder ihre Glaubwürdigkeit in der Öffentlichkeit beschädigt werden könnte.[321] Damit stand das Mediationsverfahren weiterhin in Konkurrenz zum formalen und letztlich juristischen Verfahren, von deren Ergebnissen sie sich mehr Erfolg versprachen.

Inhaltlich sprachen die am Verfahren nicht beteiligten Bürgerinitiativen in Bezug auf den Ablauf der Verhandlungsphase von einem einseitigen Verfahren.[322]

Die einheitliche Ablehnung von Seiten der Gegner war dabei nur dadurch möglich, dass es, so Geis, während des Mediationsverfahrens zu zahlreichen Vernetzungsschüben zwischen den Bürgerinitiativen aber auch Kommunen und Umweltgruppen kam.[323] Diese Vernetzungsschübe wurden insbesondere auch durch die jahrelangen Konflikte um die Flughafenerweiterung, die die Flughafengegner mit dem Flughafen haben, herbeigeführt. Zugleich ging mit der langen Konfliktsituation eine Professionalisierung der Flughafengegner einher. Darüber hinaus ermöglichte die Einführung neuer Kommunikationsmedien wie dem Internet, den schnellen Zusammenschluss einer Vielzahl an Akteuren. Dadurch konnten gezielte Aktionen zeitnah durchgeführt werden. So gab es die Möglichkeit, online Protest- und Musterbriefe an die zuständigen Behörden zu schicken.[324] Auch wurde online über anstehende Aktionen informiert.[325]

Während des Mediationsverfahrens reaktivierten die Bürgerinitiativen ihre Gemeinschaften aus der Zeit der Startbahn West und schlossen sich aus 63 Initiativen zum Bündnis der Bürgerinitiativen gegen den Flughafenausbau am 5. März 1998 zusammen. Dabei arbeiteten sie auch mit dem

---

[321] ebda. S. 33ff.
[322] BUND Hessen, NABU: Archiv: Mehr Aufrichtigkeit in der Flughafen Debatte, a.a.O.
[323] Geis, A.: Umstritten, aber wirkungsvoll, a.a.O., S. 23.
[324] Bürgerinitiative Kelsterbach:. Musterbrief zum Downloaden. 2005. URL: http://www.bi-kelsterbach.de/. Stand: 15.11.2009.
[325] BBI: Termine: Veranstaltungen von Bürgerinititativen. Juli 2006. URL: http://bbi.unser-forum.de/termine/termine.htm. Stand: Juli 2006.

BUND zusammen, um zahlreiche Protestaktionen durchführen zu können und folgten damit ihrerseits der Strategie *Manipulieren*, mit der Taktik *Kooptieren*, indem sie einflussreiche Akteure einbanden, um ihren Aktionen noch ein größeres Gewicht zu verleihen.[326] Darüber hinaus schlossen sich 37 Kommunen des Kreises Groß Gerau, die sich im Gebiet des Flughafenbaus befanden, zur Kommunalen Arbeitsgemeinschaft Flughafen Frankfurt am Main (KAG) zusammen und lehnten den Bau einmütig ab.[327] So forderten sie 1999 von der hessischen Landespolitik:

„Am Frankfurter Flughafen darf es auch in Zukunft keine neue Start- und Landebahn, keine Spreizung des vorhandenen Parallelbahnsystems, keine Landungen auf der Startbahn 18 West sowie keinen Ausbau des Flughafens mit kapazitätssteigernden Folgen geben."*[328]*

Auf Grund ihrer hohen Strategiefähigkeit besaßen die Bürgerinitiativen und Kommunen *die Macht, nicht lernen zu müssen*.[329] Sie mussten sich nicht auf das Mediationsverfahren einlassen. Für sie bestand keine Notwendigkeit sich im neuen Verfahren zu beteiligen.

4.2.1.3 Die Umsetzungsphase

Die Mediationsgruppe kam nach knapp eineinhalb Jahren zu dem Ergebnis, den Flughafen mit einigen Einschränkungen weiter auszubauen. Nun mussten die Ergebnisse der Mediation und damit das Mediationspaket umgesetzt werden, was als wichtiges Kriterium für eine erfolgreiche Mediation gilt.[330] Wie bereits erwähnt, bestand das Mediationsergebnis

---

[326] Geis, A.: Umstritten, aber wirkungsvoll, a.a.O., S. 23; Eichel, H.: Politik durch Dialog, a.a.O., S. 61; BBI: Chronik 1998. 05.03.1998. http://bbi.unser-forum.de/Chronik/1998.htm. Stand: 14.11.2009.
[327] Geis, A.: Umstritten, aber wirkungsvoll, a.a.O., S. 23; Eichel, H.: Politik durch Dialog, a.a.O., S. 61; KAG: Forderungen und Beschlüsse: Forderungen der Kommunalen Arbeitsgemeinschaft Flughafen Frankfurt am Main an die Hessische Landespolitik. 18.02.1999. URL: http://www.kag-flughafen-ffm.de/. Stand: 23.11.2009.
[328] KAG: Forderungen und Beschlüsse, a.a.O.
[329] Deutsch, K. W.: Politische Kybernetik: Modelle u. Perspektiven, a.a.O., S. 171.
[330] Günther, B.: Mediation in öko-sozialen Gestaltungsprozessen, a.a.O., S. 54.

aus fünf Komponenten, die miteinander als ein Paket verbunden waren. Vorgeschlagen wurde:

1. die Optimierung des vorhandenen Systems,[331]
2. die Kapazitätserweiterung durch den Bau einer neuen Landebahn, die etwa 120 Flugbewegungen pro Stunde erlaubt,
3. ein Nachtflugverbot von 23:00 bis 5.00 Uhr,[332]
4. ein Anti-Lärm-Paket mit der Einbindung einer aktiven wie passiven Schallschutzmaßnahme,[333]

---

[331] *„Die Mediationsgruppe fordert, dass alle Möglichkeiten ausgeschöpft werden, mit denen das heutige System des Flugverkehrs am Boden und in der Luft verbessert werden kann.*
Dort wo es möglich ist, sollen Flüge von anderen Flughäfen ausgehen oder die Transporte mit der Eisenbahn durchgeführt werden. Diese Entlastungen sollen durch bessere Zusammenarbeit des Flughafens Frankfurt mit anderen Flughäfen beziehungsweise mit der Deutschen Bahn AG erreicht werden. Diese Maßnahmen können – im besten Fall – jeweils 30.000 bis 35.000 Flugbewegungen pro Jahr verlagern.
Optimierung bedeutet auch, dass auf den bestehenden Start- und Landebahnen in Zukunft mehr Flugzeuge starten und landen können als derzeit. Dies soll zum Beispiel durch moderne Navigations- und Flugsicherungstechniken erreicht werden. Damit könnten nach Einschätzung der Mediationsgruppe jährlich maximal 500.000 Flugbewegungen in Frankfurt abgewickelt werden.
Es zeigt sich: Durch eine Optimierung lassen sich die Engpässe am Frankfurter Flughafen kurzfristig entschärfen – eine langfristige Lösung bieten sie nicht." (Präsentation Mediation Frakfurt Flughafen 1998-2000: Das Mediationsverfahren. 2008. URL: http://www.forum-flughafen-region.de/fileadmin/files/Archiv/Archiv_Mediation-Dokumentation/Mediationsverfahren_Flughafen_Frankfurt_ppt_aus_Internetseite.pdf. Stand: August 2009, S. 7.)

[332] *„Der Schutz der Bevölkerung vor übermäßiger Lärmbelastung hat nach Ansicht der Mediationsgruppe Vorrang. Deshalb hält sie ein Nachtflugverbot für unabdingbar. Sie empfiehlt, dieses Verbot auf den Zeitraum von 23 Uhr bis 5 Uhr zu erstrecken.*
Darüber hinaus befürwortet die Mediationsgruppe für die sogenannten Tagesrandzeiten (später Abend, früher Morgen) zusätzliche Maßnahmen zur Lärmreduzierung.
Ein Nachtflugverbot macht es erforderlich, dass die Flüge (vor allem Post-, Fracht- und Charterflüge), die bisher in diesen Nachtstunden stattfanden, verlagert werden. Dies kann durch Veränderung der Flugpläne (Verlagerung auf den Tag) oder durch Verlagerung auf andere Flughäfen (zum Beispiel nach Hahn, einem Flughafen im Hunsrück im Besitz der FAG) erfolgen."
(Präsentation Mediation Frakfurt Flughafen 1998-2000: Das Mediationsverfahren, a.a.O., S. 9.)

[333] *„Die Mediationsgruppe fordert ein verbindliches Programm zur Lärmminderung und*

5. die Einrichtung eines *Regionalen Dialogforums*, das die Umsetzung des Mediationspaketes begleitet, indem es inhaltliche Fragen diskutiert.[334]

Während in die ersten drei Institutionalisierungs-Phasen das Mediationsverfahren im Wesentlichen von Wirtschaft und Politik nach außen unterstützt, nach innen jedoch zum Teil durch ihr strategisches Verhalten konterkariert wurden, wandelte sich die Vorgehensweise der politischen Akteure in der Umsetzungsphase. Zunächst ist festzustellen, dass die neu gewählte Regierung aus CDU und FDP unter Ministerpräsident Roland Koch[335] sich für ein Festhalten am Mediationsergebnis entschied.

„Mit dem Mediationsverfahren haben wir wie mit dem Regionalen Dialogforum einen neuen Weg in Hessen beschritten. Der Erfolg dieses

---

Lärmvermeidung. Es umfasst aktiven (das heißt, Lärm soll bereits an der Quelle vermieden oder verringert werden) und passiven Schallschutz (das heißt, der vorhandene Lärm soll vom Menschen ferngehalten werden).
Der Grund: Die Berechnungen zeigen, dass ein Ausbau des Flughafens mehr Menschen mit Fluglärm belasten würde. Daher empfiehlt die Mediationsgruppe neben dem Nachtflugverbot:
Als Maßnahmen für den aktiven Schallschutz
Es sollen finanzielle Anreize geschaffen werden, die den Einsatz lärmärmerer Flugzeuge fördern.
Es sollen Anreize geschaffen werden zur häufigeren Anwendung bzw. zur Weiterentwicklung von lärmarmen An- und Abflugverfahren. Fluglärm soll begrenzt ("kontingentiert") und lokale Lärmobergrenzen festgelegt werden.
Als Maßnahmen für den passiven Schallschutz: Schaffen eines Programms zum Schallschutz an Gebäuden, das nicht nur Fenster sondern das gesamte Gebäude umfasst. Zur Finanzierung wird eine Erhöhung der Landegebühren oder ein Flugticket-Zuschlag ("Lärmtaler") vorgeschlagen.
Aufbau eines Systems, das regelmäßig den entstehenden Lärm an besonders belasteten Punkten misst und diese Messergebnisse der Öffentlichkeit zur Verfügung stellt.
Die Mediationsgruppe empfiehlt, dass sich die FAG im Vergleich mit anderen internationalen Flughäfen zum Vorbild und Vorreiter bei der Reduzierung von Fluglärm entwickeln sollte. Dazu gehört insbesondere ihre Selbstverpflichtung zu einer kontinuierlichen Verminderung der Lärmbelastung der betroffenen Bevölkerung." (Präsentation Mediation Frakfurt Flughafen 1998-2000: Das Mediationsverfahren, 2008, a.a.O., S. 9.)

[334] Präsentation Mediation Frakfurt Flughafen 1998-2000: Das Mediationsverfahren, a.a.O., S. 139.
[335] Bei den Landtagswahlen in Hessen von 2003 erhielt Roland Koch (CDU) die absolute Mehrheit und konnte bis zu den nächsten Landtagswahlen auf die FDP als Koalitionspartner verzichten.

Weges sollte beispielhaft für die Demokratie sein."[336]

Aber auch bisherige Gegner des Verfahrens trugen nun zur Institutionalisierung bei. Sie fühlten sich an Teile der Ergebnisse der Mediation gebunden und sprachen sich darüber hinaus für eine rechtliche Bindungswirkung aus.

So nahmen sie die Forderung für ein Nachtflugverbot aus den Mediationsergebnissen in ihre Ziele auf.[337]

Zwar gelang es der Mediationsgruppe, eine einstimmige Konsensempfehlung zu verabschieden, die sowohl den Neubau der Landebahn als auch – im Gegenzug – umweltentlastende Maßnahmen des Flughafenbetreibers unterstützen sollte. Insbesondere schloss die Empfehlung, die Forderung nach einem Nachtflugverbot als eine seit Jahren bestehende Kernforderung von Umweltschutzverbänden und Bürgerinitiativen an den Flughafen ein. Dennoch traf die Mediationsempfehlung Dritten gegenüber auf Widerstand. Der Kompromissvorschlag, der von der amtierenden CDU-FDP-Landesregierung und den Landtagsfraktionen akzeptiert wurde, stieß bei der Grünen-Fraktion auf Ablehnung.

In der Protokollnotiz des Mediationspaketes lehnten sechs Kommunalvertreter den Ausbau des Flughafens ab.[338]

„Die Mitgliederversammlung der KAG Flughafen Frankfurt nimmt den Mediations-bericht zur Kenntnis und bittet die Landesregierung, folgende Punkte zu beachten:

1.   Wesentliche Punkte des Anti-Lärm-Paktes im Mediationsbericht sind bereits langjährige Forderungen der KAG Flughafen Frankfurt zum bestehenden Ausbau-stand des Flughafens. Deshalb müssen

---

[336] Koch, R.: Mediation als Chance – Einführung in das Thema, a.a.O., S. 13.
[337] BBI: Unsere Ziele. Mai 2012. URL: http://bbi.unser-forum.de/unsereziele.htm. Stand: Mai 2012.
[338] Siehe: Wörner, J.-D.: Abschlussdokumentation RDF 2000-2008, a.a.O., S. 17; Geis, A.: Umstritten, aber wirkungsvoll, a.a.O., S. 16.

bereits jetzt wesentliche Punkte umgesetzt werden, da in den letzten Jahren die Fluglärmbelastung zugenommen hat.

2. *Die KAG Flughafen Frankfurt lehnt auch nach Vorlage des Mediationsberichtes einen weiteren Ausbau des Flughafens ab.*

3. *Es muss eine sofortige Umsetzung eines Kataloges mit Maßnahmen zur Reduzierung der Belastungen der Menschen in der Region erfolgen. Dies bedeutet, dass dem Aspekt des Nachtflugverbotes und dem Anti-Lärm-Pakt im Ergebnis des Mediationsverfahrens sofort Rechnung getragen wird."*[339]

Schließlich wendete die Lufthansa durch Protokollnotizen ein, die Entscheidung für ein Nachtflugverbot und die Lärmbewertungen überprüfen zu wollen.[340]

Darüber hinaus fing der vermeintliche Konsens von Regierung und Opposition an zu bröckeln.

Bei den politischen Akteuren führte insbesondere die Umsetzungsphase zu Konflikten in Bezug auf die Bindungswirkung der Ergebnisse. Insbesondere das Nachtflugverbot wurde zum Streitpunkt.[341]

Damit ist festzustellen, dass das Mediationsverfahren in der Umsetzungsphase erneut unter Legitimationsproblemen litt, diesmal jedoch auch von Seiten der Befürworter des Verfahrens.

Dies hatte zur Folge, dass das Verfahren erneut nicht von allen Beteiligten anerkannt wurde. Somit war eine Objektivierung und damit vollständige Institutionalisierung in Frage gestellt. Inwieweit sich dies auf die strategische und/oder opportunistische Nutzung von Spielräumen bei

---

[339] Kommunale Arbeitsgemeinschaft Flughafen Frankfurt am Main: Forderungen und Beschlüsse: Beschlussfassung zum Ausbau des Frankfurter Flughafens (Beschluss 1). 29.02.2000 URL: http://www.kag-flughafen-ffm.de/ . Stand: 23.11.2009.

[340] Siehe: Wörner, J.-D.: Abschlussdokumentation RDF 2000-2008, a.a.O., S. 18.

[341] Spiegel-Online: Frankfurt: Anwohner planen Massenklagen gegen Flughafen-Ausbau.18.12.2007. URL: http://www.spiegel.de/wirtschaft/0,1518,524171,00.html. Stand: 02.01. 2008.

Regeln zurückführen lässt, und ob sich dies letztlich verzögernd auf das Projekt auswirkt, ist nachfolgend zu klären.

Strategisches Verhalten der Flughafenbefürworter

Zunächst ist festzustellen, dass trotz des Regierungswechsels von der SPD/ Bündnis 90/die Grünen geführten Koalition zur CDU/FDP geführten Regierung unter Ministerpräsident Roland Koch (CDU) an der Mediation und den Ergebnissen festgehalten wurden.

Bezogen auf die von der Mediationsgruppe ausgesprochen Empfehlung, sprach sich der damalige Ministerpräsident Roland Koch für diese aus:

„Diese Empfehlung ist das viel beschworene Fünf-Punkte-Paket, das von der Hessischen Landesregierung im Ganzen akzeptiert und in Politik umgesetzt wird. So ist die Verknüpfung eines rechtlich durchgesetzten Nachtflugverbotes und die Inbetriebnahme einer weiteren Start- und Landebahn nicht auflösbar."[342]

So urteilt Geis über den Parlamentsentscheid zur Übernahme der Ergebnisse der Mediation:

„Mit dem symbolischen Parlamentsentscheid bekannte sich die Regierungsmehrheit des Landtags rückhaltlos zu den Ergebnissen der Mediation. Bemerkenswert an diesem an sich schon ungewöhnlichen Akt der parlamentarischen Selbstbindung an die Ergebnisse eines informellen Verfahrens ist, dass genau diejenigen Parteien (CDU und FDP) für die Mediationsempfehlungen votierten, die dem Verfahren zu Beginn äußerst skeptisch gegenüber gestanden hatten – während diejenigen, die es seinerzeit eingeleitet hatten, nicht mit Ja stimmten."[343]

Auf Seiten der politischen Akteure wurden die Ergebnisse der Mediation mit Ausnahme der Grünen anerkannt und führten im Landtag zu einem

---

[342] Koch, R.: Mediation als Chance, a.a.O., S. 11.
[343] Geis, A.: Umstritten, aber wirkungsvoll, a.a.O., S. 17.

mehrheitlichen Ergebnis der Zustimmung. Am 21. Juni 2000 beschloss der Landtag mit 55 Ja-Stimmen der CDU-FDP-Koalitionsfraktionen, die Vorschläge der Mediationsgruppe zu übernehmen. Die SPD-Fraktion enthielt sich zwar mit 41 Stimmen und drei Abgeordnete votierten sogar gegen den Antrag, duldeten ihn jedoch insgesamt. Diese fraktionsübergreifende Strategie der *Anerkennung* bzw. des *Erduldens* der Mediation und der Ergebnisse weist zunächst darauf hin, dass die politischen Parteien einen Ausgleich anstrebten. Das strategische Verhalten der politischen Akteure hätte demnach in der Umsetzungsphase keine negativen Auswirkungen auf die Institutionalisierung der Mediation haben dürfen.[344]

So lässt sich für die hessische Landesregierung, vertreten durch Ministerpräsident Koch (CDU), die Strategie des *Erduldens* mit der Taktik *Befolgen* nachvollziehen.[345] Sie erkannte das Mediationsergebnis an und sprach sich für eine Koppelung von Nachtflugverbot und Ausbau aus.[346] Das bedeutet, die Regierung erkannte die innerhalb der Mediation aufgestellten Regeln an und akzeptierte sie als Handlungsgrundlage, was eine wesentliche Vorrausetzung für die Legitimation einer Mediation ist.[347] Der Flughafenbetreiber, in diesem Fall das Land Hessen und die Stadt Frankfurt, beantragten in Folge dessen ein Nachtflugverbot und sicherte Besitzern von besonders lärmbetroffenen Grundstücken Entschädigungszahlungen zu. Weiteres Indiz für die Strategie des *Erduldens* war die Gründung eines „Regionalen Dialogforums".[348] Hier sollte abgesichert werden, dass die Ergebnisse der Mediation entsprechend umgesetzt würden.

Damit übernahm die Regierung einerseits eine konkrete Forderung der Opposition und der Ausbaugegner, anderseits gab sie aber das Grundziel nicht preis, den Flughafen auszubauen. Den Ausbaugegnern war damit

---

[344] Geis, A.: Umstritten, aber wirkungsvoll, a.a.O., S. 44; Hessischer Landtag: Plenarprotokoll 15/67, Sitzung, Wiesbaden 22. Februar 2001, S. 4607.
[345] Oliver, C.: Strategic Responses to Institutional Processes, a.a.O., S. 152.
[346] Koch, R.: Mediation als Chance, a.a.O., S. 11.
[347] Susskind, L./ Cruikshank, J.: Breaking the Impasse, a.a.O., S. 95.
[348] Koch, R.: Mediation als Chance – Einführung in das Thema, a.a.O., S. 11.

eines ihrer wichtigsten Argumente gegen den Ausbau verloren gegangen. Ähnlich verhielt sich der Frankfurter Flughafenbetreiber Fraport. Er reagierte in Bezug auf die Ergebnisse des Mediationsverfahrens mit einer Reihe von Zusagen sofern die vierte Landebahn gebaut würde.

Im Zusammenhang mit der Selbstbeschränkung für ein Nachtflugverbot am Frankfurter Flughafen sollte geprüft werden, den „Nachtflugpoststern" nach Hahn oder einen anderen Standort zu verlagern. Auch wurde zugesagt, eine engere Verbindung mit anderen Verkehrsträgern, insbesondere der Eisenbahn zu fördern. Darüber hinaus wurde in mehreren Punkten Maßnahmen bezüglich der Einschränkung des Lärms zugesagt.[349]

„Der Hessische Landtag schließt sich der Schlussfolgerung der Mediationsgruppe an, dass unter Abwägung aller Gesichtspunkte aufgrund der wirtschaftlichen Bedeutung des Flughafens für das Rhein-Main-Gebiet, für Hessen und für die Bundesrepublik Deutschland der Ausbau des derzeitigen Bahnensystems erforderlich ist. Der Hessische Landtag ist insbesondere der Auffassung, dass die Mediationsgruppe mit den fünf Komponenten (Optimierung des vorhandenen Systems, Kapazitätserweiterung durch Ausbau, Nachtflugverbot, Anti-Lärm-Pakt und Regionales Dialogforum) einen umfassenden und ausgewogenen Vorschlag vorgelegt hat. Der hessische Landtag macht sich ebenfalls die Forderung der Mediationsgruppe zu Eigen, dass die fünf Komponenten des Mediationspaketes untrennbar miteinander verbunden sind."[350]

Das Verhalten der politischen und wirtschaftlichen Akteure lässt sich zunächst der Taktik *Befolgen* zuordnen und geht konform mit den

---

[349] Wiesbadener Kurier: Special – Flughafenausbau. 19.12.2002. URL: http://www.wiesbadener-kurier.de/special/flughafenausbau/index.htm?skip=10. Stand: 06.06.2005.
[350] Hessischer Landtag: Politische Grundsatzentscheidung – Auszug aus dem Beschluss des Hessischen Landtags vom 21.06.2000. 22.06.2000. URL: http://www.hessen.de/irj/HMWVL_Internet?rid=HMWVL_15/HMWVL_Internet/sub/815/8 15142e4-1999-701e-76cd-3b5005ae75d5,,22222222-2222-2222-2222- 222222222222,1111111. Stand: 01.08.2007.

Vorstellungen über das Kriterium der Mediation, das vorsieht, dass in der Umsetzungsphase die getroffenen Entscheidungen eine bindende Wirkung haben sollen.[351] Die Ausbaubefürworter können den Streckenbau fortführen. Die Ausbaugegner erhalten im Gegenzug ein Nachtflugverbot sowie Entschädigungen. Eine weitere Institution in Form des Dialogforums überprüfte die Umsetzung der Ergebnisse. Das einheitlich *erduldende* Strategische Verhalten mit der Taktik *Befolgen* von Regierung und Opposition befördert an diesem Punkt die Institutionalisierung und bietet die Grundlage zu verringerten Verzögerungen im eigentlichen Verfahren.[352]

Dieser zunächst einheitlichen Strategie der Landesregierung und Opposition, die Ergebnisse des Mediationsverfahrens umzusetzen und damit die Sedimentierung als letzten Schritt der Institutionalisierung des Verfahrens zu implementieren, wurde jedoch im weiteren Verlauf nicht gefolgt. Dies zeigt sich zum einen im Umgang mit den Prognosen der Kapazitätserweiterung, die 120 Flugbewegungen pro Stunde vorsah und zum anderen beim Nachtflugverbot.

Im Rahmen des Mediationsverfahrens hatte Fraport als Ausbau-Ziel eine Steigerung der Flugbewegungen auf 567 000 bei maximal 120 Starts und Landungen pro Stunde genannt. Beide Werte bezogen sich auf das Jahr 2015. In einer neuen Flughafenprognose von Fraport im Jahr 2006, die sich bis zum Jahr 2020 erstreckte, ging der Flughafenbetreiber mittlerweile davon aus, dass sich auch die Zahl der stündlichen Flugbewegungen – der so genannte Koordinationseckwert – von 120 auf 126 erhöhen werde. Damit räumte Fraport ein, könnte die Zahl der Starts und Landungen auch mehr als 701.000 betragen.[353]

---

[351] Oliver, C.: Strategic Responses to Institutional Processes, a.a.O., S. 152; Susskind, L.,/ Cruikshank, J.: Breaking the Impasse, a.a.O., S. 95.
[352] Oliver, C.: Strategic Responses to Institutional Processes, a a.O., S. 152.
[353] Intraplan: Gutachten G8: Luftverkehrsprognosen 2015 für den Flughafen Frankfurt Main. München 30.07.2004; Fraport AG: Band B 11: Ausbau Flughafen Frankfurt Main. Planungsgrundlagen Kap. 3 Planungsparameter Flugbetriebsanlagen. Frankfurt.

Durch die sich verändernden Prognosen bis zum Jahr 2020, wurden die Ergebnisse des Mediationsverfahrens im Hinblick auf den Konsens über die Kapazitätserweiterung „de facto" aufgegeben. Die Hessische Landesregierung nahm die neuen Zahlen in ihre Planungen mit auf.[354] Der Wechsel der Strategien und die geringe „Halbwertzeit" der Ergebnisse des Mediationsverfahrens verminderte die Durchsetzungsfähigkeit und damit die Glaubwürdigkeit und Akzeptanz des Verfahrens. Das Mediationsergebnis konnte aufgrund seiner kurzen Haltbarkeit der Ergebnisse nicht wirklich implementiert werden. Die politischen Akteure waren entsprechend „gezwungen", Teile des Ergebnisses der Mediation aufzugeben.

Ähnlich verhielt es sich beim Nachtflugverbot: Aus dem ausgehandelten Kompromiss in Form eines Tauschgeschäftes Nachtflugverbot für Ausbau, entstand das Nachtflugverbot als Hauptstreitpunkt.

Die parlamentarische Selbstbindung an die Mediationsergebnisse hielt nicht lange an und die Regierung unter Ministerpräsident Koch, nahm nach dem Entscheid des Bundesverwaltungsgerichts zu den Nachtflugverboten in Berlin und Leipzig von 2009 einen Strategiewechsel vor. Der hessische Ministerpräsident fühlte sich nicht mehr vollständig an das Ergebnis der Mediation gebunden.

20.08.2004, S. 19 u. S. 24; Intraplan: Gutachten G 8: Ausbau Flughafen Frankfurt Main:. Luftverkehrsprognosen 2020 für den Flughafen Frankfurt Main und Prognose zum landseitigen Aufkommen am Flughafen Frankfurt Main. Aktualisierung des Gutachtens G8 vom 30.7.2004. München 12.9.2006, S. 164; Fraport AG: Zunahme des Flugverkehrs und die Fluglärmbelastung Zunahme des Flugverkehrs und die Fluglärmbelastung: 1. Wird der Flugverkehr in Frankfurt mit dem Betrieb der Landebahn Nordwest ansteigen? Wie viele Flugbewegungen mehr wird es zukünftig geben?. 2012. URL: http://www.fraport.de/content/fraport-ag/de/infoservice_fluglaerm/fragen-aus-der-region/4--wird-der-flugverkehr-in-frankfurt-mit-dem-betrieb-der-landeba.html. Stand: 09.06.2012.

[354] Hessisches Ministerium für Wirtschaft, Verkehr und Landesentwicklung: Änderung des Landesentwichlungsplans Hessen 2000 nach § 8 Abs. 7 HLPG – Erweiterung Flughafen Frankfurt Main -. Wiesbaden September 2006, S. 7.

"Es bleibt dabei: Wir bekommen ein Nachtflugverbot – mit extrem wenigen Ausnahmen. Möglicherweise in einstelleiger. Weniger Ausnahmen als an nahezu allen anderen Plätzen, die ich kenne."[355]

Anstelle die Ergebnisse umzusetzen, *steuerte* die Landesregierung erneut das Verfahren *von oben*. Das als offen gestaltete Verfahren wurde mit einem *von oben gesteuerten Verfahren* vermischt und so hybridisiert. Damit lässt sich die mangelnde Institutionalisierung in der Umsetzungsphase auch auf das strategische Verhalten der politischen Akteure zurückführen. Die Landesregierung verfügt am Ende immer noch über ausreichend *Macht nicht lernen zu müssen*.[356] Sie setzt die Ergebnisse der Mediation letztlich nicht vollständig um.

Strategisches Verhalten der Flughafengegner

Der veränderte Umgang der Landesregierung mit dem Ergebnis führte darüber hinaus zu zwiespältigen Reaktionen der Bürgerinitiativen, Umweltverbände und Kommunen.

Zwar sprachen sie sich insgesamt gegen die Ergebnisse der Mediation aus, da es einen Ausbau des Flughafens zur Folge haben würde, gleichwohl nahm das „Bündnis der Bürgerinitiativen kein Flughafenausbau" das Nachtflugverbot in seine Ziele auf.[357] Ebenso argumentierte der BUND, dass das Nachtflugverbot nicht kippen dürfe und Bestandteil der Mediation sei.[358]

---

[355] Haupt G./ Warnecke C. im Gespräch mit Roland Koch: „Es bleibt dabei: Wir bekommen ein Nachtflugverbot – mit extrem wenigen Ausnahmen. Möglicherweise in einstelliger Zahl." In: Frankfurter Neue Presse. 19.12.2009. URL: http://www.hessen.de/irj/hessen_Internet?rid=HStK_15/hessen_Internet/nav/dea/dea50 72f-a961-6401-e76c-d1505eb31b65,,,,11111111-2222-3333-4444- 100000005002%26_ic_uCon_zentral=5185. Stand: 14.04.2012.
[356] Deutsch, K.W.: Politische Kybernetik, a.a.O., S. 171.
[357] BBI: Unsere Ziele, a.a.O.
[358] BUND Hessen: Pressemitteilung: Pressearchiv Flughafen. 05.10.2007. URL: http://www.bund-hessen.de/nc/themen_und_projekte/flughafen_frankfurt/pressearchiv_flughafen/detail/b rowse/10/artikel/ausbau-des-frankfurter-flughafens-cct-klageverfahren-erfolgreich-

Das Mediationsverfahren führte indirekt bei jenen Akteuren zu einer Teil-Zustimmung, die eine Teilnahme am Verfahren verweigert hatten. Die mangelnde Institutionalisierung der Mediation lässt sich somit in der Umsetzungsphase nicht auf das strategische Verhalten der Flughafengegner zurückführen.

Aus der Teilanerkennung resultierte jedoch keine Beschleunigung des Verfahrens, sondern im Gegenteil eine erweiterte Strategie der Umweltinitiativen. Diese Strategie beinhaltet nicht nur die Möglichkeit gegen das Projekt zu klagen, sondern positive Teilergebnisse in die Argumentationslinie der Klagen einzubeziehen.[359]

„Zugleich hat der Vorstand seinen festen Willen, gegen den Ausbau des Frankfurter Flughafens zu klagen, bekräftigt und den unverhohlenen Wortbruch des Ministerpräsidenten zum Nachtflugverbot kritisiert. Gerade weil wir wissen, dass die Regierung ihre Zusagen in Sachen Flughafenausbau nicht einhält, werden wir unsere harte Kritik an den seit Monaten erkennbaren Rechtsfehlern vor Gericht konsequent fortsetzen, bekräftigte Jörg Nitsch."[360]

Die vermeintliche Anerkennung des Mediationsverfahrens durch die Flughafengegner kann daher auch nicht als *Komplexes Lernen* verstanden werden.[361] Die Gegner stellten ja gerade nicht ihre Ziele in Frage, nachdem sie durch das Mediationsverfahren mehr und neue Informationen erhalten hatten. Sie veränderten vielmehr ihre Strategie um sich bestmöglich zu positionieren, was für *ein einfaches Lernen* – in Bezug auf eine effektivere Umsetzung ihrer Interessen – spricht.[362] Die Flughafengegner sprachen sich nun für die Ergebnisse aus, da sie sich dadurch eine Verbesserung ihrer Position erhofften. Eine effektivere Umsetzung der

---

abgeschlossen/?tx_ttnews%5BbackPid%5D=11834&cHash=9f9ba06b1e6d4eb1fbce204. Stand: 05.01.2008.
[359] BUND Hessen: Pressemitteilung: Pressearchiv Flughafen, a.a.O.
[360] ebda.
[361] Argyris, C./ Schön, D. A.: Organizational Learning, a.a.O., S. 36.
[362] ebda., S. 35.

Mediation war durch die Übernahme genehmer Kriterien durch die Gegner noch nicht gesichert. So wäre das Lernen der Flughafengegner, in Bezug auf eine effektivere Umsetzung der Mediation, eher dem *pathologischen Lernen* zuzuordnen.[363] Sie waren nicht bereit, sich auf das Verfahren wirklich einzulassen.

4.2.1.4 Verzögerungen

Die Analyse des Mediationsverfahrens im Hinblick auf die Nutzung strategischer Spielräume der politischen Akteure als auch der privaten Akteure zeigt, dass sich diese negativ auf die Institutionalisierung ausgewirkt haben. So hat die starke politische Steuerung der politischen Akteure zu einer mangelnden Anerkennung des Mediationsverfahrens auf Seiten der Flughafengegner geführt. Die mangelnde Institutionalisierung der Mediation hatte wiederum Auswirkungen auf den weiteren Konfliktverlauf und damit auch auf die Verzögerungen. Festzuhalten ist jedoch auch, dass es mit der Mediation relativ früh zu einer Entscheidung, (über das) „Ob" der Frankfurter Flughafen gebaut werden soll, kam. De facto stand mit dem Ende der Mediation die Entscheidung für den Ausbau fest.

Das strategische Verhalten der verschiedenen Akteure und die daraus resultierende Hybridisierung des Verfahrens, führten zu einer mangelnden Legitimierung und damit zu mehr Unsicherheit, was sich wiederum in einer mangelhaften Institutionalisierung niederschlug. Es ist festzustellen, dass das Mediationsverfahren aufgrund seiner mangelnden Institutionalisierung nur kurzfristig zum Ausräumen von Konflikten zwischen den beteiligten Akteuren führte. Letztlich beförderte es neue Konfliktlagen oder verstärkte diese, da es außerdem keine rechtliche Bindungswirkung hatte. Die Mediation konnte damit keine volle Entfaltung auf das Gesamtprojekt erzielen, was folglich Verzögerungen nach sich zog.

---

[363] Deutsch, K.W.: Politische Kybernetik: Modelle u. Perspektiven, a.a.O., S.147.

Dem neuen Instrument fehlt es somit an Legitimation und zugleich passt es nicht in den verwaltungstechnischen Rahmen eines Flughafenausbaus.[364]

Aber nicht nur die mangelnde Akzeptanz führte bei den Initiatoren des Mediationsverfahrens zu Konflikten und damit letztlich zu neuen Verzögerungen: Aus dem Mediationsergebnis gingen neue Akteursgruppen (Betroffene Bürger, die durch ihren Wohnort vom Lärm betroffen waren) hervor, die sich wegen der Ergebnisse nicht vertreten fühlten. Sie beschlossen, gegen die Nachtflüge zu klagen. Durch die Institutionalisierung neuer Regeln in Form der Mediation tauchte erst das Bedürfnis bei bestimmten Akteursgruppen auf, auf andere Regelungs-formen zurückzugreifen.

Die frühe Festlegung von strategischen Positionen im Mediationsverfahren schränkte zudem die Spannbreite von Tauschgeschäftsmöglichkeiten derart ein, dass es später auftauchenden Konflikten die Lösungsspielräume nahm.

4.2.2 Regionales Dialogforum

Auf die Übergabe des Endberichts des Mediationsverfahrens im Januar 2000 folgte im Juni 2000 das „Regionale Dialogforum" (RDF) Es sollte als ein Beratungsgremium mit empfehlendem Charakter fungieren, das die Ergebnisse des Verfahrens kritisch begleitet.[365]

Das Dialogforum war als eine Fortsetzung des Meditationsverfahrens in der Umsetzungsphase konzipiert und zugleich selbst Mediationsverfahren.

Der RDF umschrieb es folgendermaßen:

---

[364] Lewin, D.: Das "Mediationsverfahren" und das "Regionale Dialogforum Flughafen Frankfurt", a.a.O., S. 6.
[365] Regionales Dialogforum (Hrsg.): Geschäftsordnung des Regionalen Dialogforums. Frankfurt am Main 19.03. 2004, S. 1.

„Das Regionale Dialogforum übernimmt wesentliche Merkmale eines Mediationsverfahrens, ohne diesen Begriff, der auch aus „psychologischen Gründen" dem Mediationsverfahren zum Flughafen Frankfurt vorbehalten bleiben sollte, für das Nachfolgeverfahren explizit zu verwenden."[366]

Da das Dialogforum als besondere Form der der Mediation begriffen werden kann, bzw. aus dieser hervorgeht, erfolgt auch hier eine Einteilung in vier verschiedene Phasen. Dabei wird jede der vier Phasen auf ihre Institutionalisierung bzw. den von Luckmann und Berger dargestellten Institutionalisierungsprozess überprüft.[367] Die Analyse erfolgt an Hand eines Abgleiches der Denk- und Handlungsweisen, die mit einem Mediationsverfahren verbunden sind und auf die die Legitimation zurückgeführt wird. Zu den Kriterien gehören u. a. neben dem Vorteilgewinn für alle und der Offenheit des Verfahrens vor allem die Konsensfähigkeit und die Bereitstellung eines neutralen Dritten als Mediator. Abschluss und Ziele eines Mediationsverfahrens sollte ein dauerhafter und umsetzungsfähiger Konsens sein, der von den beteiligten Akteuren rechtlich verbindlich festgehalten und schließlich umgesetzt wird.[368] [369]

4.2.2.1 Initiierungsphase

Beim neuen „Fortsetzungs"-Verfahren, dem „Regionalen Dialogforum", gab es nun keine Verhandlung mehr über das Für und Wider eines Flughafens

---

[366] Regionales Dialogforum (Hrsg.): Archiv-RDF – Konstituierende Sitzung. 23.06.2000. URL: http://www.forum-flughafen-region.de/fileadmin/files/Archiv/Archiv_RDF_Doku_allg._Teil/Beschluss_Hessisches_Kabinett_20.06.2000.pdf. Stand: 07.08.2009, S. 2.

[367] Berger, P. L./ Luckmann, T.: Die gesellschaftliche Konstruktion der Wirklichkeit, a.a.O., S. 54ff.

[368] Fisher, R./ Ury, W.: Das Harvard-Konzept, a.a.O., S. 41-140; Zilleßen, H. (Hrsg.): Mediation, a.a.O., S. 15ff.; Zilleßen, H.: Mediation als innovative Form der Partizipation Beispiel "Bürgerdialog Flughafen Berlin Brandenburg. In: Deutsche Gesellschaft für Technische Zusammenarbeit (Hrsg.): Mediation/Konfliktmanagement im Umweltbereich und seine Bedeutung im Rahmen der technischen Zusammenarbeit – Dokumentation eines Fachgesprächs am 10.11.1995 in der GTZ. Eschborn 1995, S. 9; Günther, B.: Mediation in öko-sozialen Gestaltungsprozessen, a.a.O., S. 54.

[369] Darüber hinaus wurden weitere Kriterien in dieser Arbeit unter 3.2.1 erwähnt, die im Folgenden überprüft werden.

sondern ein Verhandeln über die Umsetzung der bisherigen Ergebnisse der Mediation.[370] Das Verfahren war Teil der Umsetzungsphase der Mediation und gleichzeitig selbständiges Verfahren mit neuen Regeln. Somit war es bereits aufgrund der Vorbedingungen ein hybrides Verfahren, welches sich mit der Mediation und einem nicht-offenen Beteiligungsverfahren vermischte. Zwar durchlief es seinen eignen Institutionalisierungsprozess, war jedoch auch eng verbunden mit der Institutionalisierung des vorangegangenen Verfahrens.

Getragen wurde das Verfahren vom hessischen Landtag vom 21. Juni 2000, der sich mit großer Mehrheit für die Ergebnisse des Mediationspaketes ausgesprochen hatte, den Empfehlungen der Mediation vom Januar 2000, dem Kabinettsbeschluss vom 20. Juni 2000, dem Codex vom 23. Juni 2000, der Liste der im Rahmen der Mediation offen gebliebenen Fragestellungen ("Restantenliste") vom 5. Juli 2000 und dem Schreiben der Kommunen zu der im Rahmen der Mediation offen gebliebenen Fragestellungen.[371]

„Während mit dem Mediationsverfahren zum Flughafen Frankfurt eine neue und unkonventionelle Partizipationsplattform für Beteiligte und Betroffene weit im Vorfeld administrativer Entscheidungen entwickelt wurde, wird das Regionale Dialogforum parallel zu politischen Entscheidungsprozessen und dem gesetzlich vorgeschriebenen administrativen Verwaltungsweg (Raumordnungsverfahren, Planfeststellungsverfahren) ablaufen."[372]

Ziel des Forums war es, die Verbindlichkeit der Mediationsergebnisse abzusichern und einen öffentlichen Dialog während des formalen Planungsverfahrens anzubieten. Ministerpräsident Koch initiierte das Verfahren im Juni 2000 und lud zum „Regionalen Dialogforum Flughafen

---

[370] Regionales Dialogforum (Hrsg.): Geschäftsordnung des Regionalen Dialogforums. Frankfurt am Main 19.3. 2004, S. 1f.
[371] ebda., S. 1.
[372] Wörner, J.-D.: Abschlussdokumentation RDF 2000-2008, a.a.O., S. 24.

Frankfurt" ein.³⁷³ Darüber hinaus entschied die Landesregierung in dieser ersten Phase über den Mediator und klärte die Finanzierungsfrage.

Die Flughafengegner gingen ihrerseits mit Vorbedingungen in das Verfahren. Sie wünschten sich eine rechtliche Verankerung des Nachtflugverbots und verknüpften diese Forderung mit ihrer Teilnahme am Dialogforum.³⁷⁴

Es fehlte dem Verfahren nach wie vor an Vertrauen, insbesondere auf Seiten der Flughafengegner. Zugleich zeigte sich, dass erneut sehr unterschiedliche Ansprüche an das Verfahren gestellt wurden. Dazu kam, dass die Hybridisierung bereits zu Beginn zu Institutionalisierungsproblemen führte.

Dies hatte zur Folge, dass das Verfahren nicht von allen Beteiligten anerkannt wurde. Eine vollständige Habitualisierung, war aufgrund der Vorbedingungen eher unwahrscheinlich – eine anschließende Objektivierung und abschließende Sedimentierung in Frage gestellt.³⁷⁵ Inwieweit sich dies auch auf die strategische und/oder opportunistische Nutzung von Spielräumen bei Regeln zurückführen lässt, ist nachfolgend zu klären.

Strategisches Verhalten der Flughafenbefürworter

Durch den positiven Entscheid des Parlaments vom 21. Juni 2000 zur parlamentarischen Selbstbindung an die Mediationsergebnisse, konnte von einer hohen Strategiefähigkeit der politischen Akteure ausgegangen

---

[373] Wörner, J.-D. (Hrsg.): Regionales Dialogforum Flughafen Frankfurt. Jahresbericht RDF Juni 2000/Juni 2001. Frankfurt November 2001, S. 6.
[374] BUND Hessen: Pressemitteilung: Wortbruch der Landesregierung treibt die Verbände aus dem Dialogforum. 13.12.2000.URL: http://www.bund-hessen.de/nc/themen_und_projekte/flughafen_frankfurt/pressearchiv_flughafen/detail/browse/38/artikel/wortbruch-der-landesregierung-treibt-die-verbaende-aus-dem-dialogforum/?tx_ttnews%5BbackPid%5D=11834&cHash=2e19b9ceb54b24a11a0a4f273878d9f. Stand: 10.03.2012.
[375] Berger, P. L./ Luckmann, T.: Die gesellschaftliche Konstruktion der Wirklichkeit, a.a.O., S.54f.

werden.[376] Das Gros der politischen Akteure war sich über das Mediationsergebnis und damit eine Weiterführung einig.

Wie beim Mediationsverfahren war die hessische Staatskanzlei Auftraggeber des „Regionalen Dialogforums". Die Landesregierung entschied, ein weiteres Verfahren durchzuführen.[377] Eine unmittelbare und frühzeitige Information und Beteiligung der Betroffenen erfolgte hier nicht. Dies wies auf eine nach Oliver *manipulierende* Strategie in Form einer von oben *steuernden* Taktik hin.

Da im Hauptmediationsverfahren bereits Ergebnisse erzielt worden waren, konnte das RDF von Beginn an nicht als ein offenes Verfahren bezeichnet werden, was aber als Vorrausetzung für ein erfolgreiches Mediationsverfahren gilt. Der Entschluss, das formale Planungsverfahren durch das „Regionale Dialogforum" zu begleiten, sollte gleichwohl zeigen, dass die Regierung weiterhin mit allen Akteuren im Gespräch blieb, die Umwelt- und Sozialverträglichkeit sowie ökonomische Vertretbarkeit wahrte und die Ergebnisse des Mediationsverfahrens auch umsetzte. Dies spiegelte sich auch im Endbericht der Mediationsgruppe wieder, wo betont wurde, dass ein fairer und offener Dialog gewünscht sei.

„Der im Mediationsverfahren begonnene Dialog mit der Bevölkerung muss in geeigneter Weise fortgeführt und intensiviert werden. Die Mediationsgruppe empfiehlt die Einrichtung eines regionalen Dialogforums, das nicht nur die Details von Nachtflugverbot und Anti-Lärm-Pakt gemeinsam erarbeitet und die Selbstverpflichtung der FAG diskutiert und begleitet, sondern auch regelmäßig die Fragen zur Entwicklung des Flugverkehrs und der ökonomischen Entwicklung des Flughafens diskutiert. Auch über die langfristigen Perspektiven des Frankfurter Flughafens ist die Diskussion mit der Bevölkerung zu beginnen, damit entsprechend dem in den Niederlanden entwickelten „No-Regret"-Grundsatz Entscheidungen erst getroffen werden, wenn ihre Folgen ausreichend bekannt sind und

---

[376] Hessischer Landtag: Plenarprotokoll 15/44, Sitzung, Wiesbaden 21.06.2000, S. 2853.
[377] Wörner, J.-D.: Abschlussdokumentation RDF 2000-2008, a.a.O., S. 19.

nicht vorher, so dass man sie später bedauern muss. Die FAG, die Fluggesellschaften und die Landesregierung sollten ihre Bemühungen um Akzeptanz des Flughafens bei der Bevölkerung verstärken. Klagen über Belastungen dürfen nicht unbeachtet zur Seite geschoben und als Belästigung empfunden werden. Zum fairen und offenen Dialog zwischen dem Flughafen und seiner Nachbarschaft gehört auch der Aufbau eines effizienten Beschwerde- und Kommunikationsmanagements."[378]

Die Landesregierung schien sich auch für einen umfassenden Dialog auszusprechen, wie sie es in der konstituierenden Sitzung des RDF formulierte:

„Unter psychologisch-kommunikativen Gesichtspunkten wäre überdies nur schwer vermittelbar, wenn sich die Landespolitik nach der erfolgreichen Durchführung des (immerhin als gewissen Wagnisses begonnenen) umfassenden Dialogprozesses eines Mediationsverfahrens nun in einem der wichtigsten landespolitischen Entscheidungsprozesse auf rein administrativ-technisches Verwaltungshandeln zurückzöge."[379]

So forderte Ministerpräsident Roland Koch aber auch, dass sich die Flughafengegner am Dialog beteiligen:

„An dieser Stelle soll auch nicht unerwähnt bleiben, dass für einen Dialogprozess die aktive Beteiligung sowohl derjenigen, die das Gespräch anbieten als auch derjenigen, die Gesprächsbedarf haben, unabdingbar ist."[380]

Dies sprach für eine kompromissbereite Strategie und ein nicht gänzlich vorbestimmtes Dialogforum.

Beim nächsten Punkt in der konstituierenden Sitzung des RDF wurde die Landesregierung jedoch deutlicher und macht klar, dass das Dialogforum kein offenes Verfahren werden würde.

---

[378] Mediationsgruppe Flughafen Frankfurt am Main: Bericht, a.a.O., S. 180.
[379] Regionales Dialogforum: Archiv-RDF: Konstituierende Sitzung, a.a.O.
[380] Koch, R.: Mediation als Chance, a a.O., S. 12.

„Überdies ist die politisch-strategische Grundsatzfrage des "Ob" einer Flughafenerweiterung vom Mediationsverfahren bereits beantwortet, so dass es im Regionalen Dialogforum nun um das gemeinsame Austarieren des "Wie" – und zwar bezogen auf Kompensationen und Maßnahmen, nicht auf die Entscheidung der Variantenfrage – geht."[381]

Damit folgte die Landesregierung einer doppelten Strategie: Zum einen wurde die Verhandlungsbasis klar vorgegeben und damit einer *manipulierenden* Strategie in Form einer *steuernden* Taktik der Vorzug gegenüber einem offenen Verfahren und einer frühzeitigen Beteiligung gegeben, zum anderen wurde insbesondere durch die Mediationsgruppe, der sich die Landesregierung ja auch verpflichtet fühlte, der Strategie *Kompromiss* gefolgt, in dem angeboten wurde, die Maßnahmen gemeinsam zu besprechen, ökonomische und umweltrelevante Aspekte gleichermaßen zu vertreten und die Regierung das Verfahren (Mediation) überhaupt weiter fortführen wollte.[382]

Neben der Eröffnung des Verfahrens wurde in dieser ersten Phase über den Mediator entschieden. Als Vorsitzenden des Forums bestimmte Ministerpräsident Koch, Prof. Johann Wörner.[383] Erneut wurde hier nicht den Regeln eines Mediationsverfahrens gefolgt, das vorsieht, dass über die Wahl Einvernehmen herrschen sollte. Auch wurde immer wieder die Neutralität (ein entscheidendes Kriterium der Mediation) Wörners bezweifelt, der sich selbst als Hüter der Mediation verstand. Insbesondere durch Wörners spätere Berufung zum Vorstands-vorsitzenden des Deutschen Zentrums für Luft- und Raumfahrt (DLR), im März 2007 wurde seine Neutralität in Frage gestellt.[384] So bestätigt auch die Abschlussdokumentation, dass es über die Wahl des Mediators Wörner immer wieder zu Kritik kam. Insbesondere seine Interpretation der Rolle eines Mediators führte zu Kritik, da sie über die eines Moderators weit hinausging. Wörner führte selbst die Verhandlungen zum Anti-Lärm-Paket und blieb nicht

---

[381] Regionales Dialogforum: Archiv-RDF: Konstituierende Sitzung, a.a.O.
[382] Oliver, C.: Strategic Responses to Institutional Processes, a.a.O., S. 152.
[383] Wörner, J.-D. (Hrsg.): Regionales Dialogforum Flughafen Frankfurt/Main. Jahresbericht RDF Juni 2000/Juni 2001, a.a.O., S. 8.
[384] Wörner, J.-D.: Abschlussdokumentation RDF 2000-2008. Wiesbaden, a.a.O., S. 19.

neutraler Beobachter.[385] Die Ernennung Wörners durch Ministerpräsident Koch, sein Führungsstil und seine politische Nähe zum DLR lassen sich wiederum der *manipulierende* Strategie mit einer *von oben steuernden* Taktik durch Ministerpräsident Koch zuordnen.

Abschließend wurde in der Initiierungsphase die Finanzierung geklärt. Es wurde in der Abschlussdokumentation des RDF betont, dass hier insbesondere auf Transparenz und Neutralität geachtet wurde, indem die Geschäftsstelle, der Dialog mit der Region in Form von Bürgerveranstaltungen, Homepage und Bürgerbüro und die Wissenschaftliche Begleitung sowie alle weiteren Leistungen des RDF (Hearings, Gutachten, Veranstaltungen, Exkursionen) aus einem Fonds finanziert wurden. In den Fonds zahlten die Hessische Landesregierung sowie weitere Mitglieder.[386] Wer die weiteren Mitglieder waren, wurde an dieser Stelle nicht erwähnt. Weiterhin übernahmen einzelne Mitglieder Kosten. Das Forum entschied über die Verwendung der Fondsmittel im Einzelnen und diskutierte das Budget einmal im Jahr.[387] Im Jahresbericht vom RDF 2000/2001 wurde konkretisiert, wer die Finanzierung übernahm und wie die Neutralität verstanden wurde:

„Für das Jahr 2001 werden von der Hessischen Landesregierung 2,5 Mio. DM und von der Fraport AG 1 Mio. DM in diesem Fonds bereitgestellt (Stand Juni 2001). Über die Verwendung der Fondsmittel entscheidet das Regionale Dialogforum, vertreten durch den Vorsitzenden. Das Konstrukt eines Fonds erlaubt es, wie bereits im Mediationsverfahren, Neutralität zu gewährleisten. Durch die gemeinschaftliche Entscheidung im RDF über die Mittelverwendung werden die Gelder im Fonds neutralisiert, auch wenn die einzahlenden Institutionen nicht unbedingt als neutral wahrgenommen werden."[388]

---

[385] ebda., S. 43.
[386] ebda., S. 42.
[387] ebda., S. 42.
[388] Wörner, J.-D. (Hrsg.): Regionales Dialogforum Flughafen Frankfurt/Main. Jahresbericht RDF Juni 2000/Juni 2001, a.a.O., S. 8.

Die Entscheidung, das Dialogforum über einen Fonds zu finanzieren geht einher mit den Kriterien eines Mediationsverfahrens, das als Grundlage für ein neutrales Verfahren die Finanzierung über einen Fonds ansieht. Allerdings weist Günter darauf hin, dass eine Finanzierung der Umweltmediation durch Planungsträger die Neutralität des Mediators untergraben kann. Obschon das Konstrukt eines Fonds eine gewisse Neutralität bewahrt und ebenso eine *kompromissbereite* Strategie andeutet, lässt sich hier zumindest eine *manipulierende* Strategie mit einer *von oben steuernden* Taktik vermuten.

Die Doppelstrategie der Landesregierung (zwischen *Kompromiss* und *Manipulation*) führte dazu, dass das Verfahren nicht abgelehnt wurde aber auch nicht eine uneingeschränkte Legitimierung erhielt. Vielmehr wurde es hybridisiert, indem *kooperative* und *von oben steuernde* Elemente im Mediationsverfahren vermischt wurden. Dies führte zu Unsicherheit bei den Flughafengegnern, dem neuen Verfahren Vertrauen entgegen zu bringen, wie sich im Folgenden bei den Reaktionen der Flughafengegner nachvollziehen lässt.

Dass die Regierung aber überhaupt weiterhin auf ein neues Verfahren setzte, zeigt auch eine gewisse *Lernbereitschaft*. Allerdings ist dies erneut eher dem *einfachen Lernen* zuzuordnen, da die Landesregierung das Verfahren nicht offen gestaltete.[389] Nun könnte eingewendet werden, dass der Versuch, ein Dialogforum durchzuführen, schon eine solche Wende der Handlungen der politischen Akteure (im Vergleich zum Bau der Start- und Landebahn 18) bedeutete, dass hier von einem *komplexen Lernen* gesprochen werden kann.[390] Wie bereits erwähnt, *steuerte* die Regierung die Verfahren jedoch *von oben*, was einem Mediationsverfahren und letztlich einem *komplexen Lernen* entgegensteht.

---

[389] Argyris, C./ Schön, D. A.: Organizational Learning, a.a.O., S. 35.
[390] ebda., S. 36.

Strategisches Verhalten der Flughafengegner

In der Initiierungsphase des „Regionalen Dialogforums" gab es keine gemeinsame Strategie der Flughafenausbaugegner. Zwar blieb ihr gemeinsames Ziel den Ausbau zu verhindern oder zumindest zu verzögern, doch wollten sich einige Bürgerinitiativen, die Kommunen und großen Umweltverbände durchaus am RDF beteiligen.

So bat die „Kommunale Arbeitsgemeinschaft Flughafen Frankfurt" (KAG) und die „Bürgerinitiative Wicker, Delkenheim, Massenheim gegen Fluglärm" (WiDeMa) um einen Sitz im Dialogforum.

„Die KAG Flughafen Frankfurt hat mit Schreiben vom 02.03.2000 an die Hessische Staatskanzlei ihr Interesse bekundet, am Regionalen Dialogforum beteiligt zu werden. Mit Schreiben vom 10.07.2000 wurde der KAG mitgeteilt, dass die Entscheidung, wer am "Regionalen Dialogforum" beteiligt wird, aus-schließlich vom Gremium mit 2/3-Mehrheit beschlossen werden muss. Die Entscheidung hierüber, wer endgültig am "Regionalen Dialogforum" beteiligt wird, fällt Ende August."[391]

„Am 24. April 2000 hat WiDeMa die Teilnahme am Regionalen Dialogforum beim Hess. Ministerpräsidenten Roland Koch beantragt."[392]

Auch der BUND, der NABU und die „Schutzgemeinschaft Deutscher Wald" (SDW) wollten zunächst am „Regionalen Dialogforum" teilnehmen und erhielten einen Sitz.[393]

Die größte Bürgerinitiative, das „Bündnis der Bürgerinitiativen" verhielt sich zu Beginn unentschieden gegenüber dem Dialogforum.[394] Dabei folgte es

---

[391] KAG: Protokoll der Mitgliedervesammlung am 22.8.2000 im Landratsamt Groß-Gerau. 22.08.2000. URL: http://www.kag-flughafen-ffm.de/220800.HTM. Stand: 08.06.2008.
[392] WIDEMA: Über Uns: 2000. 24.04.2000. URL: http://www.widema.de/widema/ueberuns/index.html. Stand: 09.06.2008.
[393] Wörner, J.-D. (Hrsg.): Regionales Dialogforum Flughafen Frankfurt/Main. Jahresbericht RDF
Juni 2000/Juni 2001, a.a.O., S. 7.
[394] ebda. S. 8; BBI: Chronik 2000. April 2000. URL: http://www.flughafen-bi.de/. Stand: 08.06.2008.

erneut einer Doppelstrategie. Das BBI lehnte in großen Teilen das Verfahren aufgrund seiner mangelnden Offenheit ab. Gleichzeitig unterstützte es jedoch die weitere Konkretisierung des Nachtflugverbots und zeigte sich in dieser Frage durchaus aufgeschlossen.[395] Dies führte jedoch nicht zu einer umfassenden Unterstützung des neuen Verfahrens, sondern mündete vielmehr in einer Fortführung seiner bisherigen Strategie. Ziele, die seine eigenen Ziele (des BBI) unterstützten wurden in ihre Strategie eingebunden.[396] So gewann die Mediation jedoch zumindest in Teilaspekten an Legitimation. Damit kann von einem „einfachen Lernen" gesprochen werden, da die Bürgerbewegung Teilergebnisse des Mediationsverfahrens befürwortete.[397] Die Handlungsweise der Gegner ist in dieser Phase allerdings nicht dem *komplexen Lernen* zuzuordnen.[398] Sie stellten ihr Ziel, den Flughafen nicht auszubauen, nicht in Frage. Obwohl sich die Landesregierung in wesentlichen Punkten im Mediationsverfahren auf ihre Forderungen zubewegt hatte, blieben sie bei ihrer Auffassung (kein weiterer Ausbau des Flughafens).

4.2.2.2 Vorbereitungsphase

Die Phase der Vorbereitung des „Regionalen Dialogforums" wurde erneut von der Hessischen Landesregierung entschieden. Der Hessische Ministerpräsident Koch lud im Anschluss an die Landtagsentscheidung vom 21. Juni 2000 zum Dialogforum ein und legte die Aufgaben fest.[399] So heißt es im Jahresbericht des Dialogforums 2000/2001:

---

[395] BBI: Über uns: Bündnis der Bürgerinitiativen – Kein Flughafenausbau. 31.08.2000. URL: http://www.flughafen-bi.de/. Stand: 08.06.2008.
[396] BBI: Über uns: Bündnis der Bürgerinitiativen – Kein Flughafenausbau, a.a.O.
[397] Argyris, C./ Schön, D. A.: Organizational Learning, a.a.O., S. 35.
[398] ebda., S. 36.
[399] Wörner, J.-D. (Hrsg.): Regionales Dialogforum Flughafen Frankfurt/Main. Jahresbericht RDF Juni 2000/Juni 2001, a.a.O., S. 6.

„In der konstituierenden Sitzung am 23. Juni 2000 legte der Hessische Ministerpräsident einen Codex vor, der die Aufgabenstellung umreißt."[400]

Der Ministerpräsident bestimmte nach Befragung der Mediationsgruppenteilnehmer auch über die wesentlichen Entscheidungsfragen in dieser Phase, wie die Rekrutierung des Vorstands und die Zusammensetzung und Anzahl der Teilnehmer des Forums sowie die Themenwahl.[401] Eine Beteiligung der Flughafengegner und/oder Betroffenen zu diesen anfänglichen Entscheidungsfragen wurde nicht in Betracht gezogen. Der Institutionalisierungsprozess war somit aufgrund der mangelnden Beteiligungsrechte im Entscheidungs-prozess behindert.

Allerdings blieb es nicht bei dieser Handlungsweise. Die Kommunen schalteten sich ein und forderten mehr Mitspracherecht bei der Zusammensetzung, welches sie auch zum Teil erhielten.[402][403] Kritisiert wurde

---

[400] ebda., S. 6.

[401] ebda., S. 6 ff.; Regionales Dialogforum: Geschäftsordnung des Regionalen Dialogforums, a.a.O., S. 3ff.; Regionales Dialogforum: Konstituierende Sitzung vom 23. Juni 2000 – Konzeption – beschlossen vom Hessischen Kabinett in seiner Sitzung am 20. Juni 2000. Frankfurt am Main 2000, Kapitel 5.1; Regionales Dialogforum: Codex: Allgemeine Verfahrensregeln für das Regionale Dialogforum. Frankfurt am Main. 2000, S. 1.

[402] Wörner, J.-D. (Hrsg.): Regionales Dialogforum Flughafen Frankfurt/Main. Jahresbericht RDF Juni 2000/Juni 2001, a.a.O., S. 7.

[403] Als überregionaler Naturschutzverband war die „Schutzgemeinschaft Deutscher Wald" (SDW) vertreten. Weitere Sitze haben die "Bundesvereinigung gegen Fluglärm" und die "Kommission zur Abwehr des Fluglärms am Flughafen Frankfurt/ Main". Die Mitgliedschaften der Hessischen Sektionen des "Bund für Umwelt und Naturschutz" (BUND) und des "Naturschutzbund Deutschland" (NABU) ruhen zurzeit (Stand 2007). Beteiligt sind zudem 12 Kommunen als Vertreter des „Hessischen Städte- und Gemeindebundes" bzw. des „Hessischen Städtetags" sowie ein gemeinsamer Vertreter der Stadt Mainz und des Landkreises Mainz/Bingen. Auch die Bürgeraktion „PRO Flughafen" und die Bürgerinitiative WiDeMa nehmen am Dialog teil. Von den Unternehmen und Institutionen der Luftfahrt saßen mit am Tisch: die „Deutsche Lufthansa" (LH), die „Deutsche Flugsicherung" (DFS), der „Board of Airline Representatives in Germany" (BARIG), die „Pilotenvereinigung Cockpit" (VC), die „Arbeitsgemeinschaft Deutscher Verkehrsflughäfen" (ADV), die „Arbeitsgemeinschaft Deutscher Luftfahrtunternehmen" (ADL), der „Fachverband Spediteure Hessen" und die Fraport AG. Weitere Plätze nahmen die Vertreter der „Industrie und Handelskammer" (IHK), des „Handwerkstags", des „Verbandes Hessischer Unternehmer" und der Gewerkschaften ein. Auch die „Landesärztekammer" und die beiden großen Kirchen waren beteiligt. Die Zahl der Sitze war so bemessen, dass ein Gleichgewicht zwischen Ausbaubefürwortern und Ausbaugegnern hergestellt sein sollte.

auch weiterhin die mangelnde Offenheit des Verfahrens. Es wurde befürchtet, dass das RDF nur als Mehrheitsbeschaffer für den Ausbau fungiere.[404] Da die größte Bürgerinitiative BBI dem Verfahren fern blieb, litt das Forum weiterhin unter Akzeptanzproblemen. Eine Institutionalisierung des Dialogforums war in Frage gestellt. Inwieweit sich dies auf die strategische und/oder opportunistische Nutzung von Spielräumen bei Regeln zurückführen lässt, ist nachfolgend zu klären.

Strategisches Verhalten der Flughafenbefürworter

Zunächst ist festzustellen, dass – wie schon in der Initiierungsphase – der Beschluss, ein „Regionales Dialogforum" zu eröffnen von Seiten der Landesregierung und Wirtschaft befürwortet wurde, was sich an ihrer Zustimmung am Dialogforum teilzunehmen zeigt.[405] Dies weist zunächst einmal auf eine hohe Strategiefähigkeit der Flughafenbefürworter hin.

Wie bereits erwähnt, entschied bei allen wichtigen Entscheidungen im Vorfeld die Landesregierung. Eine Absprache erfolgte dabei nur mit den Mediationsteilnehmern des vorangegangenen Mediationsverfahrens.[406] Die Bürgerinitiativen und Umweltverbände wurden nicht in diesen Abstimmungsprozess eingebunden. Ihnen wurde lediglich eine Teilnahme am RDF angeboten.[407] Die Berufung der Mitglieder, sowie die Themensetzung wurden letztlich von Ministerpräsident Koch bzw. durch Kabinettsbeschluss festgelegt.[408] Die Berufung der Mitglieder durch den Ministerpräsidenten folgt hier nicht den Kriterien eines Mediations-verfahrens, da diese

---

[404] Vorsitzender des Forums war der Präsident der TU Darmstadt, Prof. Dr. Johann-Dietrich Wörner. Die Dachorganisation der BIs, das "Bündnis der Bürgerinitiativen" nahm nicht am Dialogforum teil (Wörner J.-D. (Hrsg.): Regionales Dialogforum Flughafen Frankfurt/Main. Jahresbericht RDF Juni 2000/Juni 2001, a.a. O., S. 43 f.)
[405] Wörner, J.-D. (Hrsg.): Abschlussdokumentation RDF 2000-2008, a.a.O., S. 30.
[406] Regionales Dialogforum: Konstituierende Sitzung vom 23. Juni 2000, a.a.O., Kapitel 1.
[407] ebda., Kapitel 5.1.
[408] Regionales Dialogforum: Codex: Allgemeine Verfahrensregeln für das Regionale Dialogforum, a.a.O., Punkt 3, Punkt 5; Regionales Dialogforum: Geschäftsordnung des Regionalen Dialogforums, a.a.O., S. 3.

Aufgabe eigentlich dem Mediator obliegt.[409] Lediglich über fünf Sitze konnte das Dialogforum selbst entscheiden. Hier wollte es zunächst das BBI als Teilnehmer gewinnen. Nachdem das BBI jedoch ablehnte, wurden die Sitze neu aufgeteilt. Der RDF besetzte vier der fünf freien Plätze mit der Landesärztekammer, dem Fachverband Spedition und Logistik in Hessen, der Initiative Pro Flughafen sowie der Bürgerinitiative WiDeMa.[410] Die mangelnde Ab-sprache mit allen Betroffenen im Hinblick auf die Sitze Im RDF und die Berufung der Mitglieder durch Ministerpräsident Koch lässt sich einer *manipulierenden* Strategie mit einer *steuernden* Taktik zuordnen. Auch wenn durch das vorangegangene Mediationsverfahren bereits eine Vielzahl der Teilnehmer „auf der Hand" lagen und diese auch befragt wurden, lässt sich nicht nachvollziehen, weshalb diese vom Ministerpräsidenten bzw. durch Kabinettsbeschluss vom 20. Juni 2000 und nicht durch den Mediator berufen wurden. Nun wäre einzuwenden, dass die Taktik nicht als *stark steuernd* zu bezeichnen ist, da ein Akteur die Regeln letztlich verbindlich festlegen muss. Die Landesregierung somit als staatlicher Akteur nur ihre Rolle wahrnimmt. Nun haben sich aber für Mediationsverfahren andere Initiativregeln etabliert, als das für formale staatliche Verfahren der Fall ist.[411] Gerade weil es sich hier um ein informelles Verfahren handelt, wird von den Betroffenen erwartet, dass der Zugang und die Mitbestimmung so offen wie möglich gestaltet sein sollten. Das war aber nicht der Fall und so muss hier von einer *manipulierenden* Strategie gesprochen werden.

Auch bei der nächsten Frage, der Anzahl der Mitglieder wurde nicht mit allen Beteiligten und Betroffenen gesprochen. Die Landesregierung befragte hierzu nur die Teilnehmer des Mediationsverfahrens. Der Kreis der Befragten war sich einig, dass möglichst ein ausgewogenes Verhältnis zwischen Befürwortern und Gegnern herrschen sollte. Gleichzeitig musste

---

[409] Günther, B.: Mediation in öko-sozialen Gestaltungsprozessen, a.a.O., S. 66.
[410] Wörner, J.-D. (Hrsg.): Regionales Dialogforum Flughafen Frankfurt/Main. Jahresbericht RDF Juni 2001/Juni 2002, a.a.O., S. 5.
[411] Zilleßen, H. (Hrsg.): Mediation, a.a.O., S. 15ff.

aber auch die Arbeitsfähigkeit garantiert werden, so dass letztlich 31 Mitglieder ausgewählt wurden.[412] [413] Die Beteiligung möglichst aller Betroffenen und die Bildung von Arbeitskreisen und einem Bürgerbüro sind allerdings zwei Kriterien, die für ein funktionierendes Mediationsverfahren sprechen.[414] Auch wurden für die Teilnahme keine besonderen Vorbedingungen wie etwa die Akzeptanz der Mediation erwartet.[415] Dieses Vorgehen kann daher einer kompromissbereiten Strategie zugeordnet werden. Dass aber über die Anzahl der zu Beteiligenden nicht mit allen gesprochen wurde, offenbart wiederum eine *manipulierende* Strategie mit einer von *oben steuernden* Taktik. Dies zeigt sich auch an der Kritik der kommunalen Vertreter, die mehr Sitze im RDF forderten.[416]

Neben der Auswahl und der Zahl der Verhandlungsteilnehmer wurde in dieser Phase der Verhandlungsrahmen abgesteckt und die Organisation konkretisiert. Die Entscheidung über die Themensetzung wurde dabei als gegeben angenommen, da das RDF sich als Anschlussgremium der Mediation ansah. Gleichwohl war die Landesregierung offen für neue Themen und betonte:

„(…), dass das RDF als unabhängige und „lernende Organisation" die eigenen Fragestellungen weiterentwickeln und nachsteuern würde."[417]

Die Initiatoren bildeten fünf Projektteams zu den Themen Nachtflugverbot, Optimierung, Anti-Lärm-Paket, Langfristperspektiven und Ökologie und Gesundheit.[418] Dabei räumten die Initiatoren des „Regionalen Dialogfo-

---

[412] Wörner, J.-D. (Hrsg.): Regionales Dialogforum Flughafen Frankfurt/Main. Jahresbericht RDF Juni 2000/Juni 2001, a.a.O., S. 6; Regionales Dialogforum Flughafen Frankfurt: Geschäftsordnung des Regionalen Dialogforums, a.a.O., S. 3ff.; Regionales Dialogforum: Konstituierende Sitzung vom 23. Juni 2000, a.a.O., Kapitel 5.1; Regionales Dialogforum: Codex, a.a.O., S. 1.
[413] Siehe Anhang: Übersicht 3.
[414] Wörner, J.-D. (Hrsg.): Abschlussdokumentation RDF 2000-2008. Wiesbaden. 2010, S. 32ff.
[415] ebda., S. 31.
[416] Wörner, J.-D. (Hrsg.): Regionales Dialogforum Flughafen Frankfurt/Main. Jahresbericht RDF Juni 2000/Juni 2001, a.a.O., S. 7.
[417] Wörner, J.-D. (Hrsg.): Abschlussdokumentation RDF 2000-2008, a.a.O., S. 31.
[418] ebda., S. 35.

rums" dem Nachtflugverbot höchste Priorität ein. Das Nachtflugverbot am Frankfurter Flughafen war von 23.00 Uhr bis 5.00 Uhr eines der fünf – untrennbaren – Bestandteile des Mediationspakets und zugleich eines der umstrittensten Themen.[419] Darüber hinaus wurden zu besonderen Fragen Kleingruppen zu den Themen „Gesundheit", „Fluglärmmonitoring", „Ökologie" und „Kontingentierung nächtlicher Flugbewegungen" gebildet.[420] Die durch das Mediationsverfahren präjudizierte Themensetzung für das RDF steht im Widerspruch zu einem Mediationsverfahren, das möglichst offen gestaltet sein soll.[421] Hieraus kann jedoch noch nicht eine *manipulierende* Strategie gefolgert werden. Zwar spricht die thematische Festlegung z.T. für eine Taktik der *Steuerung von oben*, ebenso konnten die Teilnehmer aber auch das vorangegangene Mediationsverfahren nicht ignorieren, da das RDF ja aus ihr hervorging. Vielmehr wurde die Bezeichnung des RDF als Mediationsverfahren falsch gewählt.

Es zeigt sich, dass das Verhalten der politischen Akteure von gegensätzlichen Strategien geprägt wurde. Einerseits *steuerten* sie das Verfahren *stark von oben*, andererseits zeigten sie sich durchaus *kompromissbereit* und *lernfähig*, wie es sich bei den Zugangsrechten zeigt. Die Landesregierung veränderte ihr Verhalten (Erweiterung der Anzahl der Mitglieder des Dialogforums) und verbesserte damit die Akzeptanz, welches als Vorraussetzung für *einfaches Lernen* oder *Verbesserungslernen* verstanden wird.[422] Sie rückte aber nicht von ihren Zielen ab und diskutierte keine „Null-Variante", was Vorraussetzung für eine breitere Zustimmung gewesen wäre. Nun hätte sie damit den Konsens über das Mediationsergebnis wohlmöglich gefährdet. Die Vorraussetzungen für ein *Komplexes Lernen*, nämlich Ziele und handlungsleitende Annahmen in Frage zu stellen – hätte

---

[419] ebda., S. 79.
[420] Wörner, J.-D. (Hrsg.): Regionales Dialogforum Flughafen Frankfurt/Main. Jahresbericht RDF Juni 2000/Juni 2001, a.a.O., S. 11.
[421] Wörner, J.-D. (Hrsg.): Abschlussdokumentation RDF 2000-2008, a.a.O., S. 31.
[422] Argyris, C./ Schön, D. A.: Organizational Learning: A Theory of Action Perspective, a.a.O., S. 35.

zum Scheitern der Mediation insgesamt führen können.[423] So wurde zu diesem Zeitpunkt die Institutionalisierung gleichzeitig gebremst und vorangetrieben.[424]

Strategisches Verhalten der Flughafengegner

Bei der Frage der Beteiligung im „Regionalen Dialogforum" waren sich Bürgerinitiativen, Umweltverbände und Kommunen zunächst uneins. Ihre Strategiefähigkeit war daher zunächst im „Regionalen Dialogforum" geringer einzuschätzen als im Mediationsverfahren. Die Mehrheit der Bürgerinitiativen sprach sich gegen eine Beteiligung beim Anschlussverfahren RDF aus. Sie begründeten ihre Entscheidung damit, dass mit der Themenauswahl der Initiatoren das Verfahren nicht offen gestaltet sei. Sie kritisierten insbesondere, dass es sich beim RDF nur um eine Zustimmungsveranstaltung zum Flughafen handele.[425] Obschon Ministerpräsident Koch und das RDF auf die Bürgerinitiativen zuging und die Zustimmung zu den Mediationsergebnissen nicht als Vorbedingung für eine Teilnahme voraussetzte, lehnten sie eine Beteiligung weiterhin ab.[426] Damit lässt sich ihre Strategie erneut dem *Zurückweisen* zuordnen. Die Umweltverbände (NABU, BUND, SDW) zeigten sich dagegen durchaus am RDF interessiert. Als Grund gaben sie an, dass sie dadurch einen besseren Einfluss auf Entscheidungen im Umweltbereich nehmen könnten. Damit veränderten sie vollständig ihre bisherige Argumentationslinie. Galt bisher die Beteiligung als Hindernis, um bei späteren Gerichtsverfahren effektiv klagen zu können, sorgte nun die Beteiligung im Verfahren für die Wahrnehmung der jeweiligen Interessen.[427] Dabei blieb

---

[423] ebda., S. 36.
[424] Berger, P. L./ Luckmann, T.: Die gesellschaftliche Konstruktion der Wirklichkeit, a.a.O., S. 54ff.
[425] BBI: Chronik 2000: April. April 2000. URL: http://bbi.unser-forum.de/Chronik/2000.htm. Stand: 08.07.2009.
[426] Wörner, J.-D.: Abschlussdokumentation RDF 2000-2008, a.a.O., S. 31.
[427] SDW Hessen: Flughafen Frankfurt: Das Regionale Dialogforum, o.J. URL: http://www.sdwhessen.de/Aktuelles/Positionen/Flughafen/flughafen.htm. Stand 09.07.2009.

es aber nicht lange. Bereits im Dezember entschieden sich BUND und NABU ihre Mitgliedschaften ruhen zu lassen. Sie warfen Ministerpräsident Koch Wortbruch in Bezug auf die Mediationsergebnisse vor. Insbesondere kritisierten sie die mangelnde rechtliche Verankerung des Nachtflugverbots im Landesentwicklungs-plan.[428]

Auch die Kommunen wünschten erneut eine Beteiligung am RDF, um den Entscheidungsprozess mitgestalten zu können. Rojan (der sich auf den Bürgermeister der Stadt Hattersheim bezieht) begründet die Beteiligung der Kommunen am Dialogforum damit, dass Ministerpräsident Koch damit drohte, dass bei deren Ablehnung, Kommunen ihren Platz einnehmen würden, die Pro-Flughafen eingestellt waren.[429] So kritisierten die Kommunen auch, im Dialogforum unterrepräsentiert zu sein. Auf Vorschlag des Vorsitzenden wurden 6 Vertreter der hessischen Kommunen zusätzlich aufgenommen.[430] Die Teilnahme der Kommunen lässt sich insgesamt der Strategie *Kompromiss* mit der Taktik *Verhandeln* zuordnen.[431]

Ein Teil der Flughafengegner ließ sich erstmalig auf das Verfahren ein und beteiligte sich, was eine verbesserte Umsetzung des Verfahrens versprach. In der Vorbereitungsphase des Dialogforums lässt sich daher anfänglich von einem *einfachen Lernen* sprechen. Da sie jedoch im weiteren Verlauf zu großen Teilen aus dem Verfahren wieder aussteigen, lässt sich das Verhalten langfristig eher dem *pathologischen Lernen* zuordnen, da sie ihre Strategie nicht den neuen Bedingungen anpassten, sondern weiter auf das juristische Verfahren setzten.

---

[428] BUND Hessen: Pressemitteilung: 13. Dezember 2000: Wortbruch der Landesregierung treibt die Verbände aus dem Dialogforum, a.a.O.
[429] Rojahn, H. J.: Beteiligungsverfahren oder Mediation? Konfliktbearbeitung zum Ausbau des Frankfurter Flughafens (1998-2000). In: Perspektive Mediation. Heft 3/ 2006, S. 132f.
[430] Wörner, J.-D. (Hrsg.): Regionales Dialogforum Flughafen Frankfurt/Main. Jahresbericht RDF Juni 2000/Juni 2001, a.a.O., S. 7.
[431] Oliver, C.: Strategic Responses to Institutional Processes, a.a.O., S. 152.

4.2.2.3 Verhandlungsphase

Auch die Verhandlungsphase des „Regionalen Dialogforums" wurde in der Mehrheit von politischen und wirtschaftlichen Akteuren getragen. Vereinzelt beteiligten sich wiederum Bürgerinitiativen an den Verhandlungen. Die großen Umweltverbände, BUND und NABU ließen jedoch – wie bereits in der Vorbereitungsphase – ihre Mitgliedschaften ruhen. Zahlreiche Kommunen zeigten sich besorgt, dass ihnen ein Verbleib im RDF bei späteren juristischen Auseinandersetzungen zum Nachteil geraten könnte. [432]

In der Verhandlungsphase, die insgesamt 8 Jahre andauerte, ging es nun erneut um die Verständigung zu den Aufgaben und Themen, die behandelt werden sollten. Informationen mussten beschafft und an alle kommuniziert werden und die Interessen der Beteiligten eruiert werden, folgte man den Kriterien eines Mediationsverfahrens. Das Dialogforum setzte sich dabei selbst zum Ziel zwischen den Beteiligten möglichst eine „win-win-Situation" zu erreichen, wie es ein Mediationsverfahren auch vorsieht.[433] Der Mediator, Prof. Dr. Johann-Dietrich Wörner unterbreitete zum Ende der Verhandlungsphase dem Forum Lösungs-möglichkeiten zum Nachtflugverbot und dem Ausbau. Doch insbesondere bei den Lösungs-vorschlägen (Anti-Lärm-Paket) entzündeten sich derartige Konflikte, dass einige der Verhandlungs-teilnehmer ihre Beteiligung an dem Verfahren abbrechen wollten.[434] Anstelle Sicherheit herzustellen, führte das neue Regelungsverfahren in der Phase der Verhandlungen zu mehr Unsicherheit. Eine Beteiligung aller relevanten betroffenen Gruppen konnte erneut nicht realisiert werden. Der Institutionalisierungsprozess wurde aufgrund der mangelnden Beteiligung in dieser Phase aufgehalten.

---

[432] Flughafen Unser Forum: Wörner und Landesregierung: Kommunen sollen zurück ins RDF. 12.06.2003 URL: http://www.flughafen.unser-forum.de/?show=nGOx. Stand: 04.07.2009; Wörner J.-D. (Hrsg.): Regionales Dialogforum Flughafen Frankfurt/Main. Jahresbericht RDF Juli 2003/Juni 2004. Frankfurt am Main 2004, S.9.
[433] Wörner, J.-D.: Abschlussdokumentation RDF 2000-2008, a.a.O., S. 31; Günther, B.: Mediation in öko-sozialen Gestaltungsprozessen, a.a.O., S. 54.
[434] Wörner, J.-D. (Hrsg.): Abschlussdokumentation RDF 2000-2008, a.a.O., S. 43.

Das Forum litt auch in der Verhandlungsphase weiterhin unter Akzeptanzproblemen. Inwieweit sich dies auf die strategische und/oder opportunistische Nutzung von Spielräumen bei Regeln zurückführen lässt ist nachfolgend zu klären.

Strategisches Verhalten der Flughafenbefürworter

Da Regierung und Opposition, bis auf die Grünen, sich an das Ergebnis der Mediation gebunden fühlten, kann zunächst von einer hohen, das heißt „gemeinsamen Strategiefähigkeit" dieser Gruppe ausgegangen werden.[435]

Ihre Entscheidung, das Forum auch in dieser Phase weiter fortzusetzen, obwohl nach wie vor ein Großteil der Flughafengegner seine Teilnahme abgesagt hatte, sprach auch in dieser Phase weiterhin für eine *manipulierende* Strategie mit einer *von oben steuernden* Taktik.[436] Die Organisation des Verfahrens wies jedoch darauf hin, dass sich das RDF bemühte, sich an den Kriterien eines Mediationsverfahrens zu orientieren und einer *kompromissbereiten* Strategie zu folgen.[437]

Gemäß dem Gebot eines Mediationsverfahrens möglichst breit zu informieren lud das RDF Vorsitzende zu öffentlichen Veranstaltungen ein, um auch Bürgern eine Beteiligungsmöglichkeit zu geben. So wird auf die zahlreichen Veranstaltungen in der Abschlussdokumentation des RDF hingewiesen:

„Bereits am 25. August 2000 führte das RDF fünf Fokusgruppen mit 55 Bürgern und Multiplikatoren aus der Region durch, um die Erwartungen an die Kommunikation zwischen RDF und der Öffentlichkeit zu klären und für die Öffentlichkeit interessante Themen herauszuarbeiten. Die Ergebnisse bestimmten in weiten Teilen das Veranstaltungsangebot des RDF in den

---

[435] Hessischer Landtag: Plenarprotokoll 15/44, Sitzung, a.a.O., S. 2853.
[436] Oliver C.: Strategic Responses to Institutional Processes, a.a.O., S. 152.
[437] ebda., S. 152.

folgenden acht Jahren."[438]

Bürgerinitiativen und Umweltverbände sollten laut RDF möglichst frühzeitig informiert werden und Einblick bei der Festlegung wichtiger Planungsdetails erhalten, wie es ein Kriterium von Mediationsverfahren ist.

Darüber hinaus betonte das RDF, dass die Interessen der Kommunen, bei jeder vom RDF in Auftrag gegebenen Untersuchung auch eine Null-Variante einzuschließen, berücksichtigt wurden, obwohl die Erweiterung des Flughafens bereits feststand.[439]

Um die „(...)*Transparenz des Verfahrens durch ausreichende Dokumentation der (Teil-)Ergebnisse*" als ein wichtiges Kriterium der Mediation" zu gewährleisten, sollte die Öffentlichkeit durch die Veröffentlichung der Jahresberichte des RDF, Gutachten und Ergebnisberichte der Projektteamsitzungen auf der Website des RDF umfassend informiert werden.[440] Darüber hinaus wurde regelmäßig ein Dialogbrief herausgebracht, häufige Pressegespräche und Presse-informationen rundeten das Informationspaket ab.[441] Zur Transparenz sollte auch die sogenannte „Joint Fact Finding Methode" beitragen. Hierbei wurde von allen Teilnehmern des Verfahrens in bestimmten Schritten gemeinsam Wissen erarbeitet.

Auch betonte das RDF, dass es den Prinzipien Dialog, Transparenz, Fairness und Allparteilichkeit folgte.[442] Dies stimmt mit dem Kriterium von Mediationsverfahren überein, dass sich die Beteiligten an die Verfahrensspielregeln und andere Übereinkünfte halten.[443] Das Vorgehen der Landesregierung und des Vorstands des RDF wies auf eine auf *Kompromiss* ausgelegte Strategie hin. Sie folgten den Ergebnissen und damit den Regeln des vorangegangen Mediations-verfahrens, nahmen jedoch auch Rücksicht auf die jeweiligen Interessen und bemühten sich

---

[438] Wörner, J.-D. (Hrsg.): Abschlussdokumentation RDF 2000-2008, a.a.O., S. 23.
[439] ebda., S. 23.
[440] Günther, B.: Mediation in öko-sozialen Gestaltungsprozessen, a.a.O., S. 87.
[441] Wörner, J.-D. (Hrsg.): Abschlussdokumentation RDF 2000-2008, a.a.O., S. 24.
[442] ebda., S. 40.
[443] Günther, B.: Mediation in öko-sozialen Gestaltungsprozessen, a.a.O., S. 87.

um ine frühzeitige und breit angelegte und transparente Informationspolitik.[444]

Neben der Transparenz sahen sie sich aber auch gleichermaßen dem Kriterium der Vertraulichkeit verpflichtet. So betonten sie:

„Die Vertrauensbildung der Teilnehmer untereinander bedurfte aber bisweilen informeller und dabei intransparenter „Schutzräume der Vertraulichkeit". Das galt für das Forum und die Projektteams selbst, die ihre Protokolle nicht der Öffentlichkeit zugänglich machten und ab Mai 2003 dazu übergingen, die Protokolle ohne Personennennungen zu erstellen."[445]

Dieses Vorgehen stieß jedoch auf massive Kritik. Insbesondere der BUND befürchtete, dass es sich hierbei um Geheimverhandlungen mit den Kommunen handelte, bei denen ihnen ein Klagerecht abgekauft würde.[446]

Innerhalb des Forums zeigten die Befürworter sich bereit, den Verfahrensabläufen einer Mediation zu folgen. Sie eruierten die verschiedenen Positionen und bemühten sich Lösungsmöglichkeiten zum Nachtflugverbot, zum Anti-Lärmpaket, zur Optimierung des Betriebes und zu den langfristigen Perspektiven des Flughafens Frankfurt anzustreben. In den einzelnen Projektteams konnten auch Personen oder Organisationen teilnehmen, die nicht Mitglied des RDF waren.[447] Darüber hinaus führte der Vorsitzende Wörner das *„Zug um Zug Konzept"* ein, dass für jeden Schritt in Richtung Ausbau einen Schritt in Richtung Schutz der Umwelt und Bevölkerung vorsah und damit insbesondere die Implementierung des Nachtflugverbots und Anti-Lärmpakets absichern sollte.[448] Die Auswahl der Themen, das *„Zug um Zug Konzept"* als auch die Offenheit für Gruppen außerhalb des RDF sprach erneut für ein auf *Kompromissen* basierenden

---

[444] Oliver, C.: Strategic Responses to Institutional Processes, a.a.O., S. 152.
[445] Wörner, J.-D. (Hrsg.): Abschlussdokumentation RDF 2000-2008, a.a.O., S. 41.
[446] ebda., S. 41.
[447] ebda., S. 35.
[448] Wörner, J.-D. (Hrsg.): Regionales Dialogforum Flughafen Frankfurt/Main. Jahresbericht RDF Juni 2000/Juni 2001, a.a.O., S. 10.

Strategie. Schwierigkeiten traten jedoch auf, als klar wurde, dass die Landesregierung als ein Unterstützer des Nachtflugverbots ihre Haltung änderte und damit einen Strategiewechsel vornahm. Zum Ende des RDF sprach MP Koch davon, dass es zum Nachtflugverbot Ausnahmen geben könnte.[449] Dieser Strategiewechsel der Landesregierung, der zugleich ein Bruch mit den Ergebnissen der Mediation bedeutete, zeigt, dass sie sich erneut einer nach Oliver *manipulierenden* Strategie zu wandten und das Verfahren *von oben steuerten*.[450]

Auch im Rahmen der Verhandlungen über das Anti-Lärm-Paket, kam es zu Kontroversen, da vorab Informationen an die Presse gegangen waren, bevor allen Mitgliedern das Papier einer Absichtserklärung vorlag.[451] Die frühzeitige Informierung der Presse führte dazu, dass sich insbesondere die Kommunen, von den Verhandlungen abwendeten. Eine vertrauensvolle Atmosphäre war damit nicht mehr gewährleistet, wie sie ein wichtiger Bestandteil einer Mediation sein sollte. Insbesondere der Führungsstil des Vorsitzenden, Prof. Dr.-Ing. Johann-Dietrich Wörner, wurde stark kritisiert. Es wurde befürchtet, dass Wörner seine Rolle als neutraler Mittler und Hüter der Mediation verletzte, sich zu stark für das Anti-Lärmpaket einsetzte und dabei das Nachtflugverbot aufgab.[452] So wird auch in der RDF Abschlussdokumentation über Wörners Führungsstil geurteilt, dass sie über eine rein moderierende Funktion hinausging, was aber als notwendig bezeichnet wurde, da sich die zerstrittenen Parteien stark an den formalen Verfahren orientierten und dem RDF zum Teil wenig Chancen einräumten.[453] Dies entspricht aber nicht der neutralen Rolle

---

[449] Koch, Roland: Es bleibt dabei: Wir bekommen ein Nachtflugverbot – mit extrem wenigen Ausnahmen. Ministerpräsident Roland Koch im FNP-Interview. 19.12.2009. URL: http://www.roland-koch.de/2009/12/19/koch-es-bleibt-dabei-wir-bekommen-ein-nachtflugverbot-%E2%80%93-mit-extrem-wenigen-ausnahmen/. Stand: 12.10.2010.
[450] Oliver, C.: Strategic Responses to Institutional Processes, a.a.O., S. 152.
[451] Wörner, J.-D. (Hrsg.): Dialogforum Flughafen Frankfurt/Main. Jahresbericht RDF Juli 2006/Juni 2008. Frankfurt am Main 2008, S. 15.
[452] Main-Taunus-Kreis/ Landeshauptstadt Mainz/ Stadt Flörsheim am Main/ Stadt Hattersheim am Main/ Stadt Hochheim am Main: Offener Brief zum Ausbau des Flughafens Frankfurt am Main an Ministerpräsident Roland Koch. 2007.
[453] Wörner, J.-D. (Hrsg.): Abschlussdokumentation RDF 2000-2008, a.a.O., S. 43f.

eines Mediators. Um die Informationsdefizite zu beheben, wurde jedoch am 26. April 2007 eine Sondersitzung einberufen, was erneut auf eine Doppelstrategie hinweist.[454] Einerseits versuchten einzelne Akteure, das Verfahren durch opportunistisches Verhalten zu blockieren, indem sie ihre Informationen vorab an die Öffentlichkeit weitergegeben hatten, andererseits bemühte sich der Vorsitzende durch besondere Maßnahmen in Form einer Sondersitzung, das verlorene Vertrauen zurück zu gewinnen. Dies wäre der Strategie des *Ausgleichs* zu zuordnen, in dem er die Erwartungen der unterschiedlichen Akteure auszugleichen versuchte.[455]

Es zeigt sich, dass das Verhalten der politischen Akteure wie in den vorangegangenen Phasen von gegensätzlichen Strategien geprägt wurde. Einerseits waren sie *kompromissbereit* und *lernfähig*, wie es sich bei ihrer Informationspolitik zeigt. Das RDF versuchte möglichst breit und frühzeitig zu informieren, in dem es einen Bürgerdialog einführte und regelmäßig über das Verfahren in Form von Presseerklärungen und Jahresberichten informierte und verbesserte damit die Akzeptanz, was als Vorrausetzung für *einfaches Lernen* oder *Verbesserungslernen* verstanden wird.[456] Die Akteure zeigten sich darüber hinaus bereit, bei allen Untersuchungen auch eine „Null-Variante", einzubeziehen. Damit veränderten sie ihre Position gegenüber dem Anfang, wo klar gestellt wurde, dass es keine Diskussion über eine „Null-Variante" geben würde. Damit schufen sie die Vorrausetzungen für ein *Komplexes Lernen*, nämlich Ziele und handlungsleitende Annahmen in Frage zu stellen.[457] So riskierten sie aber auch die Ergebnisse der Mediation in Frage zu stellen. Neben ihrer *kooperativ* geprägten Strategie lassen sich aber auch eine *manipulierende* Strategie und *keine Lernfähigkeit* feststellen, die sich an der veränderten Haltung der Landesregierung und dem RDF-Vorsitzenden Wörner aufzeigen lässt.

---

[454] Regionales Dialogforum: Absichtserklärung zur Konkretisierung eines Anti-Lärm-Paktes des RDF Regionales Dialogforum. Sondersitzung. Frankfurt am Main 26.4.2007.
[455] Oliver, C.: Strategic Responses to Institutional Processes, a.a.O., S. 152.
[456] Argyris, C./ Schön, D. A.: Organizational Learning, a.a.O., S. 35.
[457] ebda., S. 36.

Beide gaben ihre Positionen für ein absolutes Nachtflugverbot auf. Damit schwand die Akzeptanz insbesondere der Kommunen in das „Regionale Dialogforum" und die Ergebnisse der Mediation und es entstand die Sorge, dass erneut das Verfahren *von oben gesteuert* wurde. So wurde in dieser Phase erneut die Institutionalisierung gleichzeitig gebremst und vorangetrieben.[458]

Strategisches Verhalten der Flughafengegner

Die Flughafengegner folgten in der Verhandlungsphase keiner gemeinsamen Strategie und entwickelten damit als Gesamtgruppe keine hohe Strategiefähigkeit. Es können vielmehr vier verschiedene Strategien unterschieden werden. Innerhalb ihrer einzelnen Gruppen verfolgten sie jedoch wiederum eine gemeinsame Strategie. Dort war ihre Strategiefähigkeit hoch.

a) Eine kleine Gruppe von Gegnern beteiligte sich am Dialogforum und an den Verhandlungen. Sie entschieden sich damit zu *kooperieren* und zeigten sich zu inhaltlichen Kompromissen bereit. Als überregionaler Naturschutzverband war die SDW vertreten. Weitere Beteiligte waren die Bundesvereinigung gegen Fluglärm und die Kommission zur Abwehr des Fluglärms am Flughafen Frankfurt/Main, die Bürgerinitiative WiDeMa und die Kommunen. Zu den Flughafenanrainerkommunen gehörten die Städte Darmstadt, Flörsheim, Hattersheim, Hochheim, Kelsterbach, Mainz, Mörfelden-Walldorf, Neu-Isenburg, Offenbach, Raunheim und Rüsselsheim.[459] Trotz erheblicher Vorbehalte gegenüber dem „Regionalen Dialogforum" ließen sich die Kommunen auf Verhandlungen ein, da sie hier eine Möglichkeit sahen, über das Dialogforum Einfluss

---

[458] Berger, P. L./ Luckmann, T.: Die gesellschaftliche Konstruktion der Wirklichkeit, a.a.O., S. 54ff.
[459] Wörner, J.-D. (Hrsg.): Abschlussdokumentation RDF 2000-2008, a.a.O., S. 155f.

auf das formale Planungsverfahren auszuüben.[460] Damit folgten sie zunächst einer *kooperativen* Strategie. Allerdings blieb es nicht dabei. Zwischen Mai und November 2003 ließen 11 Bürgermeister sowie die Bürgerinitiative WiDeMa ihre Mitgliedschaft ruhen, da sie sich um ihre späteren Klagerechte sorgten.[461] Auslöser war die Klage der Stadt Offenbach gegen den derzeitigen Betrieb (Stand 2003) des Flughafens Frankfurt. Der Anwalt des Landes Hessen betonte im Gerichtsverfahren, dass die Stadt Offenbach aufgrund ihrer Mitgliedschaft in der Fluglärmkommission über alles informiert gewesen sei. Diese Äußerung bewog daraufhin die Kommunen ihre Mitgliedschaft nicht nur bei der Fluglärmkommission, sondern auch im RDF zu überdenken.[462] Es zeigt sich, dass sich die Kommunen überwiegend stärker am formalen Verfahren orientierten, als sich auf die Mediation zu verlassen und ihre Strategie daran anpassten, als dies drohte in Gefahr zu geraten. Sie gingen von einer auf *Kooperation* geprägten Strategie zu einer Strategie des *Vermeidens* über, indem sie ihre Mitgliedschaft ruhen ließen.[463] Einerseits betonten sie, dass an den Ergebnissen der Mediation festgehalten werden müsse und forderten eine rechtliche Verankerung, andererseits fürchteten sie, dass ihre eigenen rechtlichen Positionen geschwächt werden könnten. Nachdem ihre Befürchtungen durch eine Stellungnahme des Bundesverwaltungsrichters Berkemann ausgeräumt werden konnte, waren sie jedoch auch wieder bereit, sich am RDF zu beteiligen.[464] Auch wurde die Geschäftsordnung des RDF geändert, um den Kommunen zu ver-

---

[460] ebda., S. 30.
[461] Wörner, J.-D. (Hrsg.): Dialogforum Flughafen Frankfurt/Main. Jahresbericht RDF Juli 2003/Juni 2004. Frankfurt am Main 2004, S. 9.
[462] Regionales Dialogforum: Dialogbrief: Die Zeiten werden härter, das Planfeststellungsverfahren naht. Interview mit Bürgermeister Engisch. Rüsselheim 2003, S. 1.
[463] Oliver, C.: Strategic Responses to Institutional Processes, a.a.O., S. 152.
[464] Wörner, J.-D. (Hrsg.): Regionales Dialogforum: Jahresbericht RDF Juli 2003/Juni 2004, a.a.O., S. 9.

sichern, dass ihnen ihre rechtliche Position durch die Mitgliedschaft im RDF nicht zum Nachteil geriet. So heißt es in der geänderten Geschäftsordnung:

„Aus den Verhandlungen des RDF und seiner Untergliederungen können weder für die Vergangenheit noch für die Zukunft Rechtsfolgen abgeleitet werden."[465]

Zwar wurden die Verhandlungen im RDF insgesamt als respektvoll bezeichnet, sobald es aber darum ging, sich auf bestimmte Zielvereinbarungen im Dialogforum festzulegen, gingen die Meinungen auseinander.[466] Es wurde immer wieder von den Kommunen befürchtet, dass sie ihre rechtliche Position in möglichen Gerichtsverfahren schwächten. Allerdings waren sich die Kommunen nicht mehr völlig einig zu einzelnen Themen des RDF. Insbesondere beim Anti-Lärm-Paket gingen die Meinungen der Kommunen auseinander. In einer speziellen Arbeitsgruppe „Verhandlungen" des RDF versuchten die Kommunen zwischen 2005 und 2007 direkt mit Fraport, darunter die Städte Raunheim, Offenbach, Neu-Isenburg und Flörsheim, zu einer Einigung beim Anti-Lärm Paket zu kommen.[467] Als die Verhandlungen jedoch öffentlich bekannt wurden, wichen die 4 Kommunen zum Teil von ihrer *kompromissbereiten* Strategie ab. So betonte der Bürgermeister von Offenbach, dass er sich das Klagerecht nicht nehmen lassen würde. Auch der Bürgermeister von Neu-Isenburg betonte, dass die Stadt sich ihr Klagrecht nicht abkaufen ließe. Die Bürgermeister von Raunheim und Flörsheim wendeten dagegen ein, dass eine Klage vor Gericht wohlmöglich wenig Aussicht hätte und eine *kompromissbereite Strategie* mehr Erfolg haben könnte.[468] Die Veröffentlichung der Sitzungen

---

[465] ebda., S. 45.
[466] ebda., S. 151.
[467] Wörner, J.-D. (Hrsg.): Dialogforum Flughafen Frankfurt/Main. Jahresbericht RDF Juli 2006/Juni 2008, a.a.O., S. 3.
[468] Frankfurter Rundschau: Städte lassen sich Klagerecht nicht nehmen. Vier Kommunen in der Region verhandeln mit Flughafenbetreiber Fraport über Lärmschutz / Geheimgespräche dementiert. 21.04.2007. URL: http://www.fr-online.de/spezials/staedte-lassen-sich-klagerecht-nicht-nehmen,1472874,2819284.html.

durch die Presse und die mögliche Vorvereinbarung eines Klageverzichts von vier Gemeinden, erschwerten die Verhandlungen erheblich und führten zum Vertrauensverlust auf Seiten der Kommunen, die sich nun wieder stärker auf mögliche Gerichtsverfahren konzentrierten.[469] An der Sondersitzung zum Anti-Lärm-Paket nahmen sie zwar teil, wollten aber keine Vereinbarung unterzeichnen.[470] Insbesondere die Idee eines Klageverzichts lehnten die Kommunen ab. Darüber hinaus kam es in den Kommunen auch zu Diskussionen inwieweit die kommunalen Vertreter im RDF überhaupt ein Mandat hatten, um über das Lärmpaket abzustimmen.[471] Was weiterhin zeigt, dass ihre Strategiefähigkeit sank und folglich zum Nachteil der Legitimierung des RDF geriet, da Vereinbarungen nicht getroffen werden konnten. Gerade die rechtliche Bindung der Mediation, die als wichtiger Bestandteil einer Mediation gilt, lehnten die Kommunen ab.[472] Bei der Abstimmung über das Anti-Lärm-Paket am 13. September 2007 stimmten die Kommunen dann auch bis auf die Stadt Flörsheim, Raunheim und Neu-Isenburg dagegen oder waren nicht vertreten.[473] Stattdessen änderten sie ihre Strategie und einige Kommunen wollten nun außerhalb des RDF direkt mit der Landesregierung verhandeln, was einer Strategie des *Manipulierens* zuzuordnen wäre. Statt eine Lösung im RDF herbeizuführen, wollten sie den Prozess *selbst steuern*.[474] Aber nicht nur die Kommunen zeigten sich zunehmend vom RDF enttäuscht, auch der bei den Verhandlungen verbliebene einzige Umweltverband SDW und die Bürgerinitiative WiDeMa zeigten sich von der Arbeit des RDF nicht

---

[469] Stand: 06.03.2010.
Wörner J.-D. (Hrsg.): Dialogforum Flughafen Frankfurt/Main. Jahresbericht RDF Juli 2006/Juni 2008, a.a.O., S. 6.
[470] Regionales Dialogforum: Absichtserklärung zur Konkretisierung eines Anti-Lärm-Paktes des RDF Regionales Dialogforum. Sondersitzung. Frankfurt am Main 26.04.2007.
[471] Frankfurter Rundschau: Geld für Lärm. Streit unter den Airportgegnern. 13.04.2007. URL: http://www.fr-online.de/spezials/geld-fuer-laerm,1472874,2819650.html. Stand: 18.02.2011
[472] Günther, B.: Mediation in öko-sozialen Gestaltungsprozessen, a.a.O., S. 54.
[473] Regionales Dialogforum: Pressemitteilung RDF vom 14. September 2007. Überwiegende Mehrheit des RDF begrüßt den Anti-Lärm-Pakt. Frankfurt 2007.
[474] Lattka, H.: Anti-Lärm-Pakt: „Das Papier nicht wert, auf dem er steht". In: Frankfurter Allgemeine Zeitung. 17.09.2007.

ermutigt und beendeten im Dezember 2007 ihre Mitgliedschaft vorzeitig. Seinen Strategiewechsel von einer kooperierenden Haltung zu einer Ablehnung begründete der SDW in einer Pressemitteilung mit der mangelnden Umsetzung des Nachtflugverbots im Planfeststellungsbeschluss.[475] Die 17 Ausnahmen bei Nachtflügen sah der SDW als Bruch mit dem Mediationspaket. Ein Verbleib im RDF schien ihnen damit jegliche Grundlage entzogen. Die Bürgerinitiative WiDeMa sah ebenfalls keine Möglichkeit mehr im RDF zu verbleiben und wechselte zu einer *trotzenden* Strategie über und griff das RDF an. In einem Infobrief, der auf die Arbeit im RDF zurückblickte, kam sie zu folgendem Urteil:

„Im RDF ist es nicht gelungen, konstruktive Verbesserungen der Ist-Situation herbei zu führen. Zu offensichtlich waren dort die Versuche, Gegner und Kritiker des Ausbaus über den Tisch zu ziehen und Ergebnisse zu manipulieren. Fraport, Lufthansa und Politik haben sich längst von der Mediation verabschiedet, deren Ergebnisse damals alle unterschrieben haben. Frühere Zusagen werden heute von niemand mehr eingehalten."[476]

b) Neben der Gruppe der Flughafengegner, die sich in der Verhandlungsphase beteiligten, gab es Flughafengegner, die bereits vor der Verhandlungsphase des Dialogforums wieder austraten. Sie wählten damit eine Doppelstrategie, da sie das Verfahren zunächst als solches unterstützten, also einer Strategie der *Kooperation* folgten. In der Verhandlungsphase des „Regionalen Dialogforums" veränderten sie jedoch diese Strategie und wiesen das Verfahren ab. Sie beendeten oder unterbrachen ihre Beteiligung. Der „Bund für Umwelt und Naturschutz" und der „Naturschutzbund" ließen ihre Mitgliedschaft während der Verhandlungsphase

---

[475] SDW: Pressemitteilung: Schutzgemeinschaft Deutscher Wald tritt aus dem Regionalen Dialogforum aus. Reaktion auf Planfeststellungsbeschluss ohne Nachtflugverbot. Wiesbaden 21.12.2007.
[476] WIDEMA: Infobrief Nr. 19, WIDEMA kämpft seit 1998. Rückblick auf 10 Jahre intensive Arbeit. April 2008. URL: http://www.widema.de/widema/bi-info/info192008.html. Stand: 13.04.2013.

ruhen.[477] Stattdessen wendeten sie sich an die Öffentlichkeit und wählten eine Strategie des *Trotzens* und griffen das RDF an. Der BUND sprach im Zusammenhang mit den Verhandlungen des „Regionalen Dialogforums" von einem *„Feigenblatt für eine knallharte Durchsetzungsstrategie des Flughafenbaus".*[478] Als Hauptkritikpunkt erwähnten sie die mangelnde Rechtssicherheit, die bei diesem Verfahren herrsche. Dies sahen sie dadurch belegt, dass im Landesentwicklungsplan keine Aussagen über ein Nachtflugverbot getätigt wurden, bzw. dies nur als Grundsätze, nicht aber als verbindliche Ziele genannt wurden.[479] Sie bezweifelten die informelle Welt des Gesprächskreises und betonten den Vorrang des Rechts und Rechtsstaates. *„Es gibt keine informelle Welt außerhalb des Rechtsstaates".*[480] Darüber hinaus argumentierten sie, dass alle wichtigen Entscheidungen am „Regionalen Dialogforum" vorbeigingen und Diskussionen im RDF verschleppt würden. Andererseits befürchteten sie aber auch, dass Diskussionsergebnisse des RDF in späteren Rechtsstreitigkeiten Verwendung finden und sich nachteilig für den BUND auswirken könnten.[481] Zum Ende des RDF forderten sie ein Eingreifen von Ministerpräsident Koch in Bezug auf das Nachtflugverbot, was zeigt, dass sie ähnlich wie die Kommunen dem Vermittlungsverfahren keine Chancen mehr einräumten. Sie übergingen den Vorsitzenden des RDF, Wörner, und sahen in anderen Verfahren bessere Chancen für ihre Ziele.[482] Insgesamt argumentierten sie widersprüchlich in der

---

[477] Wörner, J.-D. (Hrsg.): Dialogforum Flughafen Frankfurt/Main. Jahresbericht RDF Juni 2001/Juni 2002, a.a.O., S. 5.
[478] BUND: Pressemitteilung: Regionales Dialogforum ist nur ein Feigenblatt. 11.06.2003. URL: http://www.bund-hessen.de/index.php?id=9055&tx_ttnews[tt_news]=10848&tx_ttnews[backPid]=9019.Stand: 21.08.2011.
[479] Wörner, J.-D. (Hrsg.): Dialogforum Flughafen Frankfurt/Main. Jahresbericht RDF Juni 2001/Juni 2002, a.a.O., S. 9.
[480] BUND: Pressemitteilung: Regionales Dialogforum ist nur ein Feigenblatt, a.a.O
[481] ebda.
[482] BUND: Pressemitteilung: Ausbau des Frankfurter Flughafens: Koch muss eingreifen.

Begründung für ihr Fernbleiben. Sie fürchteten die mangelnde Rechtsicherheit des Verfahrens und sorgten sich gleichzeitig um die rechtliche Anerkennung möglicher Zusagen von Seiten der Kommunen.

c) Neben den frühen Aussteigern des Dialogforums gab es einige Flughafengegner, die zwar dem Dialogforum nicht beitraten oder kein Mandat von der Hessischen Landesregierung erhielten, sich aber an den Projektteams beteiligten und mit den übrigen Parteien in die Verhandlungsphase eintraten. Dazu zählten zum Beispiel die „Offenbacher Vereinigung gegen den Fluglärm e. V." (bereits bei der Mediation als einzige Bürgerinitiative vertreten), die sich am Projektteam Optimierung oder aber die Bürgerinitiative Raunheim, die sich am Projektteam Langfristperspektiven/No-Regret-Strategie beteiligten. Sie wählten damit eine auf *Kompromiss* basierende Strategie.[483]

d) Das Gros der Bürgerinitiativen blieb dem RDF jedoch fern. Der größte Verband, das „Bündnis der Bürgerinitiativen", sah im RDF einzig ein Forum das darauf abzielte, die negativen Folgen des Flughafenbaus herunterzuspielen (Feigenblattfunktion).[484] Sie plädierten für eine einheitliche Strategie der *Ablehnung* des RDF und forderten die Kommunen immer wieder auf, aus dem RDF auszusteigen. Sie riefen die Kommunen öffentlich auf, sich ihr Klagerecht nicht abkaufen zu lassen.[485] Sie bevorzugten die besseren

---

[483] 27.07. 2007. URL: http://www.bund-hessen.de/index.php?id=9055&tx_ttnews[tt_news]=10923&tx_ttnews[backPid]=9019. Stand: 21.08.2011.
Wörner, J.-D. (Hrsg.): Dialogforum Flughafen Frankfurt/Main. Jahresbericht RDF Juni 2001/Juni 2002, a.a.O., S. 5, S. 60, S. 63.
[484] BBI: Pressemitteilung: Regionales Dialogforum am Ende Ausstieg der Kommunen verbessert juristische Chancen!. 24.05.2003. URL: http://bbi.unser-forum.de/PresseBBI/2003/03_05_24_dialogforum.htm. Stand: 24.02.2011.
[485] BBI: Presemitteilung: Lärm kann man nicht abkaufen. 18.04.2007. URL: http://www.flughafen.unser-forum.de/?show=Uzri. Stand: 23.10.2011.

juristischen Möglichkeiten außerhalb des Mediationsverfahrens und gaben dem formellen Planungsverfahren den Vorzug. Sie fürchteten wie BUND und NABU, dass die Vorvereinbarungen im RDF vertragliche Bindungen begründen könnten und damit die rechtlichen Möglichkeiten der einzelnen Gegner schwächen könnten.

Es zeigt sich hier, dass die Flughafengegner gemäß ihrer unterschiedlichen Strategien auch eine sehr unterschiedliche Bereitschaft zum *Lernen in Organisationen* aufwiesen. Diejenigen, die dem Verfahren komplett fernblieben, zeigten, dass sie die Macht besaßen, wie es Karl Deutsch umschreibt, *nicht lernen zu müssen*.[486] Sie vertrauten auf die Gerichtsverfahren und zeigten sich gegenüber dem neuen Regelungsverfahren nicht offen. Ähnliches gilt für diejenigen, die anfänglich sich bereit erklärten, am „Regionalen Dialogforum" teilzunehmen. Ihre anfängliche *Lernbereitschaft* stellten sie ein, nachdem sie erste negative Erfahrungen mit der neuen Regelungsform machten. Auch sie nahmen von ihrer sogenannten *Restmacht* Gebrauch und zeigten, dass sie die Macht besaßen, *nicht lernen zu müssen*. Diejenigen Gegner, die sich am Dialogforum beteiligten und bis zum Schluss dabeiblieben, ist am ehesten eine *Lernbereitschaft* zu zuordnen. Da sie sich zu *Kompromissen* bereit erklärten und sie damit ihre bisherigen Ziele durchaus in Frage stellen mussten, kann ihr Verhalten dem *Komplexen Lernen* zugeordnet werden.[487] Wie bereits unter 2.2.7 erwähnt, besteht erst mit der Bereitschaft *zu lernen* auch wirklich die Möglichkeit, neue Verfahren zu etablieren und letztlich zu legitimieren.

4.2.2.4 Umsetzungsphase

Am 13. Juni 2008 wurde das Dialogforum mit einem Maßnahmenpaket beendet. Obwohl die Beteiligten sich in vielen Punkten nicht einig wurden, sollten die gefassten Beschlüsse nun implementiert werden. So urteilt das

---

[486] Deutsch, K. W.: Politische Kybernetik, a.a.O., S. 171.
[487] Argyris, C./Schön, D. A.: Organizational Learning, a.a.O., S. 36.

RDF über die Ergebnisse:

„Die Bewertung der Ergebnisse durch die RDF-Teilnehmer fiel je nach Perspektive immer noch unterschiedlich aus. Aber die Ergebnisse selbst waren unter den wachsamen Augen aller Konfliktparteien zustande gekommen – die Fragen wurden gemeinsam gestellt, die Gutachter und Qualitätssicherer gemeinsam ausgewählt und die Erstellung des Abschlussberichts begleitet. Auch wenn die Auslegung des einen oder anderen Ergebnisses unterschiedlich eingeschätzt wurde, waren die Gutachten selbst unumstritten und fanden eine breite Zustimmung in der Öffentlichkeit, der sie uneingeschränkt zur Verfügung standen."[488]

Der Erfolg eines Mediationsverfahrens hängt – wie bereits erwähnt – insbesondere davon ab, dass die darin gefassten Beschlüsse wirklich umgesetzt bzw. in das formale Verfahren eingebunden werden.[489] In einem Sieben-Punkte-Programm sollten die beschlossenen Ergebnisse des RDF umgesetzt werden. Dazu zählten folgende Maßnahmen:

1. Den aktiven Schallschutz umsetzen.

2. Das Nachtflugverbot mit mehr Lärmschutz flankieren.

3. Der Aufbau eines Umwelthauses, wo alle Untersuchungen zum Ausbau des Flughafens präsentiert werden sollen und das für die Bürger der Region Anlaufstelle für alle Fragen zum Thema Flughafenausbau sein sollte.

4. Das „Forum Zukunft Flughafen Region" als neue Diskussionsplattform einrichten.

5. Den Lärmindex absichern – ein Verfahren, mit dem die Lärmbelastung in der Region verbindlich bestimmt werden kann.

---

[488] Wörner, J.-D. (Hrsg.): Abschlussdokumentation RDF 2000-2008, a.a.O., S. 30
[489] Günther, B.: Mediation in öko-sozialen Gestaltungsprozessen, a.a.O., S.54; Meuer, D./ Troja, M.: Mediation im Öffentlichen Bereich-Status und Erfahrungen in Deutschland 1996-2002, a.a.O., S. 15.

6. Ein Regionalfond einrichten, aus dem vom Fluglärm Betroffene finanziell unterstützt werden.

7. Der kommunale Interessenausgleich sollte zwischen den Kommunen organisiert werden, die Nutzen und Nachteile aus dem Betrieb des Airports haben. [490]

Ebenso wie im vorangegangenen Mediationsverfahren, „Mediation – eine Zukunftsregion im offenen Dialog", wurde in der Umsetzungsphase das Dialogforum als Verhandlungsform inhaltlich stärker von den Flughafengegnern als den Befürwortern unterstützt. Zwar bekannten sich die Flughafenbefürworter, darunter Ministerpräsident Koch als auch der Flughafenbetreiber des Frankfurter Flughafens, Fraport und Lufthansa, anfänglich zu den Ergebnissen des RDF.[491] Später rückten diese jedoch nach und nach davon ab.[492] Die Flughafengegner kritisierten zwar die Ergebnisse des RDF, bekannten sich jedoch überwiegend – wie bereits im Mediationsverfahren – zu den Ergebnissen und sprachen sich insbesondere für die Umsetzung des Nachtflugverbots aus.[493]

Das Mediationsverfahren litt in der Umsetzungsphase weiterhin unter Legitimationsproblemen, diesmal wiederum von Seiten der Befürworter des Verfahrens.

Dies hatte zur Folge, dass das Verfahren auch in dieser Phase von den meisten Beteiligten nicht anerkannt wurde und somit eine Sedimentierung und damit vollständige Institutionalisierung nicht vollzogen werden

---

[490] Regionales Dialogforum (Hrsg.): Dialog-Brief: Sieben Punkte zur Umsetzung der Mediation. Ein persönliches Resümee des RDF-Vorsitzenden. Frankfurt April 2008, S. 1f.
[491] Hessischer Landtag: Plenarprotokoll 16/149. Sitzung, Wiesbaden 11.12.2007; Regionales Dialogforum: Gemeinsame Erklärung: Fraport, Lufthansa, Barig, Deutsche Flugsicherung, Landesregierung Hessen, Regionales Dialogforum. 12.12.2007.
[492] Frankfurter Neue Presse: Koch: Es bleibt dabei, wir bekommen ein Nachtflugverbot – mit extrem wenig Ausnahmen, a.a.O.; Köhler, M.: Lufthansa Cargo erhöht bei Nachtflugverbot den Druck. In: Frankfurter Allgemeine Zeitung. Frankfurt 29.08.2009.
[493] Regionales Dialogforum (Hrsg.): Dialog-Brief: Sieben Punkte zur Umsetzung der Mediation, a.a.O., S. 3f.

konnte.[494] Inwieweit sich dies auf die strategische und/oder opportunistische Nutzung von Spielräumen bei Regeln zurückführen lässt und ob sich dies letztlich verzögernd auf das Projekt auswirkt, ist nachfolgend zu klären.

Strategisches Verhalten der Flughafenbefürworter

Im März 2008 beendete das „Regionale Dialogforum" zum Ausbau des Frankfurter Flughafens seine Arbeit.[495]

Nach dessen Ende sprachen sich die wirtschaftlichen Vertreter (Fraport, Lufthansa, Barig) als auch die politischen Akteure für die Ergebnisse des Dialogforums aus, was für eine hohe Strategiefähigkeit spricht. Ministerpräsident Koch unterstützte die Ergebnisse des RDF ebenso und betonte:

„Es hat durch allseitig anerkannte fachliche Aufklärung viele strittige Fragen lösen können. Mit den Verhandlungen zum Anti-Lärm-Pakt hat das RDF eine Grundlage für zukünftigen Schallschutz, Ausgleich und Dialog geschaffen."[496]

Eine weitere Legitimation erhielten die Ergebnisse mit dem Beschluss des Anti-Lärm-Pakets des Hessischen Landtags am 12. Dezember 2007, in welchem sich die Landesregierung verpflichtet, das Paket zu integrieren.[497] Darüber hinaus gab es eine Selbstverpflichtungserklärung der Luftfahrtseite und der Landesregierung. Auch hier betonte Ministerpräsident Koch, es gehe jetzt darum, alle Möglichkeiten zu nutzen, damit der Lärmschutz im Sinne der Mediation bei den Bürgern ankomme.[498]

---

[494] Berger, P.L./ Luckmann, T.: Die gesellschaftliche Konstruktion der Wirklichkeit, a.a.O., S. 54ff.
[495] Regionales Dialogforum (Hrsg.): Dialog-Brief: Regionales Dialogforum beendet seine Arbeit Acht Jahre Dialog: Erfolge und Kritik. Frankfurt August 2008, S. 1.
[496] ebda., S. 1.
[497] Hessischer Landtag: Dringlicher Antrag der Fraktionen der CDU und der FDP betreffend Ausbau des Frankfurter Flughafens, a.a.O.
[498] Regionales Dialogforum: Gemeinsame Erklärung: Fraport, Lufthansa, Barig, Deutsche Flugsicherung, Landesregierung Hessen, a.a.O.

Weiterhin entschloss sich die Landesregierung, den Lärmindex, ebenso wie andere Vorschläge aus dem RDF, in den Aufstellungsbeschluss der Planfeststellungsbehörde zu integrieren. Ebenso hielt die Landesregierung ihr Versprechen mit der Gründung der weiteren Begleitgremien. So wurde ein Umwelthaus gegründet, das neutral über den Ausbau informieren und als Anlaufstelle für Bürger gelten sollte. Darüber hinaus wurde das „Forum Zukunft Flughafen Region" gegründet.[499] Im Konvent des „Forum Zukunft Flughafen Region" traten 60 Mitglieder zusammen, die die betroffenen Kommunen, die Luftverkehrsseite, die Landespolitik (Parteien), Umwelt- und Naturschutzverbände, Bürgerinitiativen, Fachverbände, Gewerkschaften und Kirchen vorschlugen und vom hessischen Ministerpräsidenten berufen wurden.[500]

All dies wies zunächst auf eine Umsetzung der Ergebnisse und damit eine auf Kompromiss aufbauende Strategie der Landesregierung hin sowie eine abschließenden Legitimierung des Dialogforums und auch der Mediationsergebnisse.[501]

Bereits im Jahr 2002 hatte Fraport beim Planfeststellungsantrag für die Flughafenerweiterung die ersten Weichen in Richtung Umsetzung der Mediationsergebnisse gesetzt, indem es ein eingeschränktes Nachtflugverbot beantragte.[502] Davon wurde aber beim Planfeststellungsbeschluss, der vom hessischen Verkehrsminister Alois Rhiel am 18.12.2007 unterzeichnet wurde, abgewichen. Sie integrierten das Nachtflugverbot der Mediation nicht vollständig in das formale Planungsverfahren. Hier wurden 17 Ausnahmen erlaubt, so dass hier ein Strategiewechsel der Landesregierung vorgenommen wurde.[503] Anstelle einen Ausgleich zu suchen

---

[499] Umwelthaus GmbH: Satzung der Gemeinnützigen Umwelthaus GmbH. 2009; Forum Flughafen und Region: Geschäftsordnung. 29.05.2009.
[500] Forum Flughafen und Region: Konvent. 2012. URL: http://www.forum-flughafen-region.de/forum/ffr/konvent/. Stand: 26.07.2012.
[501] Oliver, C.: Strategic Responses to Institutional Processes, a.a.O., S. 152.
[502] Frankfurter Allgemeine Zeitung: Fraport beantragt Nachtflugverbot. 19.12.2002, S. 17.
[503] Hessisches Ministerium für Wirtschaft Verkehr und Landesentwicklung: Planfeststellungsbeschluss zum Ausbau des Frankfurter Flughafens. Wiesbaden

„steuerten sie das Verfahren von oben", welches einer *manipulierenden* Strategie zugeordnet werden kann.

Die Landesregierung, betonte indessen, dass im Planfeststellungsbeschluss eine Umsetzung der Mediationsergebnisse erfolgt war und verstand sich als *kompromissbereit*.

„Der Planfeststellungsbeschluss zum Ausbau des Frankfurter Flughafens vom Dezember 2007 enthält allein 23 lärmbeschränkende Maßnahmen; mit ihm wurden zahlreiche Elemente des im Mediationsverfahren vereinbarten Anti-Lärm-Pakts umgesetzt."[504]

Im Vergleich zur anfänglichen Kommunikation, in der Ministerpräsident Koch ein absolutes Nachtflugverbot versprochen hatte, ist jedoch hier von einem Strategiewechsel der Landesregierung zu sprechen.[505]

So kommentierte der Vorsitzende des RDF, Wörner, die Entscheidung des Hessischen Landesministeriums für Wirtschaft, Verkehr und Landesentwicklung als „konservativ" und sah eine Verschiebung der Balance in Richtung Wirtschaftsinteressen.[506]

Ebenso bedauerte auch Wörner, dass das Wirtschaftsministerium als Planfeststellungsbehörde den Lärmindex und konkrete Maßnahmen zum Schallschutz nicht in den Beschluss aufgenommen habe. *"Da hätte man mutiger vorangehen sollen."*[507]

Auch als gegen den Planfeststellungsbeschluss vor dem Hessischen Verwaltungsgericht geklagt wurde, änderte die Landesregierung zunächst

---

[504] 18.12.2007, S. 22.f.
Hessisches Ministerium für Wirtschaft, Verkehr und Landesentwicklung: Daueraufgabe Fluglärm – Über 30 Maßnahmen umgesetzt. 2012. URL: http://www.wirtschaft.hessen.de/irj/HMWVL_Internet?cid=f72a67fdd48be9cd9ccb328fcd4b242e. Stand: 26.04.2012.
[505] Koch, R.: Mediation als Chance, a.a.O., S. 11.
[506] Wörner, J.-D. (Hrsg.): Dialogforum Flughafen Frankfurt/Main. Jahresbericht RDF Juli 2006/Juni 2008:, a.a.O., S. 11.
[507] Schultheis J.: Mediation zum Flughafenausbau. Dialogforum am Ende. 04.03.2008. URL: http://www.fr-online.de/spezials/mediation-zum-flughafenausbau--dialogforum-am-ende-,1472874,2880322.html. Stand: 23.09.2011.

ihre Haltung in Bezug auf den eingeschränkten Nachtflugverkehr nicht. Nachdem das Verwaltungsgericht den Bau der Landebahn genehmigte, die 17 Nachtflüge jedoch für unzulässig hielt, entschied sich der hessische Wirtschaftsminister Posch (FDP) in Revision zu gehen. Dabei argumentierte er, dass es ihm nicht um das Ergebnis sondern um die Begründung des Verwaltungsgerichts ginge. Er wollte geklärt wissen, ob die Nachtflugregelung des Landes gegen Bundesrecht verstoße.[508] Hiermit wollte Posch den Fluglinien zuvorkommen, die sonst geklagt hätten und das Verfahren abkürzen.[509] In der Öffentlichkeit und von der Opposition wurde Poschs Vorgehen jedoch als Versuch der Landesregierung wahrgenommen, ihre eigene Rechtsprechung vom Bundesrecht aufheben lassen zu wollen.[510] Bei diesem Vorgehen der Landesregierung kann zumindest eine *manipulierende* Strategie und eine *Steuerung* nicht ausgeschlossen werden.[511]

Erst als das Bundesverwaltungsgericht in Leipzig im April 2012 die Revision abwies, schien es zu einem Richtungswechsel der Landesregierung zu kommen.[512] Nun wollte Landeswirtschaftsminister Posch die

---

[508] Frankfurter Allgemeine Zeitung: Im Gespräch Dieter Posch (FDP), Verkehrsminister „Das Gericht ist keine politische Arena". 09.03.2012. URL: http://www.faz.net/aktuell/rhein-main/im-gespraech-dieter-posch-fdp-verkehrsminister-das-gericht-ist-keine-politische-arena-11678677.html. Stand: 26.07.2012.
[509] Ministerium für Wirtschaft, Verkehr und Landesentwicklung: Pressemitteilung: „Rasche Rechtssicherheit im Interesse aller". Wiesbaden 04.01.2012.
[510] Bündnis 90 Die Grünen Landtagsfraktion Hessen: Pressemitteilung: Revision zum Nachtflugverbot. GRÜNE: Warum verschweigt Landesregierung Begründung?. 25.03.2010; SPD: Pressemitteilung: Flughafen Frankfurt am Main, Uwe Frankenberger (SPD): Es gibt viele gute Gründe gegen die Revision. 25.03.2010; Bündnis der Bürgerinitiativen Kein Flughafenausbau: Schützenhilfe des Bundesverkehrsministeriums für einen Wortbruch in nie gekannter Dimension. Wiesbaden 16.12.2009; Bundesverwaltungsgericht: Pressemitteilung: Planmäßige Flüge in der Mediationsnacht weiterhin unzulässig – Kontingent für die Gesamtnacht auf durchschnittlich 133 Flüge beschränkt – Schallschutz für gewerbliche Grundstücke nachbesserungsbedürftig. 04.04.2012.
[511] Oliver, C.: Strategic Responses to Institutional Processes, a.a.O., S. 152.
[512] Bundesverwaltungsgericht: Pressemitteilung: Planmäßige Flüge in der Mediationsnacht weiterhin unzulässig, a.a.O.; Hessisches Ministerium für Wirtschaft, Verkehr und Landesentwicklung: Änderung der Flugbetriebsbeschränkungen des Planfeststellungsbeschlusses zum Ausbau des Verkehrsflughafens Frankfurt Main vom 18. Dezember 2007 zur Anpassung an das Urteil des Bundesverwaltungsgerichtes vom

„Mediationsnacht" so schnell wie möglich umsetzen.[513] Allerdings sollte das durch eine Planklarstellung erfolgen, anstelle eines Planergänzungsverfahrens, wie es sich die Bürgerinitiativen wünschten.[514] Bei der Planklarstellung war im Gegensatz zum Planergänzungsverfahren keine Möglichkeit der Beteiligung der Bevölkerung vorgesehen. Er begründete sein Vorgehen mit § 48 der Landesverfassung, dass sich auf die Rechtswidrigkeit von Verwaltungsakten bezieht.[515] SPD und Grüne lehnten dieses Verfahren ab, da sie fürchteten, dass das nicht mehr Rechtssicherheit für die Mediationsnacht geben würde und so im Umkehrschluss erst der Weg für neue Klagen der Airlines offen stände. Als problematisch sah die hessische Opposition als auch Bundesminister Ramsauer an, dass die Begründung für das Urteil des Bundesverwaltungsgerichts noch nicht vorlag.[516] Im Juni 2012 kündigte die Stadt Offenbach an, auf Grund des Verzichts auf ein Planergänzungsverfahren, in der nächsten Instanz vor dem Bundesverwaltungsgericht zu klagen. Sie sahen ihre Rechte, sich in den Lärmschutz einzubringen, durch die Planklarstellung verwehrt.[517] So kann die Strategie der Landesregierung als eine Mischung aus *Kompromiss* und *Vermeiden* verstanden werden. Einerseits zeigten sie sich nun bereit, das Nachtflugverbot auch tatsächlich umzusetzen, andererseits war nicht klar, warum hier der Weg eines unüblichen Verwaltungsverfahrens in Form einer Klarstellung gewählt wurde.[518]

---

[513] 4. April 2012 (BVerwG 4 C 8.09 u. a.). Wiesbaden 29.05.2012. Hessisches Ministerium für Wirtschaft, Verkehr und Landesentwicklung: Pressemitteilung: Wiesbaden 20.04.2012.
[514] ZRM/ BBI/ BUND: Gemeinsame Presseerklärung: ZRM, BUND und Bürgerinitiativen warnen vor politischem Schnellschuss bei Planergänzung: Minister Posch muss den politischen Gestaltungsspielraum nutzen!. 08.05.2012. URL: http://bbi.unser-forum.de/PresseBBI/2012/2012-05-09-planergaenzung.htm. Stand: 26.07.2012.
[515] Bebenburg, P./ Schmidt, V.: Nachtflugverbot: Berliner Kritik lässt Posch kalt. 29.05.2012. URL: http://www.fr-online.de/flughafen-frankfurt/nachtflugverbot-berliner-kritik-laesst-posch-kalt,2641734,16131076.html. Stand: 26.07.2012.
[516] ebda.
[517] Frankfurter Allgemeine Zeitung: Nachtflugverbot: Offenbach will gegen Poschs Planklarstellung klagen. 30.05.2012.
[518] Oliver, C.: Strategic Responses to Institutional Processes, a.a.O., S. 152.

Die Strategiefähigkeit der politischen (untereinander) und wirtschaftlichen Akteure war geringer geworden, was sich auch damit erklären lässt, dass sich Hessen seit den knappen Landtagswahlergebnissen von 2008 in einem Art Dauer-Wahlkampf befand, der erst 2009 beendet werden konnte.[519] Der Strategiewechsel der Landesregierung zeigt gleichwohl, dass sie nach wie vor die *Macht besaß, nicht lernen zu müssen*.[520] Sie setzte die Ergebnisse der Mediation in Bezug auf das Nachtflugverbot nicht vollständig um. Allerdings könnte genauso eingewendet werden, dass sie nicht die Macht besaß, die Ergebnisse der Mediation durchzusetzen. Nun hatte sich die Regierung jedoch bereits im Mediationsverfahren mit dem Flughafenbetreiber Fraport auf ein eingeschränktes Nachtflugverbot verständigt und Fraport hatte das eingeschränkte Nachtflugverbot in seinen Planfeststellungsantrag aufgenommen.[521] Problematisch schien hier insbesondere zu sein, in welchem Teil des formalen Verfahrens man die Ergebnisse der Mediation mit einband und damit rechtlich fixierte. Darüber entbrannte der eigentliche Konflikt und damit ging es letztlich nicht mehr nur um die Institutionalisierung der Mediation sondern die Institutionalisierung der Mediation im formalen Verfahren. Inwieweit die Regierung von wirtschaftlicher Seite beeinflusst wurde, bleibt Spekulation. Fest steht jedoch, dass sie zunächst nicht wirklich bereit war, das Ergebnis in den formalen Planungsprozess einzubinden.

Strategisches Verhalten der Flughafengegner

Nach dem Abschluss des Dialogforums veränderte sich die Haltung der Flughafengegner (Kommunen, Umweltverbände, Bürgerinitiativen).

---

[519] Sattar, M.: Roland Koch: Alles auf null?. In: Frankfurter Allgemeine Zeitung. 19.01.2009. URL: http://www.faz.net/themenarchiv/2.1242/landtagswahl-hessen/roland-koch-alles-auf-null-1752424.html. Stand: 23.10.2011.
[520] Deutsch, K. W.: Politische Kybernetik, a.a.O., S. 171.
[521] Hessisches Ministerium für Wirtschaft, Verkehr und Landesplanung: Historie: VII. Planfeststellungsverfahren. 2011. URL: http://www.hessen.de/irj/HMWVL_Internet?rid=HMWVL_15/HMWVL_Internet/sub/a09/a09142e4-1999-701e-76cd-3b5005ae75d5,,22222222-2222-2222-2222-222222222222,11. Stand: 23.12.2011.

Während sie beim Verfahren selbst sehr unterschiedlichen Strategien folgten, führten die Ergebnisse sie wieder zusammen.[522] Die Flughafengegner integrierten, wie auch schon beim vorangegangenen Mediationsverfahren, die für sie akzeptablen Ergebnisse in ihre Argumentation und forderten ihre Umsetzung.

So betont u.a. der BBI, der nicht am RDF teilgenommen hatte, dass an den Ergebnissen der Mediation festgehalten wird und diese rechtlich abgesichert werden sollen:

„Hier sei an die Versprechen und Vereinbarungen erinnert, die im Rahmen der Mediation von der Luftverkehrsseite gegeben wurden, die nie umgesetzt, oder mangels vertraglicher Festschreibung als unverbindlich angesehen werden. Es ist also zu befürchten, dass diesem Werk das gleiche Schicksal beschieden sein wird, solange die zugesagten Maßnahmen an mehrere Bedingungen geknüpft und freiwilliger Natur sind."[523]

Der Bürgermeister von Rauenheim, Thomas Jühe, der ein Befürworter des Anti-Lärm-Pakts gewesen war, ging sogar noch ein Schritt weiter und drohte mit einer Klage gegen den Planfeststellungsbeschluss aufgrund der mangelnden Umsetzung des Anti-Lärm-Pakts.

„Wir haben mit dem Anti-Lärm-Pakt im RDF Möglichkeiten zur Umsetzung nachhaltig wirksamer Maßnahmen des Aktiven Schallschutzes aufgezeigt. Leider hat die Planfeststellungsbehörde davon kaum etwas berücksichtigt, das ist der Grund für die Klage."[524]

---

[522] ZRM/ BBI/ BUND: Gemeinsame Presseerklärung: ZRM, BUND und Bürgerinitiativen warnen vor politischem Schnellschuss bei Planergänzung: Minister Posch muss den politischen Gestaltungsspielraum nutzen!. 08.05.2012. URL: http://bbi.unser-forum.de/PresseBBI/2012/2012-05-09-planergaenzung.htm. Stand: 26.07.2012.
[523] Hahn, H.: Pressemitteilung: Stellungnahme des BBI zum Sieben Punkte Programm zur Reduzierung des Fluglärms. 30.07.2010. URL: http://bbi.unser-forum.de/PresseBBI/2010/2010_06_30_fluglaermreduzierung.htm. Stand. 23.10.2011.
[524] Regionales Dialogforum (Hrsg.): Dialog-Brief: Regionales Dialogforum beendet seine Arbeit Acht Jahre Dialog: Erfolge und Kritik, a.a.O., S. 3.

Sie folgten nun einer gemeinsamen Strategie, die sich in einem Spannungsfeld zwischen Kompromiss und Trotzen bewegte.[525] Einerseits befürworteten sie Teile der Mediation, die sie zuvor zum Teil als Verfahren abgelehnt hatten, andererseits wählten sie das Gerichtsverfahren um ihre Vorstellungen durchzusetzen, was jedoch nicht im Sinne einer Mediation ist, die den Ausgleich anstrebt.[526]

Insbesondere in Bezug auf das Nachtflugverbot bot das Mediationsergebnis die Möglichkeit einer erweiterten Strategie. Diese Strategie beinhaltet nicht nur gegen das Projekt zu klagen, sondern positive Teilergebnisse in die Argumentationslinie der Klagen einzubeziehen und damit bessere Chancen auf einen positiven Gerichtsentscheid zu eröffnen.[527]

Das „Regionale Dialogforum" führte damit – ähnlich wie das vorangegangene Mediationsverfahren – zu einer Teil-Zustimmung auch solcher Gegner, die zuvor eine Teilnahme am Verfahren verweigerten. Die Öffnung der Flughafengegner gegenüber den Ergebnissen der Mediation zeigt eine gewisse *Lernbereitschaft*. Zwar ändern sie nach wie vor nicht ihre Grundhaltung gegenüber dem Erweiterungsplan der Landebahnen, doch erkennen Sie das Verfahren an. Diese Veränderung ihrer Haltung lässt sich damit einem *einfachen Lernen* zuordnen.[528]

4.2.2.5 Verzögerungen

Die Analyse des Dialogforums zeigt, dass Spielräume in Entscheidungssituationen strategisch genutzt wurden und sich negativ auf die Institutionalisierung ausgewirkt haben. Insbesondere zu Beginn des Verfahrens wurde aufgrund einer starken Steuerung von politischer Seite das vom Ursprung her offene, zu einem *von oben gesteuerten Verfahren*

---

[525] Oliver, C.: Strategic Responses to Institutional Processes, a a.O., S. 152.
[526] Günther, B.: Mediation in öko-sozialen Gestaltungsprozessen, a.a.O., S.54; Meuer, D./ Troja, M.: Mediation im Öffentlichen Bereich, a.a.O., S. 15.
[527] Stadt Mainz: Pressemitteilung: Mainz geht juristisch gegen Planklarstellung vor . Mainz. 13.07.2012.
[528] Argyris, C./ Schön, D. A.: Organizational Learning, a.a.O., S. 35.

hybridisiert.[529] Dabei lässt sich das Verhalten jedoch nicht nur als strategisch *manipulierend* erklären, da das Verfahren aus dem vorangegangenen Mediationsverfahren resultierte und daher unter bestimmten Vorbedingungen der Resultate der Mediation stand.[530] Gleichwohl führte die *starke Steuerung* zu einer mangelnden Legitimierung und damit zu mehr Unsicherheit, was sich wiederum in einer nicht vollständigen Institutionalisierung niederschlug. Das führte zwar zu Konflikten, verzögerte aber den Ausbau nicht direkt.

Während der Verhandlungen zeigten die beteiligten Akteure des RDF jedoch auch eine gewisse *Kooperationsbereitschaft*, was für eine Umsetzung der Mediation und damit für eine *Lernbereitschaft* sprach.[531] Sie gaben zwar ihr Ziel, den Flughafen zu bauen nicht auf, sicherten jedoch insbesondere bei den Nachtflügen weitreichende Zugeständnisse zu. Dies zeigte, dass sie zu einem *einfachen Lernen* bereit waren.[532] Es ermöglichte eine effektivere Adaption an bestehende Ziele, da damit einer Kernforderung der Flughafengegner zugestimmt worden war.

Umso bemerkenswerter war die anschließende Aufweichung dieses Kompromisses von Seiten der Landesregierung, Fraport und Lufthansa. Die Kommunen und Bürgerinitiativen begründeten ihre Klagen gegen den Planfeststellungsbeschluss auch nicht mehr nur allein mit dem Bau der Nord-West-Landebahn sondern mit der mangelnden Umsetzung der RDF-Ergebnisse. Die Klagen verzögerten wiederum den Ausbau um knapp ein Jahr, da Fraport erst nach dem Gerichtsurteil des Landesverwaltungsgerichts mit dem Ausbau begann.

Die Landesregierung entschied sich darüber hinaus – nach dem Urteil des Landesverwaltungsgerichts – in Revision beim Bundesverwaltungsgericht zu gehen, obwohl hier das Nachtflugverbot bestätigt wurde. Damit zeigte

---

[529] Regionales Dialogforum: Archiv-RDF: Konstituierende Sitzung, a.a.O.
[530] Oliver, C.: Strategic Responses to Institutional Processes, a.a.O., S. 152.
[531] Argyris, C./ Schön, D. A.: Organizational Learning, a.a.O., S. 35.
[532] Regionales Dialogforum: Gemeinsame Erklärung, a.a.O.

sie, *nicht* wirklich mit dem neuen Mediationsverfahren *lernen zu müssen*. Sie nutzte ihre *Rest-Macht* und stellte damit die Legitimierung der Mediation in Frage. Das Dialogforum konnte so keine volle Entfaltung auf das Gesamtprojekt erzielen, sondern förderte neue Konflikte (Nachtflugverbot, Anti-Lärm-Pakt) und führte zu Verzögerungen bei der Umsetzung des Planfeststellungsbeschlusses. Erst nach dem Bundesverwaltungsentscheid zeigte sie sich bereit, das Nachtflugverbot auch umzusetzen.[533] Die beteiligten Wirtschaftsakteure Fraport und Lufthansa forderten dagegen nach wie vor, Ausnahmen beim Nachtflugverbot zuzulassen.[534] Der Konflikt blieb damit weit nach dem Bau der Landebahn Nord-West bestehen.

4.2.3 Flughafenkonzepte der Bundesregierung 2000/2009 und Masterplan der „Initiative Luftverkehr Deutschland"

Neben dem Mediationsverfahren und dem darin geschaffenen „Regionalen Dialogforum" wurde auf Bundesebene 2000 (aktualisiert 2009) ein Flughafenkonzept und durch die „Initiative Luftverkehr Deutschland", seit 2005 ein Masterplan, der die Flughafenplanung auf Bundesebene koordinieren und insbesondere auch den Ausbau des Frankfurt erleichtern sollte, eingeführt.[535] Ende der 1990er Jahre wurde von Bund und Ländern beschlossen, ein Gesamtflughafen-verkehrssystem zu institutionalisieren.

---

[533] Hessisches Ministerium für Wirtschaft, Verkehr und Landesentwicklung: Änderung der Flugbetriebsbeschränkungen des Planfeststellungsbeschlusses zum Ausbau des Verkehrsflughafens Frankfurt Main vom 18. Dezember 2007 zur Anpassung an das Urteil des Bundesverwaltungsgerichtes vom 4. April 2012 (BVerwG 4 C 8.09 u. a.), a.a.O.

[534] Süddeutsche Zeitung: Luftverkehr – Flughafen: Lufthansa will Zeitgrenze für Nachtflüge aufweichen. 24.07.2012. http://newsticker.sueddeutsche.de/list/id/1341272. Stand. 29.07.2012.

[535] Bundesministerium für Verkehr, Bau und Stadtentwicklung: Initiative "Luftverkehr für Deutschland" 2003. URL: http://m.bmvbs.de/SharedDocs/DE/Artikel/LR/initiative-luftverkehr-fuer-deutschland.html?nn=84754. Stand: 27.10.2010.

Das erste Konzept wurde von der Bundesregierung 2000 verabschiedet, in dem der Ausbau des Flughafens Frankfurt unterstützt wurde.[536]

Bei der „Initiative Luftverkehr Deutschland", trafen sich vor allem Wirtschaft und politische Vertreter, um die einzelnen Flughafenplanungen in Deutschland zusammenzuführen und planerisch abzusichern, aber von konzeptioneller Seite auch besser zu legitimieren. Vertreter von Bürgerinitiativen und Umweltverbänden waren allerdings nicht vertreten. Federführend bei der Initiative war das Bundesverkehrsministerium, das sich jedoch mit dem Bundesumweltministerium koordinieren musste.[537] Darüber hinaus stellte die CDU/CSU Fraktion 2004 im Bundestag einen Antrag, den Luftverkehrsstandort Deutschland zu sichern. Hier wurde wiederum auf den Ausbau des Flughafens Frankfurt eingegangen und eine Unterstützung des Ausbaus von Seiten des Bundes eingefordert. Auch wurde der Bund aufgefordert, sich bei der Bedarfsplanung mit den Ländern stärker abzustimmen und einen bundesweiten Masterplan zu erstellen.[538] Dem wurde mit dem Masterplan von 2004 Rechnung getragen, den die „Initiative Luftverkehr für Deutschland"[539] erstellte. Hier wurde der Flughafen Frankfurt/Main als eines der strategisch bedeutends-

---

[536] Bundeministerium für Verkehr, Bau und Wohnungswesen (Hrsg.): Flughafenkonzept der Bundesregierung 2000, a.a.O., S. 35ff.
[537] Bundesverband der Deutschen Luftverkehrswirtschaft: Initiative Luftverkehr für Deutschland: Gemeinsame Plattform von Luftverkehrsbranche und Politik. 2012. URL: http://www.bdl.aero/de/bdl/initiative-luftverkehr-fuer-deutschland/#&panel3-6. Stand: 26.07.2012.
[538] Deutscher Bundestag: Antrag: Luftverkehrsstandort Deutschland sichern. BT-Drucksache 15/3312, Berlin 15.06. 2004.
[539] Unter der Schirmherrschaft des Bundesministers für Verkehr, Bau und Stadtentwicklung haben sich die DFS Deutsche Flugsicherung GmbH, Flughafen München GmbH, Fraport AG und Deutsche Lufthansa AG zur Initiative „Luftverkehr für Deutschland" zusammengeschlossen. Weitere Bundesministerien (Bundesministerium des Innern, Bundesministerium für Umwelt, Naturschutz und Reaktorsicherheit, Bundesministerium der Finanzen) und Länder (In den Gremien der *Initiative* wird maßgeblich mit den Ländern Bayern, Berlin, Brandenburg, Hamburg, Hessen, und Nordrhein-Westfalen zusammengearbeitet.), der Flughafenverband „Arbeitsgemeinschaft Deutscher Verkehrsflughäfen e.V." (ADV) sowie der Bundesverband der Deutschen Fluggesellschaften e.V. (BDF) bringen sich ebenso aktiv ein (Bundesverband der Deutschen Luftverkehrswirtschaft: Initiative Luftverkehr für Deutschland, a.a.O.).

ten Verkehrsinfrastrukturprojekte der Bundesrepublik Deutschland bezeichnet.[540]

„Es besteht ein nationales Interesse an diesem Ausbau. Er dient dazu, die Stellung des Landes im internationalen Luftverkehr zu erhalten und auszubauen."[541]

Um der Entwicklung im Flughafensektor weiter gerecht zu werden, sprach sich die „Arbeitsgemeinschaft Deutscher Verkehrsflughäfen" 2005 für eine Weiterentwicklung des Flughafenkonzeptes der Bundesregierung aus, um einen besseren nachfragegerechten Flughafenausbau umzusetzen.[542] Das erste Konzept vom Juni 2008 der Bundesregierung stand jedoch stark in der Kritik, insbesondere von den einstigen Befürwortern und Initiatoren des Flughafenkonzeptes (ADV und BARIG), denen das verabschiedete Konzept nicht weit genug ging. Sie hatten sich gewünscht, dass das Konzept die Verteilung der Aufgaben zwischen Bund und Ländern neu regeln und insbesondere in Bezug auf die Bedarfsplanung mehr Sicherheit geben würde. Darüber hinaus erhofften sie sich eine Lockerung des Nachtflugverbots durch das Konzept.[543] Im Flughafen-konzept von 2009 wurde insbesondere auf den Flughafen Frankfurt und die Kapazitätsengpässe eingegangen.[544]

Kritiker bemängeln weiterhin, dass das Flughafenkonzept und/oder der Masterplan lediglich einer gewissen Zielbestimmung dienen, jedoch nicht die Landesentwicklungspläne ersetze. Da die Planung nach wie vor in den

---

[540] Luftverkehr für Deutschland (Hrsg.): Masterplan zur Entwicklung der Flughafeninfrastruktur, a.a.O., S. 33.
[541] ebda., S. 33.
[542] ADV: Deutschland braucht leistungsfähige Flughäfen: Vorschläge der Arbeitsgemeinschaft Deutscher Verkehrsflughäfen (ADV) für die Luftverkehrspolitik der neuen Bundesregierung. Berlin Oktober 2005.
[543] Der Flughafenverband: Pressemitteilung: Stellungnahme des Flughafenverbandes ADV zum Flughafenkonzept des Bundes – Entwurf vom 4. März 2009. Berlin 17.03.2009.
[544] Bundesministerium für Verkehr, Bau und Stadtenwicklung: Flughafenkonzept Bundesregierung 2009, a.a.O., S. 36ff.

Händen der Landesregierungen liegt, fehlt es dem Verfahren an Entscheidungskompetenz.[545]

Dies wiederum hat zur Folge, dass es dem Flughafenkonzept an Relevanz fehlt und es nicht vollständig anerkannt ist. Somit waren eine Sedimentierung und damit eine vollständige Institutionalisierung von Beginn an in Frage gestellt. Inwieweit sich dies auf die strategische und/oder opportunistische Nutzung von Spielräumen bei Regeln zurückführen lässt, ist nachfolgend zu klären.

Strategisches Verhalten der Flughafenbefürworter

Bei der Einführung des ersten Flughafenkonzeptes 2000 schienen sich die Befürworter des Konzeptes relativ schnell einig, was zunächst für eine hohe Strategiefähigkeit sprach. Der parlamentarische Staatssekretär, Ibbrüger, wies – wie bereits erwähnt – 1999 auf die Notwendigkeit einer landesweiten Flughafenplanung hin. Sowohl Umweltverbände als auch Flughafenbetreiber und die Fluglinien begrüßten die Initiative einer Gesamtplanung, lehnten jedoch den vorliegenden Entwurf überwiegend ab.[546] Der BUND kritisierte, dass, anstelle Subventionen abzubauen und umweltschonendere Verkehrsmittel zu unterstützen, der Schwerpunkt auf dem weiteren Ausbau der Flughäfen läge. Auch die CDU/CSU Opposition kritisierte den Entwurf.

---

[545] Verkehrsministerkonferenz: Beschluss der Verkehrsministerkonferenz am 22./23. April 2009 in Erfurt. Punkt 5.1 der Tagesordnung: Flughafenkonzept der Bundesregierung. Erfurt 22./23.04.2009, S. 1f.

[546] Der Tagesspiegel: Ausbau deutscher Flughäfen: Die Regierung arbeitet an einem Flughafenkonzept, doch noch vor der Vorlage hagelt es Kritik. 02.07.2000. URL: http://www.tagesspiegel.de/wirtschaft/ausbau-deutscher-flughaefen-die-regierung-arbeitet-an-einem-flughafenkonzept-doch-noch-vor-der-vorlage-hagelt-es-kritik/151132.html. Stand: 26.03.2007; BUND: Stellungnahme des BUND zum "Flughafenkonzept der Bundesregierung" – Entwurfsfassung vom 28. August 2000 nach Ressortabstimmung. Haan 13.09.2000.

„Das Konzept der Bundesregierung ist inkonsequent und gibt erheblichen Spielraum für nachträgliche Interpretationen."[547]

Ein Jahr später, am 30. August 2000 wurde das Flughafenkonzept gleichwohl im rot/grünen Kabinett verabschiedet. Zunächst sollte der Entwurf nochmals mit Umweltverbänden, Flughafenbetreibern, Fluggesellschaften und auf der Bundesverkehrsministerkonferenz überarbeitet werden und im September beschlossen werden. In einer Anfrage der CDU/CSU Opposition zum Kabinettsbeschluss hieß es:

„Das Flughafenkonzept der Bundesregierung wurde bereits am 30. August 2000 im Bundeskabinett beschlossen. Es wurde ebenfalls mit den Ländern und den betroffenen Wirtschafts- und Umweltverbänden erörtert. Die Ergebnisse dieser Erörterungen werden im Ressortkreis ausgewertet. Im Anschluss an die Auswertung erfolgt eine Information des Kabinetts und des Ausschusses für Verkehr, Bau- und Wohnungswesen."[548]

Ein überarbeitetes Flughafenkonzept erschien jedoch nicht. Es blieb bei der Version vom 30. August 2000, die auch auf der Web-Seite des Bundesverkehrsministeriums veröffentlicht und auf die sich im Verkehrsbericht vom Bundesverkehrsministerium bezogen wurde.[549] Die Verabschiedung des Flughafenkonzepts in der Version vom 30. August 2000 sprach für eine *„manipulierende von oben steuernde* Strategie der Bundesregierung.[550] Damit gehörte der Ausbau des Flughafens Frankfurt nicht mehr nur zu den landesentwicklungspolitischen Zielen des Landes Hessen, sondern wurde auch auf Bundesebene gewünscht und mitgesteuert. Allerdings widersprach die Fraktion der Grünen im Hessischen Landtag.

---

[547] CDU/CSU Bundestagsfraktion: Pressemitteilung: Fischer: Flughafenkonzept ist inkonsequent und wenig zukunftsorientiert. Berlin 31.08.2000.

[548] Deutscher Bundestag: Schriftliche Fragen mit den in der Woche vom 26. Februar 2001 eingegangenen Antworten der Bundesregierung. BT-Drucksache 14/5415, Berlin 02.03.2001, S. 26f.

[549] Bundesministerium für Verkehr, Bau-, und Wohnungswesen: Flughafenkonzept der Bundesregierung 2000, a.a.O.; Bundesministerium für Verkehr, Bau-, und Wohnungswesen: Integrierte Verkehrspolitik: Unser Konzept für eine mobile Zukunft. Verkehrsbericht 2000. Berlin November 2000, S. 29.

[550] Oliver, C.: Strategic Responses to Institutional Processes, a.a.O., S. 152.

Aus ihrer Sicht gab es kein vom Bundeskabinett verabschiedetes Flughafenkonzept sondern nur einen Entwurf.[551] Damit folgten die Grünen auf Bundes- und landespolitischer Ebene unterschiedlichen Interpretationen. An Stelle das Konzept zu unterstützen, lehnten sie es auf Landesebene ab, was für eine *trotzende* Strategie sprach. Auch Umweltverbände und Kommunen kritisierten immer wieder, dass es sich hierbei nur um einen Entwurf, nicht aber um ein verabschiedetes Konzept handele und lehnten eine Umsetzung des Konzeptes ab.

Obwohl verschiedene Interpretationen über eine Verabschiedung des Konzeptes herrschten, setzten die hessische Landesregierung und Fraport die Ziele des Flughafenkonzepts in Bezug auf den Frankfurter Flughafen um. Im Raumordnungsantrag bezog sich Fraport als Antragssteller auf das Flughafenkonzept 2000 der Bundesregierung, was zeigt, dass sie das Konzept unterstützten und sich *kooperativ* zeigten.[552]

Auch das Land Hessen begründete in der Änderung des Landesentwicklungsplans den Bedarf eines neuen Flughafens mit dem Flughafenkonzept 2000 der Bundesregierung:

„Die Verkehrsminister des Bundes und der Länder (VMK) haben 1998 vor dem Hintergrund des gegenwärtig punktuell kapazitativ erschöpften deutschen Flughafensystems und des weiterhin wachsenden Luftverkehrs die Notwendigkeit des Ausbaus des vorhandenen Flughafensystems als besonders bedeutsam hervorgehoben. In dem dazu erarbeiteten „Konzept für die Flughafenkapazitätsentwicklung" rangiert der Flughafen Frankfurt Main an erster Stelle unter denjenigen Verkehrsflughäfen, bei denen die

---

[551] Frankfurter Rundschau: Streit um Konzept der Bundesregierung. 07.08.2002. URL: http://www.fr-online.de/spezials/flughafenausbau-streit-um-konzept-der-bundesregierung,1472874,2892150.html. Stand: 07.08.2012.
[552] Fraport AG: Pressemitteilung: Fraport-Antrag für Raumordnungsverfahren eingebracht / Vorstandsvorsitzender Dr. Bender: "Weiterer Meilenstein auf dem Weg zum Ausbau". Frankfurt am Main. 27.08.2001.

Beseitigung von Kapazitätsengpässen als besonders dringlich eingestuft wird."[553]

Die Umsetzung des neuen Flughafenkonzepts von Seiten der hessischen Landesregierung und Fraport weist auf eine Taktik des *Befolgens* hin, was einer Strategie *Erdulden* zuzuordnen ist.[554]

Ebenso bezog sich Fraport im Planfeststellungsantrag für den Ausbau des Flughafen Frankfurts auf das Flughafenkonzept und die leitende Rolle des Bundes, der eine Erweiterung des Flughafens für notwendig erachtet:

„Die Bedarfsentscheidungen werden im Rahmen politischer Willensbildung gewonnen. Im Luftverkehr kommt nach Art. 87d GG insoweit dem Bund eine Führungsrolle zu. Mangels einer gesetzlichen Bedarfsfeststellung sind die materiellen Leitentscheidungen zur Luftverkehrspolitik maßgeblich. Solche Planungsleitsätze finden sich in den Bundesverkehrswegeplänen und Luftverkehrskonzeptionen." Die Länder, die die Aufgaben des Luftverkehrs in Auftragsverwaltung des Bundes wahrnehmen, sind hieran gebunden. Es ist seit langem anerkannt, dass solche verkehrspolitischen Zielsetzungen, auch soweit sie nicht formalisiert sind, im Rahmen der bestehenden Rechtsordnung Gegenstand gestaltender Verwaltung sein dürfen."[555]

Auch die 2003 gegründete „Initiative Luftverkehr für Deutschland" *erkannte* das Flughafenkonzept 2000 *an* und wollte dies nun weiterentwickeln.[556] In einem Positionspapier von 2006 wies der Verband für Allgemeine Luftfahrt, die „German Business Aviation Association" und die Interessengemeinschaft der Regionalflughäfen ergänzend zu dieser Initiative ausdrücklich

---

[553] Gesetz- und Verordnungsblatt für das Land Hessen: Änderung des Landesentwicklungsplans Hessen 2000 nach § 8 Abs. 7 HLPG – Erweiterung Flughafen Frankfurt Main – Vom 22. Juni 2007. Nr. 15. Teil 1. Wiesbaden 2007. S. 411.
[554] Oliver, C.: Strategic Responses to Institutional Processes, a.a.O., S. 152.
[555] Fraport AG: Ausbau Flughafen Frankfurt Main: Unterlagen zum Planfeststellungsverfahren. Antragsteil A2. Antragsbegründung. Frankfurt am Main Februar 2007, S. 17.
[556] Bundesverband der Deutschen Luftverkehrswirtschaft: Initiative Luftverkehr für Deutschland, a.a.O.

darauf hin, dass er mit dem Flughafenkonzept 2000 im Hinblick eines flächendeckenden Netzes von Verkehrsflughäfen übereinstimme.[557]

Obwohl es bei der Erarbeitung des ersten Flughafenkonzeptes Abstimmungsprobleme gab, sahen Wirtschaft und Bundesregierung, aber auch Umweltverbände weiterhin die Notwendigkeit, auf Bundesebene den Bedarf der Flughafenplanung weiter zu entwickeln, allerdings mit sehr unterschiedlicher Zielsetzung.[558] Während sich Politik und Wirtschaft einig waren, gemeinsam mit der „Initiative Luftverkehr für Deutschland" einen Masterplan zu entwickeln, lehnten führende Umweltverbände dieses Vorgehen ab.

Da Bürgerinitiativen und Umweltverbände nicht in den Kreis der Initiative aufgenommen wurden, die eine Beteiligung erwartet hatten, war die Akzeptanz eines Masterplans bereits zu Beginn in Frage gestellt.[559] So zeigt sich nur bei Politik und Wirtschaft eine gemeinsame Strategiefähigkeit. Umweltverbände und Bürgerinitiativen avancierten dagegen zu den Gegnern der neuen Konzepte.

Die Nichteinbeziehung dieser Gruppen sprach erneut für eine *„manipulierende"* und *von oben steuernde* Strategie.[560] Der Masterplan wurde dennoch vom Bundestag und der Bundesverkehrs-ministerkonferenz Anfang 2005 überwiegend begrüßt, wie es im Masterplan heißt.[561] Auf dessen Grundlage sollte von der Bundes-regierung ein neues Flughafenkonzept erstellt werden.

---

[557] Verband für Allgemeine Luftfahrt/ German Business Aviation Association/ Interessengemeinschaft der Regionalflughäfen: Bedeutung der Allgemeinen Luftfahrt, Business Aviation, Regionalflughäfen und Verkehrslandeplätze in Deutschland. Gemeinsames Positionspapier. Berlin, Egelsbach, Mannheim Februar 2007, S. 5.
[558] BUND: Stellungnahme: Flughafenkonzept der Bundesregierung mangelhaft. Kapazitäten effizient nutzen statt ausbauen. Berlin 06.08.2008, S. 1.
[559] BUND: Kritische Stellungnahme des BUND zum „Masterplan zur Entwicklung der Flughafeninfrastruktur – zur Stärkung des Luftverkehrsstandortes Deutschland im internationalen Wettbewerb" der „Initiative Luftverkehr". Frankfurt am Main 22.11.2004, S. 1.
[560] Oliver, C.: Strategic Responses to Institutional Processes, a.a.O., S. 152.
[561] Luftverkehr für Deutschland: Masterplan zur Entwicklung der Flughafeninfrastruktur, a.a.O., S. 3.

Zunächst wurde dafür im Koalitionsvertrag von 2005 zwischen CDU, CSU und SPD auf Bundesebne vereinbart, dass ein Flughafenkonzept in Abstimmung mit den Ländern erstellt wird.

„Wir unterstützen die Initiative der Luftverkehrswirtschaft „Luftverkehr für Deutschland". Der Masterplan zur Entwicklung der Flughafeninfrastruktur bleibt dabei Grundlage für die weitere Arbeit von Bund, Ländern und Luftverkehrswirtschaft. Ebenso wird der Bund das „Flughafenkonzept 2000" in Abstimmung mit den Ländern weiterentwickeln. Wir betrachten es als unsere Aufgabe, die deutsche Flughafeninfrastruktur im Hinblick auf die Funktion Deutschlands als internationalem Luftverkehrsstandort wettbewerbsfähig weiterzuentwickeln."[562]

Erste Gespräche wurden 2008 auf mit den Ländern Staatssekretärs-ebene geführt. Gleichzeitig wurden in die Vorarbeiten die Bundesländer einbezogen.[563] Bundesverkehrsminister Tiefensee betonte darüber hinaus, dass das Verfahren transparent durchgeführt werden sollte. Es herrschte zunächst einmal Einigkeit über die Vorgehensweise, so dass von einer hohen Strategiefähigkeit ausgegangen werden konnte. Umweltschutz wie Wirtschaftlichkeit sollte bei dem Konzept derselbe Stellenwert eingeräumt werden, was für ein ausgeglichenes Verfahren sprach.[564]

Die unterschiedlichen Beteiligten sprachen sich zunächst für eine gemeinsame Strategie eines Gesamtkonzeptes aus, das vermuten ließ, dass das Konzept schnell umgesetzt werden würde. In einer gemeinsamen Pressemitteilung begrüßten BARIG und ADV den ersten Entwurf des Bundesverkehrsministers Tiefensee, hofften aber auch auf Lockerungen beim Nachtflugverbot und der Planfeststellung.[565] In dem Entwurf vom

---

[562] CDU/ CSU/ SPD: Gemeinsam für Deutschland. Mit Mut und Menschlichkeit. Koalitionsvertrag von CDU, CSU und SPD. Berlin 10.10.2005.
[563] Bundesministerium für Verkehr, Bau und Stadtentwicklung: Pressemitteilung: Tiefensee: Neues Flughafenkonzept soll Luftverkehrsstandort Deutschland stärken. Berlin 13.06.2008.
[564] ebda.
[565] ADV/ BARIG: Gemeinsame Pressemitteilung ADV und BARIG. Zukunft Luftverkehr Deutschland BARIG und ADV ziehen an einem Strang. 22.09.2008.

September 2008 wurde insbesondere der Ausbau der Drehkreuze wie Frankfurt und München befürwortet. Darüber hinaus waren Lockerungen im Bereich der Nachtflugverbote geplant.[566] Wirtschaftsvertreter und Bundesregierung folgten dabei anfänglich einer gemeinsamen und auf einer *Kompromiss* basierenden Strategie, da sich die Beteiligten durch eine Festlegung auf übergeordneter Ebene mehr Planungssicherheit und damit eine schnellere Umsetzung der anstehenden Flughafenprojekte, wie Frankfurt am Main, versprachen.[567]

Dieser gemeinsamen kompromissbereiten Strategie wurde jedoch nicht langfristig gefolgt. Das beteiligte Bundesumweltministerium forderte im März 2009 nun im Bereich des Nachtflugverbots eine strengere Auslegung. Es wurde empfohlen, weitere Bedarfe zunächst auf andere Flughäfen umzuleiten, bevor ein Ausbau oder die Ausdehnung der Betriebszeiten ermöglicht werden sollte.[568] Im Entwurf vom März 2009 fehlte daraufhin ein Bekenntnis zu Nachtflügen am Flughafen Frankfurt. Zu Nachtflügen wurde nun moderater erläutert:

„Sollte Nachtflugbetrieb an deutschen Flughäfen auf Grund genehmigungsrechtlicher Restriktionen nicht möglich sein, sollte intensiv geprüft werden, ob die entsprechenden Verkehre in der Nacht über einen Alternativflughafen in der jeweiligen Region abgedeckt werden können."[569]

Die beteiligten Wirtschaftsakteure griffen das Konzept an, wiesen die Ergebnisse zurück und folgten damit einer *trotzenden* Strategie. Insbesondre die fehlenden Bekenntnisse zu Nachtflügen und die neuen Vorgaben für den Ausbau eines Flughafens kritisierten sie. Sie waren zwar

---

[566] Bundesregierung: Entwurf des Flughafenkonzeptes 2008 der Bundesregierung, o.O. September 2008, S. 55ff.
[567] Deutsches Verkehrsforum: Pressemitteilung: Luftverkehrsbranche unterstützt Entwurf des Flughafenkonzepts / Klares Bekenntnis zum Luftverkehr. 19.9.2008.
[568] Thelen, P.: Verkehrskonzept: Bundesländer bekennen sich zum Flughafenausbau. In: Handelsblatt. 23.04.2009. URL: http://www.handelsblatt.com/politik/deutschland/verkehrskonzept-bundeslaender-bekennen-sich-zum-flughafenausbau/3163064.html. Stand: 27.10.2011.
[569] Bundesregierung: Entwurf des Flughafenkonzeptes 2008 der Bundesregierung, a.a.O., S. 60.

weiterhin bereit, an der Initiative mitzuarbeiten, drohten aber an auszusteigen – sollte es keine grundlegenden Änderungen geben.[570] Auch der hessische Landesminister Posch lehnte das von der Bundesregierung vorgelegte Konzept auf der Verkehrsministerkonferenz im April 2009 in Erfurt ab. Er war mit den bisherigen Ergebnissen nicht zufrieden, da es aus seiner Sicht keine klaren Regelungen zum Nachtflugbetrieb und Ausbau enthielt.[571] Die Verkehrsministerkonferenz kam zu einem ähnlichen Urteil. Unter anderem stellten sie fest:

„(...) dass der überarbeitete Entwurf des Flughafenkonzepts in seinen Kernaussagen Änderungen erfahren hat, die die verkehrspolitische Ausrichtung des bisherigen Entwurfs deutlich abschwächen und im Widerspruch zu dem Beschluss der Verkehrsministerkonferenz vom 7./8. Oktober 2008 stehen."

„Die Verkehrsministerkonferenz vermisst in dem überarbeiteten Entwurf des Flughafenkonzepts insbesondere die Kernaussagen zu den Ausbauvorhaben an den sieben wichtigen Flughafenstandorten sowie zur Notwendigkeit von Nachtflügen. Die Verkehrsministerkonferenz stellt fest, dass es ein gemeinsames Interesse des Bundes und der Länder an einem bedarfsgerechten Ausbau dieser für die Verkehrsinfrastruktur Deutschlands besonders bedeutsamen Flughäfen gibt."[572]

Die VMK verstand die Rolle des Bundes in der Flughafenpolitik als unterstützend und nicht als übergeordnet an. Eine zusätzliche Bedarfsanalyse lehnten sie ab.[573]

---

[570] BARIG: Pressemitteilung: Flughafenkonzept – Verkehrsminister verspielt Lufthoheit. 23.03.2009; ADV: Pressemitteilung: Stellungnahme des Flughafenverbandes ADV zum Flughafenkonzept des Bundes – Entwurf vom 4. März 2009. 17.03.2009.
[571] Hessisches Ministerium für Wirtschaft, Verkehr und Landesentwicklung: Pressemitteilung: Verkehrsminister Dieter Posch: "Flughafenkonzept der Bundesregierung wird seiner Aufgabe nicht gerecht – Die Bundesregierung entzieht sich ihrer Verantwortung für den Luftverkehrsstandort Deutschland". Erfurt 22.04.2009.
[572] Verkehrsministerkonferenz: Beschluss der Verkehrsministerkonferenz am 22./23. April 2009 in Erfurt, a.a.O., S. 1f.
[573] ebda., S. 1f.

Nachdem der Entwurf stark kritisiert worden war, trat das federführende Bundesministerium für Verkehr erneut mit den Ländern, Wirtschaftsakteuren und dem Bundesumweltministerium in Verhandlungen und verabschiedete im Mai 2009 das Flughafenkonzept mit einigen Änderungen in Bezug auf den Nachtflugbetrieb und den Ausbau verschiedener Standorte, darunter Frankfurt. So hieß es nun im verabschiedeten Flughafenkonzept:

„Auf Grund des intensiven internationalen Wettbewerbs im Luftverkehr ist die an einigen Flughäfen im Rahmen von deren Betriebsgenehmigungen bestehende Möglichkeit, Flugbewegungen auch innerhalb der „gesetzlichen Nacht" (Zeitraum zwischen 22:00 h und 06:00 h) sowie der Randzeiten (22:00 h bis 24:00 h und 05:00 h bis 06:00 h) durchführen zu können, ein wichtiger Wettbewerbsfaktor für die deutsche Luftverkehrsbranche."[574]

Die beteiligten Akteure zeigten Anfangs *Lernbereitschaft* für das Flughafenkonzept 2000, was sich auch an dem *kooperativen Verhalten* aller Beteiligten feststellen lässt. Da die Bundesregierung das Konzept jedoch nach angekündigten weiteren Diskussionen nicht veränderte, sondern im Entwurfsstatus beließ, zeigt, dass sie die *Macht* besaß, in diesem Verfahren *nicht lernen zu müssen.*[575] Der unklare Status des Konzeptes führte wiederum dazu, dass das Konzept angegriffen werden konnte und nicht von allen Beteiligten akzeptiert wurde und so nicht vollständig institutionalisiert wurde.

Beim nachfolgenden Flughafenkonzept 2009 zeigte sich anfangs eine *Lernbereitschaft*, da alle das Vorhaben begrüßten. Bei ersten Konflikten rückten jedoch die Befürworter zum Teil von der Idee ab und die Initiative drohte zu scheitern. Insbesondere die wirtschaftlichen und landespolitischen Akteure zeigten so, dass sie die *Macht* besaßen *nicht lernen zu*

---

[574] Bundesregierung: Flughafenkonzept der Bundesregierung: Zusammenfassung der Maßnahmen. Leitlinien der Flughafenpolitik des Bundes. Berlin 27.05.2009.
[575] Deutsch, K. W.: Politische Kybernetik, a.a.O., S. 171.

müssen.[576] Das Flughafenkonzept nutze ihnen nur, wenn auch die Frage der Nachtflüge auf Bundesebene angegangen würde. Nachdem die Bundesregierung sich zu Kompromissen bereit zeigte, konnte das Konzept am 27.5.2009 verabschiedet werden. Die Bundesregierung wies damit eine *Lernbereitschaft* auf, da sie bereit war von ihren Zielen abzuweichen und die Wünsche der Länder und der Wirtschaft aufzugreifen. [577] Umgekehrt vernachlässigte sie die Wünsche des Umweltverkehrsministeriums und der Umweltverbände insbesondere bei der Nachtflugregelung, was zu neuen Konflikten führte und eine vollständige Institutionalisierung in Frage stellte.

Strategisches Verhalten der Flughafengegner

Wie bereits erwähnt, begrüßten die Umweltverbände und Bürgerinitiativen den Vorschlag eines neuen Flughafenkonzepts durchaus, da sie sich eine übergreifende Planung erhofften.[578] Sie waren sich dabei in ihrer Haltung einig, was für eine hohe Strategiefähigkeit spricht. Obschon sie das Konzept begrüßten, wurde allen voran vom Umweltverband BUND stark kritisiert, dass es einen erneuten Flughafenausbau des Frankfurter Flughafens beinhaltete.[579] Nachdem der Entwurf nicht weiter verändert wurde und in der Entwurfsfassung vom 30. August 2000 bestehen blieb, ging der BUND, die hessische Opposition Bündnis90/Die Grünen und die Bundesvereinigung gegen Fluglärm dazu über, das Flughafenkonzept weiter als Entwurf zu behandeln und nicht als Handlungsgrundlage zu akzeptieren.[580] Der BUND kritisierte, dass sich Fraport bei der Vorhabensbegründung im Raumordnungsantrag für den Ausbau des Flughafens Frankfurt auf das Flughafenkonzept bezog.

---

[576] Deutsch, K. W.: Politische Kybernetik, a.a.O., S. 171.
[577] Argyris, C./ Schön, D. A.: Organizational Learning, a.a.O., S. 35.
[578] BUND: Stellungnahme des BUND zum "Flughafenkonzept der Bundesregierung" – Entwurfsfassung vom 28. August 2000 nach Ressortabstimmung. Haan 13.09.2000.
[579] ebda.
[580] BUND: Stellungnahme: Flughafenkonzept der Bundesregierung mangelhaft, a.a.O., S. 2.

„*Für den BUND und alle Fachleute überraschend fehlte in den Raumordnungsunterlagen eine juristisch haltbare Vorhabensbegründung. Stattdessen bezieht sich Fraport auf einen Entwurf der Bundesregierung für ein Flughafenkonzept und die entsprechende Zielsetzung des Landesentwicklungsplans Hessen. Dadurch entstand in der schriftlichen Begründung des Vorhabens eine Vermischung der privatrechtlichen und der öffentlichen Ziele. Dass der "Entwurf" eines Konzeptes keine Planrechtfertigung sein kann, liegt auf der Hand.*"[581]

Die Grünen argumentierten im hessischen Landtag, dass sich Fraport im Raumordnungsantrag nicht auf das Flughafenkonzept beziehen könne, da es lediglich einen Entwurfsstatus habe.[582] Auch die Bundesvereinigung gegen Fluglärm bezeichnete in einem Brief an das zuständige Regierungspräsidium Darmstadt den Bezug Fraports auf das Flughafenkonzept im Raumordnungsverfahren als unzulässig, da das Konzept nur ein Entwurf sei.[583] Die Stadt Kelkheim lehnte die Bedarfsbegründung mit dem Hinweis auf das Flughafenkonzept ebenso ab, da sie den Zeitraum von 15 Jahren, als nicht ausreichend für eine ausgewogene Planung hielt.[584]

Dieser Argumentationskette folgten die Umweltverbände und die Kommunen auch im weiteren Planungsverfahren, wie es sich beim Planfeststellungsverfahren und beim Landesentwicklungsplan aufzeigen lässt.

---

[581] BUND Hessen: Wichtige Fakten aus dem Erörterungstermin im Raumordnungsverfahren. 25.04.2002. URL: http://www.bund-hessen.de/themen_und_projekte/flughafen_frankfurt/archiv/eroerterungstermin_im_rau mordnungsverfahren_2002/. Stand: 29.10.2011.
[582] Frankfurter Rundschau: Streit um das Konzept der Bundesregierung. 07.08.2002. URL: http://www.fr-online.de/spezials/flughafenausbau-streit-um-konzept-der-bundesregierung,1472874,2892150.html. Stand: 07.08.2012.
[583] Bundesvereinigung gegen Fluglärm: Brief an das Regierungspräsidium Darmstadt. Einwendung zum Raumordnungsverfahren „Ausbau Flughafen Frankfurt". Mörfelden-Walldorf 29.01.2002, S. 3.
[584] Stadt Kelkheim (Taunus): Sitzungsvorlage: Raumordnungsverfahren für den Ausbau vom Flughafen Frankfurt/Main hier: Stellungnahme der Stadt Kelkheim (Taunus). Kelkheim 07.01.2002, S. 6.

Der BUND sah im Flughafenkonzept ebenfalls keine ausreichende Bedarfsgründung, da sich die Prognosen im Konzept auf das Jahr 2015 bezogen und durch die Verzögerungen beim Planfeststellungsverfahren ein größerer Zeitraum einbezogen werden müsse. Allerdings wurde hier nicht mehr auf darauf verwiesen, dass das Konzept nur einen Entwurfsstatus habe, sondern einseitig von der Flughafenlobby ausgearbeitet sei.[585]

Die Mehrheit der Kommunen sah im Flughafenkonzept 2000 nicht eine ausreichende Handlungsgrundlage, wenn es um die Bedarfsbegründung für den Ausbau im Planfeststellungsantrag von Fraport ging. Die Kommune Offenbach kritisierte in ihrer Stellungnahme, dass der Bedarfsnachweis durch das Flughafenkonzept der Bundesregierung nicht ausreichend sei.[586] Die KAG, als größter Zusammenschluss hessischer Kommunen, kritisierte ebenfalls die Bedarfsbegründung und stellte die fehlende Alternativbegründung mit dem Hinweis auf das Flughafenkonzept der Fraport als nicht ausreichend dar.[587] Bei der Änderung des Landesentwicklungsplans durch die hessische Landesregierung kritisierte die KAG ebenfalls die Bezugnahme auf das Flughafenkonzept. Dabei ging es um die Prognosen für den verkehrlichen Bedarf bis 2015, den sie im Flughafenkonzept als zu hoch angesetzt und daher für die Bedarfsbegründung für den Ausbau als unzureichend hielt.[588] Auch der BUND lehnte erneut mit Bezugnahme auf die mangelnde Bedarfsbegründung den geänderten Landesentwicklungsplan Hessen ab und rief dazu auf, eine Stellungnahme an das zuständige hessische Wirtschaftsministerium zu

---

[585] Philipp-Gerlach, U./ Teßmer, D.: Brief an RP Darmstadt im Auftrag des Bund für Umwelt und Naturschutz Deutschland: Betreff: Planfeststellungsverfahren zum Ausbau des Frankfurter Flughafens. Hier: Einwendung. Frankfurt 11.3.2005.
[586] Stadt Offenbach- AG Flughafen: Planfeststellungsverfahren Flughafenausbau Frankfurt. Flughafenausbau Landebahn Nordwest: Stellungnahme/Einwendungen der Stadt Offenbach (Leitsätze). Februar 2005, S. 8.
[587] KAG: Stellungnahme zum Planfeststellungsantrag Ausbau des Frankfurter Flughafens. Schreiben an das RP. 30.05.2005. URL: http://www.kag-flughafen-ffm.de/PF%20Stell.HTM. Stand: 27.10.2011.
[588] KAG: Stellungnahme der KAG Flughafen zum Änderungsentwurf des Landesentwicklungsplans Hessen 2000. Schreiben an das Hessische Ministerium für Wirtschaft, Verkehr und Landesentwicklung. 09.09.2005. URL: http://www.kag-flughafen-ffm.de/StellLEP.HTM. Stand: 27.10.2011.

schreiben.[589] Hier zeigt sich eine Ablehnung des Flughafenkonzepts 2000 in Bezug auf den Ausbau des Frankfurter Flughafens auf Seiten der Flughafengegner und damit eine Strategie des *Trotzens*.[590]

Während das Flughafenkonzept 2000 anfangs positiv von den Flughafengegnern aufgenommen wurde, verhielt sich das beim Masterplan der Initiative für Luftverkehr deutlich anders. Der BUND wies in einem Statement den Masterplan vehement zurück, da er sich aus der Sicht des Umweltverbandes einseitig auf wirtschaftliche Interessen fokussierte.[591]

Als die Bundesregierung nun eine Neuauflage des Flughafenkonzepts plante, begrüßten gleichwohl die Umweltverbände, Bürgerinitiativen und Opposition den Vorstoß der Bundesregierung erneut ein bundesweites Flughafenkonzept zu implementieren, obwohl sie im Rahmen des Frankfurter Flughafenausbaus das letzte Konzept von 2000 stark kritisiert hatten. Sie wünschten sich ein koordiniertes Vorgehen bei der Planung und dem Ausbau von Flughäfen allgemein. Der BUND äußerte sich in einer Stellungnahme zum ersten Entwurf eines neuen Flughafenkonzeptes:

„Der BUND begrüßt, dass die Bundesregierung künftig eine stärkere Rolle bei der Flughafenplanung beansprucht und eine Chance bekommt, dem Lokalegoismus von Kommunen und Länderregierungen in der dichtesten Flughafenlandschaft der Welt mit derzeit rund 250 Flughäfen und Flugplätzen entgegenzutreten."[592]

---

[589] BUND Hessen: Ausbau des Frankfurter Flughafens. Entwurf zur Änderung des Landesentwicklungsplans liegt zur Stellungnahme aus. Landesregierung will Flughafenausbau "Variante Nordwest" festschreiben!. 2005. URL: http://www.bund-hessen.de/themen_und_projekte/flughafen_frankfurt/archiv/landesentwicklungsplan_aenderungsentwurf_2005/. Stand: 30.10.2011.
[590] Oliver, C.: Strategic Responses to Institutional Processes, a.a.O., S. 152.
[591] BUND: Entwurf: Kritische Stellungnahme des BUND zum „ Masterplan zur Entwicklung der Flughafeninfrastruktur zur Stärkung des Luftverkehrsstandortes Deutschland im internationalen Wettbewerb" der „Initiative Luftverkehr", a.a.O.
[592] BUND: Stellungnahme: Flughafenkonzept der Bundesregierung mangelhaft, a.a.O., S. 1.

Gleichwohl sprach er auch an, dass dieser erste Entwurf ohne die Beteiligung des BUND erfolgte und einer grundlegenden Überarbeitung bedürfe.[593]

Auch die Bundestagsfraktion der Grünen äußerte sich positiv im Hinblick auf eine bessere Steuerung der Flughafenplanung. Aus ihrer Sicht würde eine zentrale Steuerung auf Bundesebene helfen, dass nicht jedes Bundesland seine Pläne verwirklicht, ohne auf den Gesamtbedarf zu achten. Allerdings kritisierten sie, dass das Konzept zu unausgewogen sei und zu wenig auf die Bedürfnisse der Betroffenen einginge.[594]

Damit folgten sie zwar einer gemeinsamen Strategie, die dem *Kompromiss* zugeordnet werden kann, gleichzeitig griffen sie das Konzept aber auch an, was für eine Strategie des *Trotzens* spricht.[595]

Nachdem der zweite Entwurf den Kommunen, Umweltverbänden und Umweltinitiativen vorlag, entschlossen sie zu einer gemeinsamen Stellungnahme an den Bundesverkehrsminister Tiefensee.[596] Gemeinsam lehnten sie den zweiten Entwurf ab, da Umweltbelange aus ihrer Sicht nicht ausreichend berücksichtigt wurden, das Nachtflugverbot fehlte und es keine breite Diskussion zu diesem Thema gegeben hatte.[597] Damit kann von einer hohen Strategiefähigkeit ausgegangen werden. Die Ablehnung des Konzeptes spricht einerseits für eine Strategie des *Trotzens*, andererseits zeigten sie sich nach wie vor bereit, am Flughafen-

---

[593] ebda., S. 7.
[594] Bündnis 90/Die Grünen Bundestagsfraktion: Pressemitteilung: Flughafenkonzept 2008 – Ausbaukonzept für große Flughäfen zum Schaden für Klima und Anwohner. Berlin. 16.06.2008.
[595] Oliver, C.: Strategic Responses to Institutional Processes, a.a.O., S. 152.
[596] KAG: Protokoll der Mitgliederversammlung: zu TOP 4 – Verschiedenes. Groß Gerau. 03.09.08, S. 4.
[597] KAG/ Zukunft Rhein-Main/ ADF/ BVF/ BBI/ BUND Hessen/ ZRM: Brief an Bundesminister Wolfgang Tiefensee: Resolution zum Entwurf des Flughafenkonzeptes der Bundesregierung. 09.09.2008.

konzept mitzuarbeiten und forderten eine Beteiligung ein, was zeigt, dass sie nach wie vor zu einer *kooperationsgeleiteten* Strategie bereit waren.[598]

Es ist festzustellen, das, das Konzept von Seiten der Flughafengegner keine breite Unterstützung erhielt, da Teil-Ergebnisse der Mediation nicht enthalten waren. Vielmehr entschieden sich die Bürgerinitiativen für eine Doppelstrategie. Sie griffen das Verfahren an, was damit im Umkehrschluss mit einer stärkeren Legitimierung der Mediation einherging, auf die sie sich jetzt bezogen. Hier muss erinnert werden, dass die Flughafengegner über weite Strecken die Mediation im Rahmen der Ausbaupläne um den Frankfurter Flughafen abgelehnt hatten. Die Ergebnisse der Mediation, die beispielsweise das Nachtflugverbot beinhalteten, befürworteten sie jedoch und beriefen sich jetzt auf diese im Zusammenhang mit dem Konzept für eine bundesweite Flughafenplanung. Nach wie vor waren sie auch bereit, an einer Diskussion um ein Flughafenkonzept teilzunehmen, fühlten sich jedoch nicht richtig einbezogen. Ihre Bereitschaft, am Flughafenkonzept mitzuarbeiten, um eine verbesserte Gesamtplanung zu erzielen, spricht für ein *einfaches Lernen*.[599] Da sie jedoch nicht bereit waren von ihren primären Zielen abzurücken (kein Flughafenausbau), zeigt, dass sie nur bedingt an einem Kompromiss interessiert und nicht zum *komplexen Lernen* bereit waren.[600]

4.2.3.1 Verzögerungen

Die Flughafenkonzepte und der Masterplan führten zu weiterer Diskussion um den Ausbau des Flughafen Frankfurts. Der unklare Status des Flughafenkonzepts 2000 ermöglichte es den Gegnern das Konzept in Frage zu stellen und in ihre Argumentationslinie gegen den Ausbau zu integrieren. Die von oben steuernde Strategie der politischen Akteure bei der Institutionalisierung des Flughafenkonzepts 2000 führte zu einer

---

[598] ebda., S. 2.
[599] Argyris, C./ Schön, D. A.: Organizational Learning, a.a.O., S. 35.
[600] ebda., S. 36.

geringen Akzeptanz durch die Flughafengegner, die das Konzept angriffen. Die Flughafengegner klagten gegen den Planfeststellungs-antrag, der bei seiner Ausbaubegründung auf dem Flughafenkonzept aufbaute.

Fraport bezog sich im Planfeststellungsantrag bei der Prognose u.a. auf das Flughafenkonzept 2000 der Bundesregierung, das bis 2015 von einem Koordinationseckwert von 120 Flugbewegungen pro Stunde ausging.[601] Da diese Prognose nur einen begrenzten Zeitraum von 15 Jahren einbezog, war sie bereits nicht mehr aktuell, als Fraport den Planfeststellungsantrag für den Ausbau des Flughafen Frankfurts 2003 einreichte. Aufgrund der schriftlichen Einwendungen und Erörterungen bei der zuständigen Behörde mussten die Prognosezahlen für den Flugverkehr aktualisiert und der Planfeststellungsantrag überarbeitet werden. Dadurch verzögerte sich das Verfahren um ca. 1 Jahr.

Der Masterplan und das Flughafenkonzept 2009 kollidierten wiederum mit Ergebnissen der Mediation. Die Frage der Nachtflüge wurde erneut debattiert und damit ein Ergebnis der Mediation wieder in den Diskussionsmittelpunkt gerückt. Nachdem das hessische Verwaltungs-gericht das Nachtflugverbot in seinem Urteil bestätigt hatte, bemühte sich die hessische Landesregierung die Nachtflugproblematik auf Bundesebene zu lösen und wich damit auf andere Verfahren aus. So ging sie nach dem Urteil des hessischen Verwaltungsgerichts in Revision vor das Bundesverwaltungsgericht, um sicher zu gehen, dass das im Planfeststellungsbeschluss festgeschriebene Nachtflugverbot nicht mit Bundesrecht kollidierte.[602] Minister Posch wies dabei in einer Stellung-nahme vor Gericht hin, dass das Land angetreten sei, eine wichtige Forderung des damaligen Flughafenkonzepts umzusetzen. Weiterhin betonte er, dass das Flughafenkonzept auch Nachtflüge befürwortete.[603] Die Revision

---

[601] Bundeministerium für Verkehr, Bau und Wohnungswesen (Hrsg.): Flughafenkonzept der Bundesregierung 2000, a.a.O., S. 19, S. 36.
[602] Hessisches Ministerium für Wirtschaft, Verkehr und Landesentwicklung: Pressemitteilung: „Rasche Rechtssicherheit im Interesse aller". Wiesbaden 04.01.2012.
[603] Frankfurter Allgemeine Zeitung: Nachtflüge: Bund soll mitbestimmen. Minister Posch

verzögerte wiederum die Planfeststellung. Allerdings hatten die Klagen und Revision keine aufschiebende Wirkung des Baubeginns, so dass mit den Ausbaumaßnahmen begonnen wurde.

Da das Flughafenkonzept noch nicht bundesweit greift, was ursprünglich das Ziel gewesen war, sondern hybridisiert wurde und den Ländern weiter die Kompetenzen überlässt, kann es noch nicht zu einer Vereinfachung und Erleichterung der Flughafenplanung beitragen und damit eine Beschleunigung der Projekte erzielen. Unter Hybridisierung wird hierbei verstanden, dass das Verfahren, das zentralstaatlich steuern sollte, mit Elementen einer föderalen Steuerung vermischt wurde. Die Vermischung zweier verschiedener Steuerungskonzepte wird hier als hybrid verstanden.

4.2.4 Raumordnungsverfahren

Im Anschluss an das Mediationsverfahren wurde mit dem eigentlichen Planungsverfahren begonnen, welches aufgrund der Vorklärungen von strittigen Fragen im Zuge des vorangegangenen Mediationsverfahrens – eine höhere Legitimation der Ziele und Inhalte erwarten ließ – und damit leichter institutionalisiert werden könnte. Es wird noch einmal in Erinnerung gerufen, dass der Gegenstand des vom 22.10.2001 bis 10.06.2002 durchgeführten Raumordnungsverfahrens, die Beurteilung dreier Ausbauvarianten (Nordwest-, Nordost- und Südvariante), zusätzlicher Wartungshallen im Süden des Flughafens sowie begleitender Infrastrukturmaßnahmen war.[604] Da das Verfahren sehr komplex war, wurde zu Beginn ein „Scoping Termin" (Anhörung) festgelegt, bei dem der Umfang der einzureichenden Unterlagen des Antragstellers Fraport festgelegt werden sollte. Nachdem Fraport die notwendigen Unterlagen für

---

strebt zunächst Klärung in Leipzig an. 15.09.2009. URL: http://www.faz.net/frankfurter-allgemeine-zeitung/rhein-main-zeitung/nachtfluege-bund-soll-mitbestimmen-1853573.html. Stand: 22.07 2012; Frankfurter Allgemeine Zeitung: Aus für Nachtflüge in Sicht. 14.03.2012.URL: http://www.faz.net/aktuell/rhein-main/bundesverwaltungsgericht-aus-fuer-nachtfluege-in-sicht-11684578.html. Stand: 23.07.2012.

[604] Regierungspräsidium Darmstadt: Raumordnungsverfahren Flughafen Frankfurt Main. Landesplanerische Beurteilung. Darmstadt 10.06.2002, S. 8.

das Verfahren eingereicht hatte, wurden sie vom 22. Oktober bis 2. November 2001 an die Verfahrensbeteiligten zur Stellungnahme weitergeleitet. Anschließend wurde vom 8. bis zum 25. April 2002 mit den betroffenen Kommunen, den Umweltverbänden, den Trägern öffentlicher Belange[605] und Fraport die Stellungnahmen erörtert, wie es im Verfahren vorgesehen ist.[606] Am 10. Juni 2002 wurde der Abschlussbericht des Raumordnungsverfahrens zur „landesplanerischen Beurteilung" vorgelegt. Die „landesplanerische Beurteilung" bestätigte in Bezug auf die Nordwestvariante der Landebahn die Positionen von Fraport.[607]

Die Nordwestlandebahn grenzte allerdings an das Chemiewerk Ticona an, das giftige Stoffe verarbeitet, die als Störfallstoffe bezeichnet werden und damit bestimmten Sicherheitsrichtlinien unterliegen, die dem Störfall V zugeordnet werden.[608] Die damit verbundenen Risiken wurden zwar im Raumordnungsverfahren erwähnt, aber für eine abschließende Beurteilung auf das Planfeststellungsverfahren verschoben.

„Im Rahmen des Planfeststellungsverfahrens müssen die Sicherheitssituation am Standort Ticona bei Betrieb der Landebahn und die daraus möglicherweise entstehenden Konsequenzen für den Bestand des Werkes im Detail geprüft werden. Unter Berücksichtigung des Ergebnisses dieser Untersuchung ist zu beurteilen, ob zur Einhaltung der Anforderungen an die Anlagensicherheit Maßnahmen an den dort betriebenen Anlagen erforderlich und durchführbar sind und ob die Anlagen überhaupt noch an den bisherigen Standorten betrieben werden können. Die sich daraus ergebenden Konflikte sind im Planfeststellungsverfahren zu bewältigen."[609]

Alle Seiten beteiligten sich an dem Verfahren im Rahmen ihrer gesetzlich

---

[605] Bürgerinitiativen werden in Verwaltungsverfahren als Träger öffentlicher Belange bezeichnet und behandelt.
[606] Regierungspräsidium Darmstadt: Raumordnungsverfahren Flughafen Frankfurt Main, a.a.O., S. 23ff.
[607] ebda., S. 284.
[608] Störfall-Kommission: Ergebnis der Beratungen der AG FFM, o.O. 30.01.2004, S.1.
[609] Regierungspräsidium Darmstadt: Raumordnungsverfahren Flughafen Frankfurt Main, a.a.O., S. 49.

vorgesehenen Möglichkeiten. Zwar wurden die Ergebnisse der landesplanerischen Beurteilung kritisiert, jedoch das Verfahren in Form einer Nicht-Beteiligung nicht abgelehnt, sondern von allen Seiten stärker unterstützt als das beim vorangegangenen Mediationsverfahren der Fall gewesen war. Nachdem die landesplanerische Beurteilung veröffentlicht wurde, lehnte jedoch ein Großteil der Betroffenen die Ergebnisse des Raumordnungsverfahrens ab. Aber nicht nur Umweltverbände, Bürgerbewegungen und Kommunen richteten sich gegen die Ergebnisse des Verfahrens.[610] Auch wirtschaftliche Akteure, wie das Unternehmen Ticona erkannten die Ergebnisse nicht an und klagten vor dem Landesverwaltungsgerichtshof.[611]

Die Sedimentierung und damit vollständige Institutionalisierung des Raumordnungsverfahrens war damit in Frage gestellt. Inwieweit dies zu Verzögerungen führte und ob dies auf die strategische und/oder opportunistische Nutzung von Spielräumen bei Regeln zurückführen lässt, ist nachfolgend zu klären.

Strategisches Verhalten der Flughafenbefürworter

Bei der Eröffnung des Raumordnungsverfahrens 2001 wurden die verschiedenen Varianten für den Bau einer Landebahn geprüft. Bund, Land und die Stadt Frankfurt waren sich zunächst einig über den Ausbau und damit über die Fortsetzung des Verfahrens. Da Einigkeit ein entscheidendes Merkmal für die Strategiefähigkeit von Akteursgruppen ist, lässt sich zunächst bestätigen, dass sie strategiefähig waren.[612] Bereits

---

[610] BUND Hessen: Stellungnahme zum Raumordnungsverfahren zur Erweiterung des Flughafen Frankfurts 29.02.2002, S. 2; Stadt Offenbach- AG Flughafen: Raumordnungsverfahren Flughafenausbau Frankfurt Main: Stellungnahme der Stadt Offenbach am Main Teil A (Leitsätze). Dezember 2001, S. 7.
[611] Frankfurter Allgemeine Zeitung: Flughafenausbau: Ticona zieht wegen Abflugrouten in Frankfurt vor Gericht. 26.08.2005. URL: http://www.faz.net/aktuell/rhein-main/wirtschaft/flughafenausbau-ticona-zieht-wegen-abflugrouten-in-frankfurt-vor-gericht-1254591.html. Stand: 23.11.2011.
[612] Scharpf, F.: Interaktionsformen, a.a.O., S. 107.

am 8. Februar 2000 zeigte Fraport beim hessischen Wirtschaftsministerium den Ausbau des Frankfurter Flughafens an und wurde darüber informiert, dass dafür ein Raumordnungsverfahren notwendig und dass das Regierungspräsidium Darmstadt dafür zuständig sei.[613] Das Verfahren wurde im Anschluss von Amts wegen eingeleitet. Die Einleitung des Raumordnungsverfahrens als Verwaltungsakt lässt sich dabei nun noch nicht einer der Strategien von Oliver zuweisen. Wenn nun aber die vorgelegten Unterlagen beim Scoping-Termin im Zusammenhang mit den Ergebnissen der Mediation betrachtet werden, ist festzustellen, dass die Frankfurter Flughafen AG die Ergebnisse der Mediation einbezog aber kritische Stimmen außer Acht ließ. So beinhalteten die Unterlagen zunächst keine Prüfung der Nullvariante, das heißt, der Flughafen würde unverändert bleiben.[614] Stattdessen wurden drei verschiedene Landebahnalternativen ausgewählt (Nordwest-, Nordost- und Südvariante).[615] Bei der Begründung für diese Varianten wurde dabei explizit auf das Mediationsverfahren bzw. deren Ergebnisse hingewiesen. Damit folgten die FAG einer Strategie des *Erduldens*, in dem sie der Mediation folgten, andererseits schlossen sie eine Nullvariante aus, was einer Strategie des *Manipulierens* zuzuordnen wäre.[616] Erst nachdem das Regierungspräsidium die Auswahl der Varianten monierte, ergänzte später Fraport, die aus der FAG hervorging, seine Unterlagen zum Raumordnungsverfahren.[617]

---

[613] Regierungspräsidium Darmstadt: Raumordnungsverfahren Flughafen Frankfurt Main, a.a.O., S. 17.
[614] Regierungspräsidium Darmstadt: Unterrichtungsschreiben RP Darmstadt 2. Flughafen Frankfurt Main AG. Raumordnungsverfahren nach dem Hessischen Landesplanungsgesetz (HLPG) und dem Raumordnungsgesetz (ROG) hier: Ausbau des Flughafens Frankfurt. Scopingtermin vom 02. bis 04. November 2000. Frankfurt 20.02.2001, S. 17.f.; Fraport AG: Ausbauprogramm Flughafen Frankfurt/Main. Unterlagen zum Raumordnungsverfahren. Auswahl der Ausbauvarianten AG. Frankfurt am Main. A5, S. 25.
[615] Regierungspräsidium Darmstadt: Raumordnungsverfahren Flughafen Frankfurt Main, a.a.O., S. 14f.
[616] Oliver, C.: Strategic Responses to Institutional Processes, a.a.O., S. 152.
[617] Regierungspräsidium Darmstadt: Unterrichtungsschreiben RP Darmstadt 2. Flughafen Frankfurt Main AG, a.a.O., S. 17.f.; Fraport: Ausbauprogramm Flughafen Frankfurt/Main. Unterlagen zum Raumordnungsverfahren, a.a.O., S. 25.

Darüber hinaus war zum Zeitpunkt der Einleitung des Raumordnungsverfahrens nicht klar, ob der für den Ausbau geänderte regionale Raumordnungsplan und der Landesentwicklungsplan vor Gericht Bestand haben würden oder nichtig seien. Die zuständige Behörde, das Regierungspräsidium Darmstadt, argumentierte dazu in der Anhörung, dass sie im Raumordnungsverfahren unabhängig davon prüfen kann, ob das Verfahren raumverträglich sei oder nicht. Damit nutze die zuständige Behörde ihren Handlungsspielraum, traf eine Ermessungsentscheidung und *steuerte* das Verfahren, was nach Oliver am ehesten der Strategie *Manipulieren* zuzuordnen wäre.[618] Auch bei den Zugangsregeln für das Anhörungsverfahren nutzen sie ihren Handlungsspielraum und entschieden über die Teilnehmer. So wurde das RDF eingeladen, um der Anhörung zu folgen, die KAG konnte dagegen trotz Anfrage nicht teilnehmen.[619] Auch hier lässt sich eine nach Oliver *manipulierende* Strategie nachvollziehen.[620] Zum Termin der Anhörung waren die Unterlagen der Fraport nicht vollständig. Gleichwohl urteilte das Regierungspräsidium, dass das Verfahren fortgesetzt werden sollte, da aus seiner Sicht die fehlenden Unterlagen nicht wirklich relevant für Dritte waren.[621] Auch hier nutzte die zuständige Behörde ihren Ermessungsspielraum, was wiederum einer *manipulierenden* Strategie zugeordnet werden kann, da sie das Verfahren steuerte.[622]

In einem ersten Entwurf der landesplanerischen Beurteilung urteilte das Regierungspräsidium anschließend, dass keine der Vorhabens-Varianten mit der Raumordnung vereinbar seien. Das hessische Wirtschaftsministe-

---

[618] Regierungspräsidium Darmstadt: Projektgruppe Flughafen: Erörterungstermin in dem Raumordnungsverfahren für das Vorhaben der Fraport AG zur Erweiterung des Flughafens Frankfurt/Main. Frankfurt am Main 8.4.2002, S. 4.
[619] ebda., S. 16ff.
[620] Oliver, C.: Strategic Responses to Institutional Processes, a.a.O., S. 152.
[621] Regierungspräsidium Darmstadt: Projektgruppe Flughafen: Erörterungstermin in dem Raumordnungsverfahren für das Vorhaben der Fraport AG zur Erweiterung des Flughafens Frankfurt/Main, a.a.O., S. 138.
[622] Oliver, C.: Strategic Responses to Institutional Processes, a.a.O., S. 152.

rium regte jedoch an, den Tenor zu ändern.[623] So lautete es in der Landesplanerischen Beurteilung vom 10. Juni 2002 nun im Ergebnis, dass die Varianten Nordwest und Nordost mit der Raumordnung vereinbart werden könnten.[624] Dass das Ergebnis nachträglich geändert wurde, zeigt sich weiter hinten in der Beurteilung, wo beide Fassungen nebeneinander stehen. So bleibt die Gesamtabwägung der Landesplanerischen Beurteilung beim Entwurfsergebnis:

„Allen Varianten stehen Ziele der Raumordnung entgegen. Das Vorhaben hat in allen Varianten erhebliche Eingriffe hinsichtlich der einzelnen Umweltbelange zur Folge."[625]

Es wird jedoch ein Satz weiter auch betont:

„Die Eingriffsintensität erreicht zumindest bei den Nordvarianten bei einer gebotenen überörtlichen Betrachtung allerdings nicht ein solches Ausmaß, dass eine Vereinbarkeit mit den Erfordernissen der Raumordnung grundsätzlich nicht hergestellt werden kann."[626]

Die nachträgliche Änderung weist auf eine Nutzung des Handlungsspielraums des Wirtschaftsministeriums hin. Zwar wird von Seiten des Regierungspräsidiums Darmstadt betont, dass es sich lediglich um eine Anregung und nicht um eine Anordnung handelte und nichts am Ergebnis änderte.[627] Eine *Steuerung* des Verfahrens von Seiten des hessischen

---

[623] Frankfurter Rundschau: Flughafen: Landesregierung bestätigt Korrektur an Expertise des RP. 15.06.2002. URL: http://www.fr-online.de/spezials/flughafen--landesregierung-bestaetigt-korrektur-an-expertise-des-rp,1472874,2892656.html. Stand: 26.11.2011; Hessisches Ministerium für Wirtschaft, Verkehr und Landesentwicklung: Pressemitteilung: Posch begrüßt Ergebnis des Raumordnungsverfahrens zum geplanten Ausbau des Frankfurter Flughafens. 11.06.2002.
[624] Regierungspräsidium Darmstadt: Raumordnungsverfahren Flughafen Frankfurt Main. Landesplanerische Beurteilung. Darmstadt. 10.06.2002, S.1.
[625] ebda., S. 251.
[626] ebda., S. 251f.
[627] Frankfurter Rundschau: Flughafen: Landesregierung bestätigt Korrektur an Expertise des RP, a.a.O.

Wirtschaftsministeriums und damit eine *manipulierende* Strategie, ist hier jedoch nicht auszuschließen.[628]

Die Nord-West-Variante wurde dabei letztlich präferiert. Sie wurde als am wenigsten umweltbelastend angesehen.[629] Obwohl die Präferenz für die Nordwest-Landebahn auf erheblichen Widerstand bei Umweltverbänden, Kommunen als auch der Chemie-Firma Ticona, deren Werk in der Einflugsschneise dieser Variante lag, traf, verschob das RP das Problem auf das Planfeststellungsverfahren und entschied sich, die Nordwest Variante als am geeignetsten zu bezeichnen.[630] Am 19. August 2002 entschied sich die hessische Landesregierung für den Ausbau der Nord-West-Landebahn. Weitere Verhandlungen zwischen Ticona und der Landesregierung erfolgten zunächst nicht oder aber nicht öffentlich. Auch als sich die Kommunen Hattersheim und Kelsterbach an die Störfallkommission des Bundesumweltministeriums aufgrund der getroffenen Entscheidung im Raumordnungsverfahren richteten, veränderte das für die weitere Planung zuständige Landeswirtschaftsministerium und Fraport seine Haltung zur vorgeschlagenen Landebahn nicht.[631] Die Störfall-Kommission kam zu dem Ergebnis, dass die Landebahn Nord-West mit dem Chemiewerk nicht zu vereinbaren sein.[632]

Um die Nord-West-Landebahn trotzdem umzusetzen, drohte das Wirtschaftsministerium im geänderten Landesentwicklungsplan Ticona mit "hoheitlichen Maßnahmen", die von Betriebsbeschränkungen bis zur Stilllegung oder Verlegung der Anlagen" reichten.[633] Dieses Vorgehen lässt

---

[628] Oliver, C.: Strategic Responses to Institutional Processes, a.a.O., S. 152.
[629] Regierungspräsidium Darmstadt: Raumordnungsverfahren Flughafen Frankfurt Main, a.a.O., S.1.
[630] BUND Hessen: Stellungnahme zum Raumordnungsverfahren zur Erweiterung des Flughafen Frankfurts. 29.2.2002, S 3; KAG: Stellungnahme zum Raumordnungsverfahren Ausbau des Frankfurter Flughafens. Schreiben an das Regierungspräsidium Darmstadt. 19.12.2001. URL: http://www.kag-flughafen-ffm.de/ROV%20Stell.HTM. Stand: 12.01.2012; Störfall-Kommission: Ergebnis der Beratungen der AG FFM. 30.01.2004, S.1.
[631] Störfall-Kommission: Ergebnis der Beratungen der AG FFM, a.a.O., S.1.
[632] ebda., S. 2f.
[633] Hessisches Ministerium für Wirtschaft, Verkehr und Landesentwicklung:

195

sich erneut der Nutzung des Handlungsspielraums der Akteure zuordnen und spricht für eine steuernde Taktik und damit *manipulierende* Strategie.[634] Da Ticona ihrerseits klagte und damit das Projekt zu verzögern drohte, schaltete sich die Staatskanzlei ein. Danach wandelte sich die Strategie des Landesverkehrsministeriums hin zu einem Kompromiss.[635] Aufgrund der Klage, versuchte die Staatskanzlei zwischen den Akteuren auszugleichen und bemühte sich um ein offenes, auf Verhandlungen basierendes Vorgehen.[636] Im November 2006 einigten sich Ticona und Fraport. Der Standort Kelsterbach sollte bis 2011 aufgegeben werden. Auf Kosten der Fraport AG sollte an anderer Stelle ein neues Werk errichtet werden. Als Realisierungszeitraum wurden fünf Jahre angenommen. Die Kosten beliefen sich auf ca. 670 Mio. Euro. Zunächst war die Standortfrage offen.[637] Ende März 2007 stand fest, dass das Werk im Rhein-Main-Gebiet bleiben sollte und die Standorte Frankfurt Höchst oder Wiesbaden zur Wahl standen. Im Juli 2007 gab Ticona schließlich bekannt, dass der Aufsichtsrat der Celanese Corporation die Umsiedlung des Werks in den Industriepark Höchst in Frankfurt am Main beschlossen hatte.[638]

Die *Lernbereitschaft* der Befürworter des Raumordnungsverfahrens im Rahmen dieses Verfahrens war zunächst nicht gegeben. Dies lässt sich am Ablauf des Anhörungsverfahrens an der Nicht-Berücksichtigung der

---

Zusammenfassende Erklärung: Zur Änderung des Landesentwicklungsplans Hessen 2000 – nach § 8 Abs. 7 HLPG – Erweiterung Flughafen Frankfurt Main. Wiesbaden 2006, S. 133.

[634] Oliver, C.: Strategic Responses to Institutional Processes, a.a.O., S. 152.

[635] Frankfurter Allgemeine Zeitung: Flughafenausbau. Ticona zieht wegen Abflugrouten in Frankfurt vor Gericht. 26.08.2005. URL: http://www.faz.net/aktuell/rhein-main/wirtschaft/flughafenausbau-ticona-zieht-wegen-abflugrouten-in-frankfurt-vor-gericht-1254591.html. Stand: 23.04.2009.

[636] Hessische Landesregierung: Kraftvolle Politik für ein starkes Land Hessen – Startklar für die Zukunft. Informationen über die Leistungen in der 16. Legislaturperiode. Wiesbaden 2007, S. 90.

[637] Süddeutsche Zeitung: Flughafen-Ausbau in Frankfurt: Ein ganzes Chemiewerk wird verlagert. 30.11.2006. URL:http://www.sueddeutsche.de/wirtschaft/flughafen-ausbau-in-frankfurt-ein-ganzes-chemiewerk-wird-verlagert-1.905167-2. Stand: 10.03.2009.

[638] Ticona: Ticona Kelsterbach zieht um. Stand: Oktober 2007. URL: http://www.ticona.com/de/print/inform_d_1007_site_management.pdf. Stand: 02.03.2009.

Null-Variante als auch der mangelnden Einbeziehung des Chemiewerks Ticona in die Beurteilung des Verfahrens, aufzeigen. Nun ist das Raumordnungsverfahren als formal vorgeschriebenes Verfahren kein neues, gleichwohl steht es in Verbindung mit den Ergebnissen der Mediation. Hinzu kommt, dass jedes Verfahren immer wieder auch neu institutionalisiert und damit neu legitimiert werden muss, da Institutionen nicht nur etwas Gegebenes sind sondern sich in einem Prozess befinden.[639] Trotzdem entschieden sich die politischen Akteure und hier insbesondere das Regierungspräsidium Darmstadt und später das Landeswirtschaftsministerium dafür, *nicht lernen* zu müssen. Da ihre Haltung jedoch auf erheblichen Widerstand stieß und die Staatskanzlei einschritt, mussten sie ihre Haltung ändern, was dem *einfachen Lernen* zugeordnet werden kann.[640] Sie veränderten nicht ihr Gesamtziel, sie befürworteten nach wie vor die Nord-West-Landebahn. Sie zeigten sich aber zu Gesprächen bereit, änderten ihre Strategie und zeigten ein Verhalten, das dem *einfachen Lernen* zugeschrieben wird.[641]

Strategisches Verhalten der Flughafengegner

Obwohl die Mehrheit der Flughafengegner sich für Teile der Ergebnisse des Mediationsverfahrens ausgesprochen hatte, wichen sie nicht von ihrer Haltung ab, die Erweiterung insgesamt abzulehnen.[642] Beim Raumordnungsverfahren zur planerischen Vorbereitung der Erweiterung des Flughafens, das die Fraport AG auf der Grundlage des Mediationsergebnisses als Flughafenbetreiber beim Regierungspräsidium Darmstadt

---

[639] Walgenbach, P.: Institutionalistische Ansätze in der Organisationstheorie, a.a.O., S. 269-301 (271).
[640] Argyris, C./ Schön, D. A.: Organizational Learning, a.a.O., S. 36.
[641] ebda., S. 36.
[642] KAG: Beschlussfassung zum Ausbau des Frankfurter Flughafens (Beschluss 1). 29.02.2000. URL: http://www.kag-flughafen-ffm.de/. Stand: 21.3.2011; BUND Hessen/ Rheinland-Pfalz: Kein Ausbau des Frankfurter Flughafens – Kein Flughafensystem "Frankfurt – Hahn". 17.09.2002. URL: http://www.bund-hessen.de/themen_und_projekte/flughafen_frankfurt/archiv/kein_ausbau_des_frankfurter_flughafens_2002/. Stand: 21.03.2011.

anzeigte, folgten die Flughafengegner einer gemeinsamen Strategie und nahmen teil oder wollten sich an dem Verfahren beteiligen, was zunächst einmal für eine „Strategiefähigkeit" spricht.[643] Sie nutzten im Rahmen des Verfahrens ihre Beteiligungsmöglichkeiten und blieben dem Verfahren nicht fern, wie dies bei der Mediation und zu Teilen auch beim „Regionalen Dialogforum" der Fall gewesen war. Vielmehr kritisierte die KAG, dass sie als Träger öffentlicher Belange nicht zur Anhörung eingeladen wurde.[644] Die Teilnahme oder der Wunsch nach Teilnahme zeigt eine Kooperationsbereitschaft, was einer Strategie des *Erduldens* zuzuordnen wäre, da sie *als gesichert geltende Normen* befolgten.[645]

Bei den Stellungnahmen sowohl zum Scoping-Termin als auch zum Raumordnungsverfahren waren sich dabei die am Verfahren Beteiligten überwiegend einig. Allerdings wandelte sich hier ihre Strategie. Anstatt das Verfahren zu unterstützen, forderten sie es zu verschieben, was einer Strategie des *Trotzens* zugeordnet wird, da sie gegen das Verfahren *ankämpften*.[646] In einer gemeinsamen Stellungnahme kritisierten der BUND, NABU und SDW, dass der Scoping-Termin zu früh festgelegt worden sei, da die von der Flughafen Rhein Main AG eingereichten Unterlagen unvollständig und fehlerhaft waren.[647] Auch die Städte Darmstadt und Offenbach kritisierten später bei der Anhörung erneut die Unvollständigkeit der eingereichten Unterlagen.[648] Die Stadt Rüsselsheim, die Gemeinde Bischofsheim und die Gemeinde Ginsheim-Gustavsburg

---

[643] Scharpf, F.: Interaktionsformen, a.a.O., S. 107.
[644] KAG: KAG-Stellungnahme zum Raumordnungsverfahren Ausbau des Frankfurter Flughafens. Schreiben an das Regierungspräsidium Darmstadt. 19.12.2001, S. 1.
[645] Oliver, C.: Strategic Responses to Institutional Processes, a.a.O., S. 152.
[646] ebda., S. 155.
[647] BUND/ NABU/ SDW: Stellungnahme: Scoping – Unterlagen für die Umweltverträglichkeitsprüfung (UVPG) im Genehmigungsverfahren für die Erweiterung des Frankfurter Flughafens. Schreiben an das Regierungspräsidium Darmstadt 16.10.2000.
[648] Regierungspräsidium Darmstadt: Projektgruppe Flughafen: Erörterungstermin in dem Raumordnungsverfahren für das Vorhaben der Fraport AG zur Erweiterung des Flughafens Frankfurt/Main, a.a.O., S. 7; Hanack, P.: Die Botschaft lautet: So nicht. Kommunen fordern Stopp des Raumordnungsverfahrens / Einwendungen und Klagen. In: Frankfurter Rundschau. 26.01.2002.

kritisierten ebenfalls die unzureichenden Unterlagen in einer Einwendung durch die von Ihnen beauftragte Anwältin.[649] Weiterhin wurde von Seiten des Umweltverbandes BUND moniert, dass sie die Unterlagen zum Raumordnungsverfahren nicht rechtzeitig erhalten hatten und so seine Mitwirkungsrechte eingeschränkt waren.[650] Darüber hinaus forderte die Stadt Offenbach in der ersten Sitzung der Erörterung, das Verfahren auszusetzen.[651] Dieser Meinung schlossen sich etliche Teilnehmer an. Entscheidend war dabei aus ihrer Sicht, dass das Verfahren nicht durchgeführt werden konnte, solange Unklarheit über den Ausgang des Normenkontrollverfahrens durch den hessischen Verwaltungsgerichtshof zur Gültigkeit des Regionalplans Südhessen 2000 und des Landesentwicklungsplans Hessen 2000 herrschte.[652] Auch zum Ende der Erörterung konnte keine Einigkeit erzielt werden. Nach Abschluss des Verfahrens wurde stattdessen von einigen Kommunen geklagt bzw. in Erwägung gezogen, die Ergebnisse juristisch anzugreifen.[653] Damit folgten auch sie einer Strategie des *Trotzens*. Sie zweifelten das Verfahren an. Darüber hinaus entschieden sie sich schon für ein Verfahren außerhalb des Planungsverfahrens, nämlich für ein Gerichtsverfahren.

Besonders beklagten die Gegner, dass es zu einer Änderung im Text des Abschlussberichts gekommen war. So sprach das Bündnis der Bürgerinitiativen von einer Manipulation des Verfahrens.[654] Der Bürgermeister von

---

[649] Rechtsanwältin Fridrich: Raumordnungsverfahren nach dem Hessischen Landesplanungsgesetz (HLPG) für den Ausbau des Flughafens Frankfurt/Main. Schreiben an das Regierungspräsidium Darmstadt 30.02.2002, S. 2.
[650] BUND Hessen: Stellungnahme zum Raumordnungsverfahren zur Erweiterung des Flughafen Frankfurts. 29.02.2002, S. 4f.
[651] Regierungspräsidium Darmstadt: Projektgruppe Flughafen: Erörterungstermin in dem Raumordnungsverfahren für das Vorhaben der Fraport AG zur Erweiterung des Flughafens Frankfurt/Main. Frankfurt am Main. 08.04.2002, S.7.
[652] ebda., S. 7.
[653] Venn, L.: „Das Ding wird vor Gericht entschieden". Reaktionen auf Aussage des RP zur neuen Landebahn. In: Frankfurter Rundschau. 12.06.2002. http://www.fr-online.de/spezials/-das-ding-wird-vor-gericht-entschieden-,1472874,2916602.html. Stand: 23.03.2011.
[654] BBI: Pressemitteilung: Wirtschaftsministerium manipuliert Kernaussage des Regierungspräsidenten im Gutachten zum Raumordnungsverfahren!. 14.06.2002.

Hattersheim ging davon aus, dass es einen klaren Auftrag vom hessischen Ministerium an das Regierungspräsidium gab, die Nordwest-Variante voranzutreiben.[655] Das Vertrauensverhältnis war damit gestört und die Gegner lehnten den Abschlussbericht ab, was wiederum einer Strategie des *Trotzens* zuzuordnen ist.[656]

Auch nach dem Abschluss des Raumordnungsverfahrens verfolgten die Gegner eine gemeinsame ablehnende Haltung. So wurde nach wie vor kritisiert, dass mit der ROV ein Vorgriff in den Regionalplan Südhessen 2000 vorgenommen wurde.[657]

Bevor sie den Rechtsweg einschlugen, um die Ergebnisse der Raumordnung zu ihren Gunsten zu verändern, versuchten sie wichtige Akteure einzubinden, die ihren Einwendungen mehr Gewicht verschaffen sollten. So entschieden einige Städte, sich an das Bundesministerium für Umwelt zu wenden, um das Ergebnis des Raumordnungsverfahrens zu überprüfen.

Aufgrund der Gefahrenlage, die durch die Nachbarschaft des Ticonawerkes gegeben war, wandten sich die Magistrate der Städte Hattersheim und Kelsterbach sowie die Ticona GmbH an das Bundesministerium für Umwelt (BMU), da sie ein unzulässiges Risiko eines möglichen Flugzeugabsturzes auf die Ticona Werke befürchteten und baten das BMU die Störfallkommission mit einer entsprechenden Prüfung zu beauftragen.[658]

Zur Behandlung dieser Problematik bildete die Störfallkommission eine Arbeitsgruppe „Flughafenausbau Frankfurt/Main". Auf der Basis der geprüften Unterlagen sowie mehrerer Gutachten u. a. des TÜVs kam die Arbeitsgruppe zu folgendem Ergebnis:

---

[655] Schöppner, B.: „Schwarzer Tag für die Mainstädte". In: Frankfurter Neue Presse. 12.06.2012.
[656] Oliver, C.: Strategic Responses to Institutional Processes, a.a.O., S. 152.
[657] NABU: Erklärung des Landesvorstandes der Natur-Freunde Hessen zum Abschluss des Raumordnungsverfahrens (ROV) für den Ausbau des Frankfurter Flughafens. Langenselbold 15.06.2002.
[658] Störfall-Kommission: Ergebnis der Beratungen der AG FFM, a.a.O., S.1.

„Das Ausbauverfahren der Landebahn Nord-West am Flughafen Frankfurt/Main ist mit dem Betrieb der existierenden Anlagen am Standort Ticona nicht vereinbar. Die erwartete Störfallhäufigkeit durch einen Flugzeugabsturz am Standort Ticona gemäß § 3 Absatz 2 Nr. 2 Störfall vernünftigerweise nicht auszuschließen ist. Die Planung der Landebahn Nord-West würde damit auch der Zielsetzung des Artikel 12 (1) Satz (c) Seveso II Richtlinie (Richtlinie 96/82/EG) widersprechen."[659]

Ticona stellte daraufhin den Antrag beim Landesministerium seinen Betrieb beschränkt weiterführen zu dürfen, was zunächst einmal einer *kooperativen* Strategie zuzuordnen wäre. Nachdem sie die dafür notwendige Lizenz nicht erhielt, klagte die betroffene Firma Ticona vor dem Verwaltungsgericht Kassel. Die Klage scheiterte jedoch. In der Klage hatte sich die Ticona auf die Seveso II Richtlinie berufen, nach der ein angemessener Abstand zwischen einer Störfallanlage und einem Verkehrsweg einzuhalten ist. In der Urteilsbegründung heißt es, die Seveso II Richtlinie sei nicht auf Flugrouten anwendbar, da es sich dabei nicht um Verkehrswege im Sinne der Richtlinie handele. Die Verantwortung für Risiken liege beim Betreiber des Störfallbetriebes.[660] Nachdem Ticona klagte, einigten sich Fraport und das Chemiewerk mit Hilfe der Landesregierung außergerichtlich und Ticona zog letztlich an einen neuen Standort.

Darüber hinaus entschieden sich einige Gemeinden gegen den Flughafen Frankfurt in seinem Ist-Zustand vor dem Landesverwaltungsgericht zu klagen, da aus ihrer Sicht die Lärmgrenzwerte deutlich überschritten würden. Aus ihrer Sicht konnte nicht über ein neues Raumordnungsverfahren entschieden werden, solange über den Zustand des aktuellen Flughafens keine Rechtssicherheit bestehe, da auch dieser in seiner Altanlagen der Raumabwägung unterstehe.[661] Die Klagen wurden jedoch

---

[659] ebda., S.1.
[660] Hessischer Verwaltungsgerichtshof 12. Senat: Urteil: Flugroutenplanung und Störfallanlagen. Aktenzeichen: 12 A 2216/05. 24.09.2006, S. 1.
[661] Regierungspräsidium Darmstadt: Projektgruppe Flughafen: Erörterungstermin in dem

vom Verwaltungsgerichtshof Kassel abgewiesen.[662] Auch hier zeigt sich erneut, dass sie gegen das Verfahren *ankämpften* (Strategie des *Trotzens*), indem sie auf andere Verfahren zurückgriffen.[663]

Die frühe Entscheidung der Flughafengegner sich für ein Gerichtsverfahren zu entscheiden, zeigt, dass sie nicht bereit waren, zu *kooperieren*. In den Erörterungen des Raumordnungsverfahrens ist festzustellen, dass es wenig Vertrauen in das Verfahren gab. Es bestand vielmehr die Sorge, dass das Ergebnis schon feststünde, also von oben bereits vorentschieden sei.[664] Die Bereitschaft zu *Lernen* war daher gering.[665] Vielmehr wurde versucht, das Verfahren mit juristischen Mitteln anzugreifen, obwohl das Raumordnungsverfahren als rein verwaltungstechnisches Verfahren eigentlich keine Möglichkeit zur Klage eröffnet. Das Chemiewerk Ticona reagierte dagegen zunächst *kooperativ* und bemühte sich unter den neuen Bedingungen weiterzuarbeiten. Erst als Ticona seine Lizenz verlor, ging es gerichtlich vor. Da sich beide Seiten letztlich außergerichtlich einigten und Ticona bereit war sein ursprüngliches Ziel zu verändern und umzuziehen, kann hier von einem *komplexen Lernen* gesprochen werden.[666]

4.2.4.1 Verzögerungen

Da das Raumordnungsverfahren ein rein verwaltungstechnisches Verfahren ist, gegen das nicht geklagt werden kann, waren hier eigentlich keine Verzögerungen zu erwarten. Die Vorgehensweise der Landesregierung, des Regierungspräsidiums, der FAG und Fraport während des

---

Raumordnungsverfahren für das Vorhaben der Fraport AG zur Erweiterung des Flughafens Frankfurt/Main, a.a.O., S. 2.

[662] Hessischer Verwaltungsgerichtshof: Presseinformation. Klagen der Städte Flörsheim am Main, Hattersheim am Main und Hochheim am Main sowie privater Kläger aus diesen Städten gegen den Frankfurter Flughafenbetrieb abgewiesen Nr.: 44/03. 23.12.2003.
[663] Oliver, C.: Strategic Responses to Institutional Processes, a.a.O., S. 152.
[664] Regierungspräsidium Darmstadt: Projektgruppe Flughafen: Erörterungstermin in dem Raumordnungsverfahren für das Vorhaben der Fraport AG zur Erweiterung des Flughafens Frankfurt/Main, a.a.O., S. 1.
[665] Argyris, C./ Schön, D. A.: Organizational Learning, a.a.O., S. 36.
[666] ebda., S. 35.

Raumordnungsverfahrens beförderten jedoch neue Konfliktlagen, so dass die Kommunen und Umweltverbände sich gar nicht erst auf das Raumordnungsverfahren und die anschließenden Verfahren einlassen wollten. Sie setzten früh auf die Klageverfahren und betonten, dass das Raumordnungsverfahren nicht durchgeführt werden könne, solange keine Klarheit über die Rechtstreitigkeiten beim Landesentwicklungsplan und Raumordnungsplan Süd-Hessen gäbe.[667] Die Änderung des Ergebnisses des Abschlussberichts auf Hinwirken des hessischen Landeswirtschaftsministeriums, hybridisierte das Verfahren, da das Regierungspräsidium Darmstadt bei Raumordnungsverfahren nicht unabhängig entschied.[668] Das führte zu einem Vertrauensverlust bei den Flughafengegnern, die nun die Ergebnisse vehement angriffen und sich an die Bundesebene wandten.[669] Die Präferenz für die Nord-West-Landebahn eröffnete dazu ein neues Konfliktfeld – die an die Landebahn angrenzende Chemiefabrik Ticona. Dadurch verzögerte sich das Projekt insgesamt um mehrere Jahre. Das Chemiewerk musste erst umgesiedelt werden.[670] Im Landesentwicklungsplan mussten die Landebahnvarianten neu geprüft werden. Die ursprünglich geplante Eröffnung von 2007 konnte schließlich erst 2011 umgesetzt werden.

4.2.5 Landesentwicklungsplan und Regionalplan Südhessen

Zur Erweiterung des Flughafen Frankfurts wurde Mitte der 90er Jahre ein erster Entwurf für einen neuen Landesentwicklungsplan (LEP) von der hessischen Landesregierung verabschiedet. Hier wurde zunächst davon ausgegangen, dass der Flughafen innerhalb des Flughafenzaunes

---

[667] Regierungspräsidium Darmstadt: Projektgruppe Flughafen: Erörterungstermin in dem Raumordnungsverfahren für das Vorhaben der Fraport AG zur Erweiterung des Flughafens Frankfurt/Main, a.a.O., S. 7.
[668] Schöppner, B.: „Schwarzer Tag für die Mainstädte", a.a.O.
[669] Störfall-Kommission: Ergebnis der Beratungen der AG FFM, a.a.O., S. 1.
[670] VGH Hessen 12 A 2216/05, S. 1.

ausgebaut werden könne.[671] Das ging einher mit dem Regionalen Raumordnungsplan Südhessen, der besagte:

„Der Flughafen Frankfurt/Main ist in seiner Bedeutung als internationaler Großflughafen zu erhalten und zu stärken. Der Bau zusätzlicher Start- und Landebahnen, eine Verschiebung des Parallelbahnsystems und eine Nutzung der Startbahn 18 West als Landebahn soll nicht erfolgen. Kapazitätserweiterungen sollen durch verbesserte Nutzungskonzepte im Rahmen des technisch Machbaren erfolgen. Eventuelle Kapazitätserweiterungen haben im Rahmen der heutigen Gebietsgrenzen (Zaun) stattzufinden."[672]

Nachdem jedoch 1999 die Regierung (CDU/FDP) wechselte, wurde ein neuer LEP Entwurf vorgelegt, der einen Ausbau des Flughafens über seine Grenzen hinaus vorsah.[673] Parallel beschloss die regionale Planungsversammlung beim Regierungspräsidium Darmstadt eine Änderung des Regionalplans Südhessen 2000, der nun auch einen Ausbau über die Grenzen hinweg vorsah. Der neue Regionalplan wurde am 14.11.2000 von der hessischen Landesregierung genehmigt.[674]

Der neue LEP Entwurf wurde – wie explizit vorgesehen – den Gebietskörperschaften und Verbänden zur Stellungnahme zugeleitet. Der Bund, die benachbarten Länder, die kommunalen Gebietskörperschaften und ihre Spitzenverbände, der Planungsverband Ballungsraum Frankfurt/Rhein-Main, der Zweckverband Raum Kassel, der Raumordnungsverband Rhein-Neckar, die drei hessischen Regionalversammlungen, Organisationen der Wirtschaft und der Gewerkschaften, die nach dem Bundesnaturschutzge-

---

[671] ebda., S. 1.
[672] Hessisches Ministerium für Wirtschaft Verkehr und Raumordnung: Regionaler Raumordnungsplan Südhessen 1995: Beschlossen durch die Regionale Planungsversammlung beim Regierungspräsidium Darmstadt am 10. Juni 1994, festgestellt durch die Hessische Landesregierung am 9. März 1995, bekanntgemacht vom Hessischen Minister für Wirtschaft, Verkehr und Landesentwicklung mit Erlaß vom 26. April 1995 (StAnz. 26/1995), Nr. 7.4/1995.
[673] VGH Hessen 12 A 2216/05, S. 1.
[674] Regionalplan Südhessen 2000 in der Fassung der Genehmigung der Hessischen Landesregierung vom 14.11.2000 (StAnz. 6/2001), S. 614 ff.

setz anerkannten Naturschutzverbände sowie die Aufgabenträger in den Bereichen Verkehr sowie Ver- und Entsorgung wurden einbezogen.[675] So wurde in der Einleitung des Landesentwicklungsplans vom Dezember 2000 die Einbindung der Träger öffentlicher Belange auch nochmal betont:

„Auf der Grundlage einer umfassenden Beteiligung der Träger öffentlicher Belange, insbesondere der von kommunalen Planungsträgern abgegebenen Stellungnahmen, wurde ein Plan erarbeitet, der die von der Landesregierung angestrebte Entwicklung Hessens bis zum Ende des nächsten Jahrzehnts in den einzelnen Planungsbereichen darstellt, sich dabei aber ausschließlich auf die wichtigsten raumordnerischen Belange konzentriert."[676]

Der Landesentwicklungsplan Hessen 2000 wurde am 13. Dezember 2000 verabschiedet. Er enthielt entsprechend dem Entwurf die Festlegung:

„Der Flughafen Frankfurt am Main soll auch künftig den zu erwartenden Entwicklungen gerecht werden und seine Funktion als bedeutende Drehscheibe im internationalen Luftverkehr sowie als wesentliche Infrastruktureinrichtung für die Rhein-Main-Region erfüllen. Hierzu ist eine Erweiterung über das bestehende Start- und Landebahnensystem hinaus zu planen und zu realisieren."[677]

Obwohl insbesondere die Kommunen laut Landesentwicklungsplan 2000 an dessen Aufstellung beteiligt waren, wendeten sich mehrere Anrainergemeinden gegen den Landesentwicklungsplan Hessen 2000 und den Regionalplan Südhessen 2000 mit einem Normenkontrollantrag und einer Kommunalen Grundrechtsklage an den Verwaltungsgerichtshof in Kassel. Die Kommunen wandten sich gegen die Aussagen zum Flughafenausbau, da diese so formuliert wären, dass dieser zwingend zu realisieren sei.

---

[675] § 5 Abs. 3 Hessisches Landesplanungsgesetz (HLPG).
[676] Hessisches Ministerium für Wirtschaft, Verkehr und Landesentwicklung: Landesentwicklungsplan Hessen 2000, o.O. 13.12.2000, S. 1.
[677] Hessisches Ministerium für Wirtschaft, Verkehr und Landesentwicklung: Landesentwicklungsplan Hessen 2000, a.a.O., S. 35.

Auch sahen sie sich in ihrer Planungshoheit eingeschränkt und nicht ausreichend vorher angehört.[678]

In seinem Urteil vom 16. August 2002 gab der Verwaltungsgerichtshof der Klage der Städte Offenbach, Rüsselsheim, Mörfelden-Walldorf, Flörsheim, Kelsterbach, Neu-Isenburg und Raunheim statt und erklärte den LEP teilweise für nichtig.[679]

Das Urteil des Gerichtes lautete:

"Deshalb hat der Landesgesetzgeber auch von der im ROG vorgesehenen Bindungswirkung gegenüber den Kommunen keinen Gebrauch gemacht und es dabei belassen, mit den Vorgaben des Landesentwicklungsplans nur die Fachbehörden und die Regionalplanung zu binden, der wegen Verstoßes gegen § 5 Abs.4 i.V.m. § 4 Abs. 5 ROG a.F. (jetzt § 4 Abs. 1 ROG i.V.m. § 3 Nr. 2 und Nr. 5 ROG) nichtig ist, steht in untrennbarem Regelungszusammenhang zu Nr. 7.4. Abs. 2 Satz 2 LEP und ist daher über den von der Antragstellerin gestellten Antrag hinaus für nichtig zu erklären."[680]

Die Normenkontrollklage gegen den Regionalplan Südhessen 2000 wurde dagegen abgewiesen, da ein Regionalplan nach hessischem Landesplanungsrecht kein zulässiger Gegenstand der verwaltungsgerichtlichen Normenkontrolle ist.[681] Die Kommunen Offenbach und Flörsheim, gingen in Revision und das Bundesverwaltungsgericht hob das Urteil vom hessischen Verwaltungsgerichtshof auf und verwies es zurück an den hessischen Verwaltungsgerichtshof.[682] In seinem Urteil vom 26. Juli 2004

---

[678] VGH Hessen 4 N 455/02, S. 3; VGH 4 N 3272/01, S. 1.
[679] Frankfurter Allgemeine Zeitung: Flughafenausbau: Grandke sieht "schwerwiegenden Rückschlag" nach Leipziger Urteil. 20.11.2003. URL: http://www.faz.net/aktuell/rhein-main/flughafenausbau-grandke-sieht-schwerwiegenden-rueckschlag-nach-leipziger-urteil-1131647.html. Stand: 23.04.2011.
[680] VGH Hessen 4 N 455/02, S. 10.
[681] VGH Hessen 4 N 3272/01, S. 10.
[682] Frankfurter Allgemeine Zeitung: Flughafenausbau: Grandke sieht "schwerwiegenden Rückschlag" nach Leipziger Urteil, a.a.O.; Bundesverwaltungsgerichtshof 4. Senat: Urteil: Normenkontrollsache. Aktenzeichen: 4 CN 6.03. 20.11.2003.

entschied nun der hessische Verwaltungsgerichtshof, dass der Regionalplan 2000 ungültig sei, da die Landesregierung vor der Regionalversammlung den Plan ohne Anhörung der Kommunen verändert hatte. [683] Daraufhin genehmigte die hessische Landesregierung am 13. September 2004 den Regionalplan Südhessen 2000 in der ursprünglichen Fassung von 1999 neu. [684] Die Stadt Darmstadt klagte wiederum gegen den Regionalplan, da dieser ohne erneute Beschlussfassung der Regionalversammlung erfolgte. Die Klage wurde vom hessischen Verwaltungsgerichtshof jedoch abgewiesen. [685]

Nachdem der Verwaltungsgerichtshof in Kassel den LEP aus dem Jahr 2000 für nichtig erklärt hatte, musste nun ein Änderungsverfahren eingeleitet werden. Der neue LEP-Entwurf konnte erst 2004 vorgelegt werden, da die EU-Kommission 2004 ein Vertragsverletzungsverfahren zur Seveso-II-Richtlinie eingeleitet hatte. Sie begründete ihr Vorgehen damit, dass die geplante Landebahn Nord-West zu dicht am Chemiewerk Ticona läge. Die Landesregierung versprach daraufhin eine landesplanerische Abwägung aller drei Varianten sowie der „Null-Variante" vorzunehmen. In einem Statement erklärte Wirtschaftsminister Rhiel dazu:

„Wir haben diese rechtliche Position im Dezember 2003 schriftlich dem Bundesumweltministerium erklärt, das diese Position teilt und sie gegenüber der EU-Kommission vertreten hat." [686]

Der neue Entwurf wurde den betroffenen Kommunen zur Stellungnahme überreicht. Nach einer EU-Richtlinie war es beim Entwurf zum LEP nun auch erstmals möglich, dass die Öffentlichkeit beteiligt wurde, die nun bis

---

[683] Hessischer Verwaltungsgerichtshof 4. Senat: Urteil: Nichtigkeit des Regionalplans Südhessen 2000. Aktenzeichen: 4 N 406/04. 26.07.2004, S. 1.
[684] Hessisches Ministerium für Wirtschaft, Verkehr und Landesentwicklung: Pressemitteilung: Landesregierung genehmigt Regionalplan Südhessen 2000 neu. 24.08.2004.
[685] Hessischer Verwaltungsgerichtshof 4. Senat: Urteil: Regionalplan; Genehmigung; geänderte tatsächliche Verhältnisses. Aktenzeichen: 4 N 177/05. 03.11.2005, S. 1.
[686] Hessisches Ministerium für Wirtschaft, Verkehr und Landesentwicklung: Pressemitteilung: Dr. Alois Rhiel: "Planfeststellungsbeschluss zur Erweiterung des Frankfurter Flughafens im Jahr 2007 zu erwarten". 25.05.2004.

zum 26. September 2005 eine Stellungnahme einreichen konnte. Über 20.000 Bürger und Kommunen beteiligten sich und kritisierten den Entwurf.[687]

Ein Jahr später, am 26. September 2006 beschloss das hessische Kabinett eine Änderung des LEP zu Gunsten der Landebahn Nord-West.[688] Im Februar 2007 fand eine öffentliche Expertenanhörung und im März eine Anhörung der betroffenen Kommunen statt.[689] Darauf folgend wurde der Entwurf am 31. Mai 2007 vom hessischen Landtag beschlossen. Nach dem Beschluss des Landtags klagten Ende 2007 die Städte Offenbach am Main, Rüsselsheim, Neu-Isenburg, Mörfelden-Walldorf und Flörsheim sowie der Gemeinde Bischofsheim erneut in einem Normenkontrollverfahren vor dem hessischen Verwaltungsgericht gegen den neuen LEP. Am 5. Februar 2010 lehnte der VGH Kassel die Klagen ab.[690] Die Kommunen Offenbach und Neu-Isenburg legten gegen die Nichtzulassung einer Revision Beschwerde ein, die am 31. März 2011 vom Bundesverwaltungsgericht abgewiesen wurde. Der Landes-entwicklungsplan wurde damit rechtskräftig.[691]

---

[687] BBI: Pressemitteilung: 20.000 Bürger protestieren gegen den Landesentwicklungsplan. 26.09.2005. URL: http://bbi.unser-forum.de/PresseBBI/2005/05_09_26_Unterschriften_gegen_LEP.htm. Stand: 23.04.2011.
[688] Hessisches Ministerium für Wirtschaft, Verkehr und Landesentwicklung: Pressemitteilung: Kabinett beschließt Änderung des Landesentwicklungsplans. 15.09.2006.
[689] Hessischer Landtag: Stenographischer Bericht. Öffentliche Anhörung. 47. Sitzung des Ausschusses für Wirtschaft und Verkehr. 50. Sitzung des Ausschusses für Umwelt, ländlichen Raum, und Verbraucherschutz. 16. Wahlperiode, Wiesbaden 13.02.2007; Hessischer Landtag: Stenographischer Bericht. Öffentliche Anhörung ohne Beschlussprotokoll. 51. Sitzung des Ausschusses für Wirtschaft und Verkehr. 55. Sitzung des Ausschusses für Umwelt, ländlichen Raum und Verbraucherschutz. 16. Wahlperiode, Wiesbaden 06.03.2007.
[690] Hessischer Verwaltungsgerichtshof: Pressemitteilung: Normenkontrollanträge gegen Änderung des Landesentwicklungsplans abgelehnt. 10.02.2010. URL: http://www.vgh-kassel.justiz.hessen.de/irj/VGH_Kassel_Internet?rid=HMdJ_15/VGH_Kassel_Internet/sub/243/24394857-d3b6-21f0-12f3-1e2389e48185,,,11111111-2222-3333-4444-100000005003%26overview=true.htm. Stand: 23.04.2011.
[691] Bundesverwaltungsgericht: Pressemitteilung: Ausbau Flughafen Frankfurt am Main: Normenkontrollanträge gegen Landesentwicklungsplan. 31.03.2011. URL:

Die Institutionalisierung und die Legitimierung des Landesentwicklungsplans und Regionalplans Hessen-Süd wurden in Frage gestellt. Auch nach einer erneuten Änderung des LEP sahen sich die Kommunen gezwungen, aufgrund erheblicher Einschränkungen ihrer Planungshoheit gegen den LEP zu klagen. Inwieweit dies zu Verzögerungen führte und ob dies auf die strategische und/oder opportunistische Nutzung von Spielräumen bei Regeln zurückführen lässt, ist nachfolgend zu klären.

Strategisches Verhalten der Flughafenbefürworter

Die rot/grüne Landesregierung verfolgte Mitte der 1990er Jahre zunächst die Idee, den Flughafen innerhalb seiner Grenzen weiter auszubauen, was auch mit dem Koalitionsvertrag übereinstimmte.[692] Sie folgten einer gemeinsamen Linie, was zeigt, dass sie zunächst einmal auch „strategiefähig" waren. Den Flughafen innerhalb seiner Grenzen zu erweitern sprach dabei für eine auf *Kooperation* ausgerichtete Strategie, da die Flughafengegner einen erneuten Ausbau über die Grenzen des Flughafens hinweg nach dem konflikthaften Ausbau der Startlandebahn West strikt ablehnten.[693]

Durch die Forderungen der Lufthansa nach einem Ausbau über die Grenzen des Flughafens hinweg und das von Ministerpräsident Eichel angeregte Mediationsverfahren, kam die neue Landesregierung unter Ministerpräsident Koch zu dem Entschluss, den LEP und den Regionalplan Hessen-Süd zu ändern und den Flughafen über seine bisherigen Grenzen hinaus zu erweitern. Dabei wurden, wie vorgesehen, die Kommunen zwar eingebunden und angehört, nicht aber frühzeitig

---

http://www.bverwg.de/presse/pressemitteilungen/pressemitteilung.php?jahr=2011&nr=26. Stand: 03.02.2012.

[692] VGH Hessen 4 N 455/02, S. 1; Hessische Landesregierung: Koalitionsvereinbarungen für die 14 Wahlperiode des Hessischen Landtags zwischen Bündnis 90/Die Grünen und SPD. 1995-1999. Wiesbaden 27.03.1995, S. 87.

[693] Busch, P.-O.: Konfliktfall Flughafenerweiterung, a.a.O., S. 26; Mediationsgruppe Flughafen Frankfurt/Main: Bericht, a.a.O., S. 13f.

informiert, wie das Urteil des hessischen Verwaltungsgerichtshofs dokumentiert.

„Der geänderte Vorentwurf wurde von der Landesregierung am 22.02.2000 gebilligt, den in § 5 Abs. 3 HLPG genannten Gebietskörperschaften, Verbänden und sonstigen Stellen am 13.03.2000 mit Frist zur Stellungnahme bis zum 03.07.2000 zugeleitet und vom Landtag am 24.03.2000 beraten."[694]

Diese Vorgehensweise entsprach den Regeln des Ablaufs des Verwaltungsvorgangs, was für eine *kooperationsgeleitete* Strategie sprach. Zu dieser Auffassung kam auch der Verwaltungsgerichtshof.[695] Dass die Landesregierung die Kommunen nicht schon sehr frühzeitig einband, zeigt aber, dass sie die Idee einer neuen Planungskultur trotz Mediationsverfahren noch nicht verinnerlicht hatte. Eine *manipulierende* Strategie lässt sich daraus jedoch nicht ableiten. Allerdings schränkte der LEP 2000 die Kommunen in ihrer Planungshoheit derartig ein, dass das Gericht hier deren Rechte verletzt sah und letztlich dem Normenkontrollverfahren zustimmte. In Bezug auf die Planungshoheit der Kommunen kann daher von einer *von oben steuernden* Taktik und damit in diesem Zusammenhang von einer *manipulierenden* Strategie der Landesregierung ausgegangen werden.[696] Sie ignorierte Fragen der Planungshoheit im LEP und riskierte letztlich dessen Aufhebung in Bezug auf den Flughafenausbau.[697] Die Landesregierung folgte damit einer Doppelstrategie aus *Kooperation* und *Manipulation*.[698]

Nachdem das Gericht den LEP 2000 in Teilen aufhob, veränderte die Regierung ihre Vorgehensweise erkennbar. Im geänderten Landesentwicklungsplan machte sie insbesondere darauf aufmerksam, dass sie der Öffentlichkeit und den zu beteiligenden öffentlichen Stellen frühzeitig

---

[694] VGH Hessen 4 N 455/02, S. 1.
[695] ebda., S. 10.
[696] Oliver, C.: Strategic Responses to Institutional Processes, a.a.O., S. 152.
[697] VGH Hessen 4 N 455/02, S. 1.
[698] Oliver,C.: Strategic Responses to Institutional Processes, a.a.O., S. 152.

Gelegenheit gegeben hatte, Stellung zu nehmen.[699] Damit reagierten sie auch auf die Kritik der Kommunen, die sich beschwert hatten, dass sie nicht frühzeitig in den LEP eingebunden worden waren. Bei der Auslegung des LEP-Entwurfs versäumten sie jedoch, die Öffentlichkeit umfassend zu informieren. So wurde nur in den Amtsblättern veröffentlicht, dass der Plan zur Stellungnahme für die Öffentlichkeit ausliegt. Eine Pressemitteilung gab es hierzu nicht.[700] Allerdings räumten sie neben einer Expertenanhörung im Landtag in ihrer öffentlichen Ausschusssitzung den Kommunen einen extra Tag ein, um deren Belangen besonderen Raum einzuräumen.[701] Weiterhin bestätigte die Landesregierung in Bezug auf eine Anfrage der FDP, dass sie den LEP als Rechtsverordnung im Landtag beschließen wolle. Dafür musste die Vorschrift des § 8 Abs. 4 Satz 1 HLPG geändert werden. Die Landesregierung betonte dabei, dass sie eine Zustimmung des Landtags für notwendig hielte, da der LEP eine große Tragweite für die Landespolitik habe.[702] Inhaltlich wurde neben den Landebahn-alternativen auch die Null-Variante einbezogen, was insbesondere von den Gegnern stets gefordert wurde.[703] Ebenso sollte die Seveso-Richtlinie Berücksichtigung finden.[704] Dieses Vorgehen wies bis auf die mangelnde Einbeziehung der Bevölkerung auf eine *kompromissbereite* Strategie hin.[705] Insbesondere die Einbeziehung des Parlaments zeigte, dass sie die Entscheidung auf ein möglichst breit legitimiertes Fundament stellen wollte.

---

[699] Hessisches Ministerium für Wirtschaft, Verkehr und Landesentwicklung: Zusammenfassende Erklärung: Zur Änderung des Landesentwicklungsplans Hessen 2000 – nach § 8 Abs. 7 HLPG – Erweiterung Flughafen Frankfurt Main -. Wiesbaden 2006, S. 6.
[700] BBI: Pressemitteilung: 20.000 Bürger protestieren gegen den Landesentwicklungsplan. 26.09.2005. URL: http://bbi.unser-forum.de/PresseBBI/2005/05_09_26_Unterschriften_gegen_LEP.htm. Stand: 03.05.2011.
[701] Hessischer Landtag: Stenografischer Bericht. WVA/16/47 u. ULA/16/50, a.a.O., S. 6.
[702] Hessischer Landtag: Antwort der Landesregierung auf die Große Anfrage der Fraktion der FDP betreffend Ausbau des Frankfurter Flughafens Drucksache 16/2417. LT-Drucksache. 16/3688. Wiesbaden 23.02.2005, S. 1f.
[703] ebda., S. 4.
[704] ebda., S. 4.
[705] Oliver, C.: Strategic Responses to Institutional Processes, a.a.O., S. 152.

Bei der Abstimmung über den Landesentwicklungsplan hatten Regierung und Opposition allerdings unterschiedliche Vorstellungen über den Landesentwicklungsplan.[706] Die Grünen kritisierten insbesondere, dass das Nachtflugverbot nicht als verbindliches Ziel im LEP-Entwurf stand.[707] Die SPD sah insbesondere Klärungsbedarf in Bezug auf den Betrieb des Chemiewerks Ticona, das sich in der Nähe der Nord-West Landebahn befand. Beim Nachtflugverbot forderte sie zu klären, ob es eine Möglichkeit gäbe, dies im Planfeststellungsverfahren zu verankern.[708] Die FDP kritisierte wiederum die unklare Haltung der Landesregierung bezüglich der Verankerung des Nachtflugverbots und die mangelnde Transparenz bei der Auslegung des LEPs.[709] Damit konnte von politischer Seite zunächst nicht von einer hohen Strategiefähigkeit ausgegangen werden.[710]

Der 2006 von der CDU geführten Landesregierung vorgelegte Entwurf eines neuen Landesentwicklungsplanes (LEP) enthielt das Bekenntnis zur Nachtruhe nur in grundsätzlicher Form. Ende Mai 2007 stimmte der hessische Landtag dem Landesentwicklungsplan jedoch zu. CDU, FDP und die Mehrheit der SPD-Fraktion hatten sich geeinigt und stimmten für den neuen Landesentwicklungsplan.[711] Zugleich forderte die Fraktionschefin Andrea Ypsilanti die SPD erneut auf, dass an die Zustimmung der SPD das Ergebnis der Mediation gekoppelt sei, das unter anderem ein

---

[706] Hessischer Landtag: Antrag der Landesregierung betreffend Verordnung über die Änderung des Landesentwicklungsplans Hessen 2000 – Erweiterung Flughafen Frankfurt/Main; hier: Zustimmung durch den Hessischen Landtag114. Sitzung. Wiesbaden 06.09.2006, S. 7923-7937.
[707] ebda., S. 7934ff.
[708] SPD-Fraktion Hessen: Pressemitteilung: Jürgen Walter (SPD): Wirtschaftsminister Rhiel muss Klartext reden. 04.09.2006.
[709] FDP Fraktion Hessen: Pressemitteilung: Landesentwicklungsplan / Nachtflugverbot. Dieter Posch: „Transparenz und rechtstaatliches Verfahren muss oberstes Ziel sein". 04.09.2006.
[710] Scharpf, F.W.: Interaktionsformen. a.a.O., S.107; SPD-Fraktion Hessen: Pressemitteilung: Jürgen Walter (SPD): Wirtschaftsminister Rhiel muss Klartext reden, a.a.O.; FDP Fraktion Hessen: Pressemitteilung: Landesentwicklungsplan/Nachtflugverbot. Dieter Posch, a.a.O.
[711] Hessischer Landtag: Plenarprotokoll 16/135, Sitzung, Wiesbaden 31.05.2007, S. 9437.

striktes Nachtflugverbot vorsah.[712] Die Grünen sowie zwei Abgeordnete der SPD stimmten gegen den LEP.[713]

Im anschließenden Landtagswahlkampf stellte sich die CDU hinter ihren Verkehrsminister Alois Rhiel, der ein vollständiges Verbot nächtlicher Flüge rechtlich nicht für durchsetzbar hielt.[714] Hier zeigt sich erneut die vollständige Kehrtwende der hessischen CDU. Nachdem sie sich noch am Ende des Mediationsverfahrens für ein vollständiges Nachtflug-verbot ausgesprochen hatte, war nun von Ausnahmen die Rede. Die neue Haltung der CDU lässt sich der Strategie *Zurückweisen* zuordnen. Allerdings ist ihre Strategiefähigkeit insgesamt geringer, da sich die Opposition für ein Nachtflugverbot aussprach.

Beim Regionalplan Süd-Hessen lässt sich ein ähnliches Vorgehen wie beim LEP aufzeigen. Auch hier hieß es zunächst, dass der Flughafen innerhalb seiner Grenzen ausgebaut werden würde, was einer *kompromissbereiten* Strategie und den bisherigen Zielen der bisherigen Landesregierungen entsprach. Nach dem Wechsel der Regierung 1999 und der Durchführung des Mediationsverfahrens wurde der Regionalplan den neuen Bedingungen für den Flughafenausbau angepasst und am 10. Dezember 1999 von der regionalen Planversammlung beim Regierungspräsidium beschlossen, was zunächst als *duldende* Strategie zu werten ist.[715] Die politischen Akteure folgten einem neuen Ziel, beschritten aber zunächst den Weg, den Regeln und Normen des Verfahrens zu folgen. Dabei blieb es jedoch nicht, wie auch das Bundesverfassungsgericht

---

[712] Hessen Landtagsfraktion SPD: Pressemitteilung: Andrea Ypsilanti (SPD): Wir Sozialdemokraten sagen Ja zum Flughafenausbau unter den Bedingungen der Mediation. 31.05.2007.
[713] Hessischer Landtag: Plenarprotokoll: 16/35, a.a.O., S. 9437.
[714] Boddenberg, M.: Die CDU hat Wort gehalten. Ausbau und Nachtflugverbot kommen! Offener Brief des Generalsekretärs der CDU Hessen Michael Boddenberg. 21.12.2007, S. 1f.
[715] Bundesverwaltungsgerichtshof 4. Senat: Urteil: Normenkontrollsache. Aktenzeichen: 4 CN 6.03. 20.11.2003; Oliver, C.: Strategic Responses to Institutional Processes, a.a.O., S. 152.

urteilte.[716] Nach dem Beschluss der Plan-versammlung genehmigte die Hessische Landesregierung im November 2000 den Regionalplan mit vier "Ausnahmen und Auflagen". Den neuen Planentwurf legte sie jedoch nicht erneut offen. Damit folgte sie nun nicht mehr einer *duldenden* Strategie sondern wichen von den Regeln ab ignorierten diese, was einer Strategie des *Ankämpfens* bzw. *Manipulierens* zuzuordnen ist, da sie das Verfahren kontrollierten und steuerten.[717] Damit wurde das Verfahren hybridisiert, indem es mit *von oben steuernden* mit Elementen vermischt wurde. Erst als das Bundesverwaltungsgericht die Genehmigung des Regionalplans mit Nebenbestimmungen für nichtig erklärte, genehmigte die hessische Landesregierung den Regionalplan Südhessen 2000 in der am 10. Dezember 1999 von der Regionalversammlung beschlossenen Originalfassung neu. Diesmal nun ohne die Nebenbestimmungen.[718] Damit kehrte die CDU Landesregierung zu einer *kompromissbereiten* Strategie zurück.[719]

Der LEP 2000 und der Regionalplan Hessen Süd konnten erst nach zahlreichen Klagen der Kommunen institutionalisiert werden. Eine Legitimierung beider Pläne war aufgrund der mangelnden Beteiligungsmöglichkeiten und Eingriffe in die Hoheitsrechte zunächst in Frage gestellt. Der LEP erhielt letztlich 2011 seine Legitimierung durch das Bundesverwaltungsgericht.

Die *Lernfähigkeit* der Landesregierung von Ministerpräsident Eichel war zunächst als komplex einzuschätzen.[720] Sie veränderten das Ziel von Nichtausbau zu einem Ausbau des Flughafens im LEP, betonten jedoch, dass dieser innerhalb der Grenzen des Flughafens stattfinden würde. So war es nach den gewaltsamen Auseinandersetzungen um die Startbahn

---

[716] BVerwG 4 CN 6.03.
[717] Oliver, C.: Strategic Responses to Institutional Processes, a.a.O., S. 152.
[718] Hessisches Ministerium für Wirtschaft, Verkehr und Landesentwicklung: Pressemitteilung: Wirtschaftsminister Dr. Rhiel: Rechtliche Klarheit und Sicherheit für die Planungsverfahren in Südhessen gewährleistet. 24.08.2004.
[719] Oliver, C.: Strategic Responses to Institutional Processes, a.a.O., S. 152.
[720] Argyris, C./ Schön, D. A.: Organizational Learning, a.a.O., S. 36.

West auch vereinbart worden. Der Wechsel der Landesregierung zu einer CDU/FDP geführten Regierung und der Wechsel des Konzeptes zu einem Ausbau über die Grenzen des Flughafens hinweg – ohne die Zeichen einer neuen Planungskultur (Mediationsverfahren) zu beachten und die betroffenen nur begrenzt und nicht frühzeitig einzubeziehen- zeigte, dass die Regierung die vermeintliche *Macht* besaß, *nicht lernen zu müssen*.[721] Erst als das hessische Verwaltungsgericht den LEP aufhob, zeigten sie sich zu einem *einfachen Lernen* bereit und bezogen die Kommunen nun frühzeitig ein und beteiligten das hessische Parlament an der Entscheidung.[722] Eine neue Planungskultur entstand daraus aber nicht, was sich daran zeigt, dass sich die Landesregierung schwer tat, ein – vorher abgestimmtes – absolutes Nachtflugverbot zu implementieren.

Strategisches Verhalten der Flughafengegner

Die Kommunen, Umweltverbände und Bürgerinitiativen lehnten in großen Teilen den LEP 2000 ab, was für eine Strategiefähigkeit dieser Gruppe spricht. 2000 klagten die Städte Offenbach, Darmstadt, Rüsselsheim, Mörfelden-Walldorf, Flörsheim, Kelsterbach, Neu-Isenburg und Raunheim- gegen den LEP 2000 vor dem Kassler Verwaltungsgericht.[723]

Auch der BUND kritisierte den LEP 2000.[724] Darüber hinaus traten BUND und NABU aus dem „Regionalen Dialogforum" mit der Begründung aus, dass das Nachtflugverbot nur als Empfehlung, nicht aber als verbindliches Ziel im festgesellten LEP 2000 verankert war.[725] Auch die Kommunen ließen zwischenzeitlich ihre Sitze im Dialogforum ruhen, da sie sich nicht sicher waren, ob sie ihre Klagemöglichkeiten durch eine Mitgliedschaft im

---

[721] Deutsch, K. W.: Politische Kybernetik, a.a.O., S. 147.
[722] Argyris, C./ Schön, D. A.: Organizational Learning, a.a.O., S. 35.
[723] VGH Hessen 4 N 455/02, S. 10.
[724] BUND Hessen: Stellungnahme zum Raumordnungsverfahren zur Erweiterung des Frankfurter Flughafens. 29.02.2002, S. 12 f.
[725] BUND Hessen: Pressemitteilung: Wortbruch der Landesregierung treibt die Verbände aus dem Dialogforum. 13. Dezember 2000.

RDF einschränkten.[726] Hier zeigt sich, dass sie sich bereits früh gegen den Entwurf des LEP stellten und auf Gerichtsverfahren setzten, die ihnen erfolgsversprechender schienen. Damit folgten die Gegner einer gemeinsamen Strategie des *Trotzens*, in dem sie gegen den LEP 2000 *ankämpften* und vor Gericht zogen. Wie bereits erwähnt, bestätigte das Landesverwaltungsgericht ihre Klage in Teilen und hob den LEP auf. Ebenso gingen zahlreiche Kommunen gegen den Regionalplan Hessen Süd vor. Nach dem sie jedoch vor dem Verwaltungsgericht scheiterten, gingen nun allein die Kommunen Offenbach und Flörsheim in Revision vor dem Bundesverwaltungsgericht und erhielten Recht. Auch der Regionalplan Hessen Süd musste daraufhin geändert werden.[727] Beim Regionalplan Hessen Süd zeigt sich erneut eine gemeinsame Strategie des *Trotzens*. Nachdem sie jedoch vor dem Verwaltungsgericht in Kassel scheiterten, bemühten sich nur noch zwei Kommunen um Revision und erhielten Recht. Auch hier musste der Regionalplan neu genehmigt werden. Nach dem die Landesregierung den Plan verabschiedet hatte, klagte Darmstadt erneut, da er nicht der Regionalversammlung vorgelegt wurde. Da die neue Version des Regionalplans mit der alten übereinstimmte, der die Regionalversammlung bereits 1999 zugestimmt hatte, erhielt sie vor dem Landesverwaltungsgericht aber nicht Recht.[728] Auch nach dem Scheitern vor dem Verwaltungsgericht in Bezug auf den Regionalplan Hessen Süd bröckelte die gemeinsame Linie nicht bei den Kommunen, wie sich an ihrem weiteren Vorgehen beim geänderten Landesentwicklungsplan aufzeigen lässt.

Zunächst machten die Kommunen als auch die Umweltverbände als Träger Öffentlicher Belange von ihrem Recht Gebrauch, Stellung zum neuen LEP-Entwurf nehmen.[729] Auch die KAG nahm Stellung, obwohl sie

---

[726] Wörner, J.-D. (Hrsg.): Jahresbericht RDF Juli 2003/Juni 2004, a.a.O., S. 9.
[727] Frankfurter Allgemeine Zeitung: Flughafenausbau: Grandke sieht "schwerwiegenden Rückschlag" nach Leipziger Urteil, a.a.O.; BVerwG 4 CN 6.03
[728] VGH Hessen 4 N 177/05, S.1.
[729] BUND: Pressemitteilung: BUND gegen Landesentwicklungsplan – Probleme bleiben ungelöst. 22.09.2005. URL: http://www.zukunft-rhein-main.de/?show=algd. Stand

nicht zur Anhörung eingeladen wurde.[730] Darüber hinaus forderten auch die Bürgerinitiativen ihre Mitglieder auf, Stellung zu nehmen oder auf Unterschriftenlisten ihren Protest kundzutun.[731] Auch Online konnten Unterschriften gegen den Landesentwicklungsplan auf den Seiten von BUND und BBI gesammelt werden. Darüber hinaus kritisierten sie, dass die Landesregierung äußerst zurückhaltend über die Möglichkeiten zur Stellungnahme durch die Bevölkerung informierte.[732] Hierzu wurden 20.000 Stellungnahmen gesammelt.[733] Darüber hinaus ergriff das Bundesumweltministerium und die Störfallkommission in einer gemeinsamen Pressekonferenz mit der Stadt Kelsterbach die Partei der Flughafengegner. So waren sie sich einig, dass die Landesregierung in ihrem LEP-Entwurf das Absturzrisiko durch Ticona ignoriere. Das Bundesumweltministerium drohte deshalb, dass es den Entwurf nicht nach Brüssel an die zuständigen Behörden weitereichen würde.[734] Auch hier zeigt sich eine Strategie des *Trotzens*. Bevor der LEP überhaupt vom Parlament beschlossen wurde, griff das Bundesumweltministerium den Plan an und weigerte sich, den LEP weiterzuleiten.

Trotz der Unstimmigkeiten und der Kritik im Vorfeld nahmen die Kommunen und Landkreise an der Anhörung zum LEP teil.[735] Die Beteiligung der Kommunen und Landkreise an sich, weist zunächst auf

---

[730] 24.03.2011.
KAG: Stellungnahme der KAG Flughafen zum Änderungsentwurf des Landesentwicklungsplans Hessen 2000. Schreiben an das Hessische Ministerium für Wirtschaft, Verkehr und Landesentwicklung. 09.09.2005. URL: http://www.kag-flughafen-ffm.de/StellLEP.HTM. Stand 03.04.2011.
[731] Nach einer neuen EU-Öffentlichkeitsrichtlinie konnten nun auch einzelne Bürger Stellung nehmen.
[732] BBI/ BUND: Pressemitteilung: Bürgerinitiativen und BUND sammeln Unterschriften gegen Änderung des Landesentwicklungsplans. 22.07.2005. URL: http://www.flughafen.unser-forum.de/?show=UUPw. Stand: 04.05.2012.
[733] BBI: Pressemitteilung: 20.000 Bürger protestieren gegen den Landesentwicklungsplan.26. 09.2005. URL: http://bbi.unser-forum.de/PresseBBI/2005/05_09_26_Unterschriften_gegen_LEP.htm. Stand: 23.04.2011.
[734] Stadt Kelsterbach: Das Ticona-Werk und die geplante Landebahn sind nicht vereinbar. 19.07.2005. URL: http://www.zukunft-rhein-main.de/?show=Oasl. Stand: 05.03.2011
[735] Hessischer Landtag: Stenographischer Bericht. WVA/16/51 u. ULA/16/55, a.a.O.

eine Strategie des *Erduldens* hin. Sie befolgten die Regeln und beteiligten sich am Verfahren.[736] Nachdem aus ihrer Sicht nach den Einwendungen und der Anhörung keine wesentlichen Änderungen erfolgt waren, klagten Offenbach, Rüsselsheim, Mörfelden-Walldorf, Flörsheim, Kelsterbach und Bischofsheim gegen den LEP und folgten damit erneut einer Strategie des *Trotzens*, indem sie den LEP angriffen.[737] Sie begründeten Ihre Klage damit, dass die genaue Festlegung der Landebahn Nord-West im LEP keinen Spielraum für das Planfeststellungsverfahren lasse und sie in ihrer Planungshoheit eingeschränkt würden. Der Landrat des Kreis Groß Gerau, Enno Siehr, kritisierte insbesondere die Position von Ministerpräsident Koch, der durch eine Festlegung der Nord-West-Landebahn im LEP, den Ausbau des Flughafens als sicher ansah. Aus Siehrs Sicht, konnte eine endgültige Entscheidung erst im Planfeststellungsverfahren getroffen werden. Der LEP sei letztlich nicht endgültig bindend für die Planfeststellung.[738] Das Landesverwaltungsgericht Kassel wies die Klage jedoch ab. Auch danach *trotzten* die Kommunen dem LEP weiterhin. Die Städte Offenbach und Neu-Isenburg legten eine Beschwerde bei Bundesverwaltungsgericht vor, da das Landes-verwaltungsgericht keine Revision zugelassen hatte. Auch diese Beschwerde wurde abgewiesen.[739] Ebenso kritisierte der BUND den LEP.

Im Rahmen des LEP 2000 und des Regionalplans Süd ist festzustellen, dass die Kommunen nicht auf die Regeln innerhalb des Verfahrens setzten, wie Stellungnahme und Anhörung, um Ihre Vorstellungen durchzusetzen, sondern den Rechtsweg bevorzugten. Sie sorgten sich

---

[736] Oliver, C.: Strategic Responses to Institutional Processes, a.a.O., S. 152.
[737] Hessischer Verwaltungsgerichtshof: Pressemitteilung: Normenkontrollanträge gegen Änderung des Landesentwicklungsplans abgelehnt. 10.02.2010. URL: http://www.vgh-kassel.justiz.hessen.de/irj/VGH_Kassel_Internet?rid=HMdJ_15/VGH_Kassel_Internet/sub/243/24394857-d3b6-21f0-12f3-1e2389e48185,,,11111111-2222-3333-4444-100000005003%26overview=true.htm.Stand: 23.04.2011.
[738] Kreis Groß Gerau: Pressemitteilung: Ministerpräsident vergleicht Schönefeld und Frankfurt: Siehr: "Falsche Schlussfolgerungen". 31.07.2006. URL: http://www.flughafen.unser-forum.de/?show=TkUU. Stand: 03.10.2009.
[739] Bundesverwaltungsgericht: Pressemitteilung: Ausbau Flughafen Frankfurt am Main: Normenkontrollanträge gegen Landesentwicklungsplan, a.a.O.

bereits im Dialogforum um ihre Klagerechte, so dass hier eher eine *geringe Lernbereitschaft* vorliegt.[740] Allerdings ist auch festzustellen, dass die Kommunen durchaus Grund hatten, sich nicht auf diese Verfahren allein zu konzentrieren, da die Landesregierung zum Teil die Rechte der Kommunen im Rahmen der Verfahren vernachlässigte.

4.2.5.1 Verzögerungen

Durch das strategische Verhalten der Landesregierung, den Landesentwicklungsplan 2000 ohne frühzeitige Einbeziehung der Kommunen zu ändern – was formal nicht zu beanstanden war – entstand kein gegenseitiges Vertrauen. In Anbetracht des aufwendigen Mediationsverfahrens, wurde hier jedoch keine neue Planungskultur entwickelt. Umgekehrt deuteten die Kommunen auch früh an, dass sie letztlich auf die Gerichtsverfahren setzten. In Folge dessen klagten die Kommunen durch alle Instanzen, so dass der Plan von 2000 erst 2007 als Rechtsverordnung im Parlament verabschiedet und 2011 endgültig in Kraft trat. Durch die Klagen verzögerte sich die Rechtsverordnung zur Änderung des LEPs um elf Jahre. Das Wirtschaftsministerium sah sich damit in der Pflicht, einen neuen Zeitplan für den Flughafenausbau herauszugeben.[741] So war durch die Verzögerungen beim LEP u. a. ein Planfeststellungsbeschluss erst 2007 möglich, da der Flughafenausbau nicht planfestgestellt werden konnte, bevor das Änderungsverfahren zum LEP nicht abgeschlossen war. Erst mit dem Planfeststellungs-beschluss konnte der Flughafen auch ausgebaut werden.

---

[740] Regionales Dialogforum Flughafen Frankfurt: Dialogbrief: Die Zeiten werden härter, das Planfeststellungsverfahren naht. Interview mit Bürgermeister Engisch. Rüsselheim 2003, S. 1.
[741] Hessisches Ministerium für Wirtschaft, Verkehr und Landesentwicklung: Pressemitteilung: Rhiel: Planfeststellungsbeschluss zum Flughafenausbau erst 2007. 25.05.2004.

4.2.6 Planfeststellungsverfahren

Nach Abschluss der informellen Verfahrensschritte, wie der Mediation einschließlich des darin enthaltenen „Regionalen Dialogforums", auf der einen Seite und den vorbereitenden formellen Planungen, wie dem ROV mit der Landesplanerischen Beurteilung, dem Landesentwicklungsplan sowie parallel laufenden Konzepten auf Bundesebene, wie dem Masterplan, konnte schließlich auch das eigentliche, formale Verfahren, nämlich das Planfeststellungsverfahren beginnen.

Die Fraport AG stellte im September 2003 beim Regierungspräsidium Darmstadt (RPDA) den Antrag auf Feststellung des Planes für den beabsichtigten Ausbau des Flughafens Frankfurt/Rhein-Main und reichte die entsprechenden Planunterlagen ein. [742] Nach erfolgreicher Vollständigkeitsprüfung der Unterlagen wurden die Materialien zur Einsichtnahme der Öffentlichkeit („Offenlage") ausgelegt.[743]

Im März 2005 begann die Erörterung der Einwendungen gegen das Planfeststellungsverfahren. 127 000 Bürger hatten Einwendungen erhoben, 212 Kommunen, Verbände und Umweltorganisationen wollten ihre Bedenken gegen das Ausbauprojekt vortragen. Von den 57 Städten und Gemeinden, die vom Regierungspräsidium zur Stellungnahme aufgefordert worden waren, befürwortete keine einzige den Ausbau bedingungslos. Nach dem Ende des Erörterungstermins räumte der Leiter

---

[742] Fraport AG: Pressemitteilung: Fraport AG reicht Antragsunterlagen für Planfeststellungsverfahren ein. 09.09.2003. URLhttp://www.presseportal.de/pm/31522/479281/fraport-ag-reicht-antragsunterlagen-fuer-planfeststellungsverfahren-ein. Stand: 23.04.2011.

[743] Regierungspräsidium Darmstadt: Pressemitteilung: Pressemitteilung: Auslegung der Planfeststellungs-Unterlagen ab dem 17. Januar geplant. 06.12.2004. URL:http://www.rp-darmstadt.hessen.de/irj/RPDA_Internet?rid=HMdI_15/RPDA_Internet/nav/3b5/3b570537-4663-2111-1010-436e7de30ba3,d2b20cd2-0b8a-ed01-d5ce-7b44e9169fcc,,,11111111-2222-3333-4444-100000005004%26_ic_uCon_zentral=d2b20cd2-0b8a-ed01-d5ce-7b44e9169fcc%26overview=true.htm&uid=3b570537-4663-2111-1010-436e7de30ba3. Stand: 03.06.2012.

des Verfahrens, der Darmstädter Regierungspräsident Gerold Dieke ein, dass viele Fragen ungeklärt geblieben seien.[744]

Auf Verlangen des Darmstädter Regierungspräsidenten im Jahr (2006) musste Fraport die ursprüngliche Luftverkehrsprognose überarbeiten. Fraport hatte die Auswirkungen der vierten Piste auf Umwelt, Lärm oder Straßenverkehr nur bis zum Jahre 2015 berechnet. Anstelle der 660 000 Starts und Landungen, die für 2015 geschätzt wurden, bezog man nun 5 Jahre mehr bis 2020 ein und kalkulierte jetzt mit 701 000 Flugbewegungen. Dies führte unter anderem dazu, dass in der Region fünf Gemeinden mehr als bisher von Fluglärm betroffen waren und nun auch angehört werden mussten. Zudem räumte das Wirtschafts-ministerium ein, dass in knapp der Hälfte der ursprünglich angeschriebenen Kommunen der Fluglärm weiter zunehmen werde.[745]

Nach der zweiten Anhörungsrunde wurde am 18. Dezember 2007 der Plan der Fraport zum Ausbau des Verkehrsflughafens Frankfurt am Main durch das Landeswirtschaftsministerium festgestellt. Er erlaubte dem Flughafenbetreiber Fraport, eine 2800 Meter lange Landebahn und ein drittes Terminal sowie zusätzliche Gebäude und Verkehrswege zu bauen. Ein vollständiges Nachtflugverbot wurde nicht in den Planfeststellungsentscheid aufgenommen. Im Anschluss wurde der Plan offengelegt.[746]

Trotz der Zugeständnisse kam es zwischen den verschiedenen Akteuren um den Flughafenausbau zu keiner Einigung. Gegner des Flughafenausbaus wie Befürworter klagten.

Im Februar 2008 begann die Klagewelle gegen den Planfeststellungsbe-

---

[744] Börnecke, S./ Schubert, W.: 127 000 Einsprüche gegen Ausbau. In: Frankfurter Rundschau Online. 08.09.2005. URL: http://www.fr-online.de/spezials/127-000-einspruche-gegen-ausbau,1472874,2868566.html. Stand: 23.06.2012.
[745] Hessisches Ministerium für Wirtschaft, Verkehr und Landesentwicklung: Pressemitteilung: Ergänzende PVF-Unterlagen werden vom 23.03.-23.04.2007 offengelegt. 16.02.2007.
[746] Hessisches Ministerium für Wirtschaft, Verkehr und Landesentwicklung: Pressemitteilung: Wirtschaftsminister Dr. Alois Rhiel genehmigt Flughafenausbau mit rechtssicherem Nachtflugverbot. 18.12.2007.

schluss. Die Institutionalisierung und Legitimierung des Planfeststellungsbeschlusses wurde in Frage gestellt. Vier verschiedene Gruppen, der BUND, Städte darunter die Städte Frankfurt und Mainz, mehrere Klagevereine und drei Airlines (Deutsche Lufthansa, TUI und Condor) gingen gegen die Genehmigung für den Bau der Nordwestlandebahn bzw. das Nachtflugverbot vor.[747] Nachdem die Kläger vor dem Landesverwaltungsgericht scheiterten, gingen erneut verschiedene Gruppen, darunter auch die Landesregierung in Revision.[748] Erst im April 2012 lag ein endgültiges Gerichtsurteil durch den Bundesverwaltungsgerichtshof zum Planfeststellungsbeschluss vor. Der wesentliche Teil des Planfeststellungsbeschlusses war rechtskräftig. In Bezug auf das Nachtflugverbot musste jedoch nachgebessert werden.[749] Inwieweit dies zu Verzögerungen führte und ob dies auf die strategische und/oder opportunistische Nutzung von Spielräumen bei Regeln zurückführen lässt, ist nachfolgend zu klären.

Strategisches Verhalten der Flughafenbefürworter

Die Landesregierung hielt während des Planfeststellungsverfahrens nach wie vor an einem Ausbau fest. SPD und FDP betonten, dass das Nachtflugverbot integriert werden sollte, wie bereits im LEP.[750] Die Grünen lehnten weiterhin den Ausbau ab und forderten ein Stopp des Planfeststel-

---

[747] Frankfurter Allgemeine Zeitung: Frankfurter Flughafen: Bisher 260 Klagen gegen Ausbaupläne. 25.03.2008. URL: http://www.faz.net/aktuell/rhein-main/region/frankfurter-flughafen-bisher-260-klagen-gegen-ausbauplaene-1513123.html. Stand: 03.10.2011.
[748] Hessisches Ministerium für Wirtschaft, Verkehr und Landesentwicklung: Pressemitteilung: Planfeststellungsbehörde sieht erheblichen und grundsätzlichen Klärungsbedarf. 16.12.2009; Frankfurter Neue Presse: Planfeststellung zu Frankfurter Flughafen wackelt. 27.03.2012. URL: http://www.fnp.de/fnp/region/hessen/planfeststellung-zu-frankfurter-flughafen-wackelt_rmn01.c.9677551.de.html. Stand: 26.09.2012.
[749] Bundesverwaltungsgericht 4. Senat: Urteil: In den Verwaltungsstreitsachen. Aktenzeichen: 4C 8.09. 04.04.2012.
[750] SPD-Fraktion Hessen: Pressemitteilung: Jürgen Walter (SPD): Wirtschaftsminister Rhiel muss Klartext reden. 4.9.2006; FDP Fraktion Hessen: Pressemitteilung: Landesentwicklungsplan / Nachtflugverbot. Dieter Posch: „Transparenz und rechtstaatliches Verfahren muss oberstes Ziel sein". 04.09.2006.

lungsverfahrens.[751] Die Bundesregierung befürwortete nach wie vor den Ausbau. Das Bundesumweltministerium kritisierte allerdings die Wahl der Landebahn, wegen seiner Nähe zum Chemiewerk Ticona.[752] Es konnte daher nach wie vor von einer hohen „Strategiefähigkeit" ausgegangen werden.[753]

Zu Beginn des Planfeststellungsverfahrens wurde zunächst ein Scoping-Termin für die Umweltverträglichkeitsprüfung festgesetzt, wie es rechtlich vorgesehen ist. Das dafür zuständige Regierungspräsidium Darmstadt lud dazu die Fraport AG und ca. 200 geladene Fachbehörden, Kommunen und Verbände ein. Das BBI wurde jedoch nicht eingeladen, auch fand der Termin nicht öffentlich statt, so dass es keine Möglichkeit hatte, in irgendeiner Form teilzunehmen. Auch auf die Bitte der Stadt Offenbach den Scoping-Termin auszusetzen, reagierte das Regierungspräsidium nicht.[754]

Diese Entscheidungen des Regierungspräsidiums lagen in seinem Ermessensspielraum und lassen sich deshalb nicht automatisch als *manipulativ* und *steuernd* bezeichnen. Allerdings ist hier erneut festzustellen, dass im Rahmen einer neuen Planungskultur auch nicht der Versuch unternommen wurde, die größte Bürgerinitiative in der Region einzubeziehen oder das Verfahren zu vertagen und damit für mehr Akzeptanz zu sorgen.[755]

Nachdem Fraport die Unterlagen für das Verfahren eingereicht hatte, entschied das Regierungspräsidium, dass die Unterlagen von Fraport nicht ausreichend seien und forderte, dass zusätzliche Unterlagen eingereicht

---

[751] Hessischer Landtag: Änderungsantrag der Fraktion BÜNDNIS 90/DIE GRÜNEN. LT-Drucksache 16/3075. Wiesbaden 15.11.2004.
[752] Stadt Kelsterbach: Das Ticona-Werk und die geplante Landebahn sind nicht vereinbar. 19.07.2005. URL: http://www.zukunft-rhein-main.de/?show=Oasl. Stand: 05.03.2011.
[753] Scharpf, F.: Interaktionsformen, a.a.O., S. 107.
[754] Regierungspräsidium Darmstadt: Projektgruppe Flughafen. Scoping-Termin. 07.04.2003, S. 15.
[755] BBI: Pressemitteilung: Scoping -Termin zur geplanten Nord-West-Bahn. 04.04.2003. http://bbi.unser-forum.de/PresseBBI/2003/03_04_04_scoping.htm. Stand: 23.04.2011.

werden müssten.[756] Die Nachforderungen des RP zeigen, dass sie gegenüber Fraport eine durchaus kritische Position einnahmen und die Unterlagen entsprechend prüften, wie es im Verfahren auch vorgesehen ist. Auch hier nahmen sie von ihrem Handlungsspielraum Gebrauch, diesmal jedoch zu Lasten von Fraport, was zeigt, dass das RPDA zu diesem Zeitpunkt, wenn hier überhaupt einer Strategie gefolgt wurde, diese dem *Erdulden* zuzuordnen ist, da sie gemäß ihres Auftrages die Unterlagen prüften und so Regeln und Normen befolgten.[757] Erst als die Unterlagen aus ihrer Sicht vollständig waren, wurde mit der Öffentlichkeitsbeteiligung begonnen.[758] Auch hier folgte das RPDA den Regeln des Verfahrens, nutzte aber auch seinen Ermessungsspielraum, indem es die Vollständigkeit der Unterlagen definierte. Zwischen dem 17. Januar und 16. Februar 2005 wurden die Unterlagen der Fraport in den betroffenen Kommunen zur Einsichtnahme ausgelegt. Auch dieser formelle Schritt entsprach den Regeln des Verfahrens.[759] Nachdem die Einwendungen

---

[756] Regierungspräsidium Darmstadt: Pressemitteilung: RP Darmstadt fordert Unterlagen von der Fraport AG nach. 17.02.2004. URL: http://www.rp-darmstadt.hessen.de/irj/RPDA_Internet?rid=HMdI_15/RPDA_Internet/nav/3b5/3b57053 7-4663-2111-1010-436e7de30ba3,12610889-80b8-1e01-d5ce-7b44e9169fcc,,,11111111-2222-3333-4444-100000005004%26_ic_uCon_zentral=12610889-80b8-1e01-d5ce-7b44e9169fcc%26overview=true.htm&uid=3b570537-4663-2111-1010-436e7de30ba3. Stand: 06.05.2011.

[757] Oliver, C.: Strategic Responses to Institutional Processes, a.a.O., S. 152.

[758] Regierungspräsidium Darmstadt: Pressemitteilung: RP Darmstadt fordert Unterlagen von der Fraport AG nach. 17.02.2004. URL: http://www.rp-darmstadt.hessen.de/irj/RPDA_Internet?rid=HMdI_15/RPDA_Internet/nav/3b5/3b57053 7-4663-2111-1010-436e7de30ba3,12610889-80b8-1e01-d5ce-7b44e9169fcc,,,11111111-2222-3333-4444-100000005004%26_ic_uCon_zentral=12610889-80b8-1e01-d5ce-7b44e9169fcc%26overview=true.htm&uid=3b570537-4663-2111-1010-436e7de30ba3. Stand: 06.05.2011

[759] Regierungspräsidium Darmstadt: Pressemitteilung. Ab 17. Januar 2005 sollen die Planfeststellungsunterlagen in 57 Kommunen ausgelegt werden 06.12.2004. URL: http://www.rp-darmstadt.hessen.de/irj/RPDA_Internet?rid=HMdI_15/RPDA_Internet/nav/3b5/3b57053 7-4663-2111-1010-436e7de30ba3,d2b20cd2-0b8a-ed01-d5ce-7b44e9169fcc,,,11111111-2222-3333-4444-100000005004%26_ic_uCon_zentral=d2b20cd2-0b8a-ed01-d5ce-7b44e9169fcc%26overview=true.htm&uid=3b570537-4663-2111-1010-436e7de30ba3. Stand: 04.06.2011.

und Stellungnahmen eingegangen waren, ging es weiter mit dem Erörterungsterminen. An 101 Tagen wurde mit den verschiedenen Betroffenen des Vorhabens diskutiert. Aus der Sicht der Betroffenen war der Erörterungstermin dabei mit der Erwartung verbunden, dass die Anhörungsbehörde ein möglichst klares Bild vom Vorhaben bekommt und bestenfalls Konflikte zwischen den Beteiligten bereits hier ausräumt. Einwender sollten ihre Stellungnahmen persönlich vortragen und der Leiter der Erörterung sollte möglichst neutral sein.[760] Das Regierungs-präsidium ging dabei folgendermaßen vor: Zunächst wurden die Einwender je nach Wohnsitz in drei Gruppen aufgeteilt. Die Behörde erklärte dabei ihr Vorgehen damit, dass die Interessen dieser Gruppen und ihre unterschiedliche Betroffenheit besser bearbeitet werden könnte.[761] Flughafengegner kritisierten jedoch, dass damit die Gegner auseinander dividiert werden sollten.[762] Festzustellen ist, dass allen Gruppen der Zugang zum Verfahren ermöglicht wurde, wie es von den Betroffenen erwartet wurde, was einer *kompromissbereiten* Strategie zuzuordnen ist. Die Unterteilung in kleinere Gruppen kann nur vermutlich als *manipulierende* Strategie verstanden werden. Ebenso ist hier auch möglich, dass es eine rein organisatorische Entscheidung war. Am Beginn der Erörterungen wurde gefordert, das Verfahren abzubrechen, da aus Sicht der Gegner die Unterlagen nicht vollständig seien, die Auslegungszeiten zu kurz waren und der Ort für die Erörterung ungünstig gelegen sei. Dieser Bitte kam das Regierungspräsidium nicht nach, da aus dessen Sicht die Unterlagen ausreichen und eine Verlängerung der Auslegungszeiten rechtlich nicht möglich war. Hier zeigt sich erneut, dass das RPDA seinen Spielraum nutzte und *steuerte*, indem es auf die Forderungen nicht einging. In einer Stellungnahme erklärte es allerdings erneut, warum die Unterlagen ausreichend seien, was zeigt,

---

[760] Flughafen Unser Forum: Kurz erklärt: Was ist ein Erörterungstermin?. 23.08.2005. URL: http://www.flughafen.unser-forum.de/?show=hpCs. Stand: 03.05.2012.
[761] Regierungspräsidium Darmstadt: Pressemitteilung: Erörterung zum Flughafenausbau beginnt Mitte September- Einwender kommen zu Beginn in drei regionalen Gruppen zu Wort -. 19.07.2005.
[762] ZRM: Brief: Planfeststellungsverfahren zum Flughafenausbau: Erörterungstermin. 02.09.2005.

dass es die Gegner einbezog, was einer *kompromissbereiten* Strategie zuzuordnen ist.[763] Auf die Bitte von einzelnen Privatpersonen, beschloss der Leiter der Erörterung, Privatpersonen ein gesondertes Rederecht jeweils am Freitag ab 15:30 einzuräumen, um Berufstätigen die Möglichkeit zu geben, besser am Verfahren teilzunehmen, was in formaler Hinsicht erneut auf eine *kompromissbereite* Strategie hindeutet.[764] Allerdings waren nicht alle Behördenakten der Öffentlichkeit zugänglich. Erst nach einer Klage vor dem Verwaltungsgericht von Seiten einer Bürgerinitiative zu den Verfahrensakten und später den Anwälten des Chemiewerks Ticona zur sogenannten "CADEC-Datenbank" von Fraport ermöglichte das Regierungspräsidium die erweiterte Akteneinsicht. Nach wie vor waren aber nicht alle Akten einsehbar, da diese laut RP mit Einwendungen gefüllt wären.[765] Nach dem das Landesverwaltungsgericht bereits entschieden hatte, dass Fraport die Unterlagen veröffentlichen solle, ging das Unternehmen in Revision. Das Urteil zur CADEC-Datenbank erging am 21. 2. 2008 und damit nach dem Planfeststellungsbeschluss. Die Revision wurde aufgehoben.[766] Die Informationen konnten so nicht mehr alle in die Erörterung einbezogen werden. Die mangelnde Offenheit bei der Akteneinsicht weist dabei einmal mehr auf eine

---

[763] Regierungspräsidium Darmstadt: Pressemitteilung: EÖT Flughafenausbau: Abbruch- und Aussetzungsanträge abgelehnt. 21.09.2005.

[764] Regierungspräsidium Darmstadt: Pressemitteilung: RPDA: "Bürgernachmittag" beginnt später. Beim Erörterungstermin zum Flughafenausbau haben Privatpersonen freitags ab 15:30 Uhr Vorrang. 23.01.2005.

[765] Regierungspräsidium Darmstadt: Pressemitteilung: Planfeststellungsverfahren für den geplanten Ausbau des Flughafens Frankfurt Main – Pressetermin. 03.04.2006. URL: http://www.rp-darmstadt.hessen.de/irj/RPDA_Internet?rid=HMdI_15/RPDA_Internet/nav/3b5/3b570537-4663-2111-1010-436e7de30ba3,7d260011-0e22-1d01-d5ce-7b44e9169fcc,,,11111111-2222-3333-4444-100000005004%26_ic_uCon_zentral=7d260011-0e22-1d01-d5ce-7b44e9169fcc%26overview=true.htm&uid=3b570537-4663-2111-1010-436e7de30ba3. Stand: 23.08.2012.

[766] Bundesverwaltungsgericht 4. Senat: Urteil: Verwaltungsstreitsache. Aktenzeichen: 4 C 13.07. 21.02.2008

mangelnde neue Planungskultur hin und ein *manipulierendes* Verhalten von Fraport.[767]

Nach Abschluss der Erörterungen kam das Regierungspräsidium zu einem ersten Fazit. So stellte sich aus der Sicht des Regierungspräsidiums deutlich ein Überarbeitungsbedarf des Vorhabens zu mehreren Punkten durch den Antragsteller Fraport dar, was zeigt, dass das RP ein revidiertes Bild über das Vorhaben gewonnen hatte, wie es vorgesehener maßen im Rahmen des Erörterungstermin erfolgen sollte.[768] Insbesondere die Luftverkehrsprognose wurde als nicht ausreichend beanstandet. Aber auch zum Thema Lärm, Luftschadstoffe, Nachtflugverbot und Wasser gab es Kritik. So kann das Verhalten des RPDAs hier als *befolgen von Regeln* gewertet werden und damit einer Strategie des *Erduldens*.[769]

So kam das Regierungspräsidium selbst zu folgendem Urteil:

„Der Erörterungstermin sollte dem Regierungspräsidium als Anhörungsbehörde ermöglichen, ein umfassendes Bild über die möglichen Auswirkungen des geplanten Vorhabens zu gewinnen. Auch sollten die Einwender möglichst umfassend über die Auswirkungen des Vorhabens informiert und aufgeklärt werden. Zudem sollte die Anhörungsbehörde alle für die Entscheidung erheblichen Fakten und Gesichtspunkte feststellen und abklären können. Auch diese rechtlichen Anforderungen an den Termin wurden vollauf erfüllt."[770]

Wie bereits im Raumordnungsverfahren und Landesentwicklungsplan von den Gegnern des Flughafenbaus gefordert, musste die Luftverkehrsprognose nachgebessert werden. Aufgrund dessen kam es zu einer zusätzlichen Erörterung. Weil das das Regierungspräsidium bereits seinen Anhörungsbericht an das Landeswirtschaftsministerium übermittelt hatte,

---

[767] Oliver, C.: Strategic Responses to Institutional Processes, a.a.O., S. 152.
[768] Regierungspräsidium Darmstadt: Pressemitteilung: RP Dieke zieht positive Bilanz des Erörterungstermins. 04.04.2006.
[769] Oliver, C.: Strategic Responses to Institutional Processes, a.a.O., S. 152.
[770] Regierungspräsidium Darmstadt: Pressemitteilung: RP Dieke zieht positive Bilanz des Erörterungstermins, a.a.O.

hatte nun das Ministerium die Verfahrensherrschaft für die erweiterte Anhörung übernommen.[771] Ein komplett neues Anhörungsverfahren, wie von einigen Kommunen gefordert, lehnte das Ministerium jedoch ab.[772] Neben den bisherigen betroffenen Kommunen wurde der Auslegungsraum erweitert und weitere Kommunen mit einbezogen. Dabei beschloss das Ministerium, dass es zu keinem weiteren öffentlichen Erörterungstermin kommen sollte.[773] In Bezug auf das Nachtflugverbot, sagte Landeswirtschaftsminister Rhiel, dass es beim Nachtflugverbot bleibe, dass es aber möglicherweise einen Ausgleich für die erhöhten Flugbewegungen am Tage geben müsse.[774] Damit nutzte das Ministerium erneut seinen Handlungsspielraum, was einer *manipulierenden* Strategie entspricht und *steuerte* das Verfahren.[775] Darüber hinaus tauchten während des zweiten Anhörungsverfahrens Gerüchte auf, dass es zwischen Fraport und den Kommunen Geheimverhandlungen im RDF gäbe und Ihnen das Klagerecht zum Planfeststellungsbeschluss abgekauft werden sollte.[776] Nachdem dies öffentlich wurde, wollten die Kommunen direkt mit der Landesregierung verhandeln. Inwieweit es tatsächlich Geheimverhandlungen gab, ist nicht klar nachzuvollziehen. Festzustellen ist jedoch, dass das

---

[771] Hessisches Ministerium für Wirtschaft, Verkehr und Landesentwicklung: Pressemitteilung: Rhiel: Ergänzende Öffentlichkeitsbeteiligung im Planfeststellungsverfahren zum Ausbau des Frankfurter Flughafens. 07.11.2006. URL: http://www.wirtschaft.hessen.de/irj/HMWVL_Internet?rid=HMWVL_15/HMWVL_Internet/nav/4a0/4a0600d8-05e5-4701-e76c-d3b5005ae75d,11b20f14-0512-ce01-d5ce-7b44e9169fcc,,,11111111-2222-3333-4444-100000005004%26_ic_uCon_zentral=11b20f14-0512-ce01-d5ce-7b44e9169fcc%26overview=true.htm&uid=4a0600d8-05e5-4701-e76c-d3b5005ae75d. Stand: 23.07.2012.

[772] Stadt Offenbach AG Flughafen: Einwendung der Stadt Offenbach 2. Offenlage. Mai 2007, S. 18f.

[773] Hessisches Ministerium für Wirtschaft, Verkehr und Landesentwicklung: Planfeststellungsverfahren, o.J. URL: http://www.wirtschaft.hessen.de/irj/HMWVL_Internet?rid=HMWVL_15/HMWVL_Internet/sub/a09/a09142e4-1999-701e-76cd-3b5005ae75d5,,2222222-2222-2222-2222-222222222222,11111111-2222-3333-4444-100000005003.htm. Stand: 23.08.2012.

[774] Bebenburg, P. v.: Jein zum Nachtflugverbot. In: Frankfurter Rundschau. 24.08.2007. URL: http://www.fr-online.de/spezials/jein-zum-nachtflugverbot,1472874,2802560.html. Stand: 23.07.20012.

[775] Oliver, C.: Strategic Responses to Institutional Processes, a.a.O., S. 152.

[776] Wörner, J.-D. (Hrsg.): Jahresbericht RDF Juli 2006/Juni 2008, a.a.O., S. 6.

informelle Gremium RDF die Glaubwürdigkeit des formalen Verfahrens beschädigte.

Am 18. Dezember 2007 wurde vom Wirtschaftsministerium der Planfeststellungsbeschluss verkündet. Das Ministerium genehmigte damit den Ausbau. Bei den Nachtflügen gab es 17 Ausnahmen. Minister Rhiel begründete die Ausnahmen dabei folgendermaßen:

„*Anderenfalls wäre ein rechtssicheres Nachtflugverbot nicht möglich, der Planfeststellungsbeschluss wäre rechtswidrig. Die Entscheidung ist das Ergebnis einer gründlichen Prüfung und eines intensiven Abwägungsprozesses.*"[777]

Mit der Entscheidung, kein absolutes Nachtflugverbot einzuführen, wich die Landesregierung jedoch von ihrem ursprünglichen Versprechen aus der Mediation und auch vom Planfeststellungsantrag der Fraport ab. Erneut nutzte sie hier ihren Spielraum, ohne nochmals diese Betroffenen in einer Erörterung einzubeziehen, was einer *steuernden* Taktik und damit *manipulierenden* Strategie entspricht. In seiner Stellungnahme betonte Rhiel, dass der Bund zur gleichen Auffassung gekommen sei, dass der Flughafen ausgebaut werden müsse. Damit konnte er sich aus seiner Sicht einer hohen Strategiefähigkeit rückversichern.[778] Nicht mehr zu den einheitlichen Befürwortern des Ausbaus zählte allerdings die Stadt Frankfurt. Während zunächst dem Ausbau zugestimmt wurde, musste die Oberbürgermeisterin von Frankfurt am Main Roth (CDU) (seit 1995 im Amt) diese Haltung teilweise aufgeben.

---

[777] Hessisches Ministerium für Wirtschaft, Verkehr und Landesentwicklung: Pressemitteilung: Wirtschaftsminister Dr. Alois Rhiel genehmigt Flughafenausbau mit rechtssicherem Nachtflugverbot. 18.12.2007. URL: http://www.wirtschaft.hessen.de/irj/HMWVL_Internet?rid=HMWVL_15/HMWVL_Internet/nav/4a0/4a0600d8-05e5-4701-e76c-d3b5005ae75d,5df1bff1-dfae-611a-eb6d-f144e9169fcc,,,11111111-2222-3333-4444-100000005004%26_ic_uCon_zentral=5df1bff1-dfae-611a-eb6d-f144e9169fcc%26overview=true.htm&uid=4a0600d8-05e5-4701-e76c-d3b5005ae75d. Stand: 23.09.2012.
[778] ebda.

Zunächst hatte Oberbürgermeisterin Roth (CDU) ihr Veto gegen einen Beschluss des Stadtparlaments eingelegt, die gegen den Planfeststellungsbeschluss klagen wollten. Bei der Klage zur Nachtflugreglung wurde das Veto von Oberbürgermeisterin Roth jedoch überstimmt.[779] Neben Frankfurt klagten eine erhebliche Anzahl an Kommunen und Umweltverbänden sowie Privatpersonen und erhielten vor dem Landesverwaltungsgericht in Bezug auf das eingeschränkte Nachtflugverbot Recht. Die Landesregierung gab sich jedoch mit dem Urteil nicht zufrieden. Das zuständige Landesministerium ging unter Minister Posch (FDP) gegen das Urteil vor dem Bundesverwaltungsgericht in Revision.[780] Erst als das Bundes-verwaltungsgericht die Revision ablehnte, lenkte die Landesregierung allmählich ein. Den Versuch von Minister Posch, das Nachtflugverbot anschließend mit einer Planklarstellung zu heilen, war erneut ein eher unüblicher Vorgang, der dann auch auf erhebliche Kritik stieß, da damit kein erneutes Beteiligungsverfahren verbunden war. Der Minister begründete sein Vorgehen damit, dass eine Beteiligung keine neuen Erkenntnisse bringen würde. Damit setzte er das Urteil des Bundesverwaltungsgerichts um. Allerdings lag zum Zeitpunkt der Unterzeichnung der Klarstellung noch keine Urteilsbegründung des Gerichts vor, was erneut eine *steuernde* Taktik vermuten ließ.[781] Auch das Bundesverkehrsministerium war von Poschs Vorgehen nicht überzeugt.[782]

Es zeigt sich, dass das Regierungspräsidium bzw. die Landesregierung Hessen, beim Planfeststellungsverfahren den formalen Regeln folgte, wie

---

[779] Schwan, H.: Frankfurt muss gegen Ausbaubeschluss klagen. In: Frankfurter Allgemeine Zeitung:. 16.01.2008. URL:http://www.faz.net/aktuell/rhein-main/wirtschaft/flughafen-ausbau-frankfurt-muss-gegen-ausbaubeschluss-klagen-1515488.html. Stand: 24.09.2012

[780] Hesisches Ministerium für Wirtschaft, Verkehr und Landesentwicklung: Pressemitteilung: „Rasche Rechtssicherheit im Interesse aller". Wiesbaden 04.01.2012.

[781] Hessisches Ministerium für Wirtschaft, Verkehr und Landesentwicklung: Pressemitteilung: Wirtschaftsminister Dieter Posch: "Planklarstellung ist unterzeichnet". 30.05.2012.

[782] Bebenburg, P.v./ Schmidt, V.: Berliner Kritik lässt Posch kalt. In: Frankfurter Allgemeine Zeitung: 29.05.2012: URL: http://www.fr-online.de/flughafen-frankfurt/nachtflugverbot-berliner-kritik-laesst-posch-kalt,2641734,16131076.html. Stand: 25.09.2012.

dem Scoping-Termin, der Anhörung, der Erörterung, der Stellungnahme durch das RPDA und abschließend dem Planfeststellungsbeschluss. In Anbetracht des vorangegangenen Mediationsverfahrens (Zustimmung zum Nachtflugverbot), den frühzeitigen Hinweisen auf die zu kurze Zukunftsprognose für das Verkehrsaufkommen am Frankfurter Flughafen und – innerhalb des Gesamtrahmens, der durch den Versuch einer neuen Planungskultur, die sich ja gerade durch die informellen Verfahren ausdrückte, gekennzeichnet ist, zeigt sich keine fundierte *Lernbereitschaft*. Vielmehr schienen sie die *Macht* zu besitzen, *nicht lernen zu müssen*.[783] Es ist festzustellen, dass insbesondere bei den zusätzlichen Verfahren, der zusätzlichen Erörterung und der Planklarstellung, die Öffentlichkeit nur begrenzt einbezogen werden sollte. Das widerspricht jedoch den Verfahrensregeln des Planfeststellungsverfahrens und weist auf eine Hybridisierung hin. Anstelle das Verfahren durch ein erneutes Beteiligungsverfahren abzusichern, *steuerte* das Ministerium *von oben*, was neue Klageabsichten der Kommunen im Hinblick auf die Planklarstellung nach sich zog.

Strategisches Verhalten der Flughafengegner

Auch im Planfeststellungsverfahren herrschte bei den Flughafengegnern, Kommunen, Umweltverbänden und Bürgerinitiativen ein gemeinsames Ziel, nämlich die Verhinderung des Ausbaus vor, was für eine hohe Strategiefähigkeit sprach.

Den anberaumten Scoping-Termin am 7. April 2003 sah die Mehrzahl der Gegner als verfrüht an, da der LEP 2000 für nicht rechtskräftig erklärt worden war und die Unterlagen für das Planfeststellungs-verfahren zu Beginn nicht vollständig waren. [784] Darüber hinaus hielten sie den

---

[783] Deutsch, K. W.: Politische Kybernetik, a.a.O., S. 171.
[784] Schubert, W.: Flughafenanrainer wollten Abbruch der Anhörung. In: Frankfurter Rundschau. 08.04.2003. URL: http://www.fr-online.de/spezials/flughafenanrainer-wollten-abbruch-der-anhoerung,1472874,2890494.html. Stand: 24.09.2012; ZRM: Pressemitteilung: Vorgelegte Unterlagen im Scoping-Verfahren weiterhin massiv in der

Koordinationseckwert für die Flugbewegungen als zu niedrig angesetzt.[785] Auch der BUND hielt die Unterlagen von Fraport für nicht ausreichend und forderte aufgrund der erweiterten Flächen-inanspruchnahme ein neues Raumordnungsverfahren.[786] Die größte Bürgerinitiative BBI kritisierte, dass sie nicht eingeladen worden war und der Termin nicht öffentlich war.[787] Auffällig ist, dass neben den unzureichenden Unterlagen der Fraport insbesondere Regeln zum Verfahren wie zum Beispiel Informations- und Beteiligungsrechte kritisiert wurden.

Bei der im März 2005 begonnenen Erörterung der Einwendungen gegen das Planfeststellungsverfahren folgten die Gegner einer einheitlichen Strategie und brachten gemeinsam 127 000 Einwendungen vor. Gegen das Projekt wendeten sich ebenfalls die Kommunen, Gemeinden und Städte und gaben ihre Einwendungen zu Protokoll.[788] Zu Beginn der Erörterung kritisierte der BUND, dass keine Stellungnahmen der Fraport zu den Kritikpunkten des BUND vorlägen und so eine Erörterung nicht möglich sei. Daher forderten sie, die Erörterung zu verschieben.[789] Laut

---

[785] Kritik. 08.04.2003. URL: http://www.mainz.de/C1256D6E003D3E93/vwLookupImagesforLoad/Scopingverfahren0 8042003.pdf/$FILE/Scopingverfahren08042003.pdf. Stand: 24.09.2012.

[786] Main-Taunus-Kreis/ Stadt Flörsheim/ Stadt Hattersheim/ Stadt Hochheim: Gemeinsame Presseerklärung: Scoping-Termin erfüllt derzeit nicht kommunale Erwartungen!. 10.4.2003. URL: http://www.dfld.de/Presse/PMitt/2003/030410b.htm. Stand: 12.10.2012.

[787] BUND Hessen: Stellungnahme: Zu den Scopingunterlagen der Fraport AG zum Ausbau des Flughafen Frankfurts. 07.04.2003. URL: http://cms.bund-hessen.de/hessen/dokument/scoping_stellungnahme.pdf. Stand: 23.09.2012.

[788] BBI: Pressemitteilung: Scoping -Termin zur geplanten Nord-West-Bahn. 04.04.2003. http://bbi.unser-forum.de/PresseBBI/2003/03_04_04_scoping.htm. Stand: 23.04.2011.

[789] Hessisches Ministerium für Wirtschaft, Verkehr und Landesentwicklung: Planfeststellungsverfahren, o.J. URL: http://www.wirtschaft.hessen.de/irj/HMWVL_Internet?rid=HMWVL_15/HMWVL_Internet/sub/a09/a09142e4-1999-701e-76cd-3b5005ae75d5,,22222222-2222-2222-2222-222222222222,11111111-2222-3333-4444-100000005003.htm. Stand: 23.08.2012.

BUND Hessen: Pressemitteilung: BUND sieht schwerwiegende Verfahrensfehler beim Erörterungstermin. 15.09.2005. URL: http://www.bund-bergstrasse.de/nc/presse/pressemitteilungen/detail/archiv/2005/september/artikel/eroert erungstermin-ausbau-des-frankfurter-flughafens/?tx_ttnews%5BbackPid%5D=3658&cHash=413e9c5b1ab56e4976e6115de0 11e5d7. Stand: 29.07.2011.

eines Berichts der kommunalen Initiative Rhein Main forderten auch die anwesenden Kommunen Kelsterbach, Griesheim und Weiterstadt, Rüsselsheim und Raunheim, Darmstadt und der Kreis Groß-Gerau einen Abbruch der Erörterung, da es keine sichere Luftverkehrsprognose gäbe.[790] Am 16. September kamen die Bürgermeister zu Wort und kritisierten in der Mehrheit die Ausbaupläne.[791] Im weiteren Verlauf bemängelte das Chemiewerk Ticona, dass es keinen Zugang zu der Stellungnahme von Fraport auf ihre gemachten Einwendungen habe.[792] Ticona klagte und erhielt beschränkt Zugang zu der sogenannten KADEC Datenbank.[793] Zuvor klagte eine Bürgerinitiative aus Sachsen-hausen, um Einsicht in die Verfahrensakten zum Planfeststellungs-verfahren zu erhalten und erhielt Recht.[794] Daraufhin forderte die Initiative und mehrere Kommunen, eine Aussetzung der Erörterung, um die Unterlagen prüfen zu können. Das wurde jedoch vom RP abgelehnt – allerdings wurde eine Nacherörterung gewährt.[795] Nach dem Abschluss der Erörterung wurde vom BUND erneut kritisiert, dass die Unterlagen unzureichend seien. Insbesondere die Luftverkehrsprognose sei nicht langfristig genug aufgestellt. Weiterhin wurde kritisiert, dass ein Teil der Unterlagen erst während der Erörterung zugänglich waren, so dass wenig Zeit blieb, dazu

---

[790] ZRM: Erörterungstermin – Bericht vom 13.09.2005. Neue Welle von Abbruchanträgen. 13.09.2005. URL: http://www.zukunft-rhein-main.de/?show=mSYZ. Stand: 26.09.2012.
[791] ZRM: Erörterungstermin – Bericht vom 16.09.2005. "Der Tag der Bürgermeister". 16.09.2005. URL: http://www.zukunft-rhein-main.de/?show=PMNh. Stand: 27.09.2012
[792] ZRM: Erörterungstermin – Bericht vom 19.09.2005. "Datenschutzskandal" – wurden die Einwendungen an Lufthansa weitergegeben?. 19.09.2005. URL: http://www.zukunft-rhein-main.de/?show=WFhD. Stand: 27.09.2012.
[793] BVerwG 4 C 13.07.
[794] Hessischer Verwaltungsgerichtshof: Erweiterung des Flughafens Frankfurt/Main – Ausbaugegner setzen Einsicht in die Verfahrensakten gerichtlich durch. 05.01.2006. URL: http://www.vgh-kassel.justiz.hessen.de/irj/VGH_Kassel_Internet?rid=HMdJ_15/VGH_Kassel_Internet/sub/ead/ead7df79-401a-a11a-eb6d-f197ccf4e69f,,,11111111-2222-3333-4444-100000005003%26overview=true.htm. Stand: 27.9.2012.
[795] ZRM: Erörterungstermin – Bericht vom 09.01.2006. Akteneinsicht – Streit um die konkrete Regelung. 09.01.2006. URL: http://www.zukunft-rhein-main.de/?show=ocYJ?show=ocYJ?show=ocYJ. Stand: 27.09.2012; Regierungspräsidium Darmstadt: Mitteilung: Fortsetzung des Erörterungstermins.14.03.2006. URL: http://www.fluglaerm-eppstein.de/Presse/PMitt/2006/060314f.htm. Stand: 28.09.2012.

umfassend Stellung zu nehmen. Sie sahen dadurch die Erörterung durch schwere Formfehler belastet und erwarteten eine neue Auslage und Erörterung.[796] Auch die kommunale „Initiative Zukunft Rhein Main" (ZRM) betonte nach dem Abschluss der Erörterung, dass Fraport sehr unvorbereitet in das Verfahren gegangen sei. Die Zusammenarbeit mit den Bürgerinitiativen bewerteten die ZRM sehr positiv, was wiederum für eine hohe „Strategiefähigkeit" spricht. Das Verfahren selbst bezeichneten sie als fair und offen.[797] In Bezug auf den Verfahrensverlauf nahmen die ZRM hier eine gegenteilige Haltung im Vergleich zum BUND ein. Nachdem sich das Regierungspräsidium entschieden hatte aufgrund der erweiterten Luftverkehrsprognose ein zweites Anhörungsverfahren durchzuführen, stieß dies auf ein positives Echo bei den Flughafengegnern. Der BUND führte dies insbesondere auf das vorgelegte Gutachten der „Initiative Zukunft Rhein Main" zurück.[798] Der Vorsitzende der „Initiative Zukunft Rhein Main" sah sich durch das erneute Erörterungsverfahren in seiner Kritik gegenüber Fraports schlechter Vorbereitung in Bezug auf das Planfeststellungs-verfahren bestätigt und mahnte eine umfassende zweite Anhörung an.[799] Im Rahmen der zweiten Anhörung kamen Gerüchte auf, dass es im RDF Geheimverhandlungen mit den Kommunen zum Lärmpaket gäbe, um ihnen ein Klageverzicht abzukaufen. Hier schien erstmals die Strategiefähigkeit zwischen Kommunen, Umweltverbänden

---

[796] BUND Hessen: Pressemitteilung: BUND erwartet Neuauflage des Erörterungstermins. 03.04.2006. URL:http://www.bund-hessen.de/nc/themen_und_projekte/flughafen_frankfurt/pressearchiv_flughafen/detail/browse/15/artikel/bund-erwartet-neuauflage-des-eroerterungstermins-1/?tx_ttnews%5BbackPid%5D=11834&cHash=d4d3d156bebde48090ec418fd678b81f. Stand: 26.09.2012.
[797] ZRM: Alle Argumente sprechen gegen den Ausbau! Anhörungsverfahren zum geplanten Flughafenausbau abgeschlossen. 28.03.2006. URL: http://www.zukunft-rhein-main.de/?show=fbvj. Stand: 29.09.2012.
[798] BUND Hessen: Pressemitteilung: Ein großartiger Erfolg der Ausbaugegner. 08.11.2006. URL: http://www.bund-hessen.de/nc/themen_und_projekte/flughafen_frankfurt/pressearchiv_flughafen/detail/artikel/ein-grossartiger-erfolg-der-flughafen-ausbaugegner/. Stand: 29.10.2012.
[799] Kreis Gross-Gerau: Pressemitteilung: Siehr sieht neue Verzögerungen beim Flughafenausbau. Schallende Ohrfeige für Fraport. 08.11.2006 URL: http://www.zukunft-rhein-main.de/?show=MZhe. Stand: 29.09.2012.

und Bürgerinitiativen deutlich auseinanderzubrechen. Während die Umwelt-verbände und Bürgerinitiativen an ihren Klagerechten festhielten, gingen die Kommunen in mehr oder weniger offene Gespräche mit Fraport und der Landesregierung. Insbesondere der BUND kritisierte, dass auch die kommunale „Initiative Zukunft Rhein Main" unter den Gesprächsteilnehmern war und zeigte sich davon besonders enttäuscht.[800] Durch die Veröffentlichung der sogenannten Geheimverhandlungen durch den BUND zeigten sich die Kommunen nun öffentlich verschiedener Meinung. Offenbach und Neu-Isenburg betonten, dass sie sich das Klagerecht nicht abkaufen lassen würden. Flörsheim und Raunheim zeigten sich dagegen durchaus offen gegenüber einem Klageverzicht.[801] Die unterschiedliche Beteiligung am RDF führte zu einem Informationsungleichgewicht bei den Gegnern, so dass sie zum Teil unterschiedlichen Strategien folgten, was ihre Klageabsichten anbetraf. Während die am RDF nicht beteiligten Gegner gegen den Beschluss mittels Klagen *ankämpfen* wollten, waren die Kommunen zum Teil zu einer *kooperationsgeleiteten* Strategie bereit. Nachdem der Planfeststellungsbeschluss nach der zweiten Anhörung veröffentlicht wurde, zeigten sich einige Kommunen, Umweltverbände und Bürgerinitiativen jedoch wieder auf einer Linie und klagten gegen den Planfeststellungsbeschluss. Dabei ließ sie insbesondere das aufgeweichte Nachtflugverbot gemeinsam vorgehen. Die Ausnahmen bei Flügen in der Nacht führten bei den Gegnern unter anderem zu einer *trotzenden* Strategie. Nach wie vor zeigten sich jedoch einzelne Bürgerinitiativen verwundert darüber, dass nicht alle Kommunen klagen wollten, so zum

---

[800] BUND Hessen: Pressemitteilung: BUND fordert Transparenz: Keine Verhandlungen ohne Öffentlichkeit. 11.04.2007. URL: http://www.bund-hessen.de/nc/presse/pressemitteilungen/detail/artikel/bund-fordert-transparenz-keine-verhandlungen-ohne-oeffentlichkeit/. Stand: 30.09.2012.
[801] Frankfurter Rundschau: Städte lassen sich Klagerecht nicht nehmen. Vier Kommunen in der Region verhandeln mit Flughafenbetreiber Fraport über Lärmschutz / Geheimgespräche dementiert. 21.04.2007. URL: http://www.fr-online.de/spezials/staedte-lassen-sich-klagerecht-nicht-nehmen,1472874,2819284.html. Stand: 06.03.2010.

Beispiel das "Institut zur Abwehr von Gesundheitsgefahren durch Lärm" (IAGL).[802]

Der BUND, mehrere Kommunen, darunter die Städte Frankfurt und Mainz, und mehrere Klagevereine gingen gegen die Genehmigung für den Bau der Nordwestlandebahn vor.[803] Außerdem schlossen sich Privatpersonen in Klagevereinen zusammen und klagten z.B. mit Hilfe des IAGL. Der Klageweg war dabei bereits früh vorgesehen worden, da sie mit Spenden das IAGL bereits über Jahre unterstützt hatten.[804] Allerdings beschloss der VGH nur sechs Musterklagen von 260 Klagen zuzulassen, was bei den Flughafengegnern auf Kritik stieß, da sie so die Vielzahl an Argumenten gegen den Bau nicht als ausreichend betrachtet sahen.[805] Darüber hinaus stellten der BUND und mehre Städte einen Befangenheitsantrag gegen die zuständigen Richter, da es eine Absprache zwischen Fraport und dem Gericht bezüglich des Sofortvollzugs der Rodung des Kelsterbacher Waldes gegeben habe.[806] Sie wendeten sich mit einer Verfassungsbeschwerde an das Bundesverfassungsgericht. Die Beschwerde wurde jedoch abgelehnt.[807] Hier zeigt sich erneut, dass die Flughafengegner

---

[802] IAGL: Pressemitteilung; Klageverein IAGL erstaunt über die Haltung der Kommunen. Unterstützung der privaten Kläger bleibt gewährleistet. 22.08.2006: URL: http://www.iagl.de/pressemitteilungen.htm. Stand: 30.10.2012.

[803] Frankfurter Rundschau: Flut von Klagen erreicht den Gerichtshof. 08.02.2008. URL: http://www.fr-online.de/spezials/flughafenausbau-flut-von-klagen-erreicht-den-gerichtshof,1472874,2685012.html. Stand: 29.09.2013.

[804] IAGL: Pressemitteilung; Klageverein IAGL erstaunt über die Haltung der Kommunen. Unterstützung der privaten Kläger bleibt gewährleistet, a.a.O.

[805] Kreis Gross-Gerau: Pressemitteilung: Flughafenausbau: Kreis Groß-Gerau fordert rechtliches Gehör! 10.07.2008. URL: http://www.kreisgg.de/fileadmin/Datencenter/Buergerservice/Broschueren/Amtsblattarchiv/AmtsblattGG29-08.pdf. Stand: 01.10.2012.

[806] BUND Hessen: Pressemitteilung: BUND stellt Befangenheitsantrag gegen die Richter des Flughafen-Senates. 12.08.2008. URL: http://www.bund-hessen.de/nc/themen_und_projekte/flughafen_frankfurt/pressearchiv_flughafen/detail/archiv/2008/dezember/artikel/ausbau-des-frankfurter-flughafens-wir-sind-entsetzt-bund-stellt-befangenheitsantrag-gegen/?tx_ttnews%5BbackPid%5D=11834&cHash=7bff4ebff0e6ae80a5913a65e54c0f53. Stand: 01.10.2012.

[807] Mainz/ Flörsheim/ Hattersheim/ Hochheim: Pressemitteilung: „Nicht willkürlich – aber auch nicht unbedenklich". Beschwerdeführer sehen "gelbe Karte" für Verfahrensweise des VGH Kassel. 03.03.2009. URL:

nicht nur die Inhalte des Ausbaus kritisierten sondern den Ablauf des Verfahrens in Frage stellten und so erneut kein Vertrauen entstehen konnte. Inwieweit das Verfahren dabei hybridisiert wurde, in dem der Gerichtshof von seinem Handlungsspielraum Gebrauch machte und das Verfahren *von oben steuerte* ist hier schwer einzuschätzen. Zu beachten ist jedoch, dass die Klage gegen den Planfeststellungsbeschluss für private Akteure die einzige Möglichkeit bot ihre Interessen wahrzunehmen. Gerade hier stieß deshalb die geringe Auswahl an Musterklagen auf Unverständnis. Die Idee einer neuen Planungskultur und mehr Mitspracherecht kollidierten einmal mehr mit der Maßgabe eines gestrafften Planungsablaufs.

Nachdem das Urteil zum Planfeststellungsbeschluss vom VGH Kassel feststand, gingen die Meinungen der Gegner über das Urteil auseinander. So zeigte sich der Bürgermeister von Raunheim positiv über die Regelung des absoluten Nachtflugverbots. Das Ansinnen der hessischen Landesregierung, in Revision gegen das Urteil zu gehen, hielt er für einen Wortbruch und riet davon ab.[808] Der BUND zeigte sich dagegen über das Urteil des VGH insgesamt enttäuscht. Positiv äußerten Sie sich dagegen zum Nachtflugverbot, dass vom VGH bestätigt wurde.[809] Auch das Bündnis der Bürgerinitiativen zeigte sich entsetzt über das Urteil. Sie sprachen sogar von Betrug.[810] Obwohl die Gegner des Flughafens das Urteil

---

http://www.mainz.de/WGAPublisher/online/html/default/ekog-7psnhk.de.html;jsessionid=0AD7CE51173556FF845E47A9ACEF5C88?. Stand: 01.10.2012.

[808] Stadt Raunheim: Pressemitteilung: Raunheims Klage bringt mehr Nachtruhe. Verwaltungsgerichtshof in Kassel entscheidet für Ausbau, aber auch zugunsten erweiterten Nachtschutzes. 21.08.2009. URL: http://www.fluglaerm-eppstein.de/Presse/PMitt/2009/090821g.htm. Stand: 01.10.2012.

[809] BUND Hessen: Pressemitteilung: Urteil des Verwaltungsgerichtshofes zum Flughafenausbau Frankfurt Eine schallende Ohrfeige für die Landesregierung zum Nachtflugverbot! BUND bedauert Zustimmung des Gerichts zur rücksichtslosen Naturvernichtung. 21.08.2009. URL: http://www.bund-hessen.de/index.php?id=9055&tx_ttnews%5Btt_news%5D=11728&tx_ttnews%5BbackPid%5D=9019. Stand: 02.10.2012.

[810] BBI: Pressemitteilung: Betrogen, nicht wegen schwacher Argumente unterlegen! 21.08.2009. URL: http://www.fluglaerm-eppstein.de/Presse/PMitt/2009/090821c.htm. Stand: 02.10.2012.

unterschiedlich bewerteten, waren sie sich in der Mehrheit einig, weiter gegen den Planfeststellungsbeschluss vorzugehen und griffen es mit einer Revisionsklage erneut an. Fünf Kommunen und zwei private Kläger wurden in der Revision als Musterkläger zugelassen. Die Kommunen sahen sich insbesondere in ihren Entwicklungsmöglichkeiten beschnitten. Die privaten Kläger wollten gegen den unzumutbaren Lärm vorgehen.[811] Die Revisionsklage vom BUND in Bezug auf den Naturschutz wurde vom Bundesverwaltungs-gericht dagegen abgewiesen.[812] Das Land Hessen ging – wie bereits erwähnt – gegen die vom VGH erwähnte Regelung in Bezug auf die Nachtflüge vor, richtete sich aber natürlich nicht gegen den Planfeststellungsbeschluss als solchen. Die Revisionsklage vom Land Hessen wurde dabei besonders kritisiert, da die Flughafengegner die Motive, die dahinter standen deutlich anzweifelten und vermuteten, dass das Land das Nachtflugverbot kippen wolle.[813] Nachdem das Bundesverwaltungsgericht das Urteil des VGH in Bezug auf den Planfeststellungsbeschluss und das Nachtflugverbot bestätigte, zeigten sich die Flughafengegner in ihrer Kritik bestätigt. Nur noch einige wenige Kommunen und Privatleute wollten weiterhin gegen das Urteil vorgehen.[814] Die Strategiefähigkeit war damit deutlich gesunken und eine gemeinsame *trotzende* Strategie nicht mehr zu erreichen. In Bezug auf die Planklarstellung beim Nachtflugverbot vereinten sich die Gegner dann jedoch erneut. Dass Minister Posch kein Planergänzungsverfahren durchführte, um das Nachtflugverbot verbindlich festzulegen, stieß auf breite Kritik und weitere

---

[811] Schwan, H.: Verfahren zu Flughafen-Ausbau. Die Erwartungen an Leipzig sind hoch. In: Frankfurter Allgemeine Zeitung. 07.03.2012. URL: http://www.faz.net/aktuell/rhein-main/verfahren-zu-flughafen-ausbau-die-erwartungen-an-leipzig-sind-hoch-11676116.html. Stand. 03.10.2012.

[812] Bundesverwaltungsgericht: Pressemitteilung: Klage des BUND gegen den Ausbau des Frankfurter Flughafens erfolglos. 14.04.2011. URL: http://www.bverwg.de/enid/6781a1d1ced946c0f1a5f69c54673803,f115687365617263685f646973706c6179436f6e7461696e6572092d093133363835093a095f7472636964092d093133333334/Pressemitteilungen/Pressemitteilung_9d.html. Stand: 03.10.2012.

[813] Initiative Zukunft Rhein-Main: Pressemitteilung: "Brutalstmöglicher Wortbruch" beim Nachtflugverbot. 16.12.2009. URL: http://www.zukunft-rhein-main.de/?show=ovCu. Stand: 03.10.2012.

[814] Göpfert, C.-J./ Muthorst, J./ Rippegather, J: Neue Klagen gegen die Landebahn, a.a. O.

Klagen wurden nicht ausgeschlossen.[815]

Im Planfeststellungsverfahren zeigt sich von Seiten der Gegner überwiegend eine *trotzende* Strategie. Allerdings ist auch festzustellen, dass ihr Zugang zu Informationen und zur Beteiligung am Verfahren immer wieder begrenzt wurde, so dass dies als Reaktion gewertet werden kann. Außerhalb des Planfeststellungsverfahrens zeigten sich jedoch einige Kommunen bereit, über ein Lärmpaket zu verhandeln, was für eine *Lernfähigkeit* ihrerseits spricht. Sie veränderten ihr Ziel, gegen die Erweiterung am Ende des Planfeststellungsbeschlusses zu klagen und versuchten stattdessen einen größeren Lärmschutz zu sichern. Insgesamt ist ihre Lernbereitschaft jedoch gering, was wie erwähnt aber auch mit einer mangelnden institutionalisierten neuen Planungskultur zusammenhängt.

4.2.6.1 Verzögerungen

Auch im Planfeststellungsverfahren kam es zu Verzögerungen des Verfahrens. Ein Blick auf die Klagen zeigt, dass dabei insbesondere formale Versäumnisse eine Rolle spielten. So musste das Planfeststellungsverfahren ergänzt werden, weil Fraports Daten nicht aktuell genug waren und die Betroffenen zum aufgeweichten Nachtflugverbot hätten gehört werden müssen. Bei näherer Betrachtung sind das jedoch nicht nur formale Fehler. Dahinter stehen Entscheidungen, die im Rahmen eines Handlungsspielraums getroffen wurden. Das Regierungspräsidium Darmstadt bzw. die Landesregierung entschied sich letztlich, die Flughafengegner nur begrenzt zu beteiligen und hybridisierte das

---

[815] BBI: Pressemitteilung: Poschs Amtszeit endet mit einer Kampfansage an die Bevölkerung. 26.10.2012. URL:http://www.flughafen-bi.de/. Stand: 04.10.2012; Interessengemeinschaft zur Bekämpfung des Fluglärms (IGF): Pressemitteilung: Klarstellung in Sachen Nachtflugverbot führt zur Rechtsunsicherheit. 29.5.2012: URL: http://www.ig-fluglaerm.de/. Stand: 04.10.2012; Kreis Groß-Gerau: Pressemitteilung: "Vergiftetes Abschiedsgeschenk!". 29.05.2012. URL: http://www.gg24.de/kreis-gross-gerau-news/items/vergiftetes-abschiedsgeschenk-von-wirschaftsminister-posch-085.html. Stand: 04.10.2012.

Verfahren damit mit *steuernden* Elementen *von oben*. Diese Entscheidung führte wiederum zu einem langwierigen Gerichtsprozess und verzögerte den Planfeststellungsbeschluss. Auf den Bau selbst hatte es jedoch nur geringfügig Auswirkungen, da mit dem Rechtsstreit kein Baustopp verbunden war.

4.2.7 Teil-Privatisierung

Der Frankfurter Flughafen wurde 2001 nach einer rechtlichen Gründung der Fraport AG teilprivatisiert. In einer Börsenplatzierung wurden ca. 29% der Anteile breit gestreut in private Hand übergeben.[816] 2005 verkaufte der Bund seine Anteile am Frankfurter Flughafen für ca. 665 Millionen Euro.[817] Das Land Hessen (31,47%) und die Stadtwerke Frankfurt (20.1%) behielten auch weiterhin ihre Anteile am Flughafen.[818] Damit stellte die Privatisierung des Frankfurter Flughafens eine hybride Form da, da es nicht zu einer Vollprivatisierung gekommen war. Wie bereits erwähnt unter 3.2.4, waren und sind mit der Privatisierung bestimmte Erwartungen verbunden, die hier noch einmal aufgenommen werden. Neben einer Effizienzsteigerung konnte mit einer Privatisierung die Auflösung der Doppelrolle des Landes Hessen als Anteilseigner und Genehmigungsbehörde des Flughafens erwartet werden.[819] Zugleich bestand und besteht aber auch immer mit Privatisierungsmaßnahmen die Sorge, inwieweit die

---

[816] Schwan, H.: Sechs Monate Frist vor weitere Privatisierung. In: Frankfurter Allgmeine Zeitung. 23.07.2003. URL: http://www.faz.net/aktuell/rhein-main/flughafen-frankfurt-sechs-monate-frist-vor-weitere-privatisierung-1116640.html. Stand: 04.10.2012.
[817] Frankfurter Allgemeine Zeitung: Bund verkauft seine Fraport-Anteile. 26.10.2005. URL: http://www.faz.net/aktuell/wirtschaft/wirtschaftspolitik/haushalt-bund-verkauft-seine-fraport-anteile-1279388.html. Stand: 04.10.2012.
[818] Stadtwerke Frankfurt am Main: Beteiligungsstruktur. 01.09.2012. URL: http://www.stadtwerke-frankfurt.de/209.html. Stand: 04.10.2012; Hessisches Ministerium der Finanzen: Unmittelbare Beteiligungen des Landes Hessen an privatrechtlichen und öffentlich-rechtlichen Unternehmen. 01.05.2012. URL: http://www.hmdf.hessen.de/irj/HMdF_Internet?cid=8dad410395d007bf514382f5603b42 8c. Stand: 04.10.2012.
[819] Beckers, T. (Co- Autoren: Fritz, J.- S./ Hirschhausen/ et al.) Privatisierung und Re-Regulierung der deutschen Flughäfen unter Berücksichtigung inter-nationaler Erfahrungen. Vortrag auf den 19. Verkehrswissenschaftlichen Tagen am 22.09.2003 an der TU Dresden. 2003.

Daseinsvorsoge weiterhin gesichert bleibt, zu der auch der Luftverkehr als allgemeines gesellschaftliches Gut gezählt wird.[820] Die Privatisierung des Frankfurter Flughafens verlief dabei relativ still ohne großes Medienecho, so dass hier anzunehmen wäre, dass im Gegensatz zu allen anderen Vorhaben des Flughafens eine schnelle Institutionalisierung stattgefunden hat. Auch legte Hessens Minister seinen Aufsichtsratsposten 2003 nieder, so dass trotz der Anteile, die das Land Hessen weiterhin besaß, es zu keinen Interessenkonflikten kommen sollte.[821] Trotzdem wurde von Seiten der Bürgerinitiativen die Privatisierung kritisiert und führte nicht zu mehr Vertrauen in die politischen Entscheidungsträger. Somit waren eine Sedimentierung und damit eine vollständige Institutionalisierung in Frage gestellt. Inwieweit sich dies auf die strategische und/oder opportunistische Nutzung von Spielräumen bei Regeln zurückführen lässt, ist nachfolgend zu klären.

Strategisches Verhalten der Flughafenbefürworter

Zunächst wurde die Frage einer Privatisierung in der Mediationsgruppe der ersten Mediation behandelt. Dabei kam das hessische Wirtschaftsministerium in einem Ergebnispapier zum Schluss, dass eine Privatisierung finanziell zwar vorteilhaft wäre, aber zurzeit nicht realisierbar sei.[822] Da der Bund jedoch eine Privatisierung der Flughäfen anstrebte, wie er es auch im Flughafenkonzept thematisierte, blieb es weiterhin auf der Agenda.[823] Der Bund, das Land Hessen und die Stadt Frankfurt einigten sich

---

[820] Pompl, W.: Luftverkehr – eine ökonomische und politische Einführung. Heidelberg/ Berlin/ New York 2007, S. 51.
[821] Flughafen.unser-Forum: Koch plant Rücktritt als Aufsichtsratsvorsitzender der Fraport. 04.04.2003. URL: von http://www.flughafen.unser-forum.de/?show=yhqR. Stand: 08.07.2007.
[822] Hessisches Ministerium für Wirtschaft, Verkehr und Landesentwicklung: Ergebnisse der Arbeiten zu V5. Privatisierung des Flughafens. Beschluss der Mediationsgruppe am 27. August 1999. Wiesbaden/Frankfurt am Main 02.12.1999, S. 1f.
[823] Bundesministerium für Verkehr, Bau und Wohnungswesen (Hrsg.):Flughafenkonzept der Bundesregierung 2000, a.a.O., S. 46.

daraufhin 2001 in einem Konsortialvertrag auf eine Teil-Privatisierung.[824] Hintergrund dieser Entscheidung war neben einer Effizienzsteigerung und insbesondere finanziellen Kriterien, das Ansinnen von Ministerpräsident Koch, sich aus seiner Doppelrolle als Genehmigungsbehörde und zugleich Besitzer des Flughafens zu verabschieden. Spätestens bis zum Planfeststellungsantrag wollte Koch seine Aufsichtsratsposition aufgeben.[825] Der gemeinsame Wunsch nach einer Privatisierung sprach dabei zunächst einmal für eine hohe Strategiefähigkeit. Die Idee des Ministerpräsidenten, seine Aufsichtsratsposition niederzulegen, kann dabei am ehesten einer *kooperativen* Strategie zugeordnet werden.[826] Dies korrespondierte auch mit Forderungen von Bürgerinitiativen, die die Doppelrolle der Landesregierung beim Flughafenausbau kritisierten. Die Entscheidung, den Flughafen nur zum Teil und nicht voll zu privatisieren, wies jedoch bereits lediglich auf einen Teilrückzug der Landesregierung hin. So geht auch Beckers davon aus, dass es bei einer Vollprivatisierung geringere Interessenskonflikte des Staates als bei einer Teilprivatisierung gibt, da der Staat immer noch eine Doppelrolle als Eigentümer und Regulierer innehat.[827] Als Koch sein Aufsichtsratsposten tatsächlich niederlegte, wurde dann der hessische Finanzminister, Karlheinz Weimar (CDU) sein Nachfolger.[828] Zwar war der Finanzminister gegenüber dem planfest-stellenden hessischen Wirtschaftsministerium nicht weisungsbefugt, eine Interessenverquickung war aber auch nicht vollkommen

---

[824] Frankfurter Allgemeine Zeitung: Sechs Monate Frist vor weitere Privatisierung. 23.07.2003. URL: http://www.faz.net/aktuell/rhein-main/flughafen-frankfurt-sechs-monate-frist-vor-weitere-privatisierung-1116640.html. Stand: 05.10.2012.
[825] Manager Magazin Online: Abgang bei Fraport. 04.09.2003. URL: http://www.manager-magazin.de/unternehmen/karriere/0,2828,264234,00.html. Stand: 05.10.2012.
[826] Oliver, C.: Strategic Responses to Institutional Processes, a.a.O., S. 152.
[827] Beckers, T. (Co- Autoren: Fritz, J.- S./ Hirschhausen, C. v./ Müller, S.) Privatisierung und Re-Regulierung der deutschen Flughäfen unter Berücksichtigung inter-nationaler Erfahrungen; Vortrag auf dem 19. Verkehrswissenschaftlichen Tagen am 22.09.2003 an der TU Dresden.2003. URL: http://wip.tu-berlin.de/de/kontakt_mitarbeiter/tb/paper_vortraege__download/vwt_dd-tub_wipflughaefen_ regulierung_privatisierung-v214_sm+tb_17.09.2003.pdf. Stand: 09.03.2012, S. 17.
[828] Fraport AG: Aufsichtsrat., o.J. URL: http://www.fraport.de/content/fraport-ag/de/unternehmen/aufsichtsrat.html. Stand: 06.10.2012.

auszuschließen, was im Ergebnis auf eine *manipulierende* Strategie hinweist. [829]

Finanziell und in Bezug auf die Effizienz mag die Privatisierung die Erwartungen der Flughafenbefürworter erfüllt haben. So geht auch Dumann davon aus, dass durch den Gang an die Börse das notwendige Kapital vorhanden ist, um durch Erweiterungsmaßnahmen den Flughafen konkurrenzfähig zu halten und letztlich durch den Druck des Kapitalmarkts auch seine Effizienz zu sichern.[830]

Um ihr Ziel (Ausbau) zu erreichen, zeigten sich die politischen Akteure hier in gewissem Umfang *lernbereit*, nämlich durch eine neue Beteiligungsform, die den Ausbau finanziell abzusichern und auch breiter zu legitimieren sollte.[831] Da sich die politischen Akteure jedoch nicht vollständig aus dem Unternehmen verabschiedeten, zeigt sich andererseits, dass sie die *Macht* besaßen *nicht wirklich lernen zu müssen*.[832] Im Umkehrschluss ermöglichte allerdings ihr Einfluss im Aufsichtsrat, weiterhin die Daseinsvorsorge eines Verkehrsträgers für die Öffentlichkeit zu sichern.

Strategisches Verhalten der Flughafengegner

Die Flughafengegner – allen voran der BUND – nahmen schon 1998 zu Beginn der Ausbaudiskussionen eine ablehnende Haltung zur Privatisierung des Flughafens Frankfurt am Main ein, was einer hohen Strategiefähigkeit entspricht. Mit der Privatisierung befürchteten sie eine Kommerzialisierung der Gewinne und in Folge dessen einen erneuten Ausbau des Flughafens.[833] Sie *trotzten* damit der Privatisierungsidee und nahmen eine

---

[829] Oliver, C.: Strategic Responses to Institutional Processes, a.a.O., S. 152.
[830] Dumann, F.: Privatisierungsentwicklung im deutschen Flughafensektor. In: GAP, Berlin Juli 2005, S. 8 (Arbeit basiert auf Diplomarbeit).
[831] Argyris, C./ Schön, D. A.: Organizational Learning, a.a.O., S. 35.
[832] Deutsch, K.W.: Politische Kybernetik, a.a.O., S. 171.
[833] BUND Hessen: Flugverkehr schädigt Mensch, Klima und Umwelt – kein Ausbau des Frankfurter Flughafens. Resolution der Landesdelegiertenversammlung des BUND

zurückweisende Taktik ein. Nachdem die Privatisierung beschlossen war, veränderten sie jedoch ihre Strategie und versuchten nun innerhalb der Privatisierung, Personalfragen, die durch die Privatisierung aufgekommen waren, mit zu beeinflussen, was einer *manipulierenden* Strategie entspricht.[834] So forderten sie mehrheitlich, dass sich insbesondere Ministerpräsident Koch von seinem Aufsichtsratsposten bei Fraport zurückziehen solle, um Interessens-konflikte zu vermeiden.[835] Als Koch von seinem Posten zurücktrat, bewerteten sie diesen Schritt dann jedoch sehr unterschiedlich. Während der BUND diesen Schritt begrüßte, sah das BBI keine wirkliche Veränderung.[836] Aus ihrer Sicht war sein Nachfolger, der hessisches Finanzminister, ebenso gegenüber Koch weisungsgebunden, wie der Wirtschaftsminister. So blieb der Interessenskonflikt bestehen.[837] Der Landrat des Kreises Groß-Gerau und Sprecher der Initiative „Zukunft Rhein-Main" forderte darüber hinaus, dass sich das Land Hessen, bis zum Abschluss des Verfahrens, vollständig aus Fraport zurückzöge.[838]

Nachdem die Flughafenausbaugegner die Privatisierung zunächst ablehnten, wandelten sie ihre Strategie im Laufe der Institutionalisierung

---

      Hessen e.V. am 21. März 1998. 21.03.1998. URL: http://www.bund-hessen.de/themen_und_projekte/flughafen_frankfurt/archiv/resolution_der_landes_deligiertenversammlung_1998/. Stand: 06.10.2012.

[834] Oliver, C.: Strategic Responses to Institutional Processes, a.a.O., S. 152.

[835] Flughafen unser Forum: Koch plant Rücktritt als Aufsichtsratsvorsitzender der Fraport. 04.09.2003. URL: http://www.flughafen.unser-forum.de/?show=yhgR. Stand: 07.10.2012.

[836] BUND Hessen: Pressemitteilung: Ein Signal für das Scheitern des Flughafenausbaus. BUND begrüßt Rücktritt des Ministerpräsidenten als Fraport-Aufsichtsratsvorsitzender. 4.9.2003. URL: http://www.bund-hessen.de/nc/presse/pressemitteilungen/detail/artikel/bund-begruesst-ruecktritt-des-ministerpraesidenten-als-fraport-aufsichtsratsvorsitzender/. Stand: 7.10.2012.

[837] BBI: Pressemitteilung: Durch Kochs Rücktritt wird das Genehmigungsverfahren nicht fairer
Die Bürgerinitiativen werten das Manöver als neuen Täuschungsversuch. 4.9.2003. URL:http://bbi.unser-forum.de/PresseBBI/2003/03_09_04_genehmigungsverfahren.htm. Stand: 7.10.2012.

[838] ZRM: Pressemitteilung: Siehr: "Längst überfälliger Schritt". 04.09.2003. URL: http://www.zukunft-rhein-main.de/?show=sFEE. Stand: 07.10.2012.

und zeigten damit *Lernbereitschaft*.[839] Sie veränderten ihre Ziele und bemühten sich nach der Privatisierung, den Einfluss der Landesregierung als Flughafenbetreiber zu minimieren. Da die Landesregierung sich aber nicht völlig aus der Fraport zurückzog, da sie sich für mit ihren Konsortialpartnern für eine Teilprivatisierung entschieden hatte, erhielt die Privatisierung nicht von allen die notwendige Anerkennung. Eine vollständige Legitimation der Privatisierung konnte nicht erreicht werden.

4.2.7.1 Verzögerungen

Die Privatisierung des Flughafen Frankfurts am Main ging einher mit den Ausbauüberlegungen und verstärkte auf Seiten der Gegner ein Gefühl der Unsicherheit. Auch die Entscheidung für eine Teilprivatisierung, führte dabei nicht zu mehr Vertrauen. Vielmehr kam die Sorge nach einer Interessensverquickung der Landesregierung als Regulierer und Besitzer des Flughafens auf. Dies führte zwar nicht direkt zu Verzögerungen, verstärkte aber auch nicht das Vertrauensverhältnis zwischen Befürwortern und Gegnern des Ausbaus. Die Privatisierung konnte damit nicht Konflikte ausräumen, sondern bestärkte vielmehr die beteiligten Akteure in Ihren Positionen. Das zeigt sich insbesondere bei den Kommentaren der Flughafengegner zu den eingereichten Unterlagen der Fraport zum Planfeststellungsverfahren, wo immer wieder von Gegnern die Sorge geteilt wurde, dass sich die Landesregierung eher zu Gunsten von Fraport verhalten würde.[840]

---

[839] Argyris, C./ Schön, D. A.: Organizational Learning, a.a.O., S. 35.
[840] BUND Hessen: Pressemittteilung: Erörterungstermin Ausbau des Frankfurter Flughafens. 16.09.2005. URL: http://www.bund-bergstrasse.de/nc/presse/pressemitteilungen/detail/archiv/2005/september/artikel/eroerterungstermin-ausbau-des-frankfurter-flughafens/?tx_ttnews%5BbackPid%5D=3658&cHash=413e9c5b1ab56e4976e6115de011e5d7. Stand: 13.09.2012.

5. Flughafen Berlin Brandenburg – Ausbau des Flughafens

5.1 Historie und Entwicklung des Verfahrens

Mit der Wiedervereinigung am 3. Oktober 1990 verfügte das ehemals geteilte Berlin über drei mittelgroße Flughäfen: zwei Stadtflughäfen im Westen (Tegel und Tempelhof) sowie den ehemaligen DDR-Zentralflughafen Berlin-Schönefeld auf brandenburgischem Land. Im Bestreben, die Verkehrsentwicklung dieser drei sehr unterschiedlich ausgelasteten Flughäfen besser zu steuern und zusammenzuführen sowie die Verkehrsanbindung Berlins interkontinental zu verbessern, entstand die Idee, einen Standort für einen neuen Flughafen zu suchen.[841] Zunächst wurden dafür die drei bisher unterschiedlich verwalteten Berliner Flughäfen in einer Holding zusammengeführt. Im Dezember 1991 gründeten Berlin, Brandenburg und der Bund die „Berlin Brandenburg Flughafen Holding" (BBF). Die Länder Berlin und Brandenburg verfügten jeweils über einen Anteil von 37%, der Bund hielt 26% der Anteile.[842] Die Holding wurde alleiniger Gesellschafter der bisherigen „Berliner Flughafen-Gesellschaft" (BFG) und damit zuständig für Tempelhof und Tegel. Die Treuhand übertrug der BBF das Eigentum der Flughafen-Gesellschaft Schönefeld.[843] Zugleich war die neu gegründete Holding Träger des neuen Flughafenprojektes. Zu den damaligen Befürwortern eines neuen Flughafens zählten der Bund, die Landesregierungen Berlins und Brandenburgs, Wirtschaftsverbände, und Luftverkehrsgesellschaften.

Nach dem Fall der Mauer hatte der damalige Vorstandsvorsitzende der Deutschen Lufthansa, Heinz Ruhnau, die Vision für die Lufthansa, zu

---

[841] Der Spiegel: Zwei Staaten, eine Stadt. Nr. 52/ 25.12.1989, S. 28.
[842] Bundesministerium für Verkehr, Bau- und Wohnungswesen: Flughafenkonzept der Bundesregierung 2000, a.a.O., S. 57.
[843] Ministerium für Stadtentwicklung, Wohnen und Verkehr des Landes Brandenburg: Planfeststellungsbeschluss Ausbau Verkehrsflughafen Berlin-Schönefeld. Teil B – Sachverhalt. 13.8.2004, S. 220 in Anlehnung an: von Przychowski (1996), S. 125.

ihrem ursprünglichen Ausgangsort Berlin zurückzukehren. Die nun vereinigte Stadt würde einen größeren Flughafen benötigen, wobei eine Präferenz für Schönefeld erkennbar war.[844] In einer gemeinsamen Pressekonferenz gingen Ruhnau und der Präsident der DDR-Gesellschaft Interflug, Klaus Henkes, von einer deutlichen Steigerung der Fluggäste bis zum Jahr 2005 aus. Ruhnaus Schätzungen lagen bei 30 Millionen, während Henkes auf eine Zahl von 20 Millionen kam.[845]

Auch die Berliner Senatsplaner und Brandenburgs Ministerpräsident Stolpe (SPD) teilten die Meinung, dass mit einem neuen Luftverkehrsdrehkreuz in Berlin den zunehmenden Wachstumszahlen im Fracht- und Passagierluftverkehr begegnet werden müsste.[846]

Sowohl die innerstädtischen Flughäfen Tegel und Tempelhof als auch der ehemalige DDR-Flughafen Schönefeld waren aus Sicht der neu gegründeten BBF dieser neuen Aufgabe nicht gewachsen. Sie argumentierten, dass die innerstädtischen Flughäfen bereits Anfang der neunziger Jahre an ihre Kapazitätsgrenzen stießen, inmitten dichter Besiedlung liegen und der Fluglärm eine große Anzahl an Anwohnern betrifft sowie ein erhebliches Katastrophenrisiko beinhaltet. Aufgrund dieser Ausgangslage entschlossen sich die politischen Akteure, einen neuen „Single-Standort" für einen Großflughafen zu suchen, der das bisherige Flughafensystem an drei Standorten ablösen sollte.[847]

---

[844] Der Spiegel: Zwei Staaten, eine Stadt, a.a.O., S. 28; Landtag Brandenburg: Beschlußempfehlung und Bericht des Untersuchungsausschusses 2/1 zur Aufklärung des Grunderwerbs in Berlin und Schönefeld durch die Berlin Brandenburg Flughafen Holding GmbH (BBF) und die Flughafen Berlin-Schönefeld GmbH (FBS). 2. Wahlperiode. Drucksache 2/3630. 11.02.1997, S. 55.
[845] Berliner Morgenpost: Vom Mauerfall zur Einheit. 19.01.2010. URL: http://www.morgenpost.de/printarchiv/berlin/article1241501/Vom-Mauerfall-zur-Einheit.html. Stand: 08.10.2012.
[846] SPD Fraktion des Abgeordnetenhauses von Berlin: Grundsätze zur Berliner Luftverkehrspolitik. Berlin 30.01.1990.
[847] Berlin Brandenburg Flughafen Holding GmbH: Vorlage zum Punkt 5 der Tagesordnung für die 10. Sitzung des Aufsichtsrates der Berlin Brandenburg Flughafen Holding GmbH am 21. März 1994. Flughafen Berliner Brandenburg International (BBI). Stand der Antragsunterlagen für das Raumordnungsverfahren. 1994, S. 9.

Darüber hinaus gingen der Berliner Senat als auch die Lufthansa von einem hohen Wirtschaftswachstum und einem großen Nachholbedarf in Berlin aus: So prognostizierte die Lufthansa Consulting für das Jahr 2000 21,5 Millionen Passagiere und für das Jahr 2010 41 Millionen Passagiere. Das Deutsche Zentrum für Luft- und Raumfahrt DLR ging von etwas moderateren 18 Millionen Passagieren im Jahr 2000 und von 31 Millionen Passagieren im Jahr 2010 aus.[848] Obwohl die Zahlen über das Wachstum bis heute stark schwanken, wurde von den Akteuren die Meinung geteilt, dass dieser neuen Herausforderung nur mit einem Großflughafen mit Drehkreuzfunktion, einem sogenannten „Hub" begegnet werden könnte.

Des Weiteren muss vorausgeschickt werden, dass die Standorte der Berliner Flughäfen über keine lange Tradition der konflikthaften Auseinandersetzungen und Flughafen-Protestkultur verfügten, was sich darauf zurückführen lässt, dass die Flughäfen entweder unter diktatorischen Verhältnissen (unter der NS-Diktatur bzw. seit 1947 unter dem DDR Regime) oder nach 1945 unter den Besatzungsmächten entstanden waren.

Zugleich war zum Zeitpunkt der ersten Bau- und Ausbauphasen dieser Flughäfen das umweltpolitische Bewusstsein der Bevölkerung noch nicht oder noch nicht so stark ausgeprägt. Mit dem Bau des großen Gebäudes des Flughafens Tempelhof wurde 1934 unter dem NS-Regime begonnen. 1947 ordnete die sowjetische Militäradministration in Deutschland den Ausbau eines zivilen Flughafens in Schönefeld an. Der Flughafen Tegel wurde nach der Berliner Blockade 1948 auf dem Gebiet des alliierten französischen Flugfeldes neu gebaut. Innerhalb von 92 Tagen konnte die neue Landebahn eröffnet werden.[849]

Nach dem Mauerfall 1989 gab es zunächst keine Proteste von Seiten der Bevölkerung oder Kommunen, somit lag eine Situation vor, die auf den

---

[848] ebda., S. 12.
[849] Senatsverwaltung für Stadtentwicklung: Nachnutzung Flughafen Tegel. Berlin März 2009, S. 9.

ersten Blick geradezu prädestiniert war, den neuen Großflughafen im Einklang mit der Bevölkerung umzusetzen.[850] So wäre zu vermuten, dass der neue Flughafen in Berlin ohne größere Diskussionen hätte gebaut werden können. Hinzu kam, dass relativ früh und parallel zum Raumordnungsverfahren ein Mediationsverfahren, eine Länderfusion und nach dessen Ablehnung zumindest eine engere Koordination der gemeinsamen Verkehrsplanung vereinbart wurde. [851] Darüber hinaus sollte das Verkehrswegebeschleunigungsgesetz sowie eine Privatisierung das Verfahren verbessern und beschleunigen.[852]

---

[850] Eine Recherche der Zeitungen aus den Jahren 1990 bis 1991 ergab keine öffentliche Ablehnung eines Flughafenprojekts.
[851] MEDIATOR GmbH: Projektblatt „Mediationsverfahren „Bürgerdialog Flughafen Berlin Brandenburg International". o.J. URL: http://www.mediatorgmbh.de/data/downloads/projektblatt_%20mediationsverfahren_buergerdialog_flughafen_bbi%20.pdf. Stand. 13.02.1013; Büchner, C./ Franzke, J.: Das Land Brandenburg. Kleine politische Landeskunde. Brandenburgische Landeszentrale für politische Bildung. 2009, S. 105.
[852] Bundesministerium für Verkehr, Bau und Wohnungswesen (Hrsg.): Flughafenkonzept der Bundesregierung 2000, a.a.O., S. 47 ff.

5.1.1 Übersicht über Planungs- und Genehmigungsprozess für den Ausbau des Flughafens Berlin-Brandenburg

1990

Nach der Wiedervereinigung kommt es zu ersten Überlegungen und Planungen eines neuen Berliner Großflughafens. Als mögliche Standorte sind Jüterborg, Schönefeld und Sperenberg im Gespräch

1991

Gründung der Berlin-Brandenburg Flughafen Holding

1993

Einleitung des Raumordnungsverfahrens für die möglichen Standorte Jüterborg, Sperenberg und Schönefeld

1994

Abschluss des Raumordnungsverfahrens

1996

Beschluss der Gesellschafter Berlin, Brandenburg und Bund: BBI, der internationale Flughafen für Berlin und Brandenburg, wird in Schönefeld gebaut. Tegel und Tempelhof werden im Gegenzug geschlossen

1997/98

Zwischen Berlin und Brandenburg wird 1997 ein Staatsvertrag über das „Landesentwicklungsprogramm" (LEPro) und den „Gemeinsamen Landesentwicklungsplan" für den engeren Verflechtungsraum Berlin-Brandenburg (LEP eV) abgeschlossen, die beide 1998 in Kraft treten und Aussagen über den Standort des Flughafens treffen

Aufsichtsratsbeschluss des Konzeptes zur Privatisierung der BBF und der Privatfinanzierung des BBI

Zwei Konsortien, reichen Angebote ein: eine Gruppe um den Immobilienkonzern IVG und eine Gruppe um den Baukonzern Hochtief.

1999

Der „Landesentwicklungsplan Standortsicherung Flughafen" (LEP SF) wird rechtswirksam. Gemeinden klagen gegen den LEP SF in einem Normenkontrollverfahren vor dem Oberverwaltungsgericht für das Land Brandenburg (Frankfurt Oder). Das Verfahren wird eingestellt, da der LEP SF von den beiden Ländern neu gefasst wird

Gemeinden klagen und scheitern mit Klage vor dem Landesverfassungsgericht Brandenburg gegen den LEPro

Antrag auf Baugenehmigung: Die Flughafen Berlin-Schönefeld GmbH (FBS) reicht nach zweieinhalbjähriger Planung den Planfeststellungsantrag ein

2000

Bürgerbeteiligung 1 zum Planfeststellungsantrag: Auslegung der Planungsunterlagen in den Nachbargemeinden des Flughafens Schönefeld

Nach längerem Rechtsstreit einigen sich Hochtief und IVG auf einen Vergleich. Übrig bleibt ein Konsortium unter dem Namen BBI Partner.

2001

Bürgerbeteiligung 2 zum Planfeststellungsantrag: Anhörungen mit den Privat-Einwendern und den sogenannten Trägern öffentlicher Belange (Behörden, Verbände, Vereine, Kirchen usw.)

Die Klage der Gemeinden gegen den LEP eV wird vom Oberverwaltungsgericht Brandenburg in Bezug auf den Plansatz Z 6.5.1 zur Standortfestlegung auf Schönefeld stattgegeben

2003

Der Staatsvertrag über das LEPro von 1997 wird in Bezug auf § 19 Abs. 11 des LEPro neu gefasst

Der „Landesentwicklungsplan Flughafenstandortsicherung" (LEP FS) wird neu gefasst und damit auch der LEP eV in bestimmten den Flughafen betreffend geändert

Das Konsortium BBI Partner gibt sein Angebot zur Privatisierung der Flughafen-Holding BBF und zur Privatfinanzierung des Flughafens ab

Die Privatisierung wird endgültig abgebrochen. Bund und Länder finanzieren das Projekt selbst

2004

Genehmigung: Nach umfangreichen Prüfungen und Abwägungen entscheiden die Behörden im August über das Flughafenprojekt BBI (Planfeststellungsbeschluss)

2005

Das OVG Berlin-Brandenburg erklärt den LEP FS von 2003 für unwirksam

2006

Die Verordnung zur Änderung des LEP FS tritt in Kraft

Das Bundesverwaltungsgericht genehmigt den Ausbau des Flughafens Schönefeld zum Hauptstadt-Airport BBI

2011

Probebetrieb des neuen Terminals und des technischen Gesamtsystems

2012

Eröffnung wird aus technischen Gründen weiter verschoben

Quelle: Flughafen Berlin- Brandenburg GmbH: Flughafen Berlin-Brandenburg Willy Brandt. 2013. URL: http://preview.berlin-airport.de/de/unternehmen/ueber-uns/historie/flughafen-berlin-brandenburg/index.php. Stand: 13.01.2013; Projektsprecher Berlin Brandenburg International Flughafen Schönefeld (Hrsg.): Airport Berlin Brandenburg International. Berlin. 2000, S. 14; Bericht Berlin-Brandenburg: Pressemitteilung: Unwirksamkeit des Landesentwicklungsplans Flughafenstandortentwicklung. Urteil des 3. Senats vom 10. Februar 2005 – 3D 104/03. NE-. 10.02.2005; Frankfurter Allgemeine Zeitung: Chronik eines Fehlschlags. Nr. 119/23.5.2003, S. 16; Eigene Zusammenstellung.

5.2 Analyse formeller und informeller Regelungsverfahren

Der Bau bzw. Ausbau des Berliner Flughafens Schönefeld Süd zum neuen „Single Airport Berlin Brandenburg International" (BBI) stellt in seiner Bedeutung eines der größten Verkehrsprojekte der sog. Nachwendezeit dar. Mit der Wiedererlangung des Hauptstadtstatus im Jahr 1991, nun als Bundeshauptstadt, gewinnt dieser Luftverkehrsknoten zukünftig auch repräsentativen Charakter. Gleichwohl steht dieses Projekt auch für eine Geschichte zahlreicher Konflikte. Die jahrelangen Diskussionen über die Standortentscheidung, die Privatisierung und den Schließungstermin der bestehenden Flughäfen verzögerten das Projekt um mehr als zehn Jahre. Hinzu kam eine Vielzahl von Klagen der Bürgerbewegungen, Anwohner, Gemeinden und Umweltverbände. Die ursprünglich für 2004 geplante Inbetriebnahme des Flughafens wurde zunächst auf 2010 dann auf das Jahr 2011, 2012, 2013 und inzwischen auf 2014 verschoben.[853]

Genau diese Problematik überlanger Planungs- und Bauzeiten wollten die staatlichen Gesellschafter des Flughafens, Berlin, Brandenburg und der Bund – eigentlich von Beginn an – vermeiden. Sie setzten nicht allein auf das formale Planungsverfahren, welches in der Regel von massiven Widerständen in der Bevölkerung begleitet ist, sondern eröffneten neue Möglichkeiten der Beteiligung. Mit einer Vielzahl an neuen Verfahren sollte der Bau und Ausbau des Flughafens schneller und damit im geplanten Zeitraum von neun Jahren umgesetzt werden.

---

[853] Berlin Brandenburg Flughafen Holding GmbH: Vorlage zum Punkt 5 der Tagesordnung für die 10. Sitzung des Aufsichtsrates der Berlin Brandenburg Flughafen Holding GmbH am 21. März 1994. Flughafen Berliner Brandenburg International (BBI). Stand der Antragsunterlagen für das Raumordnungsverfahren. 1994. S. 19; Fülling, F.: BBI-Start um mehr als ein halbes Jahr verschoben. In: Morgenpost Online. 25.06.2010. URL: http://www.morgenpost.de/berlin-aktuell/article1332014/BBI-Start-um-mehr-als-ein-halbes-Jahr-verschoben.html. Stand: 27.10.2011; Handelsblatt: Eröffnung soll auf Oktober 2013 verschoben werden. 03.09.2012. URL: http://www.handelsblatt.com/unternehmen/handel-dienstleister/berliner-flughafen-eroeffnung-soll-auf-oktober-2013-verschoben-werden/7090152.html. Stand: 10.11.2012; Berlin-Brandenburg Airport: Pressemitteilungen: Zum Flughafen Berlin-Brandenburg. 07.01.2013. URL:http://preview.berlin-airport.de/de/presse/pressemitteilungen/2013/2013-01-07-zum-flughafen-berlin-brandenburg/index.php. Stand: 16.01.2013.

Dazu gehörte:

a. Das Mediationsverfahren in Form eines Bürgerdialogs,

b. Die geplante Fusion zwischen den Bundesländern Berlin und Brandenburg,

c. Das Verkehrswegebeschleunigungsgesetz,

d. Die Privatisierung des Flughafenausbaus.

Zu unterscheiden ist hier zwischen dem Prozess der Institutionalisierung von informellen und formellen Regeln. Zum Prozess der Institutionalisierung von informellen Regeln wird in Bezug auf den Bau bzw. die Erweiterung eines neuen Berliner Großflughafens das Mediationsverfahren, gezählt. Darüber hinaus ist auch hier das Verkehrswegebeschleunigungsgesetz zu nennen, dass nach der Wende für Verkehrsprojekte im Osten und damit auch insbesondere für den Bau eines neuen Berliner Flughafens entwickelt wurde.

Formale Steuerungs- und Koordinationsformen wie der formelle Planungs- und Genehmigungsprozesse nach §§ 6-10 LuftVG mussten neu institutionalisiert werden, da Berlin und Brandenburg praktisch kaum auf entsprechende Verwaltungserfahrungen zurückgreifen konnten. Daneben wurde wie bereits erwähnt, eine Privatisierung des Flughafens und zwischenzeitlich die Länderfusion angestrebt die letztlich in eine gemeinsame Landesplanung der beiden Bundesländer mündete. Die gemeinsame Landesplanung war wiederum für die Raumordnung zuständig, der ein solches Ausbauprojekt aufgrund seiner räumlichen Dimension unterliegt.

5.2.1. Mediation – Bürgerdialog Flughafen Berlin- Brandenburg International

Das Mediationsverfahren „Bürgerdialog Flughafen Berlin- Brandenburg

International" lässt sich wie das Frankfurter Verfahren in vier verschiedene Phasen einteilen. Die Analyse erfolgt dabei unter denselben Vorgaben wie im vorangegangenen Frankfurter Fall.[854]

5.2.1.1 Initiierungs- und Vorbereitungsphase

Die Initiierungs- und Vorbereitungsphase der Mediation, die den Beginn markierte und zugleich die erste Phase der Institutionalisierung, die die Habitualisierung umschreibt, waren von politischen, wirtschaftlichen Kräften und zum Teil auch von Umweltverbänden und Bürgerinitiativen getragen. Vor dem Hintergrund erheblicher Konflikte bzw. Blockierungen durch Einwendungen von Klagen beim Bau und Ausbau von Großflughäfen in Deutschland, entschied sich das Land Brandenburg für einen Bürgerdialog, der ergänzend zum traditionellen Verwaltungsverfahren für eine frühere und weitergehende Mitsprache sowie eine Beteiligung der Bürger bei der Planung des Flughafens BBI sorgen sollte.[855]

Das Ministerium für Umwelt, Naturschutz und Raumordnung des Landes Brandenburg, erteilte der Firma MEDIATOR – Zentrum für Umweltkonfliktforschung und –Management GmbH an der Carl-von-Ossietzky-Universität Oldenburg im Oktober 1992 den Auftrag, ein Konzept für eine frühzeitige Mediation zu entwickeln, um das Raumordnungsverfahren (ROV) vorbereitend zu begleiten. Zu Beginn beteiligten sich nur wenige Bürgerinitiativen. MEDIATOR stellte in der 8. Berliner Verkehrswerkstatt ein erstes grobes Konzept einer möglichen Bürgerbeteiligung vor.[856] Die Initiierungsphase war zunächst von einer Beteiligung aller soweit erkennbar betroffenen Gruppierungen geprägt, was für eine Institutionali-

---

[854] Siehe 4.2.1.
[855] MEDIATOR GmbH: Projektblatt „Mediationsverfahren „Bürgerdialog Flughafen Berlin Brandenburg Internati", a.a.O.
[856] Berlin, Senator für Verkehr und Betriebe: Flughafenentwicklung in der Region Berlin. 8. Berliner Verkehrswerkstatt. 16.Oktober 1992. Berlin 1992, S. 7f.

sierung des Mediationsverfahrens und letztlich auf eine schnellere Umsetzung des Flughafenprojektes hoffen ließ.[857]

Strategisches Verhalten der Flughafenbefürworter

Die Berliner Senatsregierung wie auch die Brandenburger Landesregierung reagierten auf den Vorschlag des damaligen Vorstandsvorsitzenden der Deutschen Lufthansa, Heinz Ruhnau, den Neubau eines Berliner Großflughafens zu realisieren, positiv.[858]

Mit der Aufhebung der Teilung der Stadt und der neu gewonnenen politischen Verantwortung erhielt Berlin das erste Mal seit über 40 Jahren die Möglichkeit einer selbst bestimmten Flughafenpolitik, die sie in Form eines Neubauplans aktiv anging. Um die Bevölkerung und Umweltgruppen frühzeitig mit einzubeziehen, wurde über das Konzept eines Bürgerdialogs diskutiert. Der Vorschlag ging dabei jedoch nicht von der Landesregierung aus, sondern kam in der Veranstaltungsreihe „Berliner Verkehrswerkstatt" auf. Dort stellte der Leiter von MEDIATOR, Horst Zilleßen, erste Strategien zur Umsetzung der Bürgerbeteiligung vor. Zilleßen, der zugleich Aufsichtsratsmitglied der „Berlin Brandenburg Flughafen Holding GmbH" war, hielt aus drei Gründen die frühzeitige Bürgerbeteiligung für notwendig: Erstens aus sachlicher Sicht, das heißt, dass bereits zu Beginn eines solchen Verfahrens möglichst viele betroffene Akteure mit Ihren Interessen einzubeziehen seien. Als zweiten Grund wies er auf die politische Dimension hin. Die frühzeitige Bürgerbeteiligung sollte für Legitimation des gesamten Projektes sorgen. Als dritten Grund erwähnte er ökonomische und zugleich zeitsparende Gesichtspunkte, die für eine Bürgerbeteiligung sprächen. Er argumentierte, dass eine Bürgerbeteiligung Kosten sparen könnte, da die Betroffenen nicht vor Gericht klagen würden. Somit käme es nicht zu unnötigen Zeitverzögerungen, die

---

[857] ebda., S. 7f.
[858] Ministerpräsident Stolpe: Regierungserklärung von Ministerpräsident Manfred Stolpe am 6. Dezember 1990 vor dem Landtag Brandenburg. Brandenburger unverzichtbar im geeinten Deutschland. 06.12.1990, VIII.

wiederum neue Kosten verursachen würden. Von einer frühzeitigen staatlichen Steuerung konnte hier nicht gesprochen werden.[859]

Zwischen Oktober 1992 und März 1993 fanden laut MEDIATOR zwischen den Behörden, der BBF, der Wirtschaft, den Arbeitnehmerorganisationen, den Bürgerinitiativen und Umweltverbänden sowie potentiellen Standortgemeinden mehrere Diskussionen über das Konzept eines „Bürgerdialogs" statt.[860] Eine bewusste Nichtbeteiligung von Bürgerinitiativen oder Umweltgruppen konnte zu diesem Zeitpunkt nicht festgestellt werden.

Der Einbezug vieler betroffener Akteure von MEDIATOR, sprach daher für eine Strategie des Ausgleichs und der Verhandlungen, bzw. des Kompromisses.[861] Oliver beschreibt in ihren Beispielen für diese Taktiken, dass Erwartungen unterschiedlicher Akteure ausgeglichen werden und/oder mit den „stakeholdern" in Verhandlungen getreten wird.[862] Die Landesregierung erschien *lernfähig*, da sie sich für neue Verfahren einsetzte, um Fehler anderer Landesregierungen zu vermeiden.[863] Die strategische und/oder opportunistische Nutzung von Spielräumen, was letztlich zu einer Hybridisierung des Verfahrens führen könnte, lässt sich zu Beginn nicht nachweisen.

Strategisches Verhalten der Flughafengegner

Umweltinitiativen und Flughafengegner nahmen an den Vorbereitungen der Gespräche zur Idee eines Bürgerdialogs teil und sprachen sich

---

[859] Berlin, Senator für Verkehr und Betriebe: Flughafenentwicklung in der Region Berlin, a.a.O., S. 7f.
[860] Zilleßen, H.: Mediation als innovative Form der Partizipation – Beispiel "Bürgerdialog Flughafen Berlin Brandenburg International". In: GTZ: Mediation/Konfliktmanagement im Umweltbereich und seine Bedeutung im Rahmen der technischen Zusammenarbeit Dokumentation eines Fachgesprächs am 10.11.1995 in der GTZ, Eschborn. 1995, S. 14.
[861] Oliver, C.: Strategic Responses to Institutional Processes, a.a.O., S. 152.
[862] ebda., S. 152.
[863] Argyris, C./ Schön, D. A.: Organizational Learning, a.a.O., S. 35.

überwiegend für ein begleitendes Konzept aus.[864]

Sie unterstützten die Entscheidung, ein Mediations-Verfahren durchzuführen und folgten damit einer Strategie des *Kompromisses* mit der Taktik *Verhandeln*. Ein *opportunistisches* Verhalten lässt sich zu diesem Zeitpunkt nicht feststellen. Widerstand oder eine Ablehnung des Verfahrens durch betroffene Bewohner hatte sich zu diesem Zeitpunkt noch nicht herauskristallisiert, da die Standortfrage noch völlig offen war. Wenn hier von einem strategischen Verhalten gesprochen werden kann, lässt sich dies einer *kompromissbereiten* Strategie zuordnen.[865] Damit zeigten sie ein *Lernverhalten*, da sie trotz unterschiedlicher Ziele zu Verhandlungen bereit waren, an dem neuen Verfahren teilzunehmen.[866]

Strategisches Verhalten der Flughafenbefürworter

Das Ministerium für Umwelt, Naturschutz und Raumordnung des Landes Brandenburg, erteilte der Firma MEDIATOR im Oktober 1992 den Auftrag, ein Konzept für eine frühzeitige, das Raumordnungsverfahren vorbereitende und begleitende Bürgerbeteiligung als Bürgerdialog in Form von Bürgerforen zu entwickeln.[867]

Bei der Entscheidung über die Einbindung der Mediation in den Verfahrensablauf, wurde diese nicht dem ROV vorgeschaltet, sondern parallel durchgeführt.[868] Damit lässt sich das Verhalten der Landesregierung einer Doppelstrategie zuordnen. Zum einen eröffnete sie ein neues informelles Verfahren – die Mediation, und zeigte sich damit *kooperationsbereit*, zum anderen führte sie bereits das formale Verfahren – das Raumordnungsverfahren durch und schränkte damit sein

---

[864] MEDIATOR GmbH: Projektblatt „Mediationsverfahren „Bürgerdialog Flughafen Berlin Brandenburg International", a.a.O.,S. 2.
[865] Oliver, C.: Strategic Responses to Institutional Processes, a.a.O., S. 152.
[866] Argyris, C./ Schön, D. A.: Organizational Learning, a.a.O., S. 35.
[867] MEDIATOR GmbH: Projektblatt „Mediationsverfahren „Bürgerdialog Flughafen Berlin Brandenburg International", a.a.O., S. 1.
[868] ebda., S. 1.

kooperationsbereites Verhalten wieder ein. Die Landesregierung wartete somit zunächst nicht die Ergebnisse der Mediation ab, sondern verfolgte eine Strategie des *Trotzens*, in dem sie sich zwar für das Mediationsverfahren aussprach, zeitgleich jedoch das formale Raumordnungsverfahren durchführte.[869] Darüber hinaus wurden bereits ab Dezember 1991 von der Flughafen Berlin-Schönefeld GmbH Grundstückskäufe in der Nähe des Flughafens Schönefeld getätigt, um den Flughafen zunächst mittelfristig auszubauen.[870] So entstand bereits zu Beginn Unsicherheit darüber, ob die Ergebnisse des Mediationsverfahren überhaupt eine rechtlich bindende Wirkung haben würden.

Bei der Entscheidung über die Regeln innerhalb des Mediationsverfahrens, lässt sich dagegen eine Strategie des *Kompromisses* aufzeigen.[871] Das Verfahren teilte sich in das „Regionale Flughafenforum für Berlin und Brandenburg" und drei (bis Februar 1995) später zwei lokale Verbindungsgruppen, die analog zu den potentiellen drei Standorten (Jüterborg-Ost, Schönefeld-Süd und Sperenberg) geschaffen wurden. Darüber hinaus entstand eine Anlaufstelle für die allgemeine Öffentlichkeit, das „Bürgerbüro Flughafen BBI" in Teltow. Neben dem eigentlichen Mediationsverfahren wurden von MEDIATOR zusätzlich öffentliche Veranstaltungen durchgeführt, in denen verschiedene Punkte der Flughafenplanung mit interessierten Bürgern diskutiert wurden, die nicht direkt am Bürgerdialog beteiligt waren.[872]

---

[869] Oliver, C.: Strategic Responses to Institutional Processes, a.a.O., S. 152.
[870] Landtag Brandenburg: Beschlußempfehlung und Bericht des Untersuchungsausschusses 2/1 zur Aufklärung des Grunderwerbs in Berlin und Schönefeld durch die Berlin Brandenburg Flughafen Holding GmbH (BBF) und die Flughafen Berlin-Schönefeld GmbH (FBS). LT-Drucksache 2/3630. 09.01.1997, S. 39f.
[871] ebda., S. 152.
[872] Zilleßen, H.: Mediation als innovative Form der Partizipation – Beispiel "Bürgerdialog Flughafen Berlin Brandenburg International, a.a.O., S. 14 f.

Abbildung 5.1 Bürgerdialog Flughafen Berlin Brandenburg International

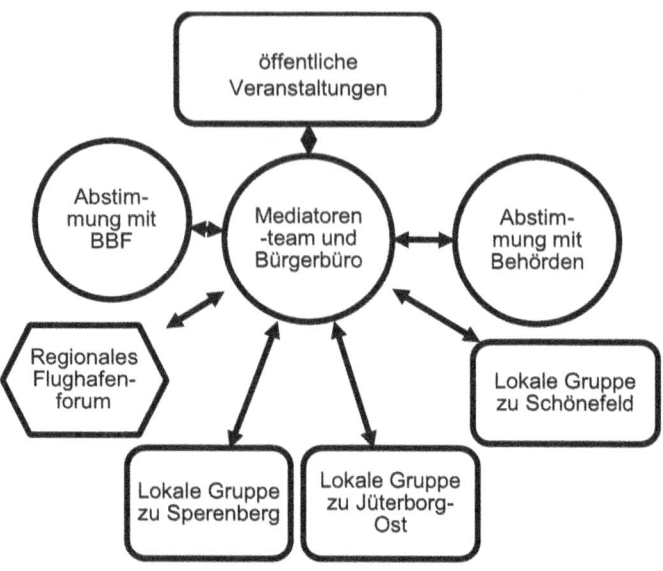

Quelle: Zilleßen H.: Mediation als innovative Form der Partizipation – Beispiel "Bürgerdialog Flughafen Berlin Brandenburg International". In: GTZ: Mediation/Konfliktmanagement im Umweltbereich und seine Bedeutung im Rahmen der technischen Zusammenarbeit Dokumentation eines Fachgesprächs am 10.11.1995 in der GTZ. Eschborn 1995, S. 14

Der Bürgerdialog wurde von einer Projektgruppe von MEDIATOR organisiert. Vier Mitarbeiter kümmerten sich um das Projekt.[873]

MEDIATOR unterschied dabei zwischen drei verschiedenen Öffentlichkeiten: 1. der organisierten Öffentlichkeit, der 2. lokalen Öffentlichkeit und 3. der allgemeinen Öffentlichkeit. So wurden zwei „Bürgerforen" geschaffen: Das „Regionale Flughafenforum" richtete sich an die organisierte Öffentlichkeit, bestehend aus Organisationen, Institutionen, Verbänden und Gruppen. Die lokalen Verbindungsgruppen waren sowohl für die direkt betroffene Öffentlichkeit in den potentiellen Standortgemeinden als auch

---

[873] ebda., S. 14.

die öffentlichen Veranstaltungen für alle an der Thematik interessierten konzipiert. [874] Ziel des „Regionalen Flughafenforums" war es, alle gesellschaftlich relevanten Gruppen und Institutionen einzubinden.[875] Die Anzahl der Teilnehmer sollte 30 – 35 Personen nicht überschreiten, die Repräsentanten sollten von den jeweiligen Gruppen frei gewählt werden.[876] Die offene Gestaltung des Verfahrens und die frühe Beteiligung von Bürgern weist auf eine Taktik des *Ausgleichs bzw. Befriedens* hin.[877] Sinngemäß könnte man von „Runden Tischen" eines „Bürgerforums" sprechen.

Die Zugangsregeln, Protokollführung, Zulassung der Öffentlichkeit und Aufgaben des Mediators wurden als Geschäftsordnungen im „Regionalen Flughafenforum" und den lokalen Gruppen diskutiert, vereinbart und verabschiedet.[878] Ein ähnliches Meinungsspektrum wurde bei den lokalen Verbindungsgruppen zu den potentiellen Standortbereichen versucht zu repräsentieren. Neben der Antrag stellenden Flughafenholding BBF und den zuständigen Behörden sollten sowohl Befürworter als auch Gegner des Flughafenprojektes an den „Runden Tischen" vertreten sein. [879] Weiterhin konnten an den Veranstaltungen vereinzelt auch Bürger teilnehmen, soweit dies die Gruppengröße zuließ und die Arbeitsfähigkeit nicht störte.[880] Der Informationsfluss zwischen den beiden Gruppen sollte durch die wechselseitige Kenntnisnahme von Protokollen gesichert werden. Mitglieder der lokalen Gruppen nahmen monatlich an Sitzungen des „Regionalen Flughafenforums" teil und umgekehrt. Der Mediator der lokalen Verbindungsgruppen nahm darüber hinaus an allen Sitzungen teil. Ein von oben gesteuertes strategisches Verhalten lässt sich zu diesem Zeitpunkt durch die Landesregierung nicht feststellen, mit Ausnahme der

---

[874] ebda., S. 16.
[875] ebda., S. 16.
[876] ebda., S. 16.
[877] Oliver, C.:Strategic Responses to Institutional Processes, a.a.O., S. 152.
[878] Zilleßen, H.: Mediation als innovative Form der Partizipation – Beispiel "Bürgerdialog Flughafen Berlin Brandenburg International", a.a.O., S. 16.
[879] ebda., S. 16.
[880] ebda., S. 16.

Entscheidung über den Mediator. Die Wahl der Firma MEDIATOR und die Entscheidung, Horst Zillessen als Mediator einzusetzen, wurden vom Ministerium festgelegt. Eine „öffentliche" Diskussion über den Mediator wurde nicht geführt.[881] Da Zillessen zu dem Zeitpunkt Aufsichtsratsmitglied der BBF war, konnte eine regierungspolitische Nähe nicht ausgeschlossen werden, so dass das Neutralitätsgebot hier nicht eingehalten wurde.[882] Dies zeigt, dass die Rekrutierungsentscheidung von Seiten des Ministeriums nicht offen gestaltet, sondern *von oben gesteuert* wurde. Diese „einsame" Entscheidung lässt sich somit der Strategie des *Trotzens* und *Manipulierens* zuordnen.[883]

In Bezug auf die Wahl des Vorsitzenden des Mediationsverfahrens, zeigt sich eine starke politische Steuerung.

Strategisches Verhalten der Flughafengegner

Die Flughafengegner, die Umweltverbände BUND Brandenburg und Berlin, NABU Brandenburg, Grüne Liga Brandenburg und die Bürgerinitiative gegen den Flughafen Sperenberg, die „Bürgerinitiative gegen das Luftkreuz auf Stadtflughäfen", die „Bürgervereinigung Berlin-Brandenburg," das „Bürgerforum Jüterborg" und die „Bürgerinitiative Treuenbrietzen" beteiligten sich am Bürgerdialog.[884] Sie stimmten den Zugangs-, Repräsentations-, und Informationsregeln bzw. der Geschäftsordnung nach längeren Diskussion zu und folgten somit weiter einer *kooperationsbasierten* Strategie wie schon in der Initiierungsphase.[885]

---

[881] MEDIATOR GmbH: Projektblatt „Mediationsverfahren „Bürgerdialog Flughafen Berlin Brandenburg International", a.a.O., S. 1.
[882] Zilleßen, H.: Lebenslauf. 2005. URL: www.viemediation.at/.../Lebenslauf_Zillessen.doc. Stand: 9.11.2012.
[883] Oliver, C.: Strategic Responses to Institutional Processes, a.a.O., S. 152.
[884] MEDIATOR GmbH: Projektblatt „Mediationsverfahren „Bürgerdialog Flughafen Berlin Brandenburg International", a.a.O., S. 1; Barbian, T./ Jeglitza, M./ Troja, M: Das Beispiel „ Bürgerdialog Flughafen Berlin Brandenburg International". In: Zilleßen, H. (Hrsg.): Mediation. Kooperatives Konfliktmanagement in der Umweltpolitik. Opladen 1998, S. 113, S.119f.
[885] ebda., S. 125ff.

Allerdings bemängelten sie die mangelnde Neutralität des Mediators.[886] Gleichwohl hatte dies keine Änderung ihrer Strategie zu Folge. Sie beteiligten sich zunächst weiterhin an dem Verfahren und behielten ihre *Kooperationsbereitschaft* bei.

5.2.1.2 Verhandlungsphase

In der Verhandlungsphase wurden von außen betrachtet die wesentlichen Grundsätze des Mediationsablaufs (Gründung der Arbeitskreise, Eruieren der Positionen, Vorschläge von Lösungsmöglichkeiten) erfüllt.[887] Das Verfahren wurde von allen Beteiligten zunächst unterstützt, was ein Voranschreiten der Institutionalisierung vermuten lässt. Innerhalb des Verfahrens wurden die Themen der allgemeinen Notwendigkeit eines neuen Flughafens und die Standortfrage besprochen.

Allerdings litten die beiden großen öffentlichen Foren des Bürgerdialogs unter ausreichend Bürgerbeteiligung. Anstelle eines breit geführten Dialogs, diskutierten überwiegend die Experten der örtlichen Bürgerinitiativen sowie die Vertreter aus Politik, Wirtschaft, Verwaltung und Gewerkschaft, was bereits auf eine mangelnde Legitimierung und damit letzten Endes unzureichende Institutionalisierung hinweist, da ja Ziel eines Mediationsverfahren ist, die Öffentlichkeit zu beteiligen.[888] Hinzu kam, dass bereits vor dem Mediationsverfahren Gespräche zwischen den Flughafeneigentümern (Berlin, Brandenburg und der Bund) über den zukünftigen Standort geführt wurden.[889] Dies hatte zur Folge, dass das Verfahren nicht von allen anerkannt wurde und somit eine Objektivierung

---

[886] ebda., S. 125ff.
[887] Zilleßen, H.: Mediation als innovative Form der Partizipation – Beispiel "Bürgerdialog Flughafen Berlin Brandenburg International", a.a.O. S. 15ff.
[888] Barbian, T./ Jeglitza, M./ Troja, M: Das Beispiel „Bürgerdialog Flughafen Berlin Brandenburg International", a.a.O., S.127.
[889] Landtag Brandenburg: Beschlußempfehlung und Bericht des Untersuchungsausschusses 2/1 zur Aufklärung des Grunderwerbs in Berlin und Schönefeld durch die Berlin Brandenburg Flughafen Holding GmbH (BBF) und die Flughafen Berlin-Schönefeld GmbH (FBS), a.a.O., S. 43 ff.

in Frage gestellt war.[890] Inwieweit sich dies auf die strategische und/oder opportunistische Nutzung von Spielräumen bei Regeln zurückführen lässt und ob sich dies letztlich verzögernd auf das Projekt auswirkt, ist nachfolgend zu klären.

Strategisches Verhalten der Flughafenbefürworter

Offiziell unterstützte die Landesregierung Brandenburg den Bürgerdialog. Sie wies darauf hin, dass die Ergebnisse im Entscheidungsfindungsprozess Eingang finden würden, wie sie dies im Rahmen in einer kleinen Anfrage im Parlament bestätigte.

„Die Landesregierung erachtet den kontinuierlichen Dialog mit allen Betroffenen und den Verkehr der Bürgerinitiative sowie Kommunalpolitikern für außerordentlich wichtig. Es versteht sich von selbst, dass die dort geäußerten Meinungen in die Entscheidungsfindung der Berlin Brandenburg Flughafen Holding (BBF) einbezogen werden."[891]

Dies deutete auf eine betont *kooperationsgeleitete* Strategie der Landesregierung hin. Es wurden mehre Arbeitskreise gegründet. Im „Regionalen Flughafenforum" wurden übergreifend die verschiedenen Positionen aufgenommen. Die brandenburgische Landesregierung weist in einer Stellungnahme auf eine große Anfrage der PDS Fraktion auf eine vielseitige Gesprächskultur zwischen den Gemeinden und der Landesregierung hin. So wurden neben dem Mediationsverfahren von der PPS regelmäßige Informationsgespräche mit den betroffenen Bürgermeistern der Flughafennachbarn durchgeführt. Dazu wurden zwei Gesprächskreise mit den Bürgermeistern der anliegenden brandenburgischen Gemeinden und Bürgermeistern der Berliner Stadtbezirke Neukölln, Treptow und Köpenick gebildet. Die Landesregierung betont dabei besonders ihre

---

[890] Berger, P. L./ Luckmann, T.: Die gesellschaftliche Konstruktion der Wirklichkeit, a.a.O., S.54f.
[891] Landtag Brandenburg: Antwort der Landesregierung auf die Kleine Anfrage 175 des Abgeordneten Christoph Schulze Fraktion der SPD Drucksache 2/570 Standort Großflughafen. LT-Drucksache 2/832. 06.06. 1995, S. 2.

Kooperations- und Informationsbereitschaft.

„*Die Gespräche dienen der gegenseitigen Information über die jeweiligen Planungsstände. Zu speziellen Problemen nimmt die Projektplanungsgesellschaft darüber hinaus auf Einladung an Gemeindevertretersitzungen bzw. Bürgerversammlungen einzelner Gemeinden teil.*"[892]

Gleichzeitig wurde jedoch auch früh Kritik über die mangelnde öffentliche Kommunikation zwischen Öffentlichkeit und der Berliner und Brandenburger Regierung laut.

So stellt Herbert Märtin vom „Weltrauminstitut Berlin GmbH" (WIB) 1992 fest, dass die vier zuständigen Minister bzw. Senatoren zwar früh die Erarbeitung eines „Gesamtverkehrskonzeptes Brandenburg-Berlin und Flughafen 2000" formuliert und verkündeten, doch aus seiner Sicht die Schritte der Umsetzung in der Öffentlichkeit nicht erkennbar wären.[893] Die drei Eigentümer, Bund, Brandenburg und Berlin hatten keine gemeinsame Strategie für den Flughafen und gingen damit auch nicht mit einer gemeinsamen Vorstellung in die Verhandlungen des Bürgerdialogs. Berlin war für einen stadtnahen Flughafen, Brandenburg plädierte dagegen für eine dezentrale Lösung und der Bund sprach sich ebenfalls für eine stadtnahe Lösung aus.[894]

Dies könnte jedoch eher für die Offenheit des Verfahrens und für eine geringe Strategiefähigkeit der staatlichen Akteure sprechen. Ohne ein klar formuliertes Ziel bliebe ein größerer Spielraum für den Bürgerdialog.

Die mangelnde Strategiefähigkeit wurde jedoch nicht für ein offenes Verfahren genutzt. Stattdessen wurden die Verhandlungen über den Standort nicht im Bürgerforum, sondern außerhalb dieses Gremiums

---

[892] Landtag Brandenburg: Antwort der Landesregierung auf die Große Anfrage Nr. 42 der Fraktion der PDS Drucksache 2/4466. LT-Drucksache 2/4901. 05.01.1998, S. 16.
[893] Berlin, Senator für Verkehr und Betriebe: Flughafenentwicklung in der Region Berlin, a.a.O., S. 7f.
[894] Barbian, T./ Jeglitza, M./ Troja M.: Das Beispiel „Bürgerdialog Flughafen Berlin Brandenburg International", a.a.O., S. 115.

geführt. Parallel zum Bürgerforum berieten die Regierungsspitzen von Berlin, Brandenburg und dem Bund über die Standortfrage.[895] Damit verfolgten Sie eine Doppelstrategie bei der Entscheidungsfindung. Einerseits zeigten sie eine geringe Strategiefähigkeit und zugleich hohe Kooperationsfähigkeit, anderseits organisierten sie ein nicht-öffentliches Verhandlungsverfahren, für die Standortentscheidung, womit sie einem stark politisch gesteuerten Verfahren den Vorzug gaben. Damit fehlte dem Bürgerforum von politischer Seite letztlich die entscheidende Legitimation. Wichtige Entscheidungen wurden außerhalb des Bürger-forums getroffen.

Strategisches Verhalten der Flughafengegner

Eine Vielzahl von Kommunen, Umweltverbänden und Bürgerinitiativen folgten dem Bürgerdialog und brachten sich in die Verhandlungen ein. Laut MEDIATOR zeigten sich alle Mitglieder, auch die Bürgerinitiativen im Laufe der Diskussionen daran interessiert, eine Standortentscheidung schnellstmöglich herbeizuführen. Dabei verbanden die Initiativen allerdings unterschiedliche Motive. Die Berliner Bürgerinitiativen befürchteten, dass ohne eine schnelle Standortentscheidung das bisherige System von drei Flughäfen beibehalten würde.[896] Die Sperenberger Bürgerinitiative sorgte sich dagegen, dass ohne eine baldige Entscheidung die vorgesehene Fläche für den Flughafen in Sperenberg für andere Vorhaben weiterhin blockiert bliebe. Die Bürgervereinigung Berlin-Brandenburg lehnte grundsätzlich weiterhin einen Ausbau von Schönefeld bzw. den Ausbau des BBI an diesem Standort ab. Offener zeigten sie sich in Bezug auf die allgemeine Notwendigkeit eines neuen Flughafens. Während sie noch zu Beginn überwiegend einen Neu- oder Ausbau ablehnten, sahen sie nun durchaus die Notwendigkeit eines Neubaus. Allerdings hatten sie jeweils unterschiedliche Standortvorstellungen, so dass die gemeinsame

---

[895] Stolpe, M./ Diepgen, E./ Wissmann, M.: Anlage zum Beschluss der Gesellschafterversammlung vom 20. Juni 1996, a.a.O.
[896] Barbian, T./ Jeglitza, M./ Troja, M.: Das Beispiel „Bürgerdialog Flughafen Berlin Brandenburg International", a.a.O., S. 119.

Strategiefähigkeit bröckelte.[897] Darüber hinaus traten die Umweltverbände BUND und NABU nach dem Ende des Raumordnungsverfahrens aus dem Forum aus, da sie laut MEDIATOR ihre Grundsatzpositionen in der Mediation nicht für durchsetzbar hielten.[898] Damit teilten sich die Strategieansätze der Flughafengegner in zwei Lager.

Während die Bürgerinitiativen weiterhin einer *kompromissgeleiteten* Strategie folgten und sich allgemein für einen Bau aussprachen, bestritten die Umweltverbände eine *trotzende* Strategie und lehnten das Verfahren bis auf eine geringe Beteiligung von BUND und NABU auf lokaler Ebene nun ab.[899] Allerdings führte die Örtlichkeit zu neuen Kontroversen und zu einer St.-Florians-Politik. Jede der Bürgerinitiativen wollte den Bau möglichst nicht vor seiner Tür haben. Sie ließen sich nur bedingt auf die Reglungen des Verfahrens ein und wählten neben dem Bürgerdialog andere informelle Verfahren außerhalb der Mediation, wie beispielsweise Demonstrationen oder Flugblätter, um ihre Ziele durchzusetzen und folgten damit eine Doppelstrategie. Einerseits sprachen sie sich für eine Strategie des *Kompromisses* aus, andererseits setzten sie auf eine Konfrontation als Strategie des *Trotzens* außerhalb des Verfahrens, wodurch eine vollständige Institutionalisierung des Verfahrens bereits in der Verhandlungsphase in Frage gestellt werden musste.[900]

5.2.1.3 Umsetzungsphase

Mit dem Abschluss des Mediationsverfahrens im September 1996 und der Vorlage eines Ergebnisses zu den Standorten war ein wichtiger Schritt zur Institutionalisierung getan. Das Bürgerforum sah insbesondere den Standort Schönefeld als problematisch an.[901] Dies deckte sich auch mit

---

[897] ebda., S. 119.
[898] ebda., S. 113.
[899] Oliver, C.: Strategic Responses to Institutional Processes, a.a.O., S. 152.
[900] Oliver, C.: Strategic Responses to Institutional Processes, a.a.O., S. 152.
[901] Barbian, T./ Jeglitza, M./ Troja, M.: Das Beispiel „Bürgerdialog Flughafen Berlin Brandenburg International", a.a.O., S. 133.

der landesplanerischen Beurteilung des Raumordnungsverfahrens, welches ebenfalls Sperenberg und Jüterborg-Ost favorisierte.[902] Nun mussten die Ergebnisse umgesetzt werden, damit das Verfahren auch tatsächlich als institutionalisiert zu bezeichnen wäre. Die beauftragte Firma MEDIATOR kam jedoch in Bezug auf die Umsetzung zu einem ambivalenten Ergebnis. So stellte sie fest, dass der Bürgerdialog

„(...) in vielfältiger Weise einen substantiellen Beitrag zur Verbesserung der Planungsgrundlagen leisten konnte. So konnten die Antragsunterlagen durch zahlreiche Hinweise und Diskussionen mit den Betroffenen inhaltlich optimiert werden. Die landesplanerische Beurteilung des brandenburgischen Ministeriums für Umwelt, Naturschutz und Raumordnung spiegelt viele Argumente wider, die im Bürgerdialog genannt worden waren."[903]

Ebenso mussten sie jedoch auch feststellen, dass die im Bürgerdialog erarbeiteten Erkenntnisse bei der Standortentscheidung kaum Berücksichtigung fanden.[904]

Die auf den Standort bezogenen Ergebnisse wurden nicht umgesetzt. Der Bund, Berlin und Brandenburg entschieden sich außerhalb der Mediation für den Standort, Schönefeld, der als am ungeeignetsten galt, so dass das Mediationsverfahren in der Umsetzungsphase nicht institutionalisiert wurde. Dies hatte zur Folge, dass die Mediation erneut nicht von allen Beteiligten anerkannt wurde und somit eine Sedimentierung und damit vollständige Institutionalisierung in Frage gestellt war.[905] Inwieweit sich dies auf die strategische und/oder opportunistische Nutzung von Spielräumen im Rahmen des Verfahrens eine Rolle spielte, ist nachfolgend zu klären.

---

[902] Bork, H.-R./ Heinritz, G./ Wießner, R.: Raumentwicklung und Umweltverträglichkeit. 50. Deutscher Geographentag Potsdam 1995. Stuttgart 1996, S. 35.
[903] MEDIATOR GmbH: Projektblatt „Mediationsverfahren „Bürgerdialog Flughafen Berlin Brandenburg International", a.a.O., S. 3.
[904] ebda., S. 3.
[905] Berger, P. L./ Luckmann, T.: Die gesellschaftliche Konstruktion der Wirklichkeit, a.a.O., S.54f.

Strategisches Verhalten der Flughafenbefürworter

Teile der Ergebnisse des Mediationsverfahrens flossen zwar laut der Mediatoren in den politischen Prozess ein, in der entscheidenden Frage über den Standort entschieden sich die politischen Akteure Bund, Berlin und Brandenburg jedoch für die Alternative, die am wenigsten Zustimmung im Mediationsverfahren erhalten hatte, nämlich Schönefeld.

Mit Ausnahme der Brandenburgischen Landesregierung lehnten Bund und Berlin, Sperenberg ab.[906] Ihre mangelnde Strategiefähigkeit im Rahmen des Mediationsverfahrens kompensierten sie dabei mit externen Verhandlungen. Allein die Tatsache, die Entscheidung außerhalb der Mediation zu treffen, zeigt, dass Spielräume strategisch genutzt wurden. Das Ergebnis der Mediation wurde ignoriert, stattdessen wurde einer stark politisch steuernden Strategie der Vorzug gegeben. Zunächst wurde in einem Spitzengespräch zwischen Bund, Berlin, Brandenburg und dem Aufsichtsratsvorsitzenden der BBF 1995 der Standort Jüterborg-Ost ausgeschlossen.[907] Im Mai 1996 entschieden sich Berlin, Brandenburg und der Bund in einem Konsensbeschluss für Schönefeld.[908] Dabei wurde das Mediationsverfahren aber nicht hybridisiert, da nicht innerhalb der Mediation politisch gesteuert wurde, sondern außerhalb. Da hierbei die Entscheidung für den Standort einstimmig fiel, war auch die Strategiefähigkeit der Akteure wiederhergestellt. Insbesondere der Bund setzte Brandenburg unter Druck, wie der ehemalige Brandenburgische Ministerpräsident Manfred Stolpe 2011 in einem Interview rückblickend hervorhob. So lehnte der Bund aus seiner Sicht den Flughafenstandort Sperenberg ab, da man eine zu starke Konkurrenz zum Flughafen

---

[906] Barbian, T./ Jeglitza, M./Troja, M.: Das Beispiel „Bürgerdialog Flughafen Berlin Brandenburg International", a.a.O., S. 115.
[907] ebda., S. 115.
[908] Senatsverwaltung für Stadtentwicklung und Umwelt: Verkehrsflughafen Berlin-Schönefeld / Berlin Brandenburg (BER). 2013. URL: http://www.stadtentwicklung.berlin.de/verkehr/politik_planung/luft/schoenefeld/index.shtml. Stand: 15.01.2013; Stolpe, M.; Diepgen, E./ Wissmann, M.: Anlage zum Beschluss der Gesellschafterversammlung vom 20. Juni 1996. Konsensbeschluß. 28.05.1996.

München befürchtete, falls ein großes Drehkreuz im Osten entstehen sollte. Offiziell betonte der Bund jedoch laut Ministerpräsident Stolpe, dass er die Finanzierung für einen Autobahnanschluss für Sperenberg nicht übernehmen würde. Unter Druck gesetzt, entschied sich daraufhin laut Ministerpräsident Stolpe auch Brandenburg für Schönefeld.[909] Bund, Berlin und Brandenburg nutzten nun ihre neugewonnene Strategiefähigkeit, um die Ergebnisse der Mediation zu ignorieren. Sie folgten damit einer *trotzenden* Strategie indem sie die Mediation *zurückwiesen*, was eine weitere Institutionalisierung der Mediation verhinderte. Zugleich *manipulierte* der Bund die Entscheidung und steuerte das Verfahren.[910] Durch diese Doppelstrategie wurde der Standort-Konflikt weiter befördert. Die drei politischen Akteure besaßen jedoch ausreichend *Macht, nicht vom Mediationsverfahren lernen zu müssen.*[911] Insbesondere der Bund verfügte aufgrund seiner bundesweiten Verantwortung im Bereich des Luftverkehrs über einen Machtvorteil, so dass er sich nicht auf das neue Mediationsverfahren einlassen musste.[912]

Strategisches Verhalten der Flughafengegner

Wie sich bereits in der Verhandlungsphase herauskristallisierte, sprachen sich die Flughafengegner mit Ausnahme der ausgetretenen Umweltverbände nicht mehr komplett gegen einen Flughafenneubau aus und stellten sich in der Umsetzungsphase auch hinter die Ergebnisse der Mediation, was sich insbesondere bei den späteren Klageverfahren der Gemeinden zeigte.[913] Das Mediationsverfahren führte indirekt bei Flughafengegnern zu

---

[909] Beyerlein, A./ Schwenkenbecher, J. im Interview mit Manfred Stolpe: „Damals war nicht mehr zu erreichen". Berliner Zeitung. 26.05.2011. URL: http://www.berliner-zeitung.de/archiv/warum-brandenburgs-frueherer-ministerpraesident-manfred-stolpe-vor-15-jahren-wider-seine-eigene-ueberzeugung-dem-flughafenstandort-schoenefeld-zustimmte--damals-war-nicht-mehr-zu-erreichen-,10810590,10789070.html. Stand: 15.01.2013.
[910] Oliver, C.: Strategic Responses to Institutional Processes, a.a.O., S. 152.
[911] Deutsch, K. W.: Politische Kybernetik, a.a.O., S. 171.
[912] Beyerlein, A.; Schwenkenbecher J. im Interview mit Manfred Stolpe, a.a.O.
[913] Oberverwaltungsgericht Brandenburg 3. Senat: Urteil: Normenkontrollverfahren.

einer Teil-Zustimmung. Daraus resultierte jedoch nicht unbedingt eine Stärkung der Legitimierung des Verfahrens, sondern eine erweiterte Strategie der Umweltinitiativen. Diese Strategie beinhaltete nicht nur die Möglichkeit, gegen das Projekt zu klagen, sondern positive Teilergebnisse in die Argumentationslinie der Klagen einzubeziehen. So wiesen sie später in den Klageschriften immer wieder auf das Ergebnis der Mediation in Bezug auf den Standort hin.

5.2.1.4 Verzögerungen

Die Analyse des Mediationsverfahrens zeigt, dass die Flughafenbefürworter als auch Gegner, wenn sie strategisch handelten, dies am ehesten einer kooperationsgeleiteten Strategie zugeordnet werden kann und sich diese positiv auf die Institutionalisierung der Mediation ausgewirkt hat. Durch das parallele Vorgehen von Mediation und Raumordnungsverfahren, konnten Ergebnisse der Mediation tatsächlich in das Verwaltungsverfahren eingebunden werden. Konflikte und Verzögerungen entstanden erst bei der Umsetzung der Mediation, da die politischen Akteure die Standortfrage außerhalb der Mediation und dem Raumordnungsverfahren trafen. So hat die starke politische Steuerung der politischen Akteure außerhalb des eigentlichen Verfahrens zu einer mangelnden Anerkennung des Mediations-verfahrens auf Seiten der Flughafenbefürworter geführt. Die mangelnde Institutionalisierung der Mediation hatte wiederum Auswirkungen auf den weiteren Konfliktverlauf und damit auch auf die Verzögerungen. Da die Standortpräferenzen, der Mediation und später im Raumordnungs-verfahren von den politischen Akteuren ignoriert wurden, kam es immer wieder zu Gerichtsverfahren, die sich genau auf diesen Punkt bezogen und damit zu Verzögerungen des Flughafenausbaus führten.

Aktenzeichen 3 D 4/99.NE. 24.08.2001.

Das strategische Verhalten der politischen Akteure, führte zu einer mangelnden Legitimierung und damit zu mehr Unsicherheit. Dabei wurde das Verfahren nicht hybridisiert sondern durch ein Entscheidungsgremium außerhalb der Mediation deinstitutionalisiert. Es ist festzustellen, dass das Mediationsverfahren aufgrund seiner Deinstitutionalisierung nur kurzfristig zum Ausräumen von Konflikten zwischen den beteiligten Akteuren führte. Letztlich beförderte es neue Konfliktlagen oder verstärkte diese, da es außerdem keine rechtliche Bindungswirkung hatte. Die Mediation konnte damit keine volle Entfaltung auf das Gesamtprojekt erzielen, was folglich Verzögerungen nach sich zog.

Die frühe Festlegung von strategischen Positionen zur Standortfrage im Mediationsverfahren schränkte darüber hinaus die Spannbreite von Tauschgeschäftsmöglichkeiten derart ein, dass es später auftauchenden Konflikten die Lösungsspielräume nahm.

5.2.2 Raumordnungsverfahren

Schon früh waren sich die Berliner, Brandenburger und die Bundesregierung einig, einen Flughafen zu bauen, was mit der Standortsuche im Juli 1990 eingeleitet wurde. Dazu planten Brandenburg und Berlin bereits Anfang der 1990er Jahre eine Fusion. Im Frühjahr 1991 beschlossen sie ein „Gesamtverkehrskonzept Brandenburg-Berlin und Flughafen 2000", durch das die bis dahin bestehenden Verkehrsflughäfen in Berlin und Brandenburg durch einen einzigen Verkehrsflughafen ersetzt werden sollten. Als mögliche Standorte wurden die Orte Genshagener Heide, Schönefeld-Süd und Sperenberg vorgeschlagen. Allerdings gab es im Kabinett kein abschließendes Votum für das Konzept.[914] In Abstimmung mit dem Land Berlin leitete die durch Kabinettbeschluss (22. Januar 1991) gegründete interministerielle „Kommission Luftverkehr Brandenburg" ein

---

[914] Landtag Brandenburg: Beschlußempfehlung und Bericht des Untersuchungsausschusses 2/1 zur Aufklärung des Grunderwerbs in Berlin und Schönefeld durch die Berlin Brandenburg Flughafen Holding GmbH (BBF) und die Flughafen Berlin-Schönefeld GmbH (FBS), a.a.O., S. 64f.

vorbereitendes Standortsuchverfahren durch eine unabhängige Planungsgruppe ein, um einen geeigneten Standort für den Flughafen zu ermitteln.[915] Auf ihre Eignung untersucht wurden die Standorte Jüterborg Ost und West, Sperenberg und Schönefeld-Süd. Im August 1992 kam die Kommission zu dem Ergebnis, dass Jüterborg Ost und West die intern vorgegebenen Kriterien am besten erfüllen.[916] Knapp zwei Jahre später, im März 1994 übergab die BBF dem zuständigen Brandenburger Umweltministerium die Unterlagen zur Eröffnung des Raumordnungsverfahrens.[917] Erste Vorprüfungen wiesen jedoch noch Mängel auf, so dass nach einer Überarbeitung die Unterlagen im Mai 1994 erneut eingereicht wurden. Daraufhin wurde das Raumordnungsverfahren für die drei potentiellen Standorte Jüterborg Ost und West, Sperenberg und Schönefeld sowie eine so genannte Nullvariante, die an dem bisherigen Flughafensystem von drei Stadtflughäfen festhielt, am 16. Mai 1994 eingeleitet. Dabei wurde von einem langfristigen Bedarf von vier Start- und Landebahnen, sowie einem jährlichen Fluggastaufkommen von 60 Millionen Passagieren ausgegangen. Im November desselben Jahres kam die oberste Landesplanungsbehörde in ihrer raumordnerischen Gesamtabwägung zu dem Ergebnis, dass der Standort Sperenberg die Eignungskriterien am besten erfülle, während Schönefeld abgelehnt wurde.[918] Da die Landesregierung in Brandenburg seit dem Fall der Mauer die erste frei gewählte war und die Regierung in Berlin ebenfalls aufgrund des bisherigen Statuts der Stadt kaum über Planungserfahrungen derartiger räumlicher Größe verfügte, muss das Raumordnungsverfahren als eine neue Herausforde-

---

[915] ebda., S. 78.
[916] Ministerium für Umwelt, Naturschutz und Raumordnung Brandenburg: Internationaler Flughafen Berlin-Brandenburg: Ergebnisse der Standortsuche: überarbeiteter Auszug aus der Präsentation der Ergebnisse der Sitzung der Interministeriellen Kommission Luftverkehr (IMK) am 20. August 1992. 1992.
[917] BBF: Vorlage zu Punkt 5 der Tagesordnung für die 10. Sitzung des Aufsichtsrates der Berlin Brandenburg International Holding GmbH am 21. März 1994. Flughafen Berlin Brandenburg International. Stand der Antragsunterlagen für das Raumordnungsverfahren. 28.02.1994.
[918] Ministerium für Landesentwicklung und Raumordnung Brandenburg; Senatsverwaltung für Stadtentwicklung Berlin (Hrsg.): Gemeinsamer Landesentwicklungsplan Flughafenstandortentwicklung in der Fassung vom 30. Mai 2006. Potsdam 2006, S. 11.

rung der Verwaltung verstanden werden und wie das Bürgerforum als „neues" Verfahren institutionalisiert werden. Die Legitimierung des Raumordnungsverfahrens blieb jedoch bereits in seinen Anfängen stecken, da Teile der Exekutive das Standortergebnis des Raumordnungsverfahrens ablehnten; war doch die oberste Landesplanungsbehörde in ihrer raumordnerischen Gesamtabwägung zu dem Ergebnis gekommen, dass der Standort Sperenberg die Eignungskriterien am besten erfülle, während Schönefeld abgelehnt wurde.[919]

Wiederum zwei Jahre später entschieden sich jedoch die Landesregierungen von Berlin und Brandenburg mit der Empfehlung des Bundes – im Konsensbeschluss vom 28. Mai 1996 für den Standort Schönefeld.[920]

Damit konnten die Phasen der Sedimentierung und Legitimierung des Raumordnungsverfahrens nicht stattfinden.[921] Stattdessen wurde das Verfahren von separaten Verhandlungen zwischen den politischen Akteuren über den Standort überlagert bzw. ersetzt.

Dies zeigt sich auch daran, dass nach der Entscheidung für Schönefeld nicht noch einmal ein Raumordnungsverfahren durchgeführt wurde, sondern vorgeschlagen wurde, zum nächsten Schritt, dem Planfeststellungsverfahren überzugehen.[922] Die Flughafengegner sprachen sich dagegen für die Ergebnisse des Raumordnungsverfahrens aus, das gerade den Standort Schönefeld nicht favorisiert hatte. Der Versuch einer Legitimierung von Seiten der Flughafengegner fand somit durchaus statt, wurde aber von Seiten der politischen Akteure nicht anerkannt. Inwieweit sich dies auf die strategische und/oder opportunistische Nutzung von

---

[919] ebda., S. 11.
[920] Stolpe, M./ Diepgen, E./ Wissmann, M.: Anlage zum Beschluss der Gesellschafterversammlung vom 20. Juni 1996, a.a.O.
[921] Berger, P. L./ Luckmann, T.: Die gesellschaftliche Konstruktion der Wirklichkeit, a.a.O., S. 54f.
[922] Abgeordnetenhaus von Berlin: Vorlage – zur Kenntnisnahme – über Bericht über das Flughafenkonzept in der Region Berlin-Brandenburg. Drucksache 13/624. Berlin 04.07.1996, S. 1.

Spielräumen bei Regeln zurückführen lässt und ob sich dies letztlich verzögernd auf das Projekt auswirkt, ist nachfolgend zu klären.

Strategisches Verhalten der Flughafenbefürworter

Zu Beginn des Verfahrens herrschte Einigkeit sowohl bei den politischen als auch den Akteuren der Wirtschaft über die Notwendigkeit eines Flughafenneubaus vor den Toren von Berlin. Gemeinsam einigten sich der Bund, Berlin und Brandenburg auf ein Standortsuch- und daran anschließendes Raumordnungsverfahren.[923] Anfang Juli 1991 wurde beschlossen, die Standortsuche für einen neuen Flughafen einzuleiten.[924] Im Frühjahr 1991 vereinbarten die vier zuständigen Landesminister bzw. Senatoren der Länder Berlin und Brandenburg ein „Gesamtverkehrskonzept Brandenburg-Berlin und Flughafen 2000", durch das die bis dahin bestehenden Verkehrsflughäfen in Berlin und Brandenburg durch einen neuen Verkehrsflughafen ersetzt werden sollten.[925]

Im Vorschaltgesetz zum Landesplanungsgesetz und Landesentwicklungsprogramm für das Land Brandenburg wurde das gemeinsame Projekt weiter konkretisiert:

„Der wachsenden Bedeutung des Luftverkehrs ist Rechnung zu tragen. In der Region südlich von Berlin ist ein neuer Verkehrsflughafen vorzusehen."[926]

Bei dieser gemeinsamen Strategie, die in das übliche Raumordnungsverfahren mündete, blieb es jedoch nicht. Relativ schnell entwickelten die einzelnen politischen Akteure sehr unterschiedliche Präferenzen für den

---

[923] Bork, H.-R./ Heinritz, G./ Wießne,r R. (Hrsg.): Raumentwicklung und Umweltverträglichkeit. 50. Deutscher Geographentag, a.a.O., S. 26.
[924] Landtag Brandenburg: Beschlußempfehlung und Bericht des Untersuchungsausschusses 2/1 zur Aufklärung des Grunderwerbs in Berlin und Schönefeld durch die Berlin Brandenburg Flughafen Holding GmbH (BBF) und die Flughafen Berlin-Schönefeld GmbH (FBS), a. a. O., S. 78f.
[925] ebda., S. 64.
[926] Vorschaltgesetz zum Landesplanungsgesetz und Landesentwicklungsprogramm für das Land Brandenburg (VorschGLPIG). 06.12.1991. § 4 Ziff. 11.

jeweiligen Standort. So stellt der später in den Skandal um die Privatisierung des Flughafens involvierte Herbert Märtin vom Weltrauminstitut Berlin GmbH (WIB) bereits 1992 fest, dass die vier zuständigen Minister bzw. Senatoren zwar früh die Erarbeitung eines „Gesamtverkehrskonzeptes Brandenburg-Berlin und Flughafen 2000" formuliert und verkündet haben, doch aus seiner Sicht die Schritte der Umsetzung in der Öffentlichkeit noch nicht erkennbar wären. [927] Stattdessen entstand zwischen den Regierungen ein lang andauernder Konflikt über die Frage des Standortes und den Bedarf eines Flughafendrehkreuzes. Im Juni 1991 hatten sich Brandenburger Landes- und Kommunalpolitiker bereits für einen dezentralen Standort ausgesprochen. Schönefeld hielt Brandenburgs Umweltminister Platzeck dagegen für einen Großflughafen für ungeeignet. Dies stand auch im Einklang mit den Zielen der brandenburgischen Landesplanung, die eine dezentrale Konzentration als Entwicklungsleitbild vorsah und damit einem stadtfernen Flughafen den Vorzug gab.[928]

Bundesverkehrsminister Krause (CDU) sowie Bundesforschungsminister Riesenhuber (CDU) sprachen sich sogar im Juli 1991 für Parchim in Mecklenburg Vorpommern und damit für eine Groß-Flughafenvariante zwischen Berlin und Hamburg aus. Der Transrapid sollte die Passagiere zwischen den zwei Großstädten transportieren. [929] Die Berliner CDU bevorzugte wiederum den Standort Schönefeld.[930]

Diese unterschiedlichen Standortvorstellungen sprechen gegen ein strategisches Verhalten, da die Hauptakteure sich nicht auf eine gemeinsame Strategie einigen konnten. Vielmehr kann hier von Einzelstrategien und/oder Alleingängen der einzelnen politischen Akteure

---

[927] Berlin, Senator für Verkehr und Betriebe: Flughafenentwicklung in der Region Berlin. 8. Berliner Verkehrswerkstatt, a.a.O., S. 7f.
[928] Barbian, T./ Jeglitza, M./ Troja, M.: Das Beispiel „Bürgerdialog Flughafen Berlin Brandenburg International", a.a.O., S. 115.
[929] Der Spiegel: Lust am Schweben. Nr. 39/23.9.1991, S. 136.
[930] Desselberger, A./ Wilke, O.: Großflughafen: Die Sperenberg-Offensive. In: Focus. Nr. 1/1996, 30.12.1995, S. 24ff.

gesprochen werden, die versuchten, die Ergebnisse vor dem üblichen Verfahren zu präjudizieren.

Damit versuchten beide Regierungen das Verfahren zu steuern. Einer anderen Strategie und Interessenslage als Brandenburg folgte der Bund. Der damalige Bundesverkehrsminister Matthias Wissmann (CDU), der im Aufsichtsrat der Holding saß und in dessen Ministerium das Beteiligungsreferat angesiedelt war, das sich unter anderem mit der Flughafen Holding GmbH befasste, weigerte sich, die Mehrkosten der Verkehrsanbindung in Sperenberg durch den Bund zu übernehmen. Als Begründung gab der Bund die absinkenden Prognosen über das Passagieraufkommen in Berlin an, welches aus Sicht des Bundes den Bau eines Neubaus am Standort Sperenberg nicht rechtfertigte und einen moderaten Ausbau Schönefelds nahe legte.[931] Im Bericht des Bundesrechnungshofes sah sich Wissmann laut der *Zeit* in seiner Einschätzung bestätigt. Weiter beklagte der Bundesrechnungshof, dass bei dem Raumordnungsverfahren die landesplanerischen Eigen-interessen von Brandenburg zu einer nachteiligen Bewertung des Standort Schönefelds geführt hätten.[932]

Etwa zeitgleich mit den verschiedenen Standortüberlegungen, starteten Berlin und Brandenburg den Versuch einer Fusion, mit dem Ziel einer gemeinsamen Landesplanung, welches dazu hätte führen müssen, dass die Standortfrage und damit das Raumordnungsverfahren unter landesplanerisch neuen Voraussetzungen hätte betrachtet werden müssen, da Berlin/Brandenburg dann als ein Raum anzusehen wäre. Auch Döring betont, dass das damalige Ziel beider Landesregierungen – bis auf wenige Ausnahmen – war, einen Speckgürtel rund um Berlin zu vermeiden und dem dezentralen Konzept zu folgen.[933] Im Mittelpunkt standen jedoch nicht das Raumordnungsverfahren und die neu angepasste Landespla-

---

[931] Ungefug, H.-G.: Aus für das Märchenschloß. In: Die Zeit. 10/ 03.03.1995.
[932] ebda.
[933] Döring, T.: Wirtschaftliche Aspekte einer Vereinigung der Länder Brandenburg und Berlin. In: Deutsches Institut für Wirtschaftsforschung. Beiträge zur Strukturforschung. Heft 157, Berlin 1995, S. 119.

nung, sondern Verhandlungen zwischen Bund, Berlin und Brandenburg über die Standortfrage. So betonte Platzeck 1994, laut der *Berliner Zeitung*, dass das Raumordnungsverfahren nicht rechtsverbindlich sei.[934]

Dem Ergebnis, den Flughafen in Sperenberg oder Jüterborg zu bauen, wurde dann auch nicht gefolgt. Der Bund nutzte seinen Spielraum und lehnte die Ergebnisse des Verfahrens ab. Der Bund nutzte im Rahmen des Verfahrens seine *Restmacht* insbesondere in finanzieller Hinsicht und folgte einer Strategie des *Manipulierens* und beherrschte den institutionellen Prozess.[935]

Er nutzte seine Handlungsspielräume, und deinstitutionalisierte damit das Verfahren. Alle drei Akteure nutzten ihre *Macht nicht lernen zu müssen*.[936] Sie passten neue hierarchische Autoritätsstrukturen durch ein neues Gremium (Konsensbeschluss von Bund, Berlin und Brandenburg zur Standortentscheidung) ein, bevor es überhaupt mit den Adressaten (Bürgerbewegungen und Gemeinden) zum Konflikt gekommen war. Die mangelnde Institutionalisierung des Verfahrens löste bei den Flughafengegnern Widerstand aus und führte schließlich später zu einer Klage der betroffenen Gemeinden gegen den „Landesentwicklungsplan für den engeren Verflechtungsraum Brandenburg-Berlin" vor dem Oberverwaltungsgericht Brandenburg. Dieser urteilte u.a., dass eine alleinige Festlegung des Standortes durch den Konsensbeschluss von 1996 nicht ausreiche und erklärte den LEP e.V. für nichtig.[937]

Strategisches Verhalten der Flughafengegner

Das Raumordnungsverfahren als auch die Landesplanerische Beurteilung nahm aus der Sicht von MEDIATOR zahlreiche Vorschläge aus dem

---

[934] Bruske, K.: Auch nach dem Raumordnungsverfahren bleibt der künftige Standort ungewiß. Der Großflughafen Berlin-Brandenburg -- wohin mit ihm?: Schlechte Karten für Schönefeld-Süd. In: Berliner Zeitung. 18.11.1994.
[935] Oliver, C.: Strategic Responses to Institutional Processes, a.a.O., S. 152.
[936] Deutsch, K. W.: Politische Kybernetik, a.a.O., S. 171.
[937] OVG Brandenburg 3 D/4 99.NE.

Mediationsverfahren auf. Auch bezüglich der möglichen Standorte wurden die Bedenken der Betroffenen miteinbezogen.[938] Auch Bürgerinitiativen bezogen sich immer wieder auf das Ergebnis des Raumordnungsverfahrens.[939] Da bei den Gemeinden und Anwohnern zu großen Teilen Einigkeit über das Ergebnis bestand, kann von einer hohen Strategiefähigkeit gesprochen werden. Da sie nun also das Ergebnis befürworteten, kann ihre Reaktion auf die Institutionalisierung des Raumordnungsverfahrens am ehesten der Strategie *Erdulden* mit der Taktik *Regeln befolgen und Normen akzeptieren* zugeordnet werden.[940] Dass sich Berlin und Brandenburg später nicht mehr auf die landesplanerische Beurteilung bezogen, lag bereits im möglichen erwartbaren Bereich, da das Verfahren nicht rechtsverbindlich ist. Es überraschte jedoch die Flughafengegner, da es eher unüblich ist, komplett von den Ergebnissen der landesplanerischen Beurteilung abzuweichen.

Die Entscheidung für den Flughafenstandort Schönefeld löste deshalb auch umso mehr Widerstand bei den betroffenen Gemeinden und Bürgerinitiativen aus, da die Standortentscheidung damit ohne sie erfolgte. Die Gemeinden kämpften daher später vor dem Oberverwaltungsgericht Brandenburg bzw. dem Oberverwaltungsgericht Berlin-Brandenburg dabei nicht nur gegen die Standortentscheidung, sondern vor allem gegen die mangelnde Beteiligung im weiteren Verfahren nach Abschluss des Raumordnungsverfahrens an.[941]

---

[938] Barbian, T./ Jeglitza, M./ Troja, M.: Das Beispiel „Bürgerdialog Flughafen Berlin Brandenburg International", a.a.O., S. 115.
[939] Friedrichshagener Bürgerinitiative: Schutzgut Mensch und Demokratie – zur Geschichte der Flughafenplanung des BBI. 26.5.2011. URL: http://www.fbi-berlin.org/archives/652. Stand: 31. 01.2013; VCD: Flugverkehr & Umwelt. Nr. 10, April 2006. S.1f.; Bürgerinitiative Fluglärmfreie Havelseen: Kirche Caputh will Ruhe am Himmel – Offener Brief an Ramsauer & Platzeck. 01.6.2011. URL: http://www.fluglaermfreie-havelseen.de/2011/06/01/kirche-caputh-will-ruhe-am-himmel-offener-brief-an-ramsauer-platzeck/. Stand: 31.01.2013; BVBB eV.: BVBB-Konzept für einen Flughafen Berlin Brandenburg International. 11.08.2012. URL: http://www.bvbb-ev.de/index.php/bvbb-vorschlag-1999. Stand: 31.01.2013.
[940] Oliver, C.: Strategic Responses to Institutional Processes, a.a.O., S. 152.
[941] OVG Brandenburg 3 D/4 99.NE.

5.2.2.1 Verzögerungen

Die Durchführung des Raumordnungsverfahrens führte nicht direkt zu Verzögerungen. Da aber die Ergebnisse dieses Verfahrens und der Mediation nicht in die spätere Standortentscheidung einflossen und das Verfahren nach seiner Institutionalisierung schleichend deinstitutionalisiert wurde, entstand zwischen Befürwortern und Gegnern ein wachsendes Misstrauen, was ja eigentlich vermieden werden sollte. So wurde der Boden für die späteren Klagen vorbereitet. Insbesondere die Gemeinden bezogen sich immer wieder auf die mangelnde Einbeziehung bei der Entscheidung zum Standort.

5.2.3 Gemeinsame Landesplanung Berlin-Brandenburg

Wie bereits erwähnt, verfügten Berlin und Brandenburg zu Beginn der neuen Flughafenplanung praktisch über keine Erfahrungen mit dem gemeinsamen Planungsablauf eines solchen Projektes.

Die Wiedervereinigung eröffnete die Chance einer Fusion Gesamtberlins mit dem Land Brandenburg. Ziel war es dabei, die Stadtstaat-Umland-Problematik der Hansestädte Bremen und Hamburg zu vermeiden. Schwierigkeiten bereiten dort neben finanzwirtschaftlichen Aspekten die Verkehrs-, Landes-, und Raumplanung, die zwischen Stadtstaat und Flächenstaat ein hohes Maß an Kooperation verlangen. Anfang April 1995 kamen die Regierungen der Länder Berlin und Brandenburg überein, ein gemeinsames Bundesland zu schaffen. Der gemeinsame Vertrag wurde am 27. April 1995 unterzeichnet und erhielt am 22. Juni 1995 die notwendige Zweidrittelmehrheit beider Parlamente. Darüber hinaus musste der Vertrag durch Volksentscheide in beiden Ländern bestätigt werden. Erforderlich war jeweils die Mehrheit der abgegebenen Ja-

Stimmen, die in jedem der beiden Länder mindestens 25 % der Abstimmungsberechtigten umfassen mussten.[942]

Zwar scheiterte die Länderfusion von Berlin und Brandenburg 1996 am negativen Votum der Bevölkerung Brandenburgs, jedoch wurde für grenzüberschreitende Sachverhalte der „Landesplanungsvertrag" (LPlanV) für Berlin und Brandenburg geändert und im Dezember 1997 abgeschlossen. Das Flughafenprojekt sollte dabei sogar eine Art Vorbildfunktion oder Vorreiterrolle für die Notwendigkeit einer Fusion weiter tragen und symbolisieren.[943]

Im Januar 1996 wurde die „Gemeinsame Landesplanungsabteilung Berlin-Brandenburg" ins Leben gerufen, die die Aufgaben und Befugnisse der beiden Länder in Bezug auf die gemeinsame Landesplanung und damit auch für den Flughafen wahrnimmt. Hier wurde die für dieses Projekt notwendige raumordnerische Sicherung des Flughafenbaus erarbeitet. Der Flughafenbau fußte dabei auf einem verflochtenen Regelungssystem zwischen dem hochstufigen gemeinsamen „Landesentwicklungsprogramm" § 19 Abs. 11 (LEPro), dem „Landesentwicklungsplan für den engeren Verflechtungs-raum" (Z6.5.1 LEP eV) und ein auf diese beiden Bezug nehmende weitere Konkretisierung im „Landesentwicklungsplan Standortsicherung Flughafen" (LEP SF).[944]

1995 wurde ein erster Entwurf des LEPro und des LEP eV vorgelegt, indem über eine generelle Notwendigkeit eines Flughafens gesprochen wurde. Über den Standort wurde in diesem Entwurf keine Aussage getroffen. Zum Entwurf des LEPros und LEP eV. wurden die Gemeinden, wie es formal vorgeschrieben ist, zur Stellungnahme aufgefordert.

---

[942] Land Brandenburg: Neugliederungsstaatsvertrag. 18.07.1995. URL: http://www.stk.brandenburg.de/cms/detail.php/lbm1.c.375780.de. Stand: 12.02.2013.
[943] Verwaltungsvereinbarung über Organisation, Verfahren und Finanzierung der Gemeinsamen Landesplanungsabteilung der Länder Berlin und Brandenburg. 06.04.1995.
[944] Senatsverwaltung Justiz (Hrsg.): Gesetz und Verordnungsblatt. Verordnung über den Landesentwicklungsplan Flughafenstandortentwicklung. 59. Jahrgang, Nr. 40/ 14.11.2003. S. 595.

Nachdem die Anhörungen abgeschlossen waren, wurde das LEPro bezüglich § 19 Abs. 11 und das LEP eV. bezüglich Z 6.5.1 mit einer Festlegung auf den Standort Schönefeld geändert. Die Gemeinden wurden zu dieser Änderung nicht erneut zur Stellungnahme aufgerufen.[945]

Am 1. März 1998 trat der Staatsvertrag über das LEPro in Kraft.[946] Parallel wurde der LEP eV am 2. März 1998 an den Konsensbeschluss der Flughafeneigentümer vom Mai 1996 angepasst.[947] Der LEP SF, der 1999 in Kraft trat, sollte in einer Konkretisierung den Standort für den Bau des Flughafens BBI sichern.[948]

Aufgrund der mangelnden Beteiligung zogen die betroffenen Gemeinden[949] vor das brandenburgische Verfassungsgericht und klagten in einem Normenkontrollverfahren gegen das LEPro. Die Klage scheiterte jedoch aus formalen Gründen.[950] Ebenso klagten die Gemeinden[951] gegen den LEP eV vor dem Oberverwaltungsgericht (OVG), da sie sich auch hier nicht ausreichend beteiligt sahen und erhielten Recht. Die Standortfestlegung im LEP eV (Z 6.5.1) wurde aufgehoben.[952]

---

[945] OVG Brandenburg 3 D/4 99.NE.
[946] Staatskanzlei Brandenburg: Pressemitteilung: Zu den Ergebnissen der Kabinettsitzung am 9.3.1999 teilt der stellvertretende Regierungssprecher Winfried Muder mit: Landesentwicklungsplan für Flughafen Schönefeld beschlossen. 09.03.1999. URL: http://www.stk.brandenburg.de/presse/1999/p100399.htm. Stand: 23.02.1013.
[947] Senatsverwaltung für Stadtentwicklung, Ministerium für Landwirtschaft, Umweltschutz und Raumordnung, Gemeinsame Landesplanungsabteilung Berlin-Brandenburg: Landesentwicklungsplan für den engeren Verflechtungsraum Brandenburg Berlin LEP eV. 2. März 1998. 3. Auflage, November 2002, S. 47.
[948] Staatsvertrag über das gemeinsames Landesentwicklungsprogramm der Länder Berlin und Brandenburg (Landesentwicklungsprogramm) und über die Änderung des Landesplanungsvertrages. Berlin. 07.08.1997
[949] Die Gemeinden Dahlewitz, Blankenfelde, Mahlow, Eichwalde und Schulzendorf reichen Normenkontrollverfahren ein.
[950] Verfassungsgericht des Landes Brandenburg: Beschluss: Kommunalverfassungsbeschwerde. Aktenzeichen: VerfGBbg 7/99. 21.10.1999.
[951] Die Gemeinden Blankenfelde, Dahlewitz, Eichwalde, Mahlow, Schulzendorf und Waltersdorf ziehen vor Gericht.
[952] OVG Brandenburg 3 D/4 99.NE.

Da sich der LEP SF in seiner Standortfestlegung auf das LEPro und den LEP eV bezog gingen die Gemeinden auch gegen das LEP SF gerichtlich vor.

Im Normenkontrollverfahren von 1999 gegen den LEP SF entschied das OVG Frankfurt Oder 2001, dass die Standortbestimmung in dem als Gesetz erlassenen LEPro verfassungswidrig sei und das Normenkontrollverfahren ausgesetzt würde, um eine Entscheidung des „Brandenburgischen Verfassungsgerichts" (BbgVerfG) einzuholen.[953] Im Februar 2004 wurde das Verfahren gegen den LEP SF allerdings eingestellt, da die Länder Berlin und Brandenburg entschieden hatten, für den Flughafenausbau eine neue Rechtsgrundlage zu schaffen.[954]

„Am 5. Februar 2002 haben die Landesregierungen entschieden, die Regelungslücke durch die Erarbeitung eines flughafenbezogenen Festlegungen des LEP eV und des Landesentwicklungsplanes Standortsicherung Flughafen – LEP SF (der den LEP eV fortgeschrieben hatte) integrierenden neuen Landesentwicklungsplanes zu heilen."[955]

In Folge dessen trat im November 2003 der Staatsvertrag zur Änderung des §19 Abs. 11 LEPro in Kraft.[956] Zwar klagten die Gemeinden vor dem Landesverfassungsgericht, erhielten jedoch nicht Recht.[957] Ebenso trat die Verordnung über den Landesentwicklungsplan Flughafenstandortentwicklung (LEP FS) in Kraft, wobei zugleich die Verordnung über den LEP SF

---

[953] Oberverwaltungsgericht Brandenburg 3. Senat: Beschluss: Normenkontrollverfahren. Aktenzeichen: 3 D 26/99.NE. 21.03.2002.
[954] Landtag Brandenburg: Antwort der Landesregierung auf die Kleine Anfrage Nr. 2590 des/der Abgeordneten Christoph Schulze Fraktion der SPD. Erlass der Rechtsverordnung zum Landesentwicklungsplan Flughafenstandortentwicklung (LEP FS). 3. Wahlperiode. LT-Drucksache 3/6875. 12.12.2003, S. 2.
[955] ebda., S. 2.
[956] Gemeinsames Landesentwicklungsprogramm der Länder Berlin und Brandenburg (Landesentwicklungsprogramm – LEPro). Anlage 1. November 2003. In: Senatsverwaltung Justiz (Hrsg.): Gesetz und Verordnungsblatt. Verordnung über den Landesentwicklungsplan Flughafenstandortentwicklung. 59. Jhg., Nr. 40/ Berlin 14.11.2003. S. 230-2.
[957] Verfassungsgericht des Landes Brandenburg: Beschluss: Kommunalverfassungsbeschwerde. Aktenzeichen: VfGBbg 217/03. 07.10.2005.

außer Kraft trat.[958] Erneut zogen die besonders betroffenen Gemeinden Blankenfelde-Mahlow, Schulzendorf, Eichwalde und Großbeeren vor Gericht und klagten nun in einem Normenkontrollverfahren erneut gegen den LEP FS.[959]

Der LEP FS bzw. die landesplanerische Grundlage für den Neubau des Flughafens Schönefeld, wurde daraufhin vom Oberverwaltungsgericht Brandenburg am 10. Februar 2005 für unwirksam erklärt. Das Oberverwaltungsgericht begründete seine Entscheidung damit, dass

„(...) die Abwägung, die der in dem Landesentwicklungsplan Flughafenstandortentwicklung getroffenen Entscheidung für diesen Standort zugrunde liege, sei schon deshalb nicht ausreichend gewesen, weil der Plangeber dabei gesetzlich begründeten Grundsätzen keine ausreichende Beachtung habe zukommen lassen. Dies betreffe erstens den Grundsatz des mit Priorität zu schützenden Freiraums im engeren Verflechtungsraum und zweitens das nicht allein im Bundes-Immissionsschutzgesetz, sondern auch im gemeinsamen Landesentwicklungsprogramm als gesetzliche Abwägungsdirektive enthaltene Gebot der Trennung insbesondere lärmerzeugender Nutzungen von lärmempfindlichen Nutzungen."[960]

Neben umweltrelevanten Grundsätzen beanstandete das Gericht insbesondere, dass dem raumordnerischen Leitbild der „dezentralen Konzentration" zu wenig Gewicht bei der Standortentscheidung eingeräumt wurde.[961]

---

[958] Senatsverwaltung Justiz (Hrsg.): Gesetz und Verordnungsblatt. Verordnung über den Landesentwicklungsplan Flughafenstandortentwicklung. 59. Jhg., Nr. 40/ Berlin 14.11.2003, S. 521.
[959] Senatsverwaltung Justiz (Hrsg.): Gesetz- und Verordnungsblatt für das Land Brandenburg Teil II – Verordnungen. Verordnung zur Änderung der Verordnung über den Landesentwicklungsplan Flughafenstandortentwicklung. 62. Jhg., Nr. 21/ Berlin 15.06.2006, S. 155.
[960] Oberverwaltungsgericht Berlin-Brandenburg: Pressemitteilung: Unwirksamkeit des Landesentwicklungsplans Flughafenstandortentwicklung. Urteil des 3. Senats vom 10. Februar 2005 – 3D 104/03. NE-. 10.02.2005.
[961] Senatsverwaltung Justiz (Hrsg.): Gesetz- und Verordnungsblatt für das Land Brandenburg Teil II – Verordnungen. Verordnung zur Änderung der Verordnung über

Zwar legte das Land Brandenburg gegen das Urteil beim Bundesverwaltungsgericht Revision ein, dennoch behob es vorsorglich die vom Oberverwaltungsgericht beanstandeten Fehler. Hierfür beschlossen die Länder Berlin und Brandenburg die Durchführung eines ergänzenden Verfahrens. In diesem wurde nun an einer Neufassung des LEP FS gearbeitet.[962] Daneben wurde der Landesplanungsvertrag geändert, um die Abwägungsmängel zu heilen.[963]

So konnte der geänderte LEP FS im Juni 2006 in Kraft treten.[964] Es zeigt sich, dass es der Institutionalisierung des Landesentwicklungs-programms und der Landesentwicklungspläne in Bezug auf den Flughafenstandort und auf die Entwicklung des Flughafens an Legitimation fehlte. Mehrfach klagten die betroffenen Gemeinden vor dem OVG und erhielten zum Teil auch Recht. Inwieweit nun diese mangelnde Institutionalisierung auf das strategische Verhalten der beteiligten Akteure zurückzuführen ist, wird im Folgenden diskutiert.

Strategisches Verhalten der Flughafenbefürworter

Wie bereits erwähnt, hatte Berlin als Stadtstaat ganz andere landesplanerische Interessen als das strukturschwache Brandenburg. Von einer gemeinsamen Nutzung ihres strategischen Handlungsspielraums kann zu Beginn der 1990er Jahre nicht gesprochen werden, da unterschiedliche Flughafenstandorte (Schönefeld versus Sperenberg) präferiert wurden.[965] Vielmehr folgten Berlin und Brandenburg Einzelstrategien. Erst nach dem Scheitern der Fusion beider Bundesländer und der Festlegung auf den Standort Schönefeld durch die Anteilseigner der Berliner Flughäfen,

---

[962] den Landesentwicklungsplan Flughafenstandortentwicklung, a.a.O., S.155.
ebda., S. 155.
[963] ebda., S. 155.
[964] ebda., S. 154.
[965] Märkische Allgemeine: „ Wir standen für Sperenberg". Manfred Stolpe (SPD) über die Flughafen-Krise und die neue Rolle von Matthias Platzeck im Aufsichtsrat. 13.01.2011. URL: http://www.maerkischeallgemeine.de/cms/beitrag/12452826/62249/Manfred-Stolpe-SPD-ueber-die-Flughafen-Krise-und.html. Stand: 20.02.2013.

bemühten sich Berlin und Brandenburg um eine gemeinsame Strategie, welches sich an der Entscheidung einer gemeinsamen Landesplanungsabteilung Berlin-Brandenburg zeigt, die ins Leben gerufen und die Aufgaben und Befugnisse der beiden Länder in Bezug auf die gemeinsame Landesplanung und damit auch die Flughafenplanung wahrnehmen sollte.[966]

Gemäß dem gemeinsamen Landesplanungsvertrags erarbeiteten sie im April 1995 einen ersten gemeinsamen Entwurf des Landesentwicklungsprogramms (LEPro), indem sie in § 19 Abs. 11 den Bau eines neuen Großflughafens für die Region Berlin-Brandenburg als notwendig erachteten, um den Luftverkehrsbedarf zu decken. Der Entwurf wurde den zu beteiligenden Stellen zur Stellungnahme vorgelegt.[967] Dieses Vorgehen entsprach den Beteiligungsregeln bei einem aufzustellenden Landesentwicklungsprogramm und zeigt, dass Brandenburg und Berlin zunächst einer *erduldenden* Strategie folgten, indem sie den anerkannten Normen und Werten des Verfahrens folgten. [968] Nachdem sich der Bund, Brandenburg und Berlin als Gesellschafter 1996 auf Schönefeld geeinigt hatten, änderten sie jedoch ihre Strategie. Der § 19 Abs.11 des LEPros wurde nun zu Gunsten Schönfelds als Standort geändert. Während einer öffentlichen Anhörung des Ausschusses des Inneren wurden die Vertreter des Städte- und Gemeindebundes Brandenburg und des Landkreistages Brandenburg sowie die Bürgermeister von Neuenhagen, Luckenwalde, Prenzlau und Großbeeren am 12. Januar 1998 laut des Verfassungsberichts des Landes Brandenburg angehört. Am 4. Februar 1998 wurde das LEPro vom Landtag Brandenburg verabschiedet. Sie leiteten den betroffenen Stellen den geänderten Entwurf nicht erneut zu Stellungnahme zu, sondern hörten sie lediglich im Rahmen der Ausschusssitzung an.[969]

---

[966] Verwaltungsvereinbarung über Organisation, Verfahren und Finanzierung der Gemeinsamen Landesplanungsabteilung der Länder Berlin und Brandenburg. 06.04.1995.
[967] VerfGBbg 7/99.
[968] ebda.
[969] ebda.

Insbesondere vor dem Hintergrund des Mediationsverfahrens, das zu Beginn durchgeführt wurde und für mehr Transparenz und Beteiligungsrechte stand, zeigt sich hier ein deutlicher Strategiewechsel der beiden Landesregierungen. Sie folgten damit nach Oliver einer *trotzenden* und *manipulierenden* Strategie.[970] Sie *ignorierten* die Beteiligungsrechte und entwickelten neue Werte und Kriterien, indem sie dem Beschluss der Gesellschafter vom 28. Mai 1996 folgten – einem Gremium, das sich außerhalb des formalen Verfahrens befand. In Folge dessen reichten die Gemeinden Dahlewitz, Blankenfelde, Mahlow, Eichwalde und Schulzendorf kommunale Verfassungsbeschwerde beim Verfassungsgericht des Landes Brandenburg ein. Die Klage wurde jedoch aus formalen Gründen verworfen, da die Gemeinden die zeitlichen Fristen für die Klagemöglichkeiten nicht eingehalten hatten.[971]

Das Landesentwicklungsprogramm wurde wiederum zur Grundlage des „Landesentwicklungsplans für den engeren Verflechtungsraum Brandenburg-Berlin". [972] Bei dem Entwurf des gemeinsamen Landesentwicklungsplans der Länder Berlin und Brandenburg von 1995 banden sie die Gemeinden – wie beim Entwurf des LEPros – ein und forderten sie zur Stellungnahme auf, wie es formal auch vorgesehen ist. Im Entwurf des LEP eV von 1995 gab es ebenso auch noch keine Festlegung auf den Standort des Großflughafens, sondern wurde nur eine allgemeine Notwendigkeit eines Flughafens betont.[973] Dieses Vorgehen am Anfang zeigt an, dass erneut Berlin und Brandenburg zunächst einer *erduldenden* Strategie folgten und Regeln und Normen akzeptiert wurden.[974] Nachdem die Anhörungen jedoch abgeschlossen waren, wurde der LEP eV in Bezug auf den Flughafenstandort wie das LEPro in eine Festlegung auf

---

[970] Oliver, C.: Strategic Responses to Institutional Processes, a.a.O., S. 152.
[971] VerfGBbg 7/99.
[972] Senatskanzlei Berlin & Staatskanzlei Brandenburg: Bericht über den Stand und die Perspektiven der Zusammenarbeit der Länder Berlin und Brandenburg vom März 2000. März 2000. URL: http://www.berlin-brandenburg.de/politik-verwaltung/dokumente/berichte/index.html#Verkehr. Stand: 22.02.2013.
[973] OVG Brandenburg 3 D 4/99 N.
[974] Oliver, C.: Strategic Responses to Institutional Processes, a.a.O., S. 152.

Schönfeld einfach geändert.[975] Eine erneute Anhörung der Gemeinden fand entgegen der gesetzlichen Verpflichtung, wie auch das Oberverwaltungsgericht in seinem Urteil befand, nicht statt.[976] Hier zeigt sich wiederum der Wechsel der beiden Landesregierungen von einer *erduldenden* zu einer *trotzenden* oder auch *manipulierenden* Strategie.[977] So nutzten beide Länder ihren Handlungsspielraum und legten sich ohne erneute Anhörung der Gemeinden auf Schönefeld fest. Sie wiesen die formal anerkannte Regel zurück, die Gemeinden anzuhören.[978]

Auch beim LEP SF wurden die Gemeinden aus der Sicht der Landesregierung zunächst umfangreich beteiligt:

„Im Rahmen des Erarbeitungsverfahrens zum Landesentwicklungsplan Standortsicherung (LEP SF) wurden die betroffenen Gebietskörperschaften frühzeitig durch die Gemeinsame Landesplanungsabteilung (GL) über den Flächenumgriff und die geplante verkehrliche Anbindung des Flughafens informiert. Während des laufenden Beteiligungsverfahrens zum Entwurf des LEP SF waren die betroffenen Gebietskörperschaften und sonstige Träger öffentlicher Belange aufgefordert, ihre Anregungen und Bedenken zum Planentwurf der GL mitzuteilen. Gegenwärtig erfolgt die Auswertung der eingegangenen Stellungnahmen."[979]

Ebenso wie der LEP eV, passten sie nach den Stellungnahmen den LEP

---

[975] vgl. Senatsverwaltung für Stadtentwicklung; Ministerium für Landwirtschaft, Umweltschutz und Raumordnung; Gemeinsame Landesplanungsabteilung Berlin-Brandenburg: Gemeinsamer Landesentwicklungsplan für den engeren Verflechtungsraum Brandenburg-Berlin. 02.03.1998, S. 47; Gelen, T./ Siebeck, F. C.: Landes- und Flughafenplanung in Berlin/Brandenburg, a.a.O., S. 203
[976] OVG Brandenburg 3 D 4/99 N.
[977] Oliver, C.: Strategic Responses to Institutional Processes, a.a.O., S. 152.
[978] Bundesamt für Bauwesen und Raumordnung, Bundesministerium für Verkehr Bau und Stadtentwicklung: Forschungsprogramme – Bereich Raumordnung. Dezember 2000. URL: http://www.bbsr.bund.de/cln_032/nn_21942/BBSR/DE/FP/ReFo/Raumordnung/OeffentlichkeitsbeteiligungRaumordnung/01__Start.html. Stand: 07.01.2012.
[979] Landtag Brandenburg: Antwort der Landesregierung auf die Große Anfrage Nr. 42 der Fraktion der PDS Drucksache 2/4466. LT-Drucksache 2/4901. 05.01.1998, S. 16.

SF dem § 19 XI des LEPros an. Eine Beteiligung der Gemeinden zur Standortfestlegung auf Schönefeld fand auch hier erneut nicht statt, wie das OVG Frankfurt Oder im Normenkontrollverfahren befand. Erneut wiesen die Richter auf die unzureichende Beteiligung und die mangelnde Abwägung bei der Standortfestlegung hin.[980] Auch hier wechselten sie entsprechend von einer *erduldenden* zu *trotzenden* oder auch *manipulierenden* Strategie, in dem sie den formalen Verfahrensweg missachteten.

Darüber hinaus beeinflussten sie das Verfahren, indem sie neue Werte und Kriterien entwickelten.[981] So bezeichneten sie nämlich die raumordnerische Beurteilung als eine rein gutachterliche Äußerung und argumentierten, dass sie keine bindende Wirkung habe. Auch sei ein gesondertes Raumordnungsverfahren auf Grund der Festlegungim LEPro, LEP eV und LEP SF entbehrlich, da gem. Art. 16 LP(Vertr i.V. mit § 6a III Nr. 1 ROG hinreichend konkrete Ziele der Raumordnung und Landesplanung bestünden, denen das Vorhaben entspreche.[982] Sie *steuerten* somit den Prozess, da sie die formal vorgesehenen Gemeinden nicht am Verfahren beteiligten.[983] Damit entzogen sie, wie bereits dem Raumordnungsverfahren, dem LEPro und LEP eV die Legitimation und passten die Entscheidung, die zwischen den Eigentümern zuvor außerhalb getroffen wurde dem Programm an.

Die weitgehenden Beteiligungsrechte der Kommunen wurden beschnitten und mit steuernden Elementen vermischt und damit hybridisiert. Erst als die Gemeinden vor Gericht gingen und in Bezug auf die mangelnde Beteiligung bei der Festlegung des Standortes im LEP eV Recht erhielten, lenkten die Landesregierungen ein und wechselten zu einer *kompromiss-*

---

[980] OVG 3 D 26/99.NE; Gelen, T./ Siebeck, F. C.: Landes- und Flughafenplanung in Berlin/Brandenburg. In: LKV, Heft 9/2002, S. 402f.
[981] Oliver,C.: Strategic Responses to Institutional Processes, a.a.O., S. 152.
[982] Landtag Brandenburg: Antwort der Landesregierung auf die Kleine Anfrage Nr. 1777 der Abgeordneten Anita Tack Fraktion der PDS. Neue Planungsgrundlagen am Standort Schönefeld für den Flughafen Berlin. Brandenburg International (BBI). LT-Drucksache 3/4623. Potsdam 28.08.2002, S. 6, Frage 12.
[983] Oliver, C.: Strategic Responses to Institutional Processes, a.a.O., S. 152.

bereiten Strategie und versuchten diesmal die Erwartungen der Gemeinden zu erfüllen.

Im Februar 2002 entschieden die Landesregierungen dementsprechend, die Regelungslücke (Festlegung des Standortes des Flughafens) durch die Integration der flughafenbezogenen Festlegung des LEP eV und des Landesentwicklungsplanes Standortsicherung Flughafen im neuen Landesentwicklungsplan zu heilen.[984] Die Gemeinden sollten diesmal entsprechend beteiligt werden. Dies zeigt zumindest eine *einfache Lernbereitschaft*.[985] Nachdem die politischen Akteure vor Gericht scheiterten, lenkten sie ein und gingen auf die Gemeinden ein und versuchten die Regelungslücke zu schließen. Da sie ihre Haltung gegenüber dem Standort jedoch trotz der zahlreichen Verfahrensfehler und negativen Gerichtsentscheide und des massiven Wiederstands nicht überdachten, kann nicht von einem *komplexen Lernen* gesprochen werden. Dies würde wiederum eine grundlegende Änderung der Ziel und Werte voraussetzen.[986]

Strategisches Verhalten der Flughafengegner

Zunächst ist festzustellen, dass die Mehrzahl der Gemeinden und Bürgerinitiativen grundsätzlich einen Flughafenausbau nicht ablehnten. Zum ersten Entwurf des LEPros von 1995, der unter § 19 Abs. 11 einen Bau eines neuen Großflughafens für die Region Berlin-Brandenburg als notwendig ansah, äußerten sich laut dem Verfassungsbericht des Landes Brandenburgs keine der Gemeinden.[987] Damit schienen sie zunächst die Tatsache an sich, dass ein Flughafen gebaut werden solle, zu akzeptieren. Dies würde nach Oliver einer Strategie des *Erduldens* zuzuordnen sein

---

[984] Landtag Brandenburg: Antwort der Landesregierung auf die Kleine Anfrage Nr. 1777 der Abgeordneten Anita Tack Fraktion der PDS, a.a.O., S. 6, Frage 13.
[985] Deutsch, K. W.: Politische Kybernetik, a.a.O., S. 171.
[986] Argyris, C./ Schön, D. A.: Organizational Learning, a.a.O., S. 36.
[987] VerfGBbg 7/99.

und zeigen, dass diese Norm akzeptiert war.[988] Erst als die Landesregierungen sich im Konsensbeschlusss 1996 auf Schönefeld festlegten und auch den Entwurf zum LEPro zu Gunsten Schönefelds änderten, ohne ihn den Gemeinden zur Stellungnahme vorzulegen, wechselten sie ihre Strategie. 1996 wurde dazu die „Schutzgemeinschaft Umlandgemeinden Flughafen Schönefeld" gegründet, um sich u.a. besser mit den Bürgervereinen auch strategisch juristisch abzustimmen, die ebenso den Ausbau des Flughafens Schönfeld ablehnten.[989] Unterstützt wurden sie in ihrer Haltung auch vom „Bundesverein gegen Fluglärm".[990] Damit verfügten sie über ein neues gemeinsames Ziel und ein hohe Strategiefähigkeit.

1999 klagten die Gemeinden Dahlewitz, Blankenfelde, Mahlow, Eichwalde und Schulzendorf in einem Normenkontrollverfahren gegen das LEPro, da sie sich in ihrem Recht auf kommunale Selbstverwaltung eingeschränkt sahen und sich nicht ausreichend angehört sahen.

Nachdem die Länder Brandenburg und Berlin sich auch im geänderten LEP eV Entwurf auf Schönefeld festgelegt hatten, die Gemeinden aber auch hier nicht erneut dazu befragt hatten, entschieden sich Dahlewitz, Blankenfelde, Mahlow, Eichwalde und Schulzendorf wieder zu klagen. Finanziert wurde die Klage von der Schutzgemeinschaft.[991] Sie lehnten

---

[988] Oliver, C.: Strategic Responses to Institutional Processes, a.a.O., S. 152.
[989] Schutzgemeinschaft Umlandgemeinden Flughafen Schönefeld: Satzung der Schutzgemeinschaft „Umlandgemeinden Flughafen Schönefeld". Waltersdorf, 15.06.1996, § 3 Abs. 5; Bernhardt, G.: Bürgermeister der umliegenden Gemeinden über Airport- Entscheidung entrüstet. Schutzgemeinschaft gegen Großflughafen. In: Berliner Zeitung. 31.05.1996. URL: http://www.berliner-zeitung.de/archiv/buergermeister-der-umliegenden-gemeinden-ueber-airport-entscheidung-entruestet-schutzgemeinschaft-gegen-grossflughafen,10810590,9132110.html. Stand: 13.01.2013.
[990] Bundesvereinigung gegen Fluglärm: Presseerklärung: Die Bundesvereinigung gegen Fluglärm informiert: Gerichtsurteil erzwingt neue Planungsverfahren BBI Berlin Schönefeld in Frage gestellt. 25.08.2001. URL:http://www.bvbb-ev.de/pfv/BVBB-Pressemitteilungen/BVBB-Pressemitteilung__24_08_0/PE_zum_Urteil/pe_zum_urteil.html. Stand: 13.01.2013.
[991] Schwenkenbecher, J.: Sechs Gemeinden klagen gegen Flughafen-Pläne. Gericht prüft Entscheidung für Schönefeld. In: Berliner Zeitung. 22.08.2001. URL: http://www.berliner-zeitung.de/archiv/sechs-gemeinden-klagen-gegen-flughafen-plaene-gericht-prueft-entscheidung-fuer-schoenefeld,10810590,9929376.html. Stand: 13.01.2013; Schutzgemeinschaft Umlandgemeinden Flughafen Schönefeld:

das Verfahren in der Art und Weise, wie es abgelaufen war, ab und *kämpften* gegen die Standortentscheidung als solche *an*, was am ehesten einer Strategie des *Trotzens* zuzuordnen wäre.[992] Die Einordnung ihrer Strategie in der von Oliver benannten Kategorien ist dabei jedoch nicht vollkommen eindeutig zu vollziehen, da sie sich nicht allein gegen die Institutionalisierung, dem zu Folge nicht nur einer *trotzenden* Strategie nachgingen, sondern sich gegen die Hybridisierung des Verfahrens stellten. Die Entscheidung für den Flughafenstandort Schönefeld löste bei den Gemeinden nicht nur Widerstand aus, weil sie vor Ort davon betroffen waren, sondern auch weil die Standortentscheidung ohne sie erfolgt war.

Das Oberverwaltungsgericht Frankfurt (Oder) folgte in seinem Urteil vom 24. August 2001 den Gemeinden und befand, dass die landesplanerische Standortentscheidung im „Landesentwicklungsplan engerer Verflechtungsraum" (LEP eV) nichtig sei, da es auf keiner vom Gesetz und Verfassung geforderten Abwägung aller relevanten Belange beruhe. Stattdessen war nach Auffassung des OVG Frankfurt (Oder) die Standortentscheidung allein auf den Beschluss der Gesellschafter der BBF zurückzuführen. Damit habe eine unter unternehmerischen Gesichtspunkten getroffene Entscheidung einer privaten Gesellschaft die raumordnungsrechtliche Festlegung bestimmt. Es bestätigte, dass die Gemeinden zu der raumordnungsrechtlichen Festlegung zum Standort nicht angehört worden waren. Eine Nichtbeteiligung der betroffenen Gemeinden verletze darüber hinaus die kommunale Planungshoheit.[993]

Damit war der Konflikt um die Standortentscheidung jedoch noch nicht beseitigt. Die Gemeinden folgten weiter ihrer Strategie des *Trotzens* und zogen auch gegen den LEP SF vor Gericht, der auf dem LEPro und LEP e.V. aufbaute. Auch der „Bürgerverein Berlin Brandenburg e.V." (BVBB)

---

[992] Presseerklärung der Schutzgemeinschaft. Standortfestlegung Schönefeld im Landesentwicklungsplan eV durch OVG für nichtig erklärt. 25.08.2001. URL: http://www.bvbb-ev.de/pfv/BVBB-Pressemitteilungen/BVBB-Pressemitteilung__24_08_0/PE_zum_Urteil/pe_zum_urteil.html. Stand: 13.01.2013.
Oliver, C.: Strategic Responses to Institutional Processes, a. a. O., S. 152.
[993] OVG Brandenburg 3 D 4/99 N.

unterstützte erneut ihre Haltung zum LEP SF und befürwortete eine Klage.[994] Fünf brandenburgische Gemeinden (Schulzendorf, Eichenwalde, Großbeeren, Blankenfelde und Mahlow) klagten beim Oberverwaltungsgericht Frankfurt (Oder). Dabei argumentierten sie wieder, dass die Betreiber keine ernsthafte Prüfung von Alternativen zu Schönefeld einbezogen hätten. Insbesondere wiesen sie auf Sperenberg im Süden Brandenburgs hin, dass diese Alternative nicht ausreichend geprüft worden sei. Weiterhin beklagten sie, dass mit dem LEP-SF ihre kommunale Selbstbestimmung und Entwicklung in unzulässiger Weise eingeschränkt würde und einen Eingriff in die Planungshoheit einzelner Gemeinden bewirke. Das OVG überwies das Verfahren an das brandenburgische Verfassungsgericht um die Einschränkung der kommunalen Selbstbestimmung zu überprüfen.[995]

Obwohl Brandenburg und Berlin noch vor einem Urteil einlenkten und das Lepro und den LEP SF neu fassten, bevor es zu einem Urteil des Landesverfassungsgerichts zum LEP SF kam, blieben die Gemeinden Blankenfelde/Mahlow, Großbeeren, Eichwalde und Schulzendorf bei ihrer Strategie. Sie lehnten auch den neuen Entwurf des LEP FS und den Änderungsentwurf zu § 19 Abs. 11 LEPro ab.[996] Stattdessen klagten sie auch gegen den neu gefassten LEP FS und das LEPro mit einem Normenkontrollverfahren. Auch hier stand der BVBB hinter der Klage der Gemeinden, was erneut ihre hohe Strategiefähigkeit aufzeigt.

---

[994] BVBB: INFO 4. Großflughafen Schönefeld auf ganz wackligen Beinen. Juli 1997. URL: http://bvbb-ev.de/ar1/html/bvbb-infos.html. Stand: 13.01.2013.
[995] OVG Brandenburg 3 D/2699.NE; Gelen, T./ Siebeck, F. C.: Landes- und Flughafenplanung in Berlin/Brandenburg, a.a.O., S. 403; Schwenkenbecher, J.: Umlandgemeinden des geplanten Grossflughafens klagten mit Erfolg gegen Standortbestimmung. Schönefeld-Planung kommt vor Verfassungsgericht. In: Berliner Zeitung. 20.03.2002. URL: http://www.berliner-zeitung.de/archiv/umlandgemeinden-des-geplanten-grossflughafens-klagten-mit-erfolg-gegen-standortbestimmung-schoenefeld-planung-kommt-vor-verfassungsgericht,10810590,9983598.html. Stand: 13.01.2013.
[996] Oberverwaltungsgericht Brandenburg 3. Senat: Urteil: Normenkontrollverfahren. Aktenzeichen: 3 D 104/03.NE. 10.02.2005; VfGBbg 217/03.

"Der BVBB teilt die Auffassung des Rechtsanwaltes Dr. Siebeck (München), der die Gemeinden zur Klage am OVG vertrat." [997]

Die Gemeinden begründeten die Klage damit, dass ihnen ihre Planungshoheit insoweit entzogen würde, als sie dort keine Wohnbebauung mehr planen und ausweisen dürften. Darüber hinaus wiesen sie auch wieder auf die mangelnde Abwägung bei der Standortentscheidung hin und dass damit eine Präjudizierung eines eventuellen Planfeststellungsbeschlusses bereits stattgefunden hätte, da kein anderer Planfeststellungsantrag mit einem anderen Standort stattgegeben werden könnte. Erneut erhielten sie vor Gericht Recht. [998] Ebenso reichten die Gemeinden Blankenfelde/Mahlow, Großbeeren, Eichwalde und Schulzendorf gegen das neu gefasste LEPro beim Verfassungsgericht des Landes Brandenburg Verfassungsbeschwerde ein. Auch hier beklagten sie, dass ihre kommunale Selbstverwaltung gemäß Art. 97 Abs. 1 Satz 1 Verfassung des Landes Brandenburg (LV) verletzt sei. Erneut wiesen sie auch darauf hin, dass das Gesetz die Standortentscheidung für die nachfolgende Planung vorwegnehme und eine Abwägung nicht stattfände.

"Das angegriffene Gesetz schreibe bewußt die Standortentscheidung für den Bau des Flughafens Berlin-Brandenburg International als für die nachfolgenden Behördenentscheidungen verbindliches Ziel der Landesplanung fest, ohne daß eine hierfür erforderliche und planungsrechtlich gebotene Abwägung verschiedener Standortalternativen vorangegangen sei. Anderslautende Begründungen zum Staatsvertrag und im Gesetzgebungsverfahren, daß es sich nur um Grundsätze der Raumordnung handele, seien unrichtig. § 19 Abs. 11 LEPro treffe vielmehr bereits eine verbindliche, in den Verfahren zur Aufstellung eines Landesentwicklungsplans und im Planfeststellungsverfahren für den Großflughafen Schönefeld im Wege einer Abwägung nicht mehr zu

---

[997] BVBB: INFO 38. Schönefeld: Landesentwicklungsplan verstößt gegen Schönefeld Planung für Flughafen erneut ohne Grundlage. März 2005. URL: http://bvbb-ev.de/ar1/html/bvbb-infos.html. Stand: 13.01.2013.
[998] OVG Brandenburg 3 D 104/03.NE.

überwindende Standortentscheidung." [999]

Dabei lehnten sie wiederum nicht nur die Institutionalisierung des Verfahrens als solches ab, sondern die Art und Weise, wie es institutionalisiert wurde. Allerdings folgte das Gericht diesmal nicht der Argumentation der Gemeinden und lehnte die Verfassungsbeschwerde ab.[1000]

Obwohl die Landesregierungen die Pläne neu aufstellten und diesmal die Gemeinden beteiligten, änderten sie ihre Haltung nicht und setzten durchweg auf ein Verfahren außerhalb des formalen Planungsablaufs, nämlich das Gerichtsverfahren und damit auf eine Strategie des *Trotzens*.[1001]

Bestand zu Beginn noch eine Offenheit gegenüber dem Flughafenprojekt als solchem und damit auch eine Lernbereitschaft bei den Flughafengegnern, änderte sich dies, nachdem die Landes-regierungen sich im Konsensbeschluss auf Schönefeld geeinigt hatten. Auch als die Landesregierung versuchte in neuen Plänen ab 2002 die Rechtsverstöße zu heilen, gab es keine Bereitschaft und bestand auch kein Vertrauen mehr von Seiten der Gemeinden, sich auf die geänderten Verfahren einzulassen. Das zeigt aber auch, dass sie nicht bereit waren *zu Lernen* und sie die *Macht besaßen*, dies auch nicht zu müssen, da ihnen der Rechtsweg offen stand.[1002]

5.2.3.1 Verzögerungen

Die strategisch *manipulierende* Durchführung des Landesentwicklungsprogramms, des Landesentwicklungsplans engerer Verflechtungsraum, des Landesentwicklungsplans Standort Flughafen und des Landesentwicklungsplans Flughafenstandort, ließen den Ausbau über Jahre – zwischen der ersten Gerichtsentscheidung 2001- zur letzten 2005 – in der Schwebe,

---

[999] VfGBbg 217/03.
[1000] ebda.
[1001] Oliver, C.: Strategic Responses to Institutional Processes, a.a.O., S. 152.
[1002] Deutsch, K.W.: Politische Kybernetik, a.a.O., S. 171.

da ohne rechtliche Absicherung dieser Programme und Pläne das Planfeststellungsverfahren nicht abgeschlossen werden konnte, da es rechtlich auf dem LEPro, LEP eV, de, LEP SF sowie dem LEP FS fußte. Insbesondere die mangelnde Koordinierung zwischen den Bundesländern Berlin und Brandenburg bezüglich eines gemeinsamen Raumordnungskonzeptes, machte es schwierig, die Standortentscheidung für Schönefeld an das bis dahin dezentrale brandenburgische Raumordnungskonzept anzupassen und öffnete den Raum für Klagen. Weiterhin ermöglichte die *manipulierende* Strategie der beiden Bundesländer, durch die die Gemeinden nicht oder erst spät in den Planungsprozess einbezogen wurden, die langjährige Klagewelle. Anstelle die Verfahren durch die rechtlich vorgesehene Beteiligung der Gemeinden abzusichern, hybridisierten Brandenburg und Berlin es, in dem sie die Beteiligung begrenzten und versuchten, das Verfahren *politisch zu steuern*.

5.2.4 Planfeststellungsverfahren

Am 17. Dezember 1999 beantragte die Flughafengesellschaft das Planfeststellungsverfahren für den BBI beim Brandenburger Verkehrsministerium.[1003] Im Jahr 2000 folgte die Auslegung der Planungsunterlagen in den Gemeinden.[1004] Bis zum 7. Juli 2000 waren die Träger öffentlicher Belange, Umweltverbände und sonstige Stellen zur Stellungnahmen aufgerufen.[1005] Insgesamt wurden dabei 133.684 Einwendungen von mehr als 60.000 Einwendern erhoben.[1006]

Anschließend erfolgten die Erörterungen mit den Trägern öffentlicher

---

[1003] Flughafen Berlin Schönefeld GmbH: Ausbau des Flughafens Schönefeld. Wegweiser für den Planfeststellungsantrag. 1999 Berlin.
[1004] Brandenburgisches Landesamt für Bauen, Verkehr und Straßenwesen: Anhörungsverfahren für das Vorhaben „Ausbau des Flughafens Berlin Schönefeld". Stellungnahme zum Ergebnis des Anhörungsverfahrens. Aktenzeichen 6441/1, 14.06.2002 Berlin, S. 7ff.
[1005] ebda., S. 10.
[1006] ebda., S. 21.

Belange, den Naturschutzverbänden und sonstigen Stellen.[1007] Nach Abschluss der Erörterung wies das Landesamt für Bauen, Verkehr und Straßenwesen in seiner Stellungnahme darauf hin, dass es an hinreichenden Planungsunterlagen bezüglich der Darstellung von Standortalternativen fehle. Daraufhin ergänzte die Flughafengesellschaft die Unterlagen und es wurde ein erneutes Anhörungsverfahren durchgeführt, wobei es jedoch keine Erörterung gab.[1008]

Im August 2004 erteilte das Ministerium für Infrastruktur und Raumordnung Brandenburg den Planfeststellungsbeschluss zum Ausbau Schönefelds. Geplant wurde, den Flughafen Schönefeld bis 2011 für 22 Millionen Passagiere auszubauen. Ausgelegt ist das Projekt für 30 Millionen Fluggäste und 360.000 Starts und Landungen im Jahr, die nach Prognosen 2023 erreicht werden sollen und Grundlage für den Planfeststellungsbeschluss waren.[1009]

Daraufhin klagten Betroffene gegen die sofortige Vollziehbarkeit des Planfeststellungsbeschlusses und beantragten einen Baustopp.

Das Bundesverwaltungsgericht in Leipzig gab mehreren Eilanträgen von Anwohnern statt. Das Gericht begründete seinen Beschluss damit, die Interessen der Kläger bis zum Abschluss des Hauptverfahrens schützen zu wollen und nicht durch den Baubeginn irreversible Tatsachen schaffen zu lassen.[1010] Mit dem Bau konnte nun solange nicht begonnen werden, bis der vom Brandenburger Bauminister vorgelegte Planfeststellungsbeschluss Rechtskraft erlangte. Der für Januar 2006 geplante Baubeginn des

---

[1007] ebda., S. 35.
[1008] ebda., S. 5; Ministerium für Stadtentwicklung, Wohnen und Verkehr des Landes Brandenburg: Planfeststellungsbeschluss Ausbau Verkehrsflughafen Berlin-Schönefeld. Aktenzeichen.: 44/1-6441/1/101. Potsdam 13.08.2004, S. 291.
[1009] ebda., S. 222.
[1010] Bundesverwaltungsgericht: Pressemitteilung. Eilanträge gegen Flughafen Berlin-Schönefeld weitgehend erfolgreich. 14.04.2005. URL: http://www.bverwg.de/presse/pressemitteilungen/pressemitteilung.php?jahr=2005&nr=21. Stand: 15.01.2013.

unterirdischen Terminal-Bahnhofs sowie die für Mai geplante Schließung der nördlichen Landebahn waren damit vorerst verhindert worden.[1011]

Im Februar 2006 begann die mündliche Verhandlung vor dem BVerwG in Leipzig. Aus etwa 4.000 Einzelklagen von Anwohnern und von vier Gemeinden waren vier Musterklagen ausgewählt und zur Verhandlung angenommen worden.[1012] Im Februar endete die mündliche Verhandlung und das Bundesverwaltungsgericht stimmte am 16. März 2006 in letzter Instanz dem Ausbau des Flughafens Schönefeld zum neuen Hauptstadt-Airport „Berlin Brandenburg International" mit einigen Einschränkungen zu. In Bezug auf die zum besseren Lärmschutz gerichteten Hilfsanträge der Kläger, [1013] verpflichtete das Gericht die Planfeststellungsbehörde ein weitgehendes Nachtflugverbot in der nächtlichen Kernzeit von 0.00 Uhr bis 5.00 Uhr anzuordnen.

„Defizite weist indessen das Lärmschutzkonzept auf, das dem Planfeststellungsbeschluss zugrunde liegt. Durch diese Mängel wird das

---

[1011] Sucher, J.: Baustopp für Schönefeld: Zeitplan für Hauptstadt-Airport steht auf der Kippe. In: Der Spiegel. 14.4.2005. URL: http://www.spiegel.de/wirtschaft/baustopp-fuer-schoenefeld-zeitplan-fuer-hauptstadt-airport-steht-auf-der-kippe-a-351311.html. Stand: 15.1.2013.
[1012] Bundesverwaltungsgericht: Pressemitteilung. Grünes Licht für Flughafen Berlin-Schönefeld aber Einschränkung des Nachtflugbetriebs. 16.03.2006. URL: http://www.bverwg.de/presse/pressemitteilungen/pressemitteilung.php?jahr=2006&nr=15. Stand: 15.01.2013.
[1013] Dabei sahen sich die Kläger in der Beurteilung des Lärmgutachtens im Planfeststellungsverfahren bestätigt, dass das Ministerium für Arbeit, Soziales, Gesundheit und Frauen in Auftrag gegeben hatte. Der TU-Professor Maschke und der Medizin-Professor kamen in ihrer Beurteilung zu dem Ergebnis, das das bisherige Gutachten erhebliche Mängel aufwies und den rechtlichen Anforderungen des Planfeststellungsverfahrens nicht gerecht würde. Durch Antrag auf Akteneinsicht eines Anwalts der Flughafengegner wurde das Dokument öffentlich vorgestellt. Dagegen argumentierten die Flughafengesellschafter, dass mit der geplanten Fertigstellung Schönefelds, die Schließung der innerstädtischen Flughäfen Tempelhof und Tegel mehr als 100.000 Menschen vom Fluglärm entlasten würde. (Maschke, C./ Hecht, K.: Gutachterliche Stellungnahm zu den lärmmedizinischen Gutachten M8 und M 9. „Ausbau Flughafen Schönefeld". 09.06.2000; Zieger, S.: Expertise könnte Flughafenausbau kippen. Wissenschaftler bezweifeln die Kompetenz des Lärmgutachtens für den Großflughafen Schönefeld. In: Die Welt. 09.09.2000. URL: http://www.welt.de/print-welt/article532616/Expertise-koennte-Flughafenausbau-kippen.html. Stand: 16.01.2013.)

Grundgerüst der Planung zwar nicht in Frage gestellt, zur Fehlerbehebung bedarf es jedoch einer Planergänzung. Der Planfeststellungsbeschluss genügt den Anforderungen des Abwägungsgebotes vor allem deshalb nicht, weil er einen zeitlich unbeschränkten Nachtflugbetrieb zulässt. Der Flughafen Schönefeld ist – auch im An- und Abflugbereich – von Siedlungsflächen umgeben. An einem solchen Standort darf der Planungsträger es mit bloßen Maßnahmen des passiven Schallschutzes nur dann bewenden lassen, wenn gewichtige Bedarfsgesichtspunkte es rechtfertigen, die Lärmschutzbelange der Nachbarschaft hinter die öffentlichen Verkehrsinteressen zurückzusetzen. Diesen Nachweis hat der Vorhabenträger nicht erbracht. Jedenfalls in der Kernzeit der Nacht (0.00 Uhr bis 5.00 Uhr) überwiegt das Interesse der Anwohner, von Fluglärmbeeinträchtigungen verschont zu bleiben. Auch in der Zeit von 22.00 Uhr bis 24.00 Uhr und von 5.00 bis 6.00 Uhr ist nur der Flugbetrieb unbedenklich, der sich aus nachvollziehbaren Gründen nicht innerhalb des Tagzeitraumes abwickeln lässt."[1014]

Daraufhin wurde ein Planergänzungsverfahren von Amts wegen durchgeführt. Erneut wurden die Unterlagen im Oktober und November 2007 in den Gemeinden ausgelegt und bis zum 18.1.2008 um Stellungnahme gebeten.[1015] Anschließend fand im März und April 2008 eine Erörterung statt.[1016] Nach Abschluss der Erörterung gab die Gemeinsame Obere Luftfahrtbehörde Berlin-Brandenburg ihren Erörterungsbericht ab und am 20. Oktober 2009 folgte der Plan-ergänzungsbeschluss des zuständigen brandenburgischen Ministeriums. Darin wurde festgelegt, dass in der Zeit von 23:30 bis 5:30 morgens keine Starts und Landungen

---

[1014] Bundesverwaltungsgericht: Pressemitteilung. Grünes Licht für Flughafen Berlin-Schönefeld aber Einschränkung des Nachtflugbetriebs, a.a.O.
[1015] Gemeinsame Obere Luftfahrtbehörde Berlin-Brandenburg: Anhörungsbericht Planergänzungsverfahren „Lärmschutzkonzept BBI" zum Vorhaben „Ausbau des Verkehrsflughafens Berlin-Schönefeld". 24.07.2008, S. 13f.
[1016] ebda., S. 23.

stattfinden.[1017] Das Gerichtsverfahren war damit jedoch noch nicht beendet.

Im Juni 2006 wurde von den Ausbaugegnern eine Anhörungsrüge gegen das Urteil vom Planfeststellungsbeschluss beim Bundesverwaltungsgericht erhoben, was die Möglichkeit bot, bei einem positiven Ausgang den Planfeststellungsbeschluss neu vor das Bundesverwaltungsgericht zu bringen. Die Anhörungsrüge wurde im Wesentlichen damit begründet, dass das Bundesverwaltungsgericht in der mündlichen Verhandlung sämtliche von den Klägern gestellten Beweisanträge ablehnte, diese Ablehnungen teilweise jedoch zu Unrecht erfolgt waren.[1018] Darüber hinaus wurde im Juli 2006 Verfassungsbeschwerde vor dem Bundesverfassungsgericht – mit der Begründung, dass das Urteil gegen Grundrechte der Kläger verstößt – erhoben. Die Anwälte sahen die betroffenen Anwohner in ihrem Grundrecht auf Leben und Gesundheit verletzt. Dabei bezogen sie sich zum einen auf das Grundrecht auf Leben und Gesundheit, die in Art. 11 GG verankerte Freizügigkeit und zum anderen auf den Schutz des Eigentums nach Art. 14 GG, da die Entschädigung für Anwohner auf 30 Prozent des Grundstückswerts begrenzt worden sei. Bewohner von Dörfern, die auf dem künftigen Flughafengelände liegen, seien gegen ihren Willen umgesiedelt worden.[1019]

Allerdings konnten weder die Anhörungsrüge, noch die Verfassungsbeschwerde die zulässige Bautätigkeit aufhalten, weshalb am 5. September

---

[1017] ebda., S. 1; Ministerium für Infrastruktur und Raumordnung des Landes Brandenburg: Planergänzungsbeschluss „Lärmschutzkonzept BBI" zum Vorhaben „Ausbau Verkehrsflughafen Berlin-Schönefeld". 20.10.2009, S. 16.

[1018] Baumann Rechtsanwälte: Presseerklärung: Bundesverwaltungsgericht entscheidet zu Anhörungsrüge der Kläger im Verfahren für den Ausbau des Flughafens Berlin-Schönefeld. 28.08.2006. URL: http://www.baumann-rechtsanwaelte.de/aktu/download/2808Presseerkl_FBS.pdf. Stand: 16.01.2013; Bundesverwaltungsgericht: Beschluss. In der Verwaltungsstreitsache. 4 A 1067.06. 23.08.2006.

[1019] Baumann Rechtsanwälte: Pressekonferenz. Thema: Der rechtliche Widerstand gegen den Ausbau des Flughafens Schönefeld geht unvermindert weiter! Verfassungsbeschwerde. 21.08.2006. URL: http://www.baumann-rechtsanwaelte.de/aktu/download/2108Verfassungsbeschwerde.pdf. Stand: 16.01.2013.

2006 noch vor der Entscheidung des Bundesverfassungsgerichts mit der Umsetzung des Planfeststellungs-beschlusses begonnen werden konnte.[1020] Am 23. August 2006 wies das Bundesverwaltungsgericht die Anhörungsrüge zurück.[1021] Am 20. Februar 2008 folgte die Entscheidung des Bundesverfassungsgerichts, die die Verfassungsbeschwerde abwies.[1022] Aber auch nun waren die Kläger noch nicht bereit aufzugeben. So gingen sie nun auch gegen den Planfeststellungsergänzungsbeschluss zum Lärmschutz vor. Der Bürgerverein Brandenburg-Berlin e.V. (BVBB) reichte gemeinsam mit den Anrainergemeinden Blankenfelde-Mahlow, Eichwalde, Schulzendorf und Großbeeren Klage vor dem Bundesverwaltungsgericht ein, da sie aufgrund der Ausnahme-genehmigungen die Nachtflugregelung als nicht ausreichend ansahen.[1023] Die Klage wurde jedoch am 13. Oktober 2011 vom Bundesverwaltungsgericht abgewiesen.[1024] Daraufhin klagte der BVBB vor dem Bundesverfassungsgericht gegen die Entscheidung des Bundesverwaltungsgerichts zum Nachtflugverbot und erwog bei einem negativen Ausgang den Gang vor den europäischen Gerichtshof.[1025] Aber nicht nur gegen den Planfeststellungsergänzungsbeschluss wurde weiter vorgegangen. Nach der Festlegung der Flugrouten durch das „Bundesamt für Flugsicherung" (BAF) klagten erneut Bürger vor dem Bundesverwaltungsgericht gegen den Planfeststel-

---

[1020] Senatskanzlei: BBI: Wowereit beim ersten Spatenstich. 05.09.2006. URL: http://www.berlin.de/rbmskzl/rathausaktuell/archiv/2006/09/05. Stand: 16.01.2013.
[1021] Bundesverwaltungsgericht 4. Senat: Beschluss. In der Verwaltungsstreitsache. Aktenzeichen 4 A 1067.06. 23.08.2006.
[1022] BverfG: In dem Verfahren über die Verfassungsbeschwerde. 1 BvR 2722/06, Absatz-Nr. (1 – 98). 20.02.2008. URL: http://www.bverfg.de/entscheidungen/rk20080220_1bvr272206.html. Stand: 16.01.2013.
[1023] BVBB: Pressemitteilung. BVBB beschließt Klage gegen den ergänzenden Planfeststellungsbeschluss zum BBI-Nachtflug. 15.01.2010. URL: http://www.bvbb-ev.de/index.php/pressemitteilungen-als-liste/53-bvbb-beschliesst-klage-gegen-den-ergaenzenden-planfeststellungsbeschluss-zum-bbi-nachtflug. Stand: 17.01.2013.
[1024] Bundesverwaltungsgericht 4. Senat: Urteil: Verwaltungsstreitsache. Aktenzeichen 4 A 4000.09. 13.10.2011.
[1025] BVBB: Pressemitteilung. BVBB-Kläger ziehen vor das Bundesverfassungsgericht. Neue Qualität des Kampfes gegen Fluglärm. 01.12.2011. URL: http://www.bvbb-ev.de/index.php/pressemitteilungen-als-liste/612-bvbb-klaeger-ziehen-vor-das-bundesverfassungsgericht. Stand: 17.01.2013.

lungsbeschluss, da sie sich bei der Festlegung der Flugrouten vom Planungsverfahren getäuscht sahen und forderten den Planfeststellungsbeschluss aufzuheben. Am 31. Juli 2012 wies der Bundesverwaltungsgerichtshof die Klage jedoch zurück.[1026] Eine Klage vor dem Oberverwaltungsgericht Berlin- Brandenburg gegen die „Flugroute Wannsee" der Gemeinden Kleinmachnow und Stahnsdorf sowie die Deutsche Umwelthilfe, die sich ebenso vom Planungsverfahren bei den Flugrouten getäuscht sahen, wurde dagegen positiv beschieden. Am 23. Januar 2013 erklärt das OVG die Wannsee-Route für rechtswidrig, da sie zu dicht am Forschungsreaktor des Helmholtz-Zentrums vorbeiführe, ließ die Möglichkeit einer Revision jedoch zu.[1027]

Da der Planfeststellungsbeschluss bis heute (Stand 2013) von Seiten der Flughafengegner immer wieder vor Gericht angegriffen wurde, fand eine endgültige Legitimierung bisher nicht statt. Inwieweit sich dies auf die strategische und/oder opportunistische Nutzung von Spielräumen bei Regeln zurückführen lässt und wie sich dies letztlich verzögernd auf das Projekt auswirkt, ist nachfolgend zu klären.

Strategisches Verhalten der Flughafenbefürworter

Der Planfeststellungsantrag erfolgte durch die Berlin Brandenburg Flughafen Holding und wurde von den Anteilseignern Berlin, Brandenburg und dem Bund gemeinsam unterstützt, was für eine hohe Strategiefähigkeit sprach.[1028]

Der Hauptgeschäftsführer der Berlin Brandenburg Flughafen Holding, Götz Herberg, erwähnte in einer Pressinformation der Flughafen Berlin Schönefeld GmbH im Dezember 1999, dass sie sich bemüht hätten, den

---

[1026] Bundesverwaltungsgericht 4. Senat: Urteil. Verwaltungsstreitsache. Aktenzeichen 4 A 5000.10. 31.07.2012.
[1027] Oberverwaltungsgericht Berlin- Brandenburg 11. Senat: Urteil: Flugroutenfestsetzungsverfahren BER. Aktenzeichen 11 A 1.13. 23.01.2013, S. 2.
[1028] Flughafen Berlin Schönefeld GmbH: Presseinformation. Meilenstein für die Zukunft des Berlin-Brandenburger Luftverkehrs, 17.12.1999.

Planfeststellungsantrag nach den Forderungen des Gesetzes zu erstellen und genehmigungsfähig zu machen. Allerdings wurde – wie bereits erwähnt – auf Ausführungen zum Standort Schönefeld und zu möglichen Standortalternativen im Planfeststellungsantrag verzichtet. Dieses Vorgehen wurde mit Verweis auf die landesplanerischen Grundlagen und den Umstand gerichtet, dass es sich hier nicht um einen Neubau, sondern um einen Ausbau handele.[1029] Diese Entscheidung wich jedoch von dem formal üblichen Vorgehen ab und weist auf eine *manipulierende* Strategie hin.[1030] Nach wie vor war die Holding nicht bereit, Standortalternativen miteinzubeziehen, obwohl der Widerstand der Gegner insbesondere darauf gründete und ein verändertes Verhalten der Flughafenbefürworter möglicherweise zu einer besseren Zielerreichung geführt hätte. Ziel wäre es dabei gewesen, den Planfeststellungsbeschluss im Zeitrahmen zu erreichen. Das Verhalten der politischen Akteure lässt sich folglich einer *geringen Lernbereitschaft* zuweisen. Wie bereits erwähnt, umfasst *einfaches Lernen* (Verbesserungslernen) Veränderungen bei den Wegen, die gewählt wurden, um bestehende Ziele erreichen. Diese sogenannten Veränderungen in diesem Fall in Form des Einbeziehens von Standortalternativen wurde aber nicht von den politischen Akteuren gefolgt.[1031] Vielmehr schienen die Verantwortlichen, *die Macht zu haben, nicht Lernen zu müssen* und das Planfeststellungsverfahren unverändert durchzuziehen.[1032] Gleichwohl betonte Herberg:

„Die Genehmigungsbehörde wird unabhängig, ohne Zeitdruck und unter Beteiligung aller betroffenen Bürger und Institutionen prüfen, Einwände abwägen und am Ende Ihre Entscheidung fällen."[1033]

[1029] vgl. Brandenburgisches Landesamt für Bauen, Verkehr und Straßenwesen: Anhörungsverfahren für das Vorhaben „Ausbau des Flughafens Berlin Schönefeld". Stellungnahme zum Ergebnis des Anhörungsverfahrens. Aktenzeichen 6441/1. 14.06.2002 Berlin, S. 4.
[1030] Oliver, C.: Strategic Responses to Institutional Processes, a.a.O., S. 152.
[1031] Argyris, C./ Schön, D. A.: Organizational Learning, a.a.O., S. 35.
[1032] Deutsch, K. W.: Politische Kybernetik, a.a.O., S. 171.
[1033] Flughafen Berlin Schönefeld GmbH: Presseinformation. Meilenstein für die Zukunft des

Diese Versicherung, ein unabhängiges Verfahren durchzuführen, sprach für ein kooperatives Verhalten und damit eine *kooperationsgeleitete* Strategie von Seiten der Anteilseigner. Auch die Anhörungsbehörde betonte ihre Kooperationsbereitschaft, indem sie eine der größten Hallen in Brandenburg mietete, um den bis zu 5000 Betroffenen Platz bieten zu können.[1034] Die Anhörungen begannen im März 2001. Um die zahlreichen Argumente gegen den Flughafen zu bearbeiten, wurden Berliner und Brandenburger Antragsgegner in zwei Gruppen geteilt.[1035] Hier zeigt sich, dass die Genehmigungsbehörde von ihrem Handlungsspielraum Gebrauch machte, das Verfahren nach ihren Interessen zu organisieren. Die Unterteilung in zwei Gruppen kann dabei nur vermutlich als *manipulierende* Strategie verstanden werden. Ebenso ist hier auch möglich, dass es eine rein organisatorische Entscheidung war. Festzuhalten bleibt, dass sie allen Beteiligten den Zugang zum Verfahren ermöglichte und sie sich damit strategisch *kompromissbereit* zeigten. Darüber hinaus gingen sie auf die Kritik der Gegner ein. Nach dem die Flughafengegner stark gegen dieses organisatorische Vorgehen protestierten und dann auch nicht so zahlreich kamen, wie anfangs vermutet worden war, war das Landesamt bereit, die Berliner und Brandenburger Gruppen zusammen anzuhören, so dass sie ihr Verhalten einer Strategie des *Kompromisses* zugeordnet werden kann.[1036] Auch die Stellungnahme des Landesamts zeigt, dass sie sich neutral und kompromissbereit zeigten, obwohl ihr oberster Dienstherr, Ministerpräsident Manfred Stolpe (SPD), zugleich zu den Anteilseignern des

---

Berlin-Brandenburger Luftverkehrs, 17.12.1999.

[1034] Schwenkenbecher, J.: Berliner und Brandenburger dürfen gemeinsam Flughafen kritisieren. In: Berliner Zeitung. 25.03.2001. URL: http://www.berliner-zeitung.de/archiv/wegen-der-geringen-teilnehmerzahl-und-der-proteste-wird-die-trennung-der-gegner-des-airport-ausbaus-aufgehoben-berliner-und-brandenburger-duerfen-gemeinsam-flughafen-kritisieren,10810590,9908442.html. Stand: 18.01.2013.

[1035] Brandenburgisches Landesamt für Bauen, Verkehr und Straßenwesen: Anhörungsverfahren für das Vorhaben „Ausbau des Flughafens Berlin Schönefeld". Stellungnahme zum Ergebnis des Anhörungsverfahrens. Aktenzeichen 6441/1. Berlin 14.06.2002, S. 36.

[1036] Oliver, C.: Strategic Responses to Institutional Processes, a.a.O., S. 152.

Flughafens gehörte und damit zu den Antragsstellern. So wiesen sie ausdrücklich darauf hin, dass die Antragsteller nicht ausreichend den Standort begründet und andere Planungsvarianten ausgeschlossen hatten.[1037] Daraufhin versprach der Antragssteller in einem Schreiben an die Planfeststellungsbehörde noch einmal zu begründen, warum es zu Schönefeld keine Alternative gab.[1038]

Die hier kritisierte mangelnde Prüfung von Standortalternativen zu Beginn führte dabei zu immer mehr Unstimmigkeiten zwischen den Flughafenbefürwortern, so dass ihre Strategiefähigkeit sank.

Nachdem das OVG Frankfurt (Oder) entschied, dass das Landesverfassungsgericht prüfen muss, ob die Festlegung auf Schönefeld als Flughafenstandort im Landesentwicklungsprogramm verfassungswidrig sei, war man sich in Berlin und Brandenburg nicht vollends einig, ob das nicht auch Auswirkungen auf das laufende Planfeststellungsverfahren habe. Der brandenburgische Umweltminister Wolfgang Birthler (SPD), schlug daher vor, die von den Richtern genannten Versäumnisse im Planfeststellungsverfahren nachzuholen. Im Gegensatz dazu sprach sich der SPD Bundestagsabgeordnete Peter Danckert dafür aus, das Planfeststellungsverfahren auszusetzen und ein Raumordnungsverfahren für Schönefeld durchzuführen.[1039] Der Berliner Verkehrssenator Peter Strieder (SPD) sah das Urteil wiederum völlig gelassen und meinte, dass es keine Auswirkungen für den Ausbau Schönefelds habe.[1040]

[1037] Brandenburgisches Landesamt für Bauen, Verkehr und Straßenwesen: Anhörungsverfahren für das Vorhaben „Ausbau des Flughafens Berlin Schönefeld", a.a.O., S. 5.
[1038] ebda., S. 5.
[1039] Mara, M.: Flughafen Schönefeld: Kein Dissens zum Großflughafen in der Landesregierung. In: Der Tagesspiegel. 29.08.2001. URL: http://www.tagesspiegel.de/berlin/brandenburg/flughafen-schoenefeld-kein-dissens-zum-grossflughafen-in-der-landesregierung/252094.html. Stand: 19.01.2013.
[1040] Lessen v., C.: Flughafen Schönefeld: Wir privatisieren – aber nicht um jeden Preis. In: Der Tagesspiegel. 26.08.2001. URL: http://www.tagesspiegel.de/berlin/flughafen-schoenefeld-wir-privatisieren-aber-nicht-um-jeden-preis/251400.html. Stand: 19.01.2013.

Es zeigt sich hier, dass zu diesem Zeitpunkt die Strategiefähigkeit der politischen Akteure als geringer einzuschätzen ist, da sie das Ergebnis des Urteils unterschiedlich bewerteten. Gleichwohl wurde das Planfeststellungsverfahren von brandenburgischer Seite weiter fortgesetzt und keine Änderung ihrer Strategie vorgenommen.

Allerdings versuchte das brandenburgische Wirtschaftsministerium bereits im Januar 2001 neue Allianzen mit den Kommunen einzugehen, um deren Widerstand zu überwinden. Brandenburgs Wirtschaftsminister Wolfgang Fürniß (CDU) schlug den Kommunen vor, sich an einer Gesellschaft zur Umfeld-Entwicklung zu beteiligen.[1041] Dieses Verhalten lässt sich am ehesten der Strategie des *Manipulierens* mit der Taktik *Kooptieren* zuordnen, da sie beabsichtigten, einflussreiche Akteure, das heißt, die Kommunen geschickt einzubinden und so den Wiederstand insgesamt gegen den Ausbau zu verringern.[1042]

Obwohl der Wiederstand sich auch mit den Anhörungen nicht auflöste, fuhr die Genehmigungsbehörde mit dem Verfahren fort. Als besondere Knackpunkte erwiesen sich vor allem der Standort, die Lärmbelastung, die Altlasten und die Planrechtfertigung, das heißt, die avisierten Passagierzahlen, bei denen es zu keiner Einigung kam.[1043] Nach Abschluss der Anhörungen im August 2004 erteilte das Verkehrsministerium die Genehmigung, den Planfeststellungsbeschluss zum Ausbau Schönefelds bis 2011 für 22 Millionen Passagiere umzusetzen.[1044]

Nachdem diese Entscheidung zum Planfeststellungsbeschluss zu zahlreichen Klagen führte, lenkte die Landesregierung nach dem Urteil des

---

[1041] Die Welt: Für Großflughafen beginnt 2001 die entscheidende Phase. 02.01.2001. URL: http://www.welt.de/print-welt/article425687/Fuer-Grossflughafen-beginnt-2001-entscheidende-Phase.html. Stand: 31.03.2013.
[1042] Oliver, C.: Strategic Responses to Institutional Processes, a.a.O., S. 152.
[1043] Brandenburgisches Landesamt für Bauen, Verkehr und Straßenwesen: Anhörungsverfahren für das Vorhaben „Ausbau des Flughafens Berlin Schönefeld", a.a.O., S.128-149.
[1044] Ministerium für Stadtentwicklung, Wohnen und Verkehr des Landes Brandenburg: Planfeststellungsbeschluss Ausbau Verkehrsflughafen Berlin-Schönefeld. Aktenzeichen.: 44/1-6441/1/101. 13.08.2004.

Bundesverwaltungsgerichts vom März 2006 ein.[1045] Sie bemühte sich nun – wie zum Beginn des Planfeststellungsverfahrens – um eine *kooperationsgeleitete* Strategie, wie sich bei der Eröffnung des ergänzenden Planfeststellungsverfahrens zeigte.

So betonten die zuständigen Behörden, dass das Planfeststellungsverfahren, was die Beteiligung der Bürger vorsieht, besonders transparent ablaufen solle. Das sprach für eine besonders *kompromissbereite* Strategie, bei der man die unterschiedlichen Erwartungen der Akteure ausgleichen wollte, indem deren Stellungnahmen in den Prozess mit einbezogen werden sollten.

Der zuständige brandenburgische Infrastrukturminister Reinhold Dellmann betonte im Januar 2007 in diesem Rahmen auch:

„Mir ist ein transparentes Verfahren wichtig. Daher haben wir die wichtigsten Unterlagen sofort ins Netz gestellt. Die Auslegung ist aber formal vorgeschrieben und auch notwendig, zumal nicht jeder Betroffene über einen Internetzugang verfügt. Nach der Auswertung der Stellungnahmen werden zudem in einem Erörterungstermin nochmals intensiv alle Argumente ausgetauscht."[1046]

Es sollte neben einer Veröffentlichung im Internet in allen betroffenen Gemeinden bekannt gemacht werden, wann und wo genau die Unterlagen eingesehen werden konnten. Betroffen waren in Berlin der Bezirk Treptow-Köpenick und in Brandenburg die Gemeinde Gosen-Neu Zittau (Amt Spreenhagen), die Stadt Ludwigsfelde und die Gemeinden Eichwalde, Schulzendorf, Schönefeld, Blankenfelde-Mahlow und Großbeeren.[1047]

[1045] Bundesverwaltungsgericht: Pressemitteilung. Grünes Licht für Flughafen Berlin-Schönefeld aber Einschränkung des Nachtflugbetriebs, a.a.O.
[1046] Ministerium für Infrastruktur und Landesplanung des Landes Brandenburg: Pressemitteilung. Ausbau Flughafen Schönefeld: Unterlagen zum ergänzenden Planfeststellungsverfahren werden ab 29. Oktober in den Gemeinden ausgelegt. 29.10.2007. URL:http://www.mil.brandenburg.de/cms/detail.php/bb1.c.142490.de. Stand: 19.01.2013.
[1047] ebda.

Auch der im Anschluss an die Anhörung verfasste Anhörungsbericht der gemeinsamen oberen Luftfahrtbehörde Berlin-Brandenburg wurde im Internet öffentlich gemacht, obwohl die Behörde nicht dazu verpflichtet war. Als Grund gab sie an, den Betroffenen so eine verbesserte Transparenz des Verfahrens zu ermöglichen. [1048] Diese veränderte Strategie wies auch auf eine *Lernbereitschaft* der Landesregierung und Behörden Berlin und Brandenburgs. Sie waren bereit, den Verfahrensablauf offener zu gestalten, um neues Vertrauen herzustellen und so die Umsetzung des Flughafens voranzubringen. Dieses Verhalten zeigt eine *einfache Lernbereitschaft*.[1049] Sie lenkten ein, um ihr Ziel, den Ausbau des Flughafens umsetzen zu können.

Im Rahmen des ergänzenden Verfahrens fanden ab April Erörterungstermine mit Betroffenen und Einwendern zum Thema Lärmschutzkonzept statt. Zwar machte auch hier Infrastrukturminister Dellmann erneut deutlich, dass sich das Ministerium an die Vorgaben des Bundesverwaltungsgerichtes hielte, allerdings zeigte er sich bei den Randzeiten zur Nacht [1050] nun flexibel.

"Es geht jetzt um die Frage, wie viele Flüge in den Randzeiten zur Nacht zulässig sind. Hier muss es eine ausgewogene Entscheidung geben. Daher hat sich die Behörde entschieden, die eingegangenen Einwendungen in einer gesonderten Erörterung mit den Einwendern und den Trägern öffentlicher Belange zu diskutieren. Ich begrüße das ausdrücklich, denn damit wird die Entscheidungsgrundlage sicherer und das Verfahren gerade für die betroffenen Bürgerinnen und Bürger maximal transparent. Generell gilt aber: am Nachtflugverbot zwischen 0 und 5 Uhr für den Flughafen

---

[1048] Gemeinsame Obere Luftfahrtbehörde Berlin-Brandenburg: Planergänzungsverfahren „Lärmschutzkonzept BBI" zum Vorhaben „Ausbau des Verkehrsflughafens Berlin-Schönefeld". 07. April 2008 – 11. April 2008. Erörterung der Stellungnahmen der Träger öffentlicher Belange, anerkannter Verbände und sonstigen Stellen. 14. April 2008 – 25. April 2008. Erörterung der fristgerechten Einwendungen Betroffener. 24.07.2008, S. 2.
[1049] Argyris, C./ Schön, D. A.: Organizational Learning, a.a.O., S. 35.
[1050] Unter nächtlichen Randzeiten sind die Zeiten zwischen 23:00 Uhr und 23.59 und 5:00 und 5:59 gemeint, in denen Flugzeuge starten oder noch landen können.

Schönefeld wird nicht gerüttelt. Das klare Votum des Bundesverwaltungsgerichtes gilt ohne wenn und aber."[1051]

Dellmans Aussagen, wiesen zwar auf eine *kooperationsgeleitete* Strategie hin, allerdings boten die zur Disposition gestellten Randflugzeiten einen möglichen neuen Konfliktpunkt.[1052] Während der Anhörung zeigte sich so dann auch ein anderes Bild. Das Airport Research Center (ARC) Gutachten, das im Auftrag der Berlin-Schönefeld GmbH erstellt worden war, sollte die Notwendigkeit von Flügen in der Nacht zwischen 0 und 5 Uhr doch belegen und dies auch im ergänzenden Planungsverfahren durchzusetzen. Auch die Berliner Senatsverwaltung zeigte sich in der Anhörung bereit, mit dem neuen Gutachten Nachtflüge doch noch durchzusetzen, was einer Strategie des *Manipulierens* mit der Taktik *Beeinflussen* zuzuordnen ist.[1053] So verwies die Senatsverwaltung für Stadtentwicklung auf das neue Gutachten und kritisierte,

„(...) dass bei den derzeitigen Wachstumsraten des Luftverkehrs von und nach Berlin es absehbar sei, dass ohne die Zulassung von Flugbetrieb in der Nacht bzw. zumindest in den Nachtrandzeiten in einem absehbaren Zeithorizont die nachfragegerechte Erbringung von Beförderungsleistungen im gewerblichen Linien- und Bedarfsflugverkehr in der Region Berlin-Brandenburg nicht mehr möglich sein werde. Die Senatsverwaltung vertritt die Auffassung, dass die in dem Gutachten „Der besondere Bedarf an der Durchführung von Flugbewegungen während der Nachtzeit am Flughafen BBI" vorgenommene Begründung für Nachtflugbewegungen grundsätzlich geeignet sei, die vom BVerwG gerügten Abwägungsmängel des

---

[1051] Ministerium für Infrastruktur und Landesplanung des Landes Brandenburg: Pressemitteilung. Flughafen Schönefeld: Erörterungstermine im April. 11.03.2008. URL: http://www.mil.brandenburg.de/cms/detail.php/bb1.c.142428.de. Stand: 20.01.2013.
[1052] Der Tagesspiegel: "Am Nachtflugverbot wird nicht gerüttelt". 11.03.2008. URL: http://www.tagesspiegel.de/berlin/brandenburg/schoenefeld-am-nachtflugverbot-wird-nicht-geruettelt/1186662.html. Stand: 13.01.2013.
[1053] Oliver, C.: Strategic Responses to Institutional Processes, a.a.O., S. 152.

Planfeststellungsbeschlusses Ausbau Verkehrsflughafen Berlin-Schönefeld vom 13.08.2004 zu korrigieren." [1054]

Auch das Brandenburger Ministerium für Infrastruktur und Raumordnung schloss sich der Kritik an und forderten zu mindestens flexible Randzeiten. [1055] So wurde letztlich im Planergänzungsbeschluss von der Möglichkeit Gebrauch gemacht, mit zahlreichen Ausnahmen Nachtflüge zu genehmigen, was erneut einer *manipulierenden* Strategie zuzuordnen ist. [1056] Anstelle das Verbot konsequent umzusetzen, machten sie von ihrem Handlungsspielraum Gebrauch und steuerten das Verfahren. [1057] Auch hier zeigt sich, dass sie weiterhin die Macht besaßen, *nicht lernen zu müssen.* [1058] Dies setzte sich auch beim Streit um die Flugrouten fort, was erneut zu Klagen gegen den Planfeststellungbeschluss führte. Zwar folgten die Flughafenbefürworter der Regelung, dass die Deutsche Flugsicherung nach dem Planfeststellungsbeschluss einen Vorschlag zu den genauen Flugrouten macht, die genaue Festlegung der Flugrouten in der Fluglärmkommission diskutiert und anschließend vom Bundesamt für Flugsicherung abschließend festgelegt wird, allerdings besaßen sie schon 1998 Informationen über den möglichen Verlauf der Flugrouten, die sie jedoch nicht in das Planfeststellungsverfahren einbezogen. [1059] So argumentierten sie, dass die Festlegung der Flugrouten nicht Teil des Planfeststellungsverfahrens ist. [1060] Vielmehr sahen sie es als ausreichend

---

[1054] Gemeinsame Obere Luftfahrtbehörde Berlin-Brandenburg: Planergänzungsverfahren „Lärmschutzkonzept BBI" zum Vorhaben „Ausbau des Verkehrsflughafens Berlin-Schönefeld". 07. April 2008 – 11. April 2008, a.a.O., S. 28f.
[1055] ebda., S. 40.
[1056] Ministerium für Infrastruktur und Raumordnung des Landes Brandenburg: Planergänzungsbeschluss „Lärmschutzkonzept BBI" zum Vorhaben „Ausbau Verkehrsflughafen Berlin-Schönefeld". 20.10.2009, S. 16f.
[1057] Oliver, C.: Strategic Responses to Institutional Processes, a.a.O., S. 152.
[1058] Deutsch, K. W.: Politische Kybernetik, a.a.O. S. 171.
[1059] Bürgerinitiative Kleinmachnow gegen Flugrouten e.V.; Bürgerinitiative Schallschutz Rangsdorf e.V (Hrsg.): FLUGROUTEN-BETRUG bei der Planung des Hauptstadtflughafens Berlin Brandenburg BER „Willy Brandt" in Schönefeld. Die Chronologie. Juni 2012.
[1060] Landtag Brandenburg: Antwort der Landesregierung auf die Kleine Anfrage 1115 der Abgeordneten Dr. Saskia Ludwig CDU-Fraktion. LT-Drucksache 5/2855. 28.03.2011, S. 2.

an, die Interessen der Betroffenen über die Einbindung der Fluglärmkommission in das Verfahren zu wahren.[1061] Formal hielten sie sich danach an den Ablauf des Verfahrens, was einer Strategie der *Kooperation* zuzuordnen wäre.[1062] Gleichwohl verhinderten sie durch das Verschweigen von Informationen bezüglich der Flugrouten, dass die davon betroffenen Gemeinden in das Planfeststellungsverfahren einbezogen wurden, was auch insbesondere dem Postulat der Transparenz, dass Minister Dellman für das ergänzende Planungs-verfahren ausgesprochen hatte, entgegensteht. Damit lässt sich zu mindestens informell ihre Entscheidung einer *manipulierenden* Strategie zuordnen.[1063] Damit begrenzten sie bewusst oder unbewusst die Zugangsmöglichkeiten der Betroffenen. Es zeigt sich, dass auch hier die zuständige Behörde von ihrem Handlungsspielraum Gebrauch machte und das Verfahren *steuerte* und somit die *Macht besaß, nicht lernen zu müssen.*[1064]

Strategisches Verhalten der Flughafengegner

Nachdem der Antrag auf Planfeststellung für den Ausbau des Flughafen Schönefelds von der Flughafen Berlin Schönefeld GmbH eingereicht worden war, erhoben mehr als 60.000 Betroffene 132.000 Einwendungen nachdem die Unterlagen ausgelegt worden waren.[1065] Darüber hinaus gaben 136 Träger öffentlicher Belange ihre Stellungnahme ab.[1066] Zwischen den Gegnern herrschte Einigkeit über das Ziel, den Flughafenausbau zu verhindern bzw. zu verzögern. Sie besaßen damit eine hohe Strategiefähigkeit.

[1061] ebda., S. 2.
[1062] Oliver, C.: Strategic Responses to Institutional Processes, a.a.O., S. 152.
[1063] ebda., S. 152.
[1064] Deutsch, K. W.: Politische Kybernetik, a.a.O., S. 171.
[1065] Brandenburgisches Landesamt für Bauen, Verkehr und Straßenwesen: Anhörungsverfahren für das Vorhaben „Ausbau des Flughafens Berlin Schönefeld", a.a.O., S. 21.
[1066] ebda., S. 25.

Bevor es jedoch zu den Anhörungen kam, klagte der Bürgerverein Brandenburg-Berlin (BVBB) gegen die Auswahl des Ortes für die Anhörung. Dabei bemängelte der BVBB, dass die Anhörung auf Berliner Hoheitsgebiet (Berliner Ortsteil Oberschöneweide) stattfinde, anstatt auf brandenburgischem Territorium. Aus seiner Sicht konnte auf Berliner Hoheitsgebiet das brandenburgische Verwaltungsverfahrensgesetz keine Geltung beanspruchen und war damit rechtswidrig. Der Bürgerverein verfolgte dabei eine Doppelstrategie, wie sie öffentlich in den Printmedien zugaben. So klagten sie zum einen aus rechtlichen Motiven und zum anderen um das Planfeststellungsverfahren mit dieser Klage zumindest um ein Jahr zu verzögern.[1067] Diese Doppelstrategie lässt sich dabei zum einen der Strategie des *Trotzens* mit der Taktik *Herausfordern* zuordnen, indem sie gegen *Regeln und Anforderungen* juristisch *ankämpften*. Zum andern lässt sie sich der Strategie *Manipulieren* mit der Taktik *Steuern* zuordnen, indem sie versuchten, mit der Klage den Prozess der Anhörung temporär zu beherrschen.[1068]

Trotz der Strafanzeige wurden die Anhörungen fortgesetzt und der BVBB beteiligte sich auch. Zu Beginn der Anhörungen warf der Bürgermeister von Diedersdorf und Vorsitzender des BVBB, Ferdinand Breidbach, dem Brandenburger Landesamt für Bauen, Verkehr und Straßenwesen *„Manipulation, Befangenheit und schwerwiegende Fehler"* in der Vorbereitung vor[1069]. Darüber hinaus formulierte seine Bürgerbewegung mehrere Befangenheitsanträge gegen den Versammlungsleiter Joachim Leyerle, da er sich aus ihrer Sicht mit den Planern abgesprochen habe.[1070] Erneut folgten sie hier der Strategie des *Trotzens* mit der Taktik *Angreifen*

[1067] Spangenberg, A.: „Paragraph eins: Jeder macht seins!" Strafanzeige gegen Verkehrsminister Meyer wegen Schönefeld Anhörung. In: Der Tagesspiegel. 06.06.2001.
[1068] Oliver, C.: Strategic Responses to Institutional Processes, a.a.O., S. 152.
[1069] Steyer, C.-D./ Kurpjuweit, K.: Großflughafen Berlin: In der Warteschleife. In: Der Tagesspiegel. 23.04.2001. URL: http://www.tagesspiegel.de/berlin/brandenburg/grossflughafen-berlin-in-der-warteschleife/222048.html. Stand: 20.01.2013.
[1070] ebda.

indem sie den Versammlungsleiter ablehnten. Auch kritisierten sie die Beteiligungsrechte beim Verfahren. Insbesondere die Beschränkung der Anzahl der Redner sorgte für Unmut bei den Betroffenen.[1071] Sie sprachen sich bei den Anhörungen für das Ergebnis des Raumordnungsverfahrens aus und argumentierten weiterhin, dass die Entscheidung für den Flughafen Schönefeld eine rein politische gewesen sei und stellten das gesamte Planfeststellungsverfahren in Frage.[1072] Insgesamt forderten sie in 730 Anträgen die Unterbrechung, den Abbruch oder die Aussetzung des Verfahrens.[1073]

Diese Kritik konnte auch im Rahmen der Anhörung nicht ausgeglichen werden. Hinzu kam, dass die Gegner des Flughafenausbaus der leitenden brandenburgischen Behörde des Planfeststellungsverfahrens vorwarfen, nicht neutral zu sein, denn neben dem Land Berlin und den Bundesvertretern war auch das Land Brandenburg, also der oberste Dienstherr der Anhörungsbehörde, selbst Gesellschafter der Flughafen GmbH.[1074] Dies weist einmal mehr auf eine *trotzende* Strategie der Gegner hin.[1075] Zwar beteiligten sich die Flughafengegner, Bürgerinitiativen und Gemeinden an den Anhörungen im Rahmen des Planfeststellungsverfahrens und trugen ihre Einwände vor, was durchaus auch für ein *kooperatives* Verhalten hätte sprechen können.[1076] Letztlich beteiligten sie sich jedoch deshalb, da dies eine Voraussetzung war, um überhaupt vor Gericht gegen den Planfeststellungsbeschluss klagen zu können. Damit folgten die Gegner des

---

[1071] Schwenkenbecher, J.: Berliner und Brandenburger dürfen gemeinsam Flughafen kritisieren. In: Berliner Zeitung. 25.03.2001. URL: http://www.berliner-zeitung.de/archiv/wegen-der-geringen-teilnehmerzahl-und-der-proteste-wird-die-trennung-der-gegner-des-airport-ausbaus-aufgehoben-berliner-und-brandenburger-duerfen-gemeinsam-flughafen-kritisieren,10810590,9908442.html. Stand: 20.01.2013.
[1072] Brandenburgisches Landesamt für Bauen, Verkehr und Straßenwesen: Anhörungsverfahren für das Vorhaben „Ausbau des Flughafens Berlin Schönefeld", a.a.O., S. 130.
[1073] ebda., S. 36.
[1074] Bundesministerium der Finanzen (Hrsg.): Beteiligungsbericht 2012. Köln 2012, S. 72.
[1075] Oliver, C.: Strategic Responses to Institutional Processes, a. a. O., S. 152.
[1076] ebda. S. 152.

Projektes – wenn auch *trotzend* – dem Verfahren und bereiteten sich zugleich schon auf den nächsten Schritt, nämlich die Klage vor.

Damit deutete sich die ablehnende Haltung gegenüber dem Verfahren bereits an und die Flughafengegner klagten, nachdem der Plan festgestellt wurde gegen dessen sofortige Vollziehbarkeit.[1077] Sie sprachen sich damit für ein Verfahren außerhalb der Planfeststellung aus. Nachdem das Gericht den Planfeststellungsbeschluss nicht aufhob, sondern nur im Bereich des Lärmschutzes Nachbesserungen forderte, konzentrierten sich die Flughafengegner auf das erreichte Nachtflug-verbot und forderten dessen Umsetzung. Auch hier zeigte sich wiederum eine hohe Strategiefähigkeit der Gegner. So gaben die Umweltverbände eine gemeinsame Stellungnahme ab.[1078] Auch die privaten Gegner hatten eine ähnliche Interessenlage. Nur die Gemeinden zeigten im Verfahren unterschiedliche Interessen bezüglich des Nachtflugverbots. Nach der Auslegung der Unterlagen wurden 36.539 Einwendungen von ca. 12.260 Einwendern erhoben. Während der Erörterung wurde von den Gegnern erneut auf die Befangenheit der Anhörungsbehörde verwiesen. Ebenso wurde kritisiert, dass das Nachtflugverbot durch Ausnahmegenehmigungen verwässert würde und das ACR-Gutachten auf falschen Annahmen beruhe und somit nicht Gegenstand der Erörterung sein dürfe.[1079] Nachdem der Beschluss zum Planergänzungsverfahren öffentlich bekannt gemacht wurde, entschloss sich der BVBB zu klagen.[1080] Obwohl die Klage abgewiesen

---

[1077] Bundesverwaltungsgericht: Pressemitteilung. Eilanträge gegen Flughafen Berlin-Schönefeld weitgehend erfolgreich. 14.04.2005. URL: http://www.bverwg.de/presse/pressemitteilungen/pressemitteilung.php?jahr=2005&nr=21. Stand: 15.01.2013.

[1078] Brandenburgisches Landesamt für Bauen, Verkehr und Straßenwesen: Anhörungsverfahren für das Vorhaben „Ausbau des Flughafens Berlin Schönefeld", a.a.O., S. 102

[1079] Gemeinsame Obere Luftfahrtbehörde Berlin-Brandenburg: Planergänzungsverfahren „Lärmschutzkonzept BBI" zum Vorhaben „Ausbau des Verkehrsflughafens Berlin-Schönefeld". 07. April 2008 – 11. April 2008. Erörterung der Stellungnahmen der Träger öffentlicher Belange, anerkannter Verbände und sonstigen Stellen. 14. April 2008 – 25. April 2008. Erörterung der fristgerechten Einwendungen Betroffener. 24.7.2008, S. 104ff., S. 158.

[1080] BVBB: Pressemitteilung. BVBB beschließt Klage gegen den ergänzenden

wurde, war der Konflikt noch nicht ausgeräumt. Nachdem die Flugroutenvorschläge für den neuen Flughafen Schönfeld am 6.9.2010 von der Deutschen Flugsicherung veröffentlicht wurden, zeigte sich, dass mehr Gemeinden als im Planfeststellungsverfahren angenommen, betroffen wären. Obwohl, wie es gesetzlich vorgesehen ist, die Fluglärmkommission Schönefeld zusammentrat, um die zuständigen Behörden bei der Festlegung der Flugverfahren zu beraten, kam es nicht zu einer Konfliktlösung.[1081] Nachdem das Bundesamt für Flugsicherung die neuen Flugrouten veröffentlichte, klagten mehrere Bürger und Bürgerinitiativen, darunter der BVBB, die „Bürgerinitiative Schallschutz Rangsdorf e.V." und die „Bürgerinitiative Kleinmachnow" wegen Täuschung vor dem Bundesverwaltungsgericht erneut gegen den Planfeststellungsbeschluss.[1082] So sahen sie es als erwiesen an, dass das Ministerium für Stadtentwicklung, Wohnen und Verkehr bereits 1998 und damit zu Beginn des Planfeststellungsverfahrens durch die „Deutsche Flugsicherung" (DFS) in Kenntnis gesetzt wurde, dass die Flugrouten nicht parallel laufen sondern abknicken und damit auch u.a. Kleinmachnow vom Fluglärm betroffen sein würde. Anstelle aber die betroffenen Gemeinden am Planfeststellungsverfahren zu beteiligen, wurden aus ihrer Sicht über diese Information Stillschweigen vereinbart.[1083] Als Antwort auf die *manipulierende* Strategie der Planungsträger, erfolgte erneut eine Strategie des *Trotzens* der Flughafengegner.[1084] So verließen sich die Kläger nicht auf die örtliche Fluglärmkommission – der unter anderem

---

Planfeststellungsbeschluss zum BBI-Nachtflug. 15.01.2010. URL: http://www.bvbb-ev.de/index.php/pressemitteilungen-als-liste/53-bvbb-beschliesst-klage-gegen-den-ergaenzenden-planfeststellungsbeschluss-zum-bbi-nachtflug. Stand: 17.01.2013.

[1081] Ministerium für Infrastruktur und Raumordnung Land Brandenburg: Geschäftsordnung der Fluglärmkommission für den Verkehrsflughafen Berlin-Schönefeld in der Fassung vom 1.9.2008. 28.01.2009, S. 1.

[1082] Bürgerinitiative Kleinmachnow: Pressemitteilung. Vor der Verhandlung beim Bundesverwaltungsgericht in Leipzig: Lügengebäude der BER-Planfeststellung zusammengebrochen. Juni 2012.

[1083] Bürgerinitiative Kleinmachnow gegen Flugrouten e.V.; Bürgerinitiative Schallschutz Rangsdorf e.V (Hrsg.): Flugrouten-Betrug bei der Planung des Hauptstadtflughafens Berlin Brandenburg BER „Willy Brandt" in Schönefeld. Die Chronologie. Juni 2012.

[1084] Oliver, C.: Strategic Responses to Institutional Processes, a.a.O., S. 152.

Vertreter der betroffenen Gemeinden, des Landes und der Bundesvereinigung gegen Fluglärm angehören – um ihre Interessen zu wahren, sondern bevorzugten das Klageverfahren.[1085]Allerdings wurde die Klage vor dem Bundesverwaltungsgericht am 31. Juli 2012 abgewiesen.[1086] Ebenso leiteten der „Bürgerverein Friedrichshagen" und die „GRÜNE LIGA Berlin" eine Beschwerde bei der EU ein, da aus ihrer Sicht für die Flugrouten über den Müggelsee kein Umweltverträglichkeitsprüfung im Planfeststellungsverfahren gemacht worden war. Sie forderten entweder die Aufhebung der Planfeststellung oder ein Planergänzungs-verfahren.[1087] Ihre Strategie lässt sich hier erneut dem *Trotzen* zuordnen. Nach wie vor *kämpften* sie gegen das Planfeststellungsverfahren *an*. Einer anderen Strategie folgten die Gemeinden Kleinmachnow, Stahnsdorf, die Stadt Teltow, die Deutsche Umwelthilfe und Anwohner. Zwar klagten sie auch vor dem Oberverwaltungsgericht. Ihre Klage richtete sich jedoch nicht direkt gegen den Planfeststellungsbeschluss, (was ja aufgrund des Verkehrswegebeschleunigungsgesetzes auch nicht möglich war) sondern gegen das Bundesaufsichtsamt für Flugsicherung, die die Flugrouten beschlossen hatten. Dabei beriefen sich die Kläger u. a. auf die Vorschläge der Fluglärmkommission, die die Flugzeuge anstelle über den Wannsee, in einem großen Bogen um Berlin leiten wollten.[1088] Damit zeigten sie sich durchaus *kooperativ*, denn sie lehnten die Flugrouten nicht grundsätzlich ab, sondern folgten den Ergebnissen der Fluglärmkommission, dem Gremium, das die verschiedenen Interessen bündelt und ausgleichen soll. Am 23. Januar 2013 bestätigte das OVG die Klage aufgrund der mangelnden Risikoabschätzung in Bezug auf den in der

---

[1085] Landtag Brandenburg: Antwort der Landesregierung auf die Kleine Anfrage 1115 der Abgeordneten Dr. Saskia Ludwig CDU-Fraktion, a.a.O., S.2.
[1086] BVerwG 4 A 5000.
[1087] Baumann Rechtsanwälte: Presseerklärung. Überflug des Müggelsees Bürgerverein Friedrichshagen und GRÜNE LIGA Berlin kündigen gemeinsame EU-Beschwerde an. 26.01.2012
[1088] Die Zeit: Gericht verbietet Flugroute über Wannsee. 24.01.2013. URL: http://www.zeit.de/politik/deutschland/2013-01/ber-flugrouten-urteil. Stand: 21.01.2013.

Nähe liegenden Forschungsreaktor.[1089] Wie bereits beim Landesentwicklungsprogramm und den Landesentwicklungsplänen zeigt sich, dass die Gemeinden nur bedingt bereit waren, sich auf das Verfahren einzulassen und am Ende eher den Rechtsweg einschlugen. Hinzu kommt noch, dass sie nun auch noch Unterstützung von den Bürgern und Bürgerinitiativen erhielten, die ihr Recht nutzten gegen den Planfeststellungsbeschluss zu klagen. Ihre Beteiligung am Verfahren gleicht zum Teil eher einer Verhinderungs- und Verzögerungstaktik als eine Bereitschaft sich an den Erörterungen zu beteiligen, so dass hier auch nicht von einer *Lernbereitschaft* gesprochen werden kann, sondern sie vielmehr die *Macht* besaßen *nicht lernen zu müssen*, da sie die Möglichkeit hatten vor Gericht zu gehen. Zugleich ist jedoch auch festzustellen, dass auf Grund des Umgangs mit den Ergebnissen des Raumordnungsverfahrens und der Fehler bei der Aufstellung der Landesentwicklungspläne wenig Vertrauen auf Seiten der Flughafengegner gegenüber den zuständigen Behörden herrschte.

5.2.4.1 Verzögerungen

Aufgrund der strategischen Nutzung von Spielräumen von Seiten der Befürworter als auch Flughafengegner kam es während des Planfeststellungsverfahrens zu Verzögerungen. Insbesondere die Entscheidung auf Seiten der Befürworter, kein erneutes Raumordnungsverfahren für den Standort durchzuführen, sondern dies mit einer verbindlichen Festlegung im LEPro und LEP FS zu heilen, führte zu einer Vielzahl an Klagen und damit zu einer Verzögerung von 2 Jahren allein nur für den Planfeststellungsbeschluss. Nachdem im August 2004 der Planfeststellungsbeschluss stand, dauerte es bis zum Gerichtsurteil im März 2006 bis der Beschluss auch rechtskräftig war. Im September 2006 konnte dann mit der Bautätigkeit begonnen werden. Gegen das Planfeststellungsverfahren bzw. den Ergänzungsbeschluss wurde aber auch weiter geklagt. Obwohl

---

[1089] OVG Berlin-Brandenburg 11 A 1.13.

sich die Landesregierung zunächst um eine *kooperative* Strategie bemühte (mehr Transparenz beim Ergänzungsverfahren), konnte sie kein neues Vertrauen bei den Flughafengegnern aufbauen. Insbesondere das strategische Verhalten der Landesregierung im weiteren Verlauf beim Nachtflugverbot und den Flugrouten führte erneut zu einem Vertrauensverlust und Klagen vor dem OVG. Hier zeigte sich, dass das Verfahren hybridisiert wurde, indem autoritative mit partizipativen Elementen vermischt wurden. So schränkten die Behörden die Beteiligungsrechte einiger Gemeinden während des Planfeststellungsverfahrens ein, indem sie sie nicht darüber frühzeitig informierten, dass sie auf Grund der veränderten Flugrouten von Fluglärm betroffen sein könnten. Auf den Bau hatte dies allerdings keine Auswirkungen mehr. Inwieweit dies aber zu weiteren Verzögerungen bei der Eröffnung des Flughafens führen könnte, kann hier nicht abschließend beurteilt werden, da das OVG in seinem Urteil zu den Flugrouten vom Januar 2013 die Revision zugelassen hat.

5.2.5 Verkehrswegebeschleunigungsgesetz

Das Verkehrswegebeschleunigungsgesetz, das 1991 vom Bundestag verabschiedet wurde, sollte insbesondere in den neuen Bundesländern große Verkehrsprojekte schneller umsetzen und die Klagemöglichkeiten in Bezug auf den Planfeststellungsbeschluss verkürzen. Dazu sollte es nur die Möglichkeit geben, in letzter Instanz vor dem Bundesverwaltungsgericht zu klagen. Da der neue Flughafen in Berlin zu Beginn der 1990er Jahre geplant wurde, traf das Gesetz auch auf den Neubau bzw. Ausbau des Flughafens Schönefeld zu.[1090] Um das Gesetz auch im Planfeststellungsverfahren anwenden zu können, musste das Verfahren bis 1999 eingeleitet werden, da dann die Gültigkeit des Gesetzes auslief. Durch die Privatisierungsbemühungen war zunächst unklar, ob der Planfeststel-

---

[1090] VerKPBG; Nohlen D./ Grotz, F. (Hrsg.): Das kleine Lexikon der Politik. München 2011 (2001), S. 446.

lungsantrag noch bis zu diesem Zeitpunkt eingereicht werden konnte.[1091] Die staatlichen Eigentümer, Berlin, Brandenburg und der Bund, stellten den Antrag durch die Projektplanungsgesellschaft Schönfeld (PPS) jedoch selbst fertig und die „Flughafen Berlin-Schönfeld GmbH" reichte ihn ein.[1092] Am 17. Dezember 1999 beantragte die Flughafengesellschaft das Planfeststellungsverfahren.[1093] Im August 2004 wurde der Planfeststellungsbeschluss erteilt.[1094] Daraufhin konnten die Flughafen-gegner nur in letzter Instanz gegen den Flughafen vor dem Bundesverwaltungsgericht klagen. Das Gericht ließ darüber hinaus nur vier Musterklagen zu. Am 16. März 2006 gab das Bundes-verwaltungsgericht bis auf wenige Ausnahmen grünes Licht für den Planfeststellungsbeschluss, so dass mit dem Ausbau begonnen werden konnte.[1095] Gleichwohl zogen sich die Klagen gegen den Plan-feststellungbeschluss noch bis 2013 weiter hin, obwohl das Bundesverwaltungsgericht in letzter Instanz zuständig war.[1096] Inwieweit sich dies auf die strategische und/oder opportunistische Nutzung von Spielräumen bei Regeln zurückführen lässt und wie sich dies letztlich verzögernd auf das Projekt ausgewirkt hat, ist nachfolgend zu klären.

Strategisches Verhalten der Flughafenbefürworter

In Anbetracht der Tatsache, dass das Verkehrswegebeschleunigungsgesetz zunächst auf das Jahr 1999 zeitlich begrenzt war, zeigten die Flughafeneigentümer eine geringe Strategiefähigkeit. Sie hatten alle drei,

---

[1091] Wortprotokoll vom 1. September 2001, S. 18. In: Abgeordnetenhaus von Berlin: Bericht. des 1. Untersuchungsausschusses des Abgeordnetenhauses von Berlin – 14. Wahlperiode – „Flughafen Schönefeld II". Drucksache 14 /1515. 21.09.2001, S. 47.
[1092] Ministerium für Stadtentwicklung, Wohnen und Verkehr des Landes Brandenburg: Planfeststellungsbeschluss Ausbau Verkehrsflughafen Berlin-Schönefeld, a.a.O., S. 221
[1093] vgl. Flughafen Berlin Schönefeld GmbH: Ausbau des Flughafens Schönefeld. Wegweiser für den Planfeststellungsantrag. Berlin 1999.
[1094] Ministerium für Stadtentwicklung, Wohnen und Verkehr des Landes Brandenburg: Planfeststellungsbeschluss Ausbau Verkehrsflughafen Berlin-Schönefeld, a.a.O., S. 222.
[1095] Bundesverwaltungsgericht: Pressemitteilung. Grünes Licht für Flughafen Berlin-Schönefeld aber Einschränkung des Nachtflugbetriebs, a.a.O.
[1096] OVG 11 A 1.13.

wie bereits unter 5.2.1.3 erwähnt, sehr unterschiedliche Vorstellungen über den Standort und einigten sich erst 1996, sechs Jahre nach den ersten Plänen auf den gemeinsamen Standort Schönefeld. Daher ist ihr strategisches Verhalten zunächst eher einer Mischung aus *kompromissbereiter* und *vermeidender* Strategie zuzuordnen.[1097] Nachdem sie sich auf einen Standort geeinigt hatten und beschlossen, den Flughafen privat ausbauen zu lassen, konkretisierten sich auch die Pläne zur Planfeststellung. Hierbei entschieden sie parallel zum Privatisierungsverfahren den Planfeststellungsantrag zu erarbeiten, um so bei Verzögerungen bei der Privatisierung das Planfeststellungsverfahren nicht zu gefährden und wollten weiterhin vom Verkehrswegebeschleunigungsgesetz profitieren, was einer Doppelstrategie aus *Manipulieren* und *Erdulden* zuzuordnen ist.[1098] Sie beherrschten damit nach wie vor das Verfahren und konnten so zugleich das neue Gesetz umsetzen und deren Regeln *befolgen*.[1099] So konnte die PPS – trotz des Scheiterns des Privatisierungsvertrages mit dem Konsortium Hochtief aufgrund des Gerichtsurteils vom Juni 1999 -den Planfeststellungsantrag im Dezember 1999 fristgerecht einreichen.[1100]

„Es ging darum, dass der Flughafen gebaut werden sollte, und wir waren in großem Zeitdruck. Es ging darum, das Verkehrswegebeschleunigungsgesetz einzuhalten, das in seiner ersten Phase 1995 abgelaufen war und – Gott sei Dank! – auf unser aller Betreiben bis 1999 verlängert wurde, soweit ich das richtig in Erinnerung habe. Das heißt, dass vor allen Dingen alles getan werden musste, um die Planfeststellung in Gang zu bringen."[1101]

[1097] Stolpe, M./ Diepgen, E./ Wissmann, M.: Anlage zum Beschluss der Gesellschafterversammlung vom 20. Juni 1996, a.a.O., S. 2.
[1098] vgl. Wortprotokoll vom 1. September 2001, S. 18. In: Abgeordnetenhaus von Berlin: Bericht. des 1. Untersuchungsausschusses des Abgeordnetenhauses von Berlin – 14. Wahlperiode – „Flughafen Schönefeld II". Drucksache 14 /1515. 21.09.2001, S. 47.; Ministerium für Stadtentwicklung, Wohnen und Verkehr des Landes Brandenburg: Planfeststellungsbeschluss Ausbau Verkehrsflughafen Berlin-Schönefeld, a.a.O., S. 221
[1099] Oliver, C.: Strategic Responses to Institutional Processes, a.a.O., S. 152.
[1100] Flughafen Berlin Schönefeld GmbH: Ausbau des Flughafens Schönefeld, a.a.O.
[1101] Wortprotokoll vom 1. September 2001, S. 18. In: Abgeordnetenhaus von Berlin: Bericht.

Dass der Antrag fristgerecht abgegeben werden konnte, lag zuletzt auch daran, dass mögliche Abweichungen bei den Flugrouten nicht einbezogen wurden.[1102]

Im Rahmen der Erstellung der Antragsunterlagen für das Planfeststellungsverfahren durch die PPS machte die Deutsche Flugsicherung darauf aufmerksam, dass bei den Abflugrouten eine Divergenz von 15 Grad zu berücksichtigen sei. Diese Veränderung hätte zur Folge gehabt, dass mehr Gemeinden in das Anhörungsverfahren hätten einbezogen werden müssen. Zugleich hätte aber möglicherweise der Planfeststellungsantrag derart überarbeitet werden müssen, dass die Frist für die Nutzung des Verkehrswegebeschleunigungsgesetzes abgelaufen wäre. So entschieden sich die PPS und die Landesregierung diese Informationen nicht aufzunehmen, was einer *manipulierenden* Strategie entspricht und zugleich eine Hybridisierung des Verfahrens bedeutete.[1103] Zwar war die Festlegung der Flugrouten nicht Teil des Planfeststellungsverfahrens und konnte im Anschluss bearbeitet werden, die vom Lärm Betroffenen hätten aber im Rahmen des Verfahrens angehört werden können und auch müssen.[1104] So konnte gegen den Planfeststellungsbeschluss, der 2004 erlassen wurde nur in letzter Instanz geklagt werden. Ein rechtskräftiger Planfeststellungbeschluss lag zwei Jahre später nach dem Gerichtsurteil des Bundesverwaltungsgerichts im März 2006 vor.[1105] Da das Gericht den Beschluss mit Auflagen erteilte, mussten die zuständigen Behörden ein Planergänzungsverfahren durchführen, gegen das wiederum nur vor dem Bundesverwaltungsgericht Klagen möglich waren. So konnten trotz des Verkehrswegebeschleunigungsgesetzes die Klagen nicht auf ein Verfahren

---

des 1. Untersuchungsausschusses des Abgeordnetenhauses von Berlin – 14. Wahlperiode – „Flughafen Schönefeld II". Drucksache 14 /1515. 21.09.2001, S. 47.

[1102] Bürgerinitiative Kleinmachnow gegen Flugrouten e.V.; Bürgerinitiative Schallschutz Rangsdorf e.V (Hrsg.): Flugrouten-Betrug bei der Planung des Hauptstadtflughafens Berlin Brandenburg BER „Willy Brandt" in Schönefeld, a.a.O.

[1103] ebda.

[1104] ebda.

[1105] Bundesverwaltungsgericht: Pressemitteilung. Grünes Licht für Flughafen Berlin-Schönefeld aber Einschränkung des Nachtflugbetriebs, a.a.O.

beschränkt werden.[1106] Zwar versuchten die Behörden im Planergänzungsverfahren wie bereits unter 5.2.4 erwähnt – weitgehend einer *kooperativeren* Strategie zu folgen, entschieden sich aber nicht, ein absolutes Nachtflugverbot durchzuführen.[1107] So kam es erneut zu Klagen gegen den Planfeststellungsbeschluss.[1108] Darüber hinaus führte die fehlende Information über das Abknicken der Flugrouten um 15 Grad im Planfeststellungsverfahren zu weiteren Klagen gegen den Planfeststellungsbeschluss und gegen die Flugrouten als solche.[1109] Die *Lernfähigkeit* der politischen Akteure bei diesem neuen Verfahren ist eher als einfach einzuschätzen, da sie sich zu Beginn viel Zeit mit der Standortentscheidung ließen und so beinahe die auslaufende Frist für das Verfahren verpasst hätten.[1110] Auch als die Entscheidung für den Standort feststand und sie sich bemühten sicher zu gehen, dass das Planfeststellungsverfahren begann, war ihre *Lernbereitschaft* eher *einfach*, da sie mit der Standortentscheidung für Schönfeld und der mangelnden Information über die Flugrouten eine Vielzahl an Anschlussklagen in Kauf nahmen.[1111]

Strategisches Verhalten der Flughafengegner

Die Flughafengegner bereiteten sich frühzeitig auf die Klagen gegen den Planfeststellungbeschluss vor.[1112] Wie bereits im Planfeststellungsverfahren erwähnt, besaßen sie eine hohe Strategie-fähigkeit, da sie gemeinsam den Ausbau ablehnten. Ihr strategisches Vorgehen in Bezug auf die Klagen lässt sich dabei gut am Vorgehen der Bürgerinitiative BVBB

[1106] BVBB: Pressemitteilung. BVBB beschließt Klage gegen den ergänzenden Planfeststellungsbeschluss zum BBI-Nachtflug, a.a.O.
[1107] Ministerium für Infrastruktur und Raumordnung des Landes Brandenburg: Planergänzungsbeschluss, a.a.O., S. 16f.
[1108] BVBB: Pressemitteilung. BVBB beschließt Klage gegen den ergänzenden Planfeststellungsbeschluss zum BBI-Nachtflug, a.a.O.
[1109] Bürgerinitiative Kleinmachnow: Pressemitteilung. Vor der Verhandlung beim Bundesverwaltungsgericht in Leipzig, a.a.O.
[1110] Argyris, C./ Schön, D. A.: Organizational Learning, a.a.O., S. 35.
[1111] ebda., S. 35.
[1112] Mügelheimer Bote: Großflughafen Schönefeld: Jetzt werden die Wichen gestellt. Wie sich Müggelheim wappnet. 10. Jahrgang, Ausg. 03/2004.

nachvollziehen. So gab es Veranstaltungen des BVBB, um „möglichst sinnvoll" gegen den Beschluss klagen zu können. So sollte eine Klagefront aufgebaut werden.[1113] Da der BVBB als Verein nicht selbst klagen durfte, stellte er den Mittgliedern Hilfen in Aussicht, um möglichst gute Erfolgsaussichten zu haben. So wurden die einzelnen Kläger in Klagekategorien eingeordnet, damit die Hilfen möglichst erfolgsorientiert umgesetzt werden konnten.[1114] Ziel war dabei, den Bau zu verhindern oder aber zumindest in weiter entfernten Gemeinden angemessene Entschädigungen zu erreichen. Darüber hinaus plante der BVBB bereits 1999 gegen betriebliche Reglungen des Flughafens vorzugehen. Als weitere Klagemöglichkeiten sah man den Nachtflugverkehr an. So versuchten die Flughafengegner durch eine Themenaufspaltung ihre Klagemöglichkeiten zu erweitern, was einer *manipulierenden* Strategie zuzuordnen ist. Die begrenzten Klagemöglichkeiten wurden nicht akzeptiert und entwickelten eine *trotzende* Strategie.[1115] Indem sie durch neue Klagen immer wieder vor das Bundesverwaltungsgericht traten, hybridisierten sie das Planfeststellungsverfahren, das ja eigentlich die Klageflut durch begrenzte Klagen verhindern sollte. Unter Hybridisierung wird hier verstanden, dass das Verfahren durch die Strategien der Flughafengegner neue Beteiligungsmöglichkeiten erschließt, so dass partizipative mit einem eher autoritären Verfahren vermischt werden. Schließlich klagte der BVBB gegen das Planergänzungsverfahren, wobei er vor Gericht scheiterte.[1116] Ebenso wurde gegen die Flugrouten vor dem Bundesverwaltungsgericht von Seiten mehrerer Bürger und Bürgerinitiativen, darunter der BVBB, die „Bürgerinitiative Schallschutz Rangsdorf e.V." und die „Bürgerinitiative Kleinmachnow" geklagt. Auch diese Klage wurde am 12. Juli 2012 abgewiesen.[1117] Erfolgreich war jedoch die Klage vor dem OVG gegen das

---

[1113] ebda.
[1114] ebda.
[1115] Oliver, C.: Strategic Responses to Institutional Processes, a.a.O., S. 152.
[1116] BVBB: Pressemitteilung. BVBB beschließt Klage gegen den ergänzenden Planfeststellungsbeschluss zum BBI-Nachtflug, a.a.O.
[1117] BVerwG 4 A 5000

Bundesaufsichtsamt für Flugsicherung.[1118] Es zeigt sich hier, dass trotz des Verkehrswege-beschleunigungsgesetzes, die Flughafengegner die *Macht* besaßen nicht im Verfahren *lernen zu müssen*.[1119] Anstatt das Urteil des Bundesverwaltungsgerichts zu akzeptieren, klagten sie immer wieder gegen den Planfeststellungsbeschluss.

5.2.5.1 Verzögerungen

Das Verkehrswegebeschleunigungsgesetz sicherte zunächst einen rechtskräftigen Planfeststellungsbeschluss. Gegen den Beschluss des Bundesverwaltungsgerichts im März 2006 konnte nicht mehr in weiteren Instanzen geklagt werden. Allerdings ermöglichte der fehlerhafte Planfeststellungsantrag weitere Klagen. Durch die zeitliche Begrenzung des Verkehrswegebeschleunigungsgesetzes unter Druck geraten, entschieden sich die Flughafenplaner, die Problematik der Flugrouten und das Nachtflugverbot auszulassen, was die Klageabsichten der Flughafengegner verstärkte. So sprach sich selbst das Gericht in seinem Urteil für Nachbesserungen beim Planfeststellungsverfahren aus. Darüber hinaus hatten die Flughafengegner frühzeitig ihre Strategie an die neue Rechtslage angepasst und suchten nach neuen Möglichkeiten auch nach dem Hauptverfahren weiter gegen den Planfeststellungs-beschluss zu klagen. So hybridisierten sie das Verkehrswege-beschleunigungsgesetzes, was dazu führte, dass neue Klagen möglich waren. Insbesondere die mangelhafte Ausführung über den Verlauf der Flugrouten ermöglichte den Gegnern, erneut vor Gericht zu ziehen. So konnte zwar ab 2006 gebaut werden, ein absolut sicherer Planfeststellungsbeschluss war aber bis zum Jahr 2012 nicht gewährleistet und damit die endgültige Frage nach einem sicheren Betrieb des Flughafens für sechs weitere Jahre ungeklärt.

[1118] OVG Berlin-Brandenburg 11 A 1.13.
[1119] Deutsch, K. W.: Politische Kybernetik, a.a.O., S. 171.

5.2.6 Voll-Privatisierung

Neben den Versuchen, den Flughafenausbau durch das Verkehrswegebeschleunigungsgesetz und Mediation schneller umzusetzen aber auch besser zu legitimieren, wurde mit der Privatisierung ein weiteres Regelungsverfahren eingeführt, um das Projekt sowohl finanziell als auch zeitnah fertigstellen zu können. Bund, Berlin und Brandenburg leiteten erste Schritte ein, indem Sie 1997 das Bieterverfahren eröffneten.[1120]

Die damalig zuständige Projektplanungsgesellschaft Schönefeld (PPS), eine Tochter der Berlin Brandenburg Flughafen Holding versicherte:

„Die Gesellschafter streben die vollständige Privatisierung der BBF an."[1121]

Geplant war, das Bieterverfahren in 3 Stufen abzuwickeln. Mit der ersten Stufe, ("Request for Qualifications/Prä-Qualifizierung") wurde am 10. September 1997 eine öffentliche Bekanntmachung eröffnet. Gleichzeitig wurde potentiellen Bietern ein zusammenfassendes Informationsmemorandum zur Verfügung gestellt. Als Abgabetermin für Interessenbekundungen durch die Investoren war der 17. November 1997 festgelegt worden. Im Dezember 1997 wurden fünf präqualifizierte Bieter bekanntgegeben. Unter den Bietern befanden sich die beiden Konsortien Hochtief und IVG. Hochtief setzte sich aus der Bankgesellschaft Berlin, dem Technologiekonzernen ABB Energy und Siemens und ab 1997 kam die Flughafen Frankfurt/Main AG hinzu, die unter dem Namen Flughafenpartner für Berlin und Brandenburg firmierte. Das IVG Konsortium setzte sich aus der Dresdner Bank, der Flughafen Wien AG, der Dorsch Consult und Caisse des Dépôts zusammen. Mit der zweiten Stufe wurde unmittelbar danach begonnen.[1122] Als Abgabetermin für Angebote wurde durch die Auslober

---

[1120] Aufsichtsrat PPS: Konzept zur Privatisierung der BBF und Privatfinanzierung des BBI. September 1997, S. 1.
[1121] ebda., S. 3.
[1122] Schümann, T.: Hochtief baut in Schönefeld. In: Die Welt. 19.08.1998. URL: http://www.welt.de/print-welt/article630849/Hochtief-baut-in-Schoenefeld.html. Stand: 22.01.2013; Hochtief: IR-News. Start frei für den neuen Flughafen Berlin Brandenburg International. 31.03.1999. URL: http://www.hochtief.de/hochtief/738.jhtml?pid=6638.

ein Termin in der ersten Märzhälfte 1998 bestimmt.[1123] Die dritte Stufe sollte mit der Abgabe des endgültigen Angebots bis zum 31. Mai 1998 abgeschlossen sein.[1124] Die Berlin Brandenburg Flughafen Holding (BBF) entschied sich für das Angebot von Hochtief und unterzeichnete den Privatisierungsvertrag unter Vorbehalt im März 1999.[1125] Der Konkurrent, IVG klagte jedoch gegen das Vergabeverfahren und konnte die Vergabe an Hochtief im Juni 1999 vor Gericht erfolgreich anfechten.[1126] Die Privatisierung war auf den Stand Sommer 1998 zurückgefallen.

Daraufhin reagierte die PPS und schloss das von Hochtief geführte Konsortium aufgrund von Verstößen gegen das Vergaberecht aus dem Privatisierungsverfahren aus. So wurde das zweite Konsortium, die „Projektgesellschaft Flughafen Berlin-Brandenburg International" (PEG) unter Führung der IVG Holding AG zunächst alleiniger Partner bei der Privatisierung. Nachdem das technische Konzept der PEG akzeptiert wurde, begannen die eigentlichen Vertragsverhandlungen.[1127]

Ende August 2002 einigten sich die Flughafen-Gesellschafter und Privatinvestoren in einem „Letter of Content" auf die wesentlichen Eckpunkte für den Flughafen BBI. Darin wurde festgelegt, dass die öffentliche Hand ihre BBF- Gesellschafteranteile für 290 Millionen Euro an das Investorenkonsortium BBIP, dass aus dem Essener Baukonzern Hochtief und die Bonner IVG Immobilien AG bestand, verkauft. Es war vorgesehen, dass die BBIP ungefähr 1,7 Milliarden Euro in den Bau investiert.[1128]

Stand: 23.01.2013.
[1123] Aufsichtsrat PPS: Konzept zur Privatisierung der BBF und Privatfinanzierung des BBI. September 1997, S. 3.
[1124] ebda., S. 3.
[1125] Hochtief: IR-News. Start frei für den neuen Flughafen Berlin Brandenburg International, a.a.O.
[1126] Abgeordnetenhaus von Berlin: Bericht. des 1. Untersuchungsausschusses des Abgeordnetenhauses von Berlin – 14. Wahlperiode – „Flughafen Schönefeld II". Drucksache 14 /1515. 21.09.2001, S. 16.
[1127] ebda., S. 16.
[1128] Flughafen Berlin Brandenburg: Pressemitteilung. Geschäftsführung der Berliner

Nachdem jedoch bei einem zweiten Versuch die privaten Investoren nicht zur Übernahme der finanziellen Risiken bereit waren, wurde 2003 offiziell bestätigt, dass der Flughafen nunmehr öffentlich gebaut würde und die Konsortien sich aus dem Verfahren zurückziehen.[1129]

Seit 2007 wurde der Flughafen mit Mitteln der Bundesländer Berlin und Brandenburg und des Bundesregierung ausgebaut. Es zeigt sich, dass die Institutionalisierung der Privatisierung aufgrund der Verflechtungen zwischen Politik und Wirtschaft vorbelastet war und somit eine Habitualisierung, Objektivierung und letztlich eine Sedimentierung[1130] und damit vollständige Institutionalisierung der Privatisierung von Beginn an gefährdet war. Dass sich dies auf die strategische und/oder opportunistische Nutzung von Spielräumen bei Regeln zurückführen lässt, ist naheliegend und nachfolgend zu klären.

Strategisches Verhalten der staatlichen Anteilseigner

Die Gesellschafter folgten zunächst einer gemeinsamen Zielrichtung. Einig waren sich die Flughafeneigentümer, der Bund, Berlin und Brandenburg darüber, dass sie sich aus der Finanzierung des Flughafens herausziehen und verständigten sich auf ein Privatisierungs-verfahren.[1131] Damit ist von einer hohen Strategiefähigkeit auszugehen. Das Bundesverkehrsministeri-

---

Flughäfen begrüßt das deutliche Signal zum Bau des BBI. 29.08.2002. URLhttp://preview.berlin-airport.de/de/presse/pressemitteilungen/2002/2002-08-30-signal-bau/index.php. Stand: 22.01.2013.

[1129] Flughafen Berlin Brandenburg: Pressemitteilung. Gütliche Einigung Privatisierungsverfahren wird beendet. 22.05.2003. URL: http://www. Berlin-airport.de/bbi/rub Deutsch/rubPressecenter. Stand: 02.03.2009.

[1130] In der zweiten Phase der Institutionalisierung erfolgt die Objektivierung. Es werden Argumentationen zur Legitimierung der Denk- und Verhaltensmuster vorgebracht, die dazu beitragen können, dass diese über den lokalen Kontext hinaus von anderen Akteuren akzeptiert und übernommen werden. Eine vollständige Institutionalisierung erfordert als dritten Schritt die Sedimentierung, d. h. die Verinnerlichung und Naturalisierung als "sozialem Fakt". Ihr Wirksamwerden setzt soziale Akzeptanz und Anerkennung auf Seiten der beteiligten Akteure voraus. (Berger, P. L./ Luckmann, T.: Die gesellschaftliche Konstruktion der Wirklichkeit, a.a.O., S. 54ff.)

[1131] Europäisches Amtsblatt. Ausschreibung. 11.09.1997. In: Abgeordnetenhaus von Berlin: Bericht. des 1. Untersuchungsausschusses des Abgeordnetenhauses von Berlin – 14. Wahlperiode – „Flughafen Schönefeld II". Drucksache 14/1515. 21.09.2001, S. 16.

um wollte seine Anteile an den Berliner Flughäfen komplett abstoßen. Die Bundesregierung begründete zu Beginn der 90er Jahre ihre Privatisierungspläne mit dem Argument, dass auf Grund des dynamischen Wachstums im Luftverkehr, eines national wie international zunehmenden Wettbewerbs- und Liberalisierungs-druckes, die deutschen Flughäfen zunehmend nicht mehr konkurrenzfähig wären. Während sich international in den industrialisierten Ländern ein Trend zur Privatisierung beobachten ließ, befanden sich zum Zeitpunkt des Flughafenkonzeptes aus dem Jahr 2000 trotz zunehmender Liberalisierung der wichtigsten Luftverkehrsmärkte die deutschen Verkehrsflughäfen nach wie vor vollständig im Eigentum der öffentlichen Hand.[1132] Darüber hinaus waren sich Berlin, Brandenburg und der Bund laut Regierendem Bürgermeister Diepgen einig, dass sich die Bundes- und Landeshaushalte aufgrund steigender Haushaltsdefizite, die Modernisierungen, Aus- oder Neubauten nicht leisten könnten.

„(...)Die Alternative wäre im Grunde gewesen, das Land Berlin baut erst oder die Gesellschafter bauen den neuen Flughafen alleine, machen den Betrieb jetzt hier, der bleibt, sie bauen einen neuen Flughafen, und dann sind sie rüber und danach privatisieren sie sich. Das ist ja auch ein Punkt, der im Abgeordnetenhaus ab und zu mal angesprochen worden ist, aber aus Haushaltsgründen ist das nicht so gemacht worden, möglicherweise vordergründigen Haushaltsgründen – das will ich als dahingestellt sein lassen –. Jedenfalls aus den Gründen der jährlichen Belastung ist das nicht gemacht worden und mit der Erwartung, dass ein Privater den Bau auch schneller und billiger machen würde. Das waren die Grundpositionen dabei. Deswegen ist man zu dem Punkt gekommen und immer in der Hoffnung, dass man möglichst keine öffentlichen Investitionen bis auf Verkehrsanbindung dabei mittätigen muss." [1133]

[1132] Bundesministerium für Verkehr, Bau und Wohnungswesen (Hrsg.):Flughafenkonzept der Bundesregierung 2000, a.a.O., S. 46.
[1133] Wortprotokoll vom 17. Juli 2001, S. 28. In: Abgeordnetenhaus von Berlin: Bericht. des 1. Untersuchungsausschusses des Abgeordnetenhauses von Berlin – 14. Wahlperiode – „Flughafen Schönefeld II". Drucksache 14 /1515. 21.09.2001, S. 47f.

Zugleich bot sich durch eine Privatisierung die Möglichkeit, nicht mehr in der Doppelfunktion des Antragsstellers als Flughafenteilhaber und des Antragsbewilligenden über die Ausbaupläne zu sein, welches immer wieder auch als Kritikpunkt der Flughafengegner später bei der Erörterung im Planfeststellungsverfahren aufgetaucht war, die den Behörden Befangenheit bei der Beurteilung der Erweiterungspläne vorwarfen.[1134] Mit dem Vorhaben, sich als Anteilseigner zurückzuziehen und privaten Unternehmen das Feld zu überlassen, bestand die Möglichkeit die Legitimität von Ausbauentscheidungen zu erhöhen, da dann die Länder nicht mehr zugleich Eigentümer gewesen wären.

Bei dieser Einigkeit blieb es jedoch nicht. Laut des damaligen Brandenburger Staatskanzleichefs und Ministers Linde (SPD), wollte Berlin eine Minderheitsbeteiligung behalten und nur einen Teil der Anteile veräußern. Hiermit versprach sich der Regierende Bürgermeister Diepgen, aus Lindes Sicht weiter Einfluss zu behalten.[1135] Damit konnte jedoch nicht mehr von einer Voll-Privatisierung gesprochen werden. Das Land Berlin wollte nach wie vor einen Teil des Prozesses selbst steuern, was einer Strategie des *Manipulierens* zuzuordnen wäre.[1136] Obwohl sie sich zunächst auf eine hundertprozentige Veräußerung einigten, flammte die Diskussion um eine Minderheitsbeteiligung immer wieder auf.[1137]

Bei der Entscheidung über den Ablauf des Privatisierungsverfahrens befolgten die Eigentümer hingegen eine einheitliche Strategie. Sie

---

[1134] Brandenburgisches Landesamt für Bauen, Verkehr und Straßenwesen: Anhörungsverfahren für das Vorhaben „Ausbau des Flughafens Berlin Schönefeld", a.a.O., S 37.
[1135] Wortprotokoll 19. Juli 2001, S. 44, S. 28. In: Abgeordnetenhaus von Berlin: Bericht. des 1. Untersuchungsausschusses des Abgeordnetenhauses von Berlin – 14. Wahlperiode – „Flughafen Schönefeld II". Drucksache 14/1515. 21.09.2001, S. 68f.
[1136] Oliver, C.: Strategic Responses to Institutional Processes, a.a.O., S. 152.
[1137] Abgeordnetenhaus von Berlin: Bericht. des 1. Untersuchungsausschusses des Abgeordnetenhauses von Berlin – 14. Wahlperiode – „Flughafen Schönefeld II", a.a.O., S. 74; Desselberger A.: Mit dem größten Anhörungsverfahren Deutschlands beginnt die heiße Phase des Großflughafens Schönefeld. In: Focus Online. 12.03.2001. URL: http://www.focus.de/politik/deutschland/berlin-airport-in-der-warteschleife_aid_187431.html. Stand: 24.1.2013.

entschieden sich für ein offenes Bieterverfahren, wie es bei einem solchen Projekt auch rechtlich vorgesehen ist und damit nach außen für eine Strategie des *Kompromisses* mit der Taktik des *Verhandelns*.[1138] Gleichzeitig beschlossen sie jedoch, die Planung und alle Unterlagen für das Planfeststellungsverfahren selbst zu erarbeiten. Damit steuerten Bund, Brandenburg und Berlin die verkehrspolitischen Entscheidungen nach wie vor selbst und damit das Hauptverfahren.[1139]

Auch im nächsten Schritt lässt sich eine *manipulative* Strategie feststellen.[1140] Als die Entscheidung getroffen werden sollte, wer nun den Zuschlag für den Bau erhalten sollte, folgten einzelne politische Akteure von Berlin und Brandenburg nicht mehr, wie zunächst nach außen vorgegeben, einer Strategie des *Kompromisses*, in dem sie mit den unterschiedlichen „stakeholdern" in Verhandlungen traten, sondern *manipulierten* die Entscheidung über das Vergabeverfahren, indem sie Hochtief bevorzugten, wie auch in einem Klageverfahren des IVG Konsortiums beim Oberlandesgericht Brandenburg und im Untersuchungsausschusses des Berliner Abgeordnetenhauses festgestellt werden konnte.[1141] Die Berliner Senatorin Fugmann-Heesing war im Aufsichtsrat der „Berlin Brandenburg Flughafen Holding" und zugleich im Aufsichtsrat bei der Landesbank Berlin, einem Konsortialmitglied von Hochtief. Das Gericht sah einen Verstoß darin, dass sie das Verfahren hätte beeinflus-

---

[1138] Europäisches Amtsblatt. Ausschreibung. 11.09.1997. In: Abgeordnetenhaus von Berlin: Bericht. des 1. Untersuchungsausschusses des Abgeordnetenhauses von Berlin – 14. Wahlperiode – „Flughafen Schönefeld II". Drucksache 14 /1515. 21.09.2001, S. 16.

[1139] vgl. Wortprotokoll vom 1. September 2001, S. 18. In: Abgeordnetenhaus von Berlin: Bericht. des 1. Untersuchungsausschusses des Abgeordnetenhauses von Berlin – 14. Wahlperiode – „Flughafen Schönefeld II". Drucksache 14/1515. 21.09.2001, S. 47.; Ministerium für Stadtentwicklung, Wohnen und Verkehr des Landes Brandenburg: Planfeststellungsbeschluss Ausbau Verkehrsflughafen Berlin-Schönefeld, a.a.O., S. 221; Wortprotokoll vom 19. Juli 2001, S. 22. In: Abgeordnetenhaus von Berlin: Bericht. des 1. Untersuchungsausschusses des Abgeordnetenhauses von Berlin – 14. Wahlperiode – „Flughafen Schönefeld II". Drucksache 14/1515. 21.09.2001, S. 63.

[1140] Oliver, C.: Strategic Responses to Institutional Processes, a.a.O., S. 152.

[1141] Abgeordnetenhaus von Berlin: Bericht. des 1. Untersuchungsausschusses des Abgeordnetenhauses von Berlin – 14. Wahlperiode – „Flughafen Schönefeld II", a.a.O.; Brandenburgisches Oberlandesgericht: Beschluss. Aktenzeichen:. 6 Verg 1/99. 03.08.1999.

sen und Hochtief Vorteile bei der Vergabe hätte einräumen können. Ebenso rügte das Gericht die Rolle der zwei Ministerialbeamten des Bundes, Krüger und Henke, die ebenso Doppelmandate innehatten, da sie neben ihrer Tätigkeit im Aufsichtsrat der PPS zugleich Mitglied des Aufsichtsrates der Flughafen Frankfurt am Main AG waren, die zum Bieterkonsortium von Hochtieg gehörte.[1142] Eine ähnliche Interessensverquickung zeigte sich beim CDU-Fraktionsvorsitzenden des Berliner Abgeordnetenhauses, Klaus Landowsky, was aber vor Gericht keine Rolle spielte. Neben seiner parlamentarischen Funktion, war er zugleich an der Spitze der Berliner Hyp, die eine Tochtergesellschaft der Berliner Bankgesellschaft war.[1143] Daüber hinaus geriet der ehemalige Senatsbedienstete und SPD-Mitglied Märtin unter Verdacht, Kontakt zu einem der Bieter zu haben. Märtins Firma hatte den Auftrag erhalten, für Hochtief in Düsseldorf einerseits ein Lärmgutachten zu erstellen und sich gleichzeitig von der öffentlich-rechtlichen PPS damit beauftragen zu lassen, die Pläne von IVG sowie die von Hochtief für den Berliner Flughafen zu begutachten. Ermittlungen der Staatsanwaltschaft ergaben, dass drei Mitarbeiter der FAG an Märtins Büro ausgeliehen worden waren, da eine stille Beteiligung der FAG für sinnvoll erschien. Hochtief räumte darüber hinaus ein, monatlich 50.000 DM an eine ehemalige Mitarbeiterin Märtins gezahlt zu haben.[1144] Darüber hinaus begründete das Ober-landesgericht Brandenburg (OLG) die Aufhebung damit, dass in den Vergabeakten nicht die einzelnen Stufen des Vergabeverfahrens und der Entscheidungsbegründung dokumentiert worden seien.[1145] Es zeigt sich, dass das rechtlich offene Privatisierungsverfahren aufgrund der Einflussnahme von Seiten

---

[1142] ebda.
[1143] Kurbjuweit, K.: Nach der Berliner Flughafen-Affäre stellt sich für viele Politiker jetzt die Mandatsfrage (Meinung). 04.08.1999. URL: http://www.tagesspiegel.de/berlin/nach-der-berliner-flughafen-affaere-stellt-sich-fuer-viele-politiker-jetzt-die-mandatsfrage-meinung/85098.html. Stand: 23.01.2013.
[1144] Abgeordnetenhaus von Berlin: Bericht. des 1. Untersuchungsausschusses des Abgeordnetenhauses von Berlin – 14. Wahlperiode – „Flughafen Schönefeld II", a.a. O., S. 97f.
[1145] OLG Brandenburg 6 Verg 1/99.

der Politik hybridisiert und *von oben gesteuert* wurde. So nutzten die Akteure ihren Handlungsspielraum, das Verfahren zu *manipulieren* und besaßen die Macht *nicht lernen zu müssen*.[1146] Erst nach dem Gerichtsurteil folgten sie wieder einer *kompromissbereiten* Strategie, wie es auch vom Gericht vorgeschlagen wurde und verhandelten nach einer Klage von Hochtief gegen den Ausschluss vom Verfahren mit beiden Seiten gemeinsam.[1147]

Strategisches Verhalten der Konsortien

Das Hochtief Konsortium folgte einer Doppelstrategie. Es beteiligte sich nicht nur am Bieterverfahren zur Privatisierung des Flughafens und folgte damit einer Strategie des *Kompromisses* sondern setzte auf eine *manipulative* Strategie, indem es versuchte, Mitarbeiter der PPS zu beeinflussen und monatlich 50.000 DM an eine ehemalige Mitarbeiterin der Wirtschafts- und Ingenieursberatungsgesellschaft (WIB) des ehemaligen Senatsbediensteten Herbert Märtins zahlte.[1148] Aufgrund des strategisch *manipulativen* Verhaltens von Hochtief, kam es zur Klage des IVG Konsortiums.

Auch das IVG Konsortium beteiligte sich an dem Bieterverfahren über die Privatisierung des Flughafens und trat mit Flughafeneigentümern in Verhandlungen. Als die Entscheidung jedoch auf Hochtief fiel, erkannte die IVG das Ergebnis des Verfahrens nicht an und entschied sich für ein „konkurrierendes", in diesem Fall für ein Gerichtsverfahren, um ihre Ziele durchzusetzen. Sie gingen vor Gericht, um das Ergebnis anzufechten, da sie Unregelmäßigkeiten im Ablauf des Privatisierungsverfahrens

---

[1146] Deutsch, K. W.: Politische Kybernetik, a.a.O., S. 171.
[1147] Hochtief: HOCHTIEF-Konsortium kämpft weiter um Berliner Flughafen-Projekt. 03.08.2000.
[1148] Abgeordnetenhaus von Berlin: Bericht. des 1. Untersuchungsausschusses des Abgeordnetenhauses von Berlin – 14. Wahlperiode – „Flughafen Schönefeld II", a.a.O., S. 97f.

vermuteten.[1149] Damit entschieden sie sich außerhalb des Privatisierungsverfahrens ihre Ziele durchzusetzen. Das IVG Konsortium erhielt vor Gericht Recht.[1150] Daraufhin wurde das Hochtief Konsortium vom Bieterverfahren ausgeschlossen und entschied sich nun ebenfalls für eine Strategie des *Trotzens* und *kämpfte* gegen die Entscheidung an, in dem es vor Gericht gegen den Ausschluss klagte. Das Oberlandesgericht erkannte die Beschwerde von Hochtief an. Es wurde vom Gericht nahegelegt, dass sich die Konsortien zusammenschließen und ein gemeinsames Angebot vorlegen sollten.[1151]

Die Zusammenführung der beiden Konsortien führte zu einer gemeinsamen und kooperativen gemeinsamen Strategie. Beide Konsortien hatten zwar sehr unterschiedliche Modelle im Hinblick auf den Bau des Flughafens, zeigten sich jedoch interessiert, sich zu einigen.[1152] Neben unterschiedlichen Planungsmodellen für den Flughafen, stand vor allem die Höhe des Angebots zu Diskussion. 2001 einigten sich Hochtief und die IVG auf ein gemeinsames Angebot und ein gemeinsames Baukonzept und waren damit erstmals strategiefähig. Die Flughafenholding lehnte das Angebot allerdings ab. In seinem ersten gemeinsamen Angebot boten die beiden Konsortien gemeinsam ca. 50 Mio. DM. Diese Summe lag deutlich unter dem Erstgebot von Hochtief, das sich auf ca. 650 Mio. DM belaufen hatte. Darüber hinaus sollte die öffentliche Hand durch Grundstückskäufe und durch Schienen- und Straßenbauten ca. 2,4 Milliarden selbst beitragen.[1153] Das Angebot wurde als nicht verhandlungsfähig von Seiten der Flughafenholding eingestuft. Obwohl IVG und Hochtief ihr gemeinsames Angebot nachbesserten und es sogar zu einer Absichtserklärung einem sogenannten „Letter of Intent" kam, kam es letztlich nicht zu einer

---

[1149] Abgeordnetenhaus von Berlin: Bericht. des 1. Untersuchungsausschusses des Abgeordnetenhauses von Berlin – 14. Wahlperiode – „Flughafen Schönefeld II", a.a.O., S. 16; Der Spiegel: Bruchlandung vor dem Start, a.a.O.
[1150] OLG Brandenburg 6 Verg 1/99.
[1151] Hochtief: HOCHTIEF-Konsortium kämpft weiter um Berliner Flughafen-Projekt, a.a.O.
[1152] Lutz, M.: Diepgen macht Tempo bei Airportplanung. In: Die Welt. 07.02.2001, S.38.
[1153] Frankfurter Allgemeine Zeitung: Der Streit um den Berliner Großflughafen geht weiter. 01.11.2001.

Einigung.[1154] So zeigten sich die beiden Konsortien nach außen als kooperationswillig, waren jedoch nicht bereit, einen großen Teil der Risiken mitzutragen. Als besondere Risiken wurden dabei sowohl die Inanspruchnahme öffentlicher Fördergelder als auch die Durchsetzbarkeit höherer Passagiergebühren gesehen.[1155] Für Irritationen sorgte auch ein Kommentar des Hochtief Chefs Keitel im Februar 2002, der öffentlich gesagt haben sollte, dass es bei dem neuen Angebot keine weiteren Nachbesserungen gäbe.[1156] Daraufhin stellte die Flughafengesellschaft die Verhandlungen in Frage. Zwar zeigten sich die Konsortialpartner durchaus *lernfähig*, indem sie ihr Angebot nachbesserten, doch zu einer wirklichen Zieländerung (Übernahme von Risiken, deutlich höheres Angebot) waren sie nicht bereit.[1157] Der mangelnde Kooperationswille der beiden Konsortien trug mit zum Scheitern der Privatisierung bei.

5.2.6.1 Verzögerungen

Das strategische Verhalten einzelner politischer und wirtschaftlicher Akteure, die sich nicht an den Ablauf des Verfahrens hielten, sondern Spielräume innerhalb des Verfahrens opportunistisch bzw. strategisch nutzten, führte zu einer Hybridisierung des für alle Teilnehmenden offenen Verfahrens zu einem *manipulierend* gesteuerten Verfahren. Dies wiederum trug dazu bei, dass sich die seit 1997 angedachte Privatisierung verzögerte und letztlich 2003 scheiterte. Daraus ergab sich, dass die Privatisierung nicht zu mehr Vertrauen bei den Flughafengegnern in das Gesamtprojekt führen konnte, da die Anteilseigner nach wie vor ihre

---

[1154] Flughafen Berlin Brandenburg: Pressemitteilung. Geschäftsführung der Berliner Flughäfen begrüßt das deutliche Signal zum Bau des BBI. 29.08.2002. http://preview.berlin-airport.de/de/presse/pressemitteilungen/2002/2002-08-30-signal-bau/index.php. Stand: 23.01.2013.
[1155] Frankfurter Allgemeine Zeitung: Hochtief und IVG müssen beim Flughafen Berlin nachbessern. Nr. 16/13.03.2002, S. 25.
[1156] Tagesspiegel: Privatisierung von Schönefeld in heftigen Turbulenzen.16.02.2002. URL: http://www.tagesspiegel.de/berlin/privatisierung-von-schoenefeld-in-heftigen-turbulenzen/291148.html. Stand: 31.04.2013.
[1157] Argyris, C./ Schön, D. A.: Organizational Learning, a.a.O., S. 35.

Doppelrolle ausübten. Darüber hinaus musste nun erneut die Finanzierung geklärt werden, was zu neuen Verhandlungen zwischen Bund und den Ländern Berlin und Brandenburg führte, die zum Zeitpunkt des Planfeststellungsbeschlusses im Jahr 2004 noch nicht gänzlich geklärt war.[1158]

[1158] Ministerium für Stadtentwicklung, Wohnen und Verkehr des Landes Brandenburg: Planfeststellungsbeschluss Ausbau Verkehrsflughafen Berlin-Schönefeld, a.a.O., S.338f.

6. Vergleich der Fallbeispiele

Die beiden Fallbeispiele, der Flughafen Berlin Brandenburg International (Willy Brandt) und der Flughafen Frankfurt am Main wurden ausgewählt, da die Ausbauvorhaben sich zu einem ähnlichen Zeitraum, zwischen 1990 und 2013 vollzogen haben. Bei beiden Flughäfen handelt es sich nicht um Neubauten, sondern um Flughafenerweiterungen – allerdings nachdem die Standortfrage entschieden war. Vor allem kamen bei beiden Flughäfen eine Vielzahl an neuen Verfahren, wie die Mediation, Privatisierung, das Verkehrswegebeschleunigungsgesetz und der Masterplan zur Anwendung. Die neu eingeführten Verfahren haben und hatten dabei sehr unterschiedliche Zielrichtungen. Sollte beispielsweise das informelle Verfahren, die Mediation für mehr Beteiligung sorgen, zielte das formelle Verfahren, das Verkehrswegebeschleunigungsgesetz auf eine begrenzte Beteiligung der betroffenen Bevölkerung ab, in dem Klagemöglichkeiten eingeschränkt wurden.

Neben den erwähnten Gemeinsamkeiten verfügen die Fälle aber auch über eine Varianz, die die Unterschiede zwischen den beiden Projekten sichtbar macht. Der Ausbau des Berliner Flughafens Brandenburg Berlin International fand im Vergleich zum erneuten Ausbau des Frankfurter Flughafens unter ganz anderen Ausgangsbedingungen statt. Der Frankfurter Flughafen kannte aus seiner Vergangenheit zahlreiche Ausbauphasen. Ausbauten beim Frankfurter Flughafen waren bis zu diesem Zeitpunkt gegen erhebliche Widerstände der Bevölkerung, der Umweltverbände und der betroffenen Kommunen durchgesetzt worden.[1159] Beim Berlin-Brandenburger Flughafenprojekt betraten Politik und Bevölkerung dagegen Neuland – eine Konfliktbilanz in Bezug auf Flughafenprojekte gab es hier, wie bereits im Fallbeispiel aufgezeigt, nicht.[1160] Darüber hinaus handelt es sich bei den beiden Beispielen um

---

[1159] Geis, A.: Umstritten, aber wirkungsvoll, a.a.O., S. 3f.
[1160] Senatsverwaltung für Stadtentwicklung: Nachnutzung Flughafen Tegel. Berlin März 2009, S. 9.

unterschiedliche Zusammensetzungen der Akteure: Beim Berliner Flughafenprojekt waren der Bund, das gerade erst neu geformte Bundesland Brandenburg und der Stadtstaat Berlin als Eigentümer und als luftverkehrsrechtliche Planungs- und Genehmigungsinstanz involviert.[1161] Allerdings war beabsichtigt, dass der Neu- bzw. spätere Ausbau des Berliner Flughafens vollständig privat finanziert würde. Bund, Brandenburg und Berlin wollten ihre Anteile verkaufen.[1162] Beim Frankfurter Flughafen teilten sich zunächst die Eigentümerschaft der Bund, das Bundesland Hessen und die Stadt Frankfurt, später (2005-2007) übernahm dann das Unternehmen Fraport die Anteile vom Bund. Hessen und die Stadt Frankfurt behielten ihre Anteile.[1163] Außerdem waren es bei den Flughäfen unterschiedliche Gebietskörperschaften, auf die die Anteile entfielen. Während in Berlin zwei Bundesländer und der Bund involviert waren, waren es bei Frankfurt die Stadt, das Bundesland Hessen und der Bund. Es zeigt sich somit, dass neben den anfangs erwähnten Gemeinsamkeiten auch zahlreiche Unterschiede bestehen.

Aufbauend auf diesen Gemeinsamkeiten und Unterschieden ist zu vergleichen, inwieweit 1. die theoretischen Vorannahmen [1164] auf die

---

[1161] Bundeministerium für Verkehr, Bau und Wohnungswesen (Hrsg.): Flughafenkonzept der Bundesregierung 2000, a.a.O., S. 57.
[1162] ebda., S. 46.
[1163] ebda., S. 46; Stadtwerke Frankfurt am Main: Beteiligungsstruktur. 01.09.2012. URL: http://www.stadtwerke-frankfurt.de/209.html. Stand: 04.10.2012; Hessisches Ministerium der Finanzen: Unmittelbare Beteiligungen des Landes Hessen an privatrechtlichen und öffentlich-rechtlichen Unternehmen. 01.5.2012.
[1164] Wie bereits im Theorieteil aufgezeigt, befinden sich Regeln und/oder Verfahren nicht nur in einem Zustand, sondern in einem ständigen Prozess der Institutionalisierung und De-Institutionalisierung. Während dieses Prozesses können bei den beteiligten Akteuren Unsicherheiten entstehen, so dass die neuen Regeln oder Verfahren nicht genügend Akzeptanz erhalten. Zur Unsicherheit kommt es nun während das Verfahren interpretiert, adaptiert oder hybridisiert wird bzw. Handlungsspielräume genutzt werden. Handlungsspielräume entstehen wiederum, da die Akteure Macht besitzen oder sich Macht verschaffen und diese auch einsetzen. Insbesondere der Staat als Ort der Regelsetzung und Regeldurchsetzung aber auch die restlichen beteiligten Akteure verfügen über eine bestimmte Macht innerhalb eines Regelungsverfahrens. Dies muss jedoch nicht bedeuten, dass die Macht missbraucht wird. Macht kann ein wichtiges Instrument sein, um ein neues Verfahren überhaupt in Gang zu setzen. Macht kann aber auch bedeuten, gar nicht erst ein neues Verfahren auszuprobieren oder dieses zu

beiden Fallbeispiele gleichermaßen zu treffen und 2., inwieweit trotz der Vergleichbarkeit der Fälle, bedeutsame Variationen bei den beiden Vorhaben erkennbar sind.

6.1 Mediationsverfahren

Der Vergleich der Initiierungsphase der Mediation beim Frankfurter und Berliner Flughafen zeigt bereits einen ersten Unterschied der beiden Verfahren. Während die Institutionalisierung des Verfahrens beim Frankfurter Fall gleich zu Beginn gestört war, lässt sich dies für den Bau bzw. Ausbau des Berliner Flughafens nicht feststellen. Dies lässt mit den unterschiedlichen Ausgangsbedingungen in beiden Fällen erklären. In Frankfurt war das Mediationsverfahren von Anfang an belastet. Durch die Entscheidung zum erneuten Ausbau des Frankfurter Flughafens wurde das langjährige Versprechen der hessischen Landesregierung, eine erneute Erweiterung des Flughafens nicht zum Gegenstand des Verfahrens zu machen, gebrochen. Im Berliner Fall gab es kein solches

---

unterminieren.

Besteht nun Unsicherheit über eine neue Regel bzw. ein neues Verfahren kann dieses nicht vollständig institutionalisiert werden. Die Regeln oder Verfahren, so wird vermutet, können keinen oder nur einen geringen Beitrag zu besseren, das heißt schnelleren Umsetzung der Flughafenprojekte beitragen.Der Prozess der Institutionalisierung und De-Institutionalisierung von Regelungen bedeutet, dass grundsätzlich Akteure immer wieder vor der Aufgabe stehen, sich institutionelle Regeln anzueignen und dabei Handlungsspielräume erhalten. Diese Handlungsspielräume ermöglichen den Akteuren wiederum die Regeln oder Verfahren zu interpretieren, zu adaptieren oder sogar zu hybridisieren.
So kann es dazu führen, dass in neue zumeist offene Verfahren hierachische Autoritätsstrukturen eingepasst werden. Sie werden dabei in der Regel eingepasst, wenn sich Konflikte in den offenen Gremien nicht lösen lassen sondern nur durch Disziplinierungsmaßnahmen das heißt die so genannte „Rute im Fenster" beigelegt werden können Disziplinierungsmaßnahmen können aber auch angewendet werden, bevor überhaupt Konflikte auftauchen. In einem solchen Fall würde das Hervorholen der "Rute im Fenster" im Zusammenhang von neuen institutionellen Arrangements strategisch eingesetzt werden, um sich mehr Kompetenzen zu verschaffen. Das Verhandlungssystem, welches eigentlich mehr Beteiligungsmöglichkeiten für alle Betroffenen vorsieht, wird durch strategisches Verhalten hybridisiert oder sogar gänzlich aufgehoben. Die geringe Repräsentation bedeutet weniger Kontrolle, und somit ist diese Institution von Beginn an schwächer legitimiert, produziert Unsicherheit und kann letztlich nicht vollständig institutionalisiert werden.

Abkommen zwischen politischen Akteuren und Flughafengegnern.[1165] Grundsätzlich gab es zu Beginn von Seiten der Bevölkerung keine Einwände gegen einen Neubau eines Berliner Flughafens. Ein weiterer Unterschied bei den Ausgangsbedingungen war, dass im Gegensatz zum Frankfurter Verfahren das Mediationsverfahren in Berlin nicht dem eigentlichen Planungsverfahren vorgeschaltet war, sondern von Beginn an parallel dazu ablief.[1166] Damit wurden erste Entscheidungen für einen Flughafenbau getroffen, noch bevor die Mediation begonnen hatte. Diese Vorgehensweise hatte aber zunächst keine Auswirkungen auf die Akzeptanz der Mediation als solche auf Seiten der Flughafengegner. Ein Grund dafür war sicherlich, dass zu Beginn des formalen Planungsverfahrens zunächst die Standortfrage in Berlin völlig offen war.

So fehlte es dem Frankfurter Mediations-Verfahren bereits in der ersten, der Initiierungsphase von Seiten der Flughafengegner an Legitimation, während dies beim Berliner Flughafenausbau zunächst nicht der Fall war. Gemeinsam war beiden Fällen jedoch, dass die Mediation auf Seiten der offiziellen politischen Akteure während der Initiierungsphase anerkannt und damit Legitimation erhielt.

Bei der Vorbereitungsphase zeigt sich zunächst ein ähnliches Bild wie bei der Initiierungsphase. Während beim Frankfurter Verfahren die Mediation, entgegen der Idee eines möglichst offenen Verfahrens, von den politisch Verantwortlichen der Landesregierung strategisch *manipulierend* gesteuert wurde, lässt sich das für Berlin nicht feststellen. Über die Zugangs-, Entscheidungs- und Abstimmungsregeln wurde in Frankfurt allein von politischer Seite ebenso wie über den Vorsitz entschieden, was einem offenen Mediationsverfahren entgegen spricht.[1167] Im Gegensatz dazu, entstand das Verfahren in Berlin aus einer Veranstaltungsreihe „Berliner

---

[1165] Hessisches Ministerium für Wirtschaft und Technik: Planfeststellungsbeschluß betreffend Ausbau des Flughafens Frankfurt/Main, a.a.O., S. 755.
[1166] MEDIATOR GmbH: Projektblatt „Mediationsverfahren „Bürgerdialog Flughafen Berlin Brandenburg International", a.a.O.
[1167] Eichel, H.: Politik durch Dialog – Neue Kommunikationsformen, a.a.O., S. 53; Wörner, J.-D.: Abschlussdokumentation RDF 2000-2008, a.a.O., S. 16.

Verkehrswerkstatt" heraus und wurde damit nicht von oben verordnet, sondern strategisch *kooperierend* initiiert.[1168] Über die Zugangs-, Entscheidungs- und Abstimmungsregeln wurde in Beratungen in Berlin gemeinsam mit der Firma MEDIATOR entschieden.[1169] Das Berliner Verfahren blieb damit zunächst – von außen betrachtet – für alle Beteiligten offen. Einzig die Wahl des Mediators wurde von oben gesteuert, was von den Bürgerinitiativen in Berlin allerdings auch moniert wurde.[1170]

Aufgrund der mangelnden Akzeptanz des Mediationsverfahrens auf Seiten der Flughafengegner im Frankfurter Fall, änderte die Landesregierung jedoch noch in der Vorbereitungsphase ihre Strategie von einer *stark politisch steuernden* zu einer stärker auf *Kooperation* setzenden Strategie, während in Berlin eine gegenteilige Entwicklung aufgezeigt werden kann. Das Machtverhältnis zwischen Flughafengegnern und -befürwortern hatte sich in Frankfurt aufgrund der anstehenden Landtagswahlen von 1999 so verschoben, dass die Landesregierung gezwungen war, sich auf die anerkannten „Spielregeln" des Verfahrens einzulassen.[1171] Ein Mediationsverfahren, das ohne die Beteiligung der Flughafengegner stattfand, ließ sich im Wahlkampf der Öffentlichkeit nur schwer nahebringen. So wurde die Mediation stärker auf ihren Ursprungscharakter eines kooperativen Verfahrens zurückgeführt, wie es auch in Berlin zunächst der Fall zu sein schien. Im Unterschied zum Frankfurter Verfahren, wurden jedoch in Berlin in der Vorbereitungsphase der Mediation von politischer Seite, außerhalb des Verfahrens, Entscheidungen getroffen, die den Flughafenstandort betrafen. So wurde ab Dezember 1991 von der „Flughafen Berlin-Schönefeld GmbH" Grundstückskäufe in der Nähe des Flughafens

---

[1168] Berlin, Senator für Verkehr und Betriebe: Flughafenentwicklung in der Region Berlin, a.a.O., S. 7f.
[1169] Zilleßen, H.: Mediation als innovative Form der Partizipation – Beispiel "Bürgerdialog Flughafen Berlin Brandenburg International", a.a.O., S. 14.
[1170] Barbian, T./ Jeglitza, M.: Das Beispiel „Bürgerdialog Flughafen Berlin Brandenburg International", a.a.O., S. 125.
[1171] Mediationsgruppe Flughafen Frankfurt/Main: Bericht, a.a.O., S. 8.

Schönefeld getätigt, offensichtlich um den Flughafen zunächst mittelfristig auszubauen, so dass im Berliner Fall von einer *manipulierenden* Strategie der Flughafenbefürworter – was die Standortfrage betraf – auszugehen war.[1172]

Damit zeigt sich in beiden Fällen eine Mischung aus *kooperationsgeleiteter* und *manipulierender* Strategie auf Seiten der Flughafenbefürworter – allerdings mit unterschiedlichem Ausgang. Während sich im Berliner Fall die Flughafengegner an der Mediation beteiligten, blieb im Frankfurter Fall, mit Ausnahme der Kommunen, ein Großteil der Gegner weiterhin fern. Damit litt das Frankfurter Verfahren in dieser frühen Phase kontinuierlich an Legitimation von Seiten der Gegner während das in Berlin nicht der Fall war.

Da das Frankfurter Verfahren von Beginn an auch politisch gesteuert wurde, ist hier zu Beginn von Hybridisierung des Verfahrens zu sprechen. Es wurden partizipative Modelle mit autoritären Strukturen vermischt, die die Institutionalisierung der Mediation von Beginn an gefährdeten. In Berlin verlief dagegen die Mediation als kommunikatives Vorbild geradezu vorbildlich. Dem widerspricht nicht die Tatsache, dass wichtige Entscheidungen von politischer Seite außerhalb der Mediation getroffen wurden und das Verfahren aufgrund konkurrierender Entscheidungsgremien unter einer schleichenden Deinstitutionalisierung leiden würde.

In der dann folgenden Verhandlungsphase konnte für beide Fälle aufgezeigt werden, dass von politischer Seite die Kriterien (Feststellung der Interessen, Vorschläge von Lösungsmöglichkeiten), die innerhalb eines solchen Mediationsverfahrens gestellt werden, auch erfüllt wurden. Während jedoch die politischen Akteure sich in Frankfurt zunächst auf die Verhandlung mit den verbliebenen Akteuren innerhalb des Mediationsver-

---

[1172] Landtag Brandenburg: Beschlussempfehlung und Bericht des Untersuchungsausschusses 2/1 zur Aufklärung des Grunderwerbs in Berlin und Schönefeld durch die Berlin Brandenburg Flughafen Holding GmbH (BBF) und die Flughafen Berlin-Schönefeld GmbH (FBS), a.a.O., S. 39f.

fahren konzentrierten, um Lösungsmöglichkeiten zu entwickeln, wurde in Berlin bereits außerhalb des Mediationsverfahren in einer kleinen Runde der staatlichen Eigentümer separat über den Standort diskutiert.[1173]

Konkret litt das Frankfurter Verfahren am meisten daran, dass ein Großteil der Betroffenen gar nicht erst bereit war, Teil zu nehmen. Auch für die Berliner Mediation war nachteilig, dass sich zu wenig Bürger beteiligten und die Umweltorganisationen in dieser Phase der Mediation ausstiegen.[1174] Wobei die Motive erneut sehr unterschiedlich waren. Während die Flughafengegner in Frankfurt das Verfahren aus Gründen des potenziellen Rechtsmitteleinsatzes und damit strategischen Gründen mieden, da sie befürchteten, dass eine Beteiligung ihre Position vor Gericht schwächen könnte, entwickelte sich die Mediation in Berlin vergleichsweise zu einem Expertengremium, dass das Verfahren mangels Bürger-Kompetenz an vielen Betroffenen schlicht vorbeilief. Die Umweltorganisationen traten jedoch aus, da sie ihre Positionen nach dem Ende des Raumordnungsverfahrens als zu wenig vertreten sahen.[1175] Gleichwohl wurde in beiden Fällen die Mediation fortgesetzt und auch ein Ergebnis vorgelegt. Wobei es im Frankfurter Fall zu einem eindeutigen Ergebnis mit fünf Bedingungen (u.a. Erweiterung durch eine weitere Landebahn und Nachtflugverbot) kam, während in Berlin kein eindeutiges Votum für einen Standort festgestellt werden konnte, jedoch der Flughafen Schönefeld bereits als am wenigsten geeignet angesehen wurde und zahlreiche Vorschläge in das parallel laufende Raumordnungsverfahren einflossen.[1176]

[1173] Stolpe, M./ Diepgen, E./ Wissmann, M.: Anlage zum Beschluss der Gesellschafterversammlung vom 20. Juni 1996, a.a.O., S. 2.
[1174] Barbian, T./ Jeglitza, M./ Troja, M.: Das Beispiel „Bürgerdialog Flughafen Berlin Brandenburg International", a.a.O., S. 119, 127.
[1175] BUND/ NABU: Archiv: Mehr Aufrichtigkeit in der Flughafen Debatte, a.a.O.; Busch, P.-O.: Konfliktfall Flughafenerweiterung, a.a.O., S. 35; Barbian, T./ Jeglitza, M./ Troja, M.: Das Beispiel „Bürgerdialog Flughafen Berlin Brandenburg International", a.a.O., S. 119, S.127.
[1176] Mediationsgruppe Flughafen Frankfurt/Main: Dokumentation zum Mediationsverfahren, a.a.O., S. 139; Mediationsgruppe Flughafen Frankfurt/Main: Bericht, a. a. O., S.178; MEDIATOR GmbH: Projektblatt „Mediationsverfahren „Bürgerdialog Flughafen Berlin Brandenburg International", a.a.O., S. 3.

Die hessische Landesregierung hatte sich nach Beendigung der Mediation und damit in der Umsetzungsphase entschieden, sich mit einem Parlamentsentscheid, an die Ergebnisse der Mediation zu binden, In Berlin erfolgte die Einbindung der Ergebnisse bzw. deren Umsetzung in das offizielle Planungsverfahren parallel im Raumordnungs-verfahren.[1177] Damit folgten in beiden Fällen die politischen Akteure in ihrem weiteren Vorgehen zunächst einer *erduldenden* Strategie und befolgten die Idealvorstellung einer Mediation, dass deren Ergebnisse auch im Nachhinein bindende Wirkung haben sollten. Dabei blieb es jedoch in beiden Fällen nicht lange. Während im Frankfurter Fall die Landesregierung später vom strikten Nachtflugverbot als einem der wichtigsten Verhandlungsergebnisse abrückte, ignorierten die politischen Akteure in Berlin und Brandenburg die Ergebnisse des Raumordnungsverfahrens und beschlossen in einem Konsensbeschluss der Flughafeneigentümer den neuen Flughafen am Standort Schönefeld auszubauen. Allerdings bemühte sich die Landesregierung in Hessen zumindest um ein Anschlussverfahren. Bei den Ausbauplänen des Frankfurter Flughafens entschloss man sich, die erzielten Ergebnisse der Mediation in einem weiteren Forum, dem Bürgerforum abzusichern und in die Planung mit einzubeziehen.[1178] In Berlin entschied man sich aus finanziellen, aber wohl auch aus politischen Gründen die Mediation erst mal nicht weiter zu führen.[1179]

Im Gegensatz zu den Befürwortern, die die Mediationsergebnisse *manipulierten* sprachen sich in beiden Fällen die Flughafengegner für die

---

[1177] Hessischer Landtag: Plenarprotokoll 15/67, Sitzung, a.a.O., S. 4607; MEDIATOR GmbH: Projektblatt „Mediationsverfahren „Bürgerdialog Flughafen Berlin Brandenburg International". o.J., a.a.O., S. 3
[1178] Haupt, G./ Warnecke, C. im Gespräch mit Roland Koch: „Es bleibt dabei: Wir bekommen ein Nachtflugverbot – mit extrem wenigen Ausnahmen. Möglicherweise in einstelliger Zahl.", a. a. O.; Senatsverwaltung für Stadtentwicklung und Umwelt: Verkehrsflughafen Berlin-Schönefeld / Berlin Brandenburg (BER). 2013. URL: http://www.stadtentwicklung.berlin.de/verkehr/politik_planung/luft/schoenefeld/index.shtml. Stand: 15.01.2013.
[1179] Barbian, T./ Jeglitza, M./ Troja, M.: Das Beispiel „Bürgerdialog Flughafen Berlin Brandenburg International", a.a.O., S. 135

Umsetzung der der erzielten Übereinkünfte aus. Insbesondere das Nachtflugverbot wurde von den Flughafengegnern in Frankfurt anerkannt und dessen strikte Umsetzung gefordert.[1180] In Berlin wurde insbesondere von den Flughafengegnern gefordert, die Ergebnisse des Raumordnungsverfahrens anzuerkennen, die auch durch die Mediation beeinflusst worden waren.[1181] So erfolgte nun die Legitimierung des Mediations-Verfahrens sowohl in Berlin als auch Frankfurt insbesondere von Seiten der Flughafengegner.

Ein Blick auf die Mediation als komplettes Verfahren zeigt, dass von Seiten der Flughafenbefürworter in Frankfurt zunächst eher einer *manipulierenden* Strategie gefolgt wurde und erst beim Verhandlungsstillstand zurück zu einem *kooperativen* Verhalten gefunden wurde.[1182] Die mangelnde gemeinsame Strategiefähigkeit der politischen Akteure mündete im Frankfurter Mediationsverfahren in einem *Lernverhalten* der politischen Akteure, sie bemühten sich gezwungenermaße zumindest zeitweilig, die Ergebnisse der Mediation in das Planungsverfahren einfließen zu lassen.[1183]

Bei der Berliner Mediation lässt sich dagegen eine genau gegenteilige Entwicklung feststellen. Während zu Beginn von Seiten der Flughafenbefürworter einer *kooperativen* Strategie gefolgt wurde und damit den Akteuren ein *Lernverhalten* in einem neuen Verfahren attestiert werden konnte, wurden im Laufe des Mediationsverfahrens wichtige Entscheidungen, wie zum Beispiel über den Standort, in ein gesondertes Gremium der

---

[1180] BUND Pressemitteilung: Pressearchiv Flughafen. 5. Oktober 2007, a.a.O.
[1181] Friedrichshagener Bürgerinitiative: Schutzgut Mensch und Demokratie – zur Geschichte der Flughafenplanung des BBI, a.a.O.; VCD: Flugverkehr & Umwelt. Nr. 10/ April 2006. S.1f.; Bürgerinitiative Fluglärmfreie Havelseen: Kirche Caputh will Ruhe am Himmel – Offener Brief an Ramsauer & Platzeck. 01.06.2011. URL: http://www.fluglaermfreie-havelseen.de/2011/06/01/kirche-caputh-will-ruhe-am-himmel-offener-brief-an-ramsauer-platzeck/. Stand: 31.01.2013; BVBB eV.: BVBB-Konzept für einen Flughafen Berlin Brandenburg International. 11.08.2012. URL: http://www.bvbb-ev.de/index.php/bvbb-vorschlag-1999. Stand: 31.01.2013.
[1182] Oliver, C.: Strategic Responses to Institutional Processes, a.a.O., S. 152.
[1183] Hessischer Landtag: Plenarprotokoll 15/67, Sitzung, a.a.O., S. 4607.

Flughafeneigentümer verschoben und somit *politisch gesteuert*. Die Flughafengegner hatten dabei kaum noch Einfluss auf die Entscheidungen.[1184] Das Gremium aus Bund, Berlin und Brandenburg, das letztlich über den Standort Schönefeld außerhalb des Mediationsverfahrens entschied, bezog die Teilnehmer der Mediation nicht ein und entschied im Alleingang. Die Ergebnisse der Mediation wurden letztlich von den politischen Entscheidungsträgern ignoriert. Stattdessen versuchten sie ihre Macht außerhalb des Verfahrens abzusichern und wichen auf die Flughafen-Holding als Entscheidungsgremium aus, in der die Zahl der Akteure begrenzt war.[1185]

In beiden Fällen nahmen – wenn auch in unterschiedlichen Phasen – die politischen Akteure ihren Handlungsspielraum in Anspruch, um das Verfahren zu steuern. Die politischen Akteure nutzen den sogenannten „Rute im Fenster" wie es Mayntz und Scharpf bezeichnen.[1186] Was jedoch bei Scharpf und Maynts als eine wichtige Disziplinierungswirkung im Falle einer Nichteinigung in Verhandlungssystemen genannt wird, die das Funktionieren von Verhandlungen sichert, entwickelt sich hier zu einer Strategie, neue Beteiligungsformen zu unterminieren. So wurden hierarchische Autoritätsstrukturen nicht eingepasst, um die Leistungsfähigkeit des Verfahrens zu verbessern, sondern im Gegenteil zu verschlechtern. So trifft bei dem Berliner Fallbeispiel die Annahme zu, dass sich die politischen Akteure immer mehr Kompetenzen verschafften, ohne ihre Adressaten durch Repräsentation entsprechend einzubeziehen. [1187] Vergleichsweise weniger Repräsentation bedeutet dann weniger Kontrolle, und somit sind Institutionen, auch schwächer legitimiert. So erhielt zwar das Berliner Mediationsverfahren als hilfreiches Instrument mehr

---

[1184] Senatsverwaltung für Stadtentwicklung und Umwelt: Verkehrsflughafen Berlin-Schönefeld / Berlin Brandenburg (BER). 2013, a.a.O.
[1185] ebda.
[1186] Mayntz, R./ Scharpf, F. W. Steuerung und Selbstorganisation in staatsnahen Sektoren. In: dies. (Hrsg.): Gesellschaftliche Selbstregelung und politische Steuerung. Frankfurt am Main, New York 1995, S. 9-38 (28f.)
[1187] Göhler, G. (1997). Institutionenwandel, a.a.O., S. 36.

Zustimmung und damit Legitimation als das Frankfurter Verfahren, die Ergebnisse der Berliner Mediation wurden aber größtenteils nicht weiter umgesetzt, ja konterkariert.[1188] In Frankfurt verständigte man sich, die Ergebnisse mit dem Bürgerforum umzusetzen.[1189]

In beiden Fällen wurde während des Verfahrens die Zustimmung von unterschiedlichen Seiten, das heißt von Flughafengegnern und Befürwortern befördert oder entzogen. Je mehr es jedoch um die Umsetzung der Ergebnisse ging, nahm die Zustimmung zum Mediations-Verfahren der Flughafengegner zu, während die der Flughafenbefürworter abnahm. Eine vollständige Institutionalisierung war in beiden Fällen nicht möglich, da es den Verfahren immer wieder von verschiedenen Seiten an Legitimation mangelte und sich nur phasenweise das Mächtegleichgewicht so verschob, dass es zu Lernprozessen und damit zu einem Institutionalisierungsschub kam.[1190]

Während im Frankfurter Verfahren eine offensichtliche *politische Steuerung* „innerhalb" des Verfahrens umgesetzt wurde, wich man im Berliner Fall auf eine *politische Steuerung* durch „parallel laufende" Verfahren aus.[1191] Im Frankfurter Fall führte dies zu einer Hybridisierung des Verfahrens, was die Legitimation des Verfahrens am Anfang erschwerte. Im Berliner Fall kam es nicht zu einer Hybridisierung des Verfahrens. Die Mediation wurde hier bereits zu Beginn vielmehr während ihrer Institutionalisierung de facto durch konkurrierende Verfahren wieder deinstitutionalisiert. Weiter konnte festgestellt werden, dass im Frankfurter Verfahren die Strategiefähigkeit der Flughafen-befürworter insbesondere zu Anfang sehr hoch war, während im Berliner Fall sehr unterschiedliche

---

[1188] MEDIATOR GmbH: Projektblatt „Mediationsverfahren „Bürgerdialog Flughafen Berlin Brandenburg International", a.a.O., S. 3.
[1189] Regionales Dialogforum Flughafen Frankfurt: Geschäftsordnung des Regionalen Dialogforums, a. O., S. 1.
[1190] Berger, P. L./ Luckmann, T.: Die gesellschaftliche Konstruktion der Wirklichkeit, a.a.O., S.58f; Deutsch, K. W.: Politische Kybernetik, a.a.O., S. 171; Argyris, C./ Schön, D. A.: Organizational Learning, a.a.O., S. 35.
[1191] Geis, A.: Umstritten, aber wirkungsvoll, a.a.O., S. 27.

Vorstellungen, somit eine geringere Strategiefähigkeit der Flughafenbefürworter vorherrschte. Daraus lässt sich ableiten, dass eine Hybridisierung eines Verfahrens eher erfolgt, wenn die Strategiefähigkeit der Akteure hoch ist. Ist die Strategiefähigkeit jedoch eher gering, wird eine Hybridisierung unwahrscheinlicher. Die Hybridisierung entsteht dann, wenn das eigentlich partizipativ angelegte Mediations-Verfahren mit autoritären Strukturen vermischt wird. Diese Vermischung führt wiederum nicht zu einer stärkeren Akzeptanz des Verfahrens, sondern zu mehr Ablehnung, da sich die Flughafengegner nicht bei den Entscheidungen ausreichend beteiligt fühlen. So führt im Umkehrschluss eine mangelnde gemeinsame Strategiefähigkeit eher zu einem Lernverhalten innerhalb eines neuen Verfahrens und damit zur Akzeptanz desselben. Damit hätte das Berliner Mediationsverfahren eigentlich zunächst eine höhere Chance gehabt, allgemein an Legitimität zu gewinnen und den Ablauf des Verfahrens zu verbessern. Allerdings wurde im Berliner Fall gerade aufgrund der mangelnden Einigkeit zwischen Brandenburg, Berlin und dem Bund entschieden, sich komplett außerhalb der Mediation auf einen Standort festzulegen. Anstelle gemeinsam innerhalb der Mediation mit den Betroffenen zu einer Lösung zu finden, im und mit dem Verfahren *zu lernen,* setzten die politischen Akteure auf ein Gremium mit beschränktem Zugang außerhalb der Mediation. In Frankfurt kam es immer nur zu Lernschüben, wenn die Mediation kurz vor dem Scheitern war. Beide Mediationsverfahren konnten die Frage des „ob" eines Flughafens befördern, eröffneten aber auch neue Konfliktlagen, so zum Beispiel Forderungen zum Nachtflugverbot. Obwohl die Flughafen-gegner insbesondere im Frankfurter Fall sich zunächst nicht oder nur zum Teil an der Mediation beteiligten, bezogen sie sich in beiden Fällen am Ende auf die Ergebnisse der Mediation, während die Befürworter von den dort beschlossenen Ergebnissen abrückten. Die frühzeitige Festlegung auf bestimmte Ergebnisse – wie das Nachtflugverbot – schränkte wiederum im späteren Verfahren die Tauschgeschäfts-möglichkeiten zwischen Befürwortern und Gegnern frühzeitig ein und ließ langwierige Gerichtsprozesse wahrscheinlicher werden. So beförderte die Mediation eher Verfahrensverzögerungen als ihnen entgegenzuwirken.

6.2 Flughafenkonzept/ Verkehrswegebeschleunigungsverfahren

Um den Bau und Ausbau von Flughäfen besser zu koordinieren, aber auch zu beschleunigen wurde von Bundesseite in den 90er Jahren ein Flughafenkonzept 2000 und danach das Flughafenkonzept 2009 erarbeitet sowie ein Verkehrswegebeschleunigungsgesetz auf den Weg gebracht. Da das Flughafenkonzept insbesondere für Frankfurt Relevanz hatte und das Verkehrswegebeschleunigungsgesetz in Berlin angewendet wurde, wird hier der Vergleich zwischen zwei bundespolitischen Maßnahmen in Auswirkung auf die beiden Projekte verglichen. Festzustellen ist, dass bei den Flughafenbefürwortern auf beiden Seiten von den bundespolitischen Maßnahmen Gebrauch gemacht wurde und somit diese von landespolitischen Akteuren Legitimation erhielt. In Frankfurt stützte man sich auf das Konzept, um den Ausbau des Flughafens zu rechtfertigen.[1192] In Berlin wurden die Unterlagen zum Planfeststellungsverfahren noch kurz vor dem Auslauf des Verkehrswegebeschleunigungsgesetztes eingereicht.[1193] Bei den Flughafengegnern lassen sich dagegen in beiden Fällen unterschiedliche Vorgehensweisen aufzeigen. Während die Flughafen-gegner grundsätzlich ein Flughafenkonzept der Bundesregierung begrüßten, lehnten sie von Beginn an das Verkehrswege-beschleunigungsgesetz ab.[1194] So konnte das Verkehrswege-beschleunigungsgesetz nicht wirklich institutionalisiert werden, da es von den Flughafengegnern nicht anerkannt wurde, während die Flughafenkonzepte darunter litten, nicht von den Flughafenbefürwortern mit genügend Handlungsmacht ausgestattet zu sein. In Berlin entwickelten die Flughafengegner frühzeitig eine Klagestrategie, um mit möglichst zahlreichen Klagen das Verkehrswegebeschleunigungsgesetz, das die Klagemöglichkeit auf eine Instanz beschränkt,

---

[1192] Fraport AG: Pressemitteilung: Fraport-Antrag für Raumordnungsverfahren eingebracht / Vorstandsvorsitzender Dr. Bender: "Weiterer Meilenstein auf dem Weg zum Ausbau". Frankfurt am Main 27.08.2001.
[1193] Wortprotokoll vom 1. September 2001, S. 18, a.a.O.
[1194] BUND: Stellungnahme des BUND zum "Flughafenkonzept der Bundesregierung" – Entwurfsfassung vom 28. August 2000 nach Ressortabstimmung, a.a.O.; Mügelheimer Bote: Großflughafen Schönefeld: Jetzt werden die Wichen gestellt, a.a.O.

auszuhebeln.[1195] In Frankfurt sorgte dagegen der unklare Status des ersten Flughafen-konzepts für Verwirrung und später dann auch bei den Flughafengegnern für Ablehnung.[1196] So war zum einen nicht klar, ob das Papier überhaupt vom Bundeskabinett abgesegnet worden war. Zum anderen war seine Bedeutung im Rahmen der Landesplanung nicht eindeutig festgelegt. So war ungeklärt, ob die Forderung eines Ausbaus des Frankfurter Flughafens auf der Grundlage des Flughafenkonzeptes als Ausbaubegründung reichte.[1197] Auch durch den nachfolgenden Masterplan und das Flughafenkonzept 2009 konnten diese Probleme nicht ausgeräumt werden. Erneut stimmte das Flughafenkonzept mit der Landesplanung nicht überein und führte zu Klagen. So kollidierte das in der Mediation beschlossene und im Planfeststellungsbeschluss festgelegte Nachtflugverbot mit dem Flughafenkonzept, das Nachtflüge für notwendig hielt.[1198]

Während die Institutionalisierung des Verkehrswegebeschleunigungsgesetztes im Berliner Fall insbesondere dadurch erschwert wurde, dass sich die Flughafengegner schnell durch eine neue Klagestrategie ihre eigentlich beschränkten Klagerechte ausweiteten und damit das Verfahren so hybridisierten, dass es nur bedingt beschleunigend wirken konnte, wurde die Institutionalisierung des Flughafenkonzepts im Frankfurter Fall dadurch erschwert, dass es höchstens eine begleitende Funktion in der durch die Länder vorgegebenen Flughafenplanung entfalten konnte.[1199] So wurde es durch landespolitische Regelungen quasi gleichzeitig deinstitutionalisiert. Hier wurde die Institutionalisierung letztlich insbesondere durch

---

[1195] ebda.
[1196] Bundesministerium für Verkehr, Bau-, und Wohnungswesen: Flughafenkonzept der Bundesregierung 2000, a.a.O.; Bundesministerium für Verkehr, Bau-, und Wohnungswesen: Integrierte Verkehrspolitik: Unser Konzept für eine mobile Zukunft. Verkehrsbericht 2000, a.a.O., S. 29.
[1197] Frankfurter Rundschau: Streit um das Konzept der Bundesregierung. 07.08.2002, a.a.O.
[1198] Verkehrsministerkonferenz: Beschluss der Verkehrsministerkonferenz am 22./23. April 2009 in Erfurt. Punkt 5.1 der Tagesordnung, a.a.O., S.1f.
[1199] ebda.

die Flughafenbefürworter erschwert. Die bundespolitischen Reglungen, die die Projekte eigentlich absichern und beschleunigen sollten, konnten dadurch nicht ihre Funktion entfalten, sondern wurden vielmehr Teil der Verzögerungsproblematik.

6.3 Raumordnungsverfahren

Bei den Planungsverfahren der beiden Flughäfen ist zunächst einmal im Ablauf ein wesentlicher Unterschied festzustellen: Während beim Berliner Flughafenprojekt das Raumordnungsverfahren parallel zur Mediation durchgeführt wurde, fand dies im Frankfurter Fall erst im Anschluss an das Mediationsverfahren statt.[1200] Durch das parallel durchgeführte Mediationsverfahren konnten Vorschläge und Kritikpunkte der Flughafengegner direkt in das Berliner Raumordnungsverfahren einfließen. Hierdurch erhielt das Raumordnungsverfahren in Berlin mehr Legitimität von Seiten der Flughafengegner als in Frankfurt, so dass das Verfahren zur Standortwahl eine höhere Akzeptanz erhielt.[1201] Das zeigt sich auch daran, dass sich die Flughafengegner in Berlin immer wieder auf die Ergebnisse des Raumordnungsverfahrens bezogen, das Schönefeld als Standort als am wenigsten geeignet angesehen hatte.

Im Frankfurter Fall verlief das Raumordnungsverfahren dagegen in anderer Reihenfolge. Nach dem Mediationsverfahren wurde das Raumordnungsverfahren eingeleitet.[1202] Dies hatte zu Folge, dass das Raumordnungsverfahren von Beginn an bei den Flughafengegnern stärker unter Kritik stand, als das in Berlin der Fall gewesen war. Dies hängt im

---

[1200] MEDIATOR GmbH: Projektblatt „Mediationsverfahren „Bürgerdialog Flughafen Berlin Brandenburg International", a.a.O., S. 1.
[1201] Friedrichshagener Bürgerinitiative: Schutzgut Mensch und Demokratie – zur Geschichte der Flughafenplanung des BBI. 26.5.2011, a.a.O.; VCD: Flugverkehr & Umwelt, a.a.O., S.1f.; Bürgerinitiative Fluglärmfreie Havelseen: Kirche Caputh will Ruhe am Himmel – Offener Brief an Ramsauer & Platzeck, a.a.O.; BVBB eV.: BVBB-Konzept für einen Flughafen Berlin Brandenburg International, a.a.O.
[1202] Regierungspräsidium Darmstadt: Raumordnungsverfahren Flughafen Frankfurt Main. Landesplanerische Beurteilung, a.a.O., S. 8.

Wesentlichen damit zusammen, dass es durch das vorangestellte Mediationsverfahren in Frankfurt schon erste Festlegungen gab und der weitere Verfahrensablauf damit schon mehr Angriffsfläche für die Gegner aufwies. So klagten einige Kommunen gegen das Raumordnungsverfahren, weil erkennbar war, dass wesentliche Ergebnisse des Mediationsverfahrens keinen Niederschlag gefunden hatten.[1203] Dies lässt sich für den Berliner Fall nicht aufzeigen. Das hängt allerdings auch damit zusammen, dass zu Beginn des Berliner Raumordnungsverfahrens noch unklar war, wo der Flughafen gebaut werden würde. Das Konfliktpotenzial konnte noch nicht seine Wirkung entfalten. Gemeinsam ist beiden Fällen jedoch, dass das Verfahren *politisch gesteuert* wurde. Im Berliner Fall wurde im Raumordnungsverfahren der als bestmöglicher Standort ausgewählte Flughafen Sperenberg durch die drei Flughafeneigner nur im Falle des Scheiterns eines späteren Planfeststellungsverfahrens von Schönefeld in Erwägung gezogen.[1204] Hier zeigt sich, dass die politischen Akteure die Macht besaßen die Prioritäten zu ändern, da sie zugleich an mehreren Verfahren teilnahmen und dadurch ihre zentrale Stellung ausnutzten.[1205] Ebenso wurde im Frankfurter Fall während des Raumordnungsverfahrens von *politischer Seite gesteuert*. Aber im Gegensatz zum Berliner Verfahren, fand die *politische Steuerung* jedoch innerhalb des Raumordnungsverfahrens statt. Bei der Prüfung des Standortes für eine Landebahn, kam das zuständige Regierungs-präsidium zunächst noch zu dem Ergebnis, dass keine der Landebahn-Varianten geeignet sei. Nach der Intervention des Wirtschafts-ministeriums hieß es aber dann doch, dass die Nord-West-Landebahn am besten mit der Raumordnung in Einklang zu bringen sei.[1206] Dies scheint verwunderlich, da sich das Chemiewerk Ticona in der Einflugsschneise der Nord-West-Landebahn befand und

---

[1203] Venn, L.: „Das Ding wird vor Gericht entschieden", a.a.O.
[1204] Stolpe, M./ Diepgen, E./ Wissmann, M.: Anlage zum Beschluss der Gesellschafterversammlung vom 20. Juni 1996, a.a.O., S. 2.
[1205] vgl. Benz A.: Horizontale Politikverflechtung, a.a.O., S. 176.
[1206] Frankfurter Rundschau: Flughafen: Landesregierung bestätigt Korrektur an Expertise des RP, a.a.O.; Regierungspräsidium Darmstadt: Raumordnungsverfahren Flughafen Frankfurt Main. Landesplanerische Beurteilung, a.a.O., S. 1.

somit die Standortwahl mit erheblichen Gefahren verbunden war. Gleichwohl blieb es bei dieser Variante.[1207] Erst nachdem sich das Mächtegleichgewicht der Akteure verschoben hatte und die Strategiefähigkeit der Befürworter der Nord-West-Variante sank, da der Bund als auch die Staatskanzlei zu den Kritikern überwechselten und eine Einigung mit den Gegnern forderten, lenkte das Wirtschaftsministerium ein.[1208] Ticona hatte mit einer Klage gedroht. Daraufhin lenkte das hessische Wirtschaftsministerium ein und war zu Gesprächen bereit.[1209] Hier zeigt sich im Gegensatz zum Berliner Fall wiederum ein *einfaches Lernverhalten*.

Beim Vergleich der Raumordnungsverfahren ist festzustellen, dass in den beiden Fallbeispielen sehr unterschiedliche Strategien von den politischen Akteuren angewendet wurden. Während es im Frankfurter Fall aufgrund des strategischen Verhaltens der politischen Akteure zu einer Hybridisierung kam, lässt sich diese Aussage für Berlin nicht treffen. Auch beim Raumordnungsverfahren kam es in Berlin zu keiner Hybridisierung, sondern der wesentlichste Punkt der Standortfrage wurde durch einen Konsensbeschluss vom Juni 1996 abweichend festgelegt. In der Folge kam es nicht zur Institutionalisierung des Raumordnungsverfahrens, sondern zu dessen Demontage oder auch Deinstitutionalisierung. Die Flughafengegner beriefen sich nämlich auf das Ergebnis der Raumordnung (Sperenberg als neuer Standort für einen Großflughafen) und forderten immer wieder deren Umsetzung. Die Befürworter lenkten jedoch nicht ein und führten auch kein neues Raumordnungsverfahren durch. Ein *Lernverhalten* auf Seiten der Befürworter lässt sich deshalb hier nicht feststellen.

In Frankfurt kam es dagegen auch in dieser Planungsphase zu einer Hybridisierung des Verfahrens, wodurch die Legitimation des Raumord-

---

[1207] ebda., S.1.
[1208] Hessische Landesregierung: Kraftvolle Politik für ein starkes Land Hessen, a.a.O., S. 90; Störfall-Kommission: Ergebnis der Beratungen der AG FFM, a.a.O., S.1.
[1209] Frankfurter Allgemeine Zeitung: Flughafenausbau. Ticona zieht wegen Abflugrouten in Frankfurt vor Gericht, a.a.O.

nungsverfahrens in Frage gestellt wurde. Die Hybridisierung entstand dabei dadurch, dass autoritär von politischer Seite in das Verwaltungsverfahren eingegriffen wurde. Nachdem es jedoch zu erheblichen Protesten kam und die hessische Staatskanzlei als auch der Bund die Nord-Westbahn-Variante in Frage stellten, lenkte das hessische Wirtschaftsministerium ein und zeigte damit – wenn auch spät – ein *einfaches Lernverhalten*. Zwar gaben sie das Planungsziel der Nord-West Landebahn nicht auf, entwickelten aber eine Lösungsmöglichkeit, indem das Chemiewerk umgesiedelt wurde.[1210] In beiden Fällen verzögerte das Raumordnungsverfahren als solches nicht das Verfahren, da gegen dieses Verfahren nicht geklagt werden kann. Allerdings hatten die Ergebnisse der Verfahren in beiden Fällen erhebliche Auswirkungen auf die Folgeverfahren, die wiederum das Projekt deutlich verzögerten. Die Umsiedlung des Chemiewerks bedeutete allein eine Verzögerung um 4 Jahre.[1211] Die Entscheidung gegen Schönefeld im Raumordnungsverfahren führte später zu zahlreichen Klagen in den Anschlussverfahren. Die Flughafengegner beriefen sich im Berliner Fall immer wieder auf das Raumordnungsverfahren und monierten, dass es für Schönefeld als Standort keine klare Abwägung gegeben hatte.

6.4 Landesentwicklungspläne

Während es in Frankfurt darum ging die Flughafenplanung im hessischen Landesentwicklungsplan und im Regionalplan Hessen Süd festzuschreiben, musste im Berliner Fall zunächst in zwei Bundesländern, nämlich Berlin und Brandenburg Einigkeit über eine gemeinsame Landesplanung und damit Einigkeit über einen gemeinsamen Landesentwicklungsplan hergestellt werden, bevor der Entwurf überhaupt den Kommunen vorgelegt werden konnte.[1212] Nachdem die Vereinigung der beiden Bundesländer

---

[1210] Argyris, C./ Schön, D. A.: Organizational Learning, a.a.O., S. 36.
[1211] vgl. VGH Hessen 12 A 2216/05, S. 1.
[1212] VGH Hessen 4 N 455/02, S. 1; VGH Hessen 4 N 3272/01, S. 1; Verwaltungsvereinbarung über Organisation, Verfahren und Finanzierung der

353

gescheitert war, bemühten sich beide Seiten gemeinsam das Flughafenprojekt voranzutreiben.[1213] So standen die Akteure bei beiden Projekten vor sehr unterschiedlichen Voraussetzungen.

Gemein ist jedoch, dass in beiden Fällen zunächst die Kommunen entsprechend ihrer Rechte bei der Aufstellung der LEPs beteiligt wurden. Im Berlin-Brandenburger Landesentwicklungsprogramm wurde die Änderung über die Festlegung des Standorts Schönefeld ohne eine erneute Anhörung der Kommunen festgestellt.[1214] Ebenso wurde der Landesentwicklungsplan engerer Verflechtungsraum Berlin Brandenburg an den Beschluss angepasst.[1215]

Im Frankfurter Verfahren wurden die Kommunen zwar bei der Aufstellung des neuen LEP entsprechend beteiligt jedoch ihre Hoheitsrechte deutlich eingeschränkt, da nun der Flughafen über seine Grenzen hinaus ausgebaut werden sollte. Auch derer Regionalplan Hessen Süd wurde an den LEP angepasst ohne die Kommunen erneut anzuhören.[1216]

In beiden Fällen wurde gegen die Landesentwicklungspläne und darüber hinaus in Berlin gegen das Landeentwicklungsprogramm und in Hessen auch gegen den Regionalplan von Seiten der betroffenen Kommunen geklagt.[1217]

Dabei ging es den Städten und Gemeinden in Frankfurt insbesondere um ihr Planungsrecht, das sie – durch den Landesentwicklungsplan – als eingeschränkt ansahen. In Bezug auf den Regionalplan Hessen Süd klagten die Kommunen darüber hinaus formal nicht ausreichend beteiligt

---

[1213] Gemeinsamen Landesplanungsabteilung der Länder Berlin und Brandenburg, o.O. 06.04.1995.
Senatsverwaltung Justiz (Hrsg.): Gesetz und Verordnungsblatt. Verordnung über den Landesentwicklungsplan Flughafenstandortentwicklung, a.a.O., S. 595.
[1214] OVG Brandenburg – 3 D 4/99 N.
[1215] OVG Brandenburg 3 D/2699.NE; Gelen, T./ Siebeck, F. C.: Landes- und Flughafenplanung in Berlin/Brandenburg, a.a.O., S. 402f.
[1216] VGH Hessen 4 N 3272/01, S. 1.
[1217] VGH Hessen 4 N 455/02, S. 3; VGH Hessen 4 N 3272/01, S. 1; VGH Hessen 4 N 455/02, S. 10; VerfGBbg 3 D 4/99 N.

worden zu sein. Im Berliner Fall klagten die Kommunen nicht nur gegen die Einschränkungen ihres Planungsrechts, sondern kämpften dafür, dass sie überhaupt, wie formal vorgesehen, angehört würden. In beiden Fällen erhielten die Kommunen vor Gericht in Bezug auf die mangelnde Beteiligung als auch die Einschränkung ihrer Planungshoheit Recht.

Auch als die LEPs in Berlin und Frankfurt neu aufgestellt wurden und diesmal in Frankfurt entsprechend der neuen EU-Öffentlichkeitsrichtlinie eine Öffentlichkeitsbeteiligung durchgeführt und die Kommunen in beiden Fällen angehört wurden, klagten sie erneut.[1218] In beiden Fälle vertrauten die Kommunen eher dem Klageweg und sahen bei den Anhörungen wenig Chancen, sich durchzusetzen. Während in Frankfurt die erneute Klage der Kommunen, die ihre Planungshoheit eingeschränkt sahen, abgewiesen wurde, erhielten die Kommunen in Berlin Recht. Dass die Kläger in Berlin erneut Recht erhielten, hing dabei insbesondere damit zusammen, dass es hier in Bezug auf den Standort nie eine Standortabwägung gegeben hatte und die Bundesländer sich in Bezug auf ihre unterschiedlichen Raumordnungskonzepte (Dezentrale Konzentration versus Konzentration) nicht ausreichend abgestimmt hatten.[1219] Hier zeigt sich, dass die Zusammenarbeit von zwei Bundesländern als auch die mangelnde Einbindung der Standort-entscheidung in das Planungsverfahren, die Implementation des Verfahrens über die „typischen" Probleme hinaus (Länder versus Kommune und deren Zuständigkeiten) erschwerte, während es in Frankfurt zunächst hauptsächlich um Beteiligungs- und Hoheitsrechte ging. Gemeinsam ist ihnen dabei wiederum, dass die Kommunen in beiden Fällen bis zum Schluss alle Rechtsmittel ausschöpften.[1220]

[1218] BBI: Pressemitteilung: 20.000 Bürger protestieren gegen den Landesentwicklungsplan, a.a.O.
[1219] OVG Brandenburg 3 D 4/99 N; Senatsverwaltung Justiz des Landes Brandenburg (Hrsg.): Gesetz- und Verordnungsblatt für das Land Brandenburg Teil II – Verordnungen. Verordnung zur Änderung der Verordnung über den Landesentwicklungsplan Flughafenstandortentwicklung, a.a.O., S.155.
[1220] OVG Brandenburg 3 D 104/03.NE; Bundesverwaltungsgericht: Pressemitteilung:

Gemeinsam war auch beiden Fällen, dass es zu Konflikten über die Einbettung der Ergebnisse der Mediation in den Landesentwicklungsplan kam. Im Frankfurter Verfahren kam während des Wahlkampfs 2007/2008 die Frage nach der rechtlichen Verankerung des Nachtflugverbots im Planungsverfahren auf. Die Opposition im hessischen Landtag forderte eine Verankerung des Nachtflugverbots im Landesentwicklungsplan.[1221] Die Landesregierung hatte das Nachtflugverbot nur als Grundsatz aufgenommen, da aus ihrer Sicht dies erst im Planfeststellungsverfahren rechtsverbindlich festgelegt werden könnte.[1222] Im Berliner Fall wurde ebenso von den Flughafengegnern in Bezug auf den Landesentwicklungsplan eine Berücksichtigung der Ergebnisse der Mediation bzw. des Raumordnungsverfahrens gefordert.[1223] Hierbei ging es insbesondere um die Standortfrage. Im Gegensatz zum Frankfurter Verfahren wurde in Berlin eine Einbeziehung der Mediations- bzw. Rauordnungsverfahrensergebnisse jedoch überhaupt nicht in Betracht gezogen, da Schönefeld somit möglicherweise als Standort ausgeschieden wäre.

Es zeigt sich, dass es in beiden Fällen zu einer Hybridisierung des formalen Verfahrens kam. Die Hybridisierung wurde hier in beiden Fällen dadurch erzeugt, dass rechtlich formal gesicherte Beteiligungsrechte bzw. Hoheitsrechte der Kommunen übergangen wurden. Somit wurden hier partizipativ gesicherte Rechte mit autoritären Entscheidungsfindungen vermischt. Dies erklärt hier jedoch nicht allein die Verzögerung des LEP. Neben der Hybridisierung führte auch die mangelnde rechtliche Verankerung der Mediation im LEP zu Verzögerungen im nachfolgenden Planfeststellungsverfahren der beiden Fälle. Im Berliner Fall erschwerte darüber hinaus noch die gemeinsame Landesplanung das Verfahren, da

---

Ausbau Flughafen Frankfurt am Main: Normenkontrollanträge gegen Landesentwicklungsplan, a.a.O.
[1221] Hessischer Landtag: Antrag der Landesregierung betreffend Verordnung über die Änderung des Landesentwicklungsplans Hessen 2000, a.a.O., S. 7934-7937.
[1222] Boddenberg, M.: Die CDU hat Wort gehalten, a.a.O., S. 1f.
[1223] VfGBbg 217/03.

sich Berlin und Brandenburg nicht frühzeitig auf ein Konzept abgestimmt hatten und so die Begründung für den berlinnahen Standort Schönefeld mit der Raumplanung eines dezentralen Konzepts der Brandenburger Landesplanung kollidierte und vor Gericht nicht Stand hielt. Entsprechend der Hybridisierung der beiden Planungsverfahren, zeigt sich in beiden Fällen, dass die Landesregierungen nur zu einem *einfachen Lernen* innerhalb des Verfahrens bereit waren. Wobei die politischen Akteure in Berlin und Brandenburg erst eine *Lernbereitschaft* zeigten, nachdem die Gemeinden mehrfach vor Gericht geklagt hatten. Die *Lernbereitschaft* der Flughafengegner war in Berlin zu Beginn des Planungsverfahrens zunächst vorhanden. Erst als sich abzeichnete, dass sie nicht beteiligt wurden, entschieden sie sich gegen das Verfahren und für den Rechtsweg.

In Frankfurt war die *Lernbereitschaft* der Landesregierung unter Ministerpräsident Eichel dagegen zunächst durchaus als *komplex* einzuordnen, da sie sich bemühte, einen Ausbau innerhalb der Grenzen des Flughafens umzusetzen. Nach dem Regierungswechsel zu einer CDU geführten Regierung wurde jedoch die Planung wesentlich geändert und reichte nun über die Grenzen des Flughafens hinaus. Eine frühzeitige Beteiligung der betroffenen Kommunen wurde dabei nicht mehr berücksichtigt, so dass hier auch nicht mehr von einem *Lernverhalten* gesprochen werden kann. Erst nach den Gerichtsverfahren, wie im Berliner Fall, besann sich die Landesregierung auf eine stärkere Einbeziehung und zeigte sich damit zu einem *einfachen Lernen* bereit. Wesentliche Ziele, wie die Umsetzung eines Nachtflugverbots, integrierte sie jedoch nicht, so dass hier nicht von einem *komplexen Lernen* gesprochen werden kann. Die Kommunen zeigten sich im Gegensatz zum Berliner Fall gegenüber dem Planungsverfahren bereits frühzeitig negativ eingestellt, setzten auf den Rechtsweg und zeigten daher eine *geringe Lernbereitschaft*, was sicherlich auch auf ihre Erfahrung mit der Startbahn West zurückzuführen ist. In Berlin und Brandenburg hatten die Gemeinden aufgrund ihrer Historie einfach nicht diese Erfahrung.

6.5 Planfeststellungsverfahren

Beim Planfeststellungsverfahren beteiligten sich bei beiden Fallbeispielen sowohl Befürworter als auch Gegner in umfassender Weise. Dies liegt in der Natur des Verfahrens, da nur durch eine Beteiligung am Verfahren die Möglichkeit besteht, später auch dagegen zu klagen.[1224] So ist beiden Fällen gemein, dass nach dem Plan-feststellungsbeschluss gegen die Planfeststellung geklagt wurde.[1225] Beiden Fällen fehlte es demnach bei der Planfeststellung an Legitimation. Trotzdem konnten nach den Gerichtsverfahren mit erheblichen Verzögerungen beide Projekte planfestgestellt werden.[1226] Hier enden jedoch auch bereits die Gemeinsamkeiten. Ein Blick auf die Analyse der Strategiefähigkeit der Flughafengegner und Befürworter zeigt in beiden Fällen, dass die Verfahren sehr unterschiedlich abliefen: Während die Befürworter des Ausbaus im Frankfurter Fall nicht mehr einheitlich einer Linie folgten, kann dies für Berlin nicht festgestellt werden. In Berlin waren sich die politischen Akteure bzw. die Flughafeneigentümer über den Planfeststellungsantrag weitestgehend einig. Nachdem es im Vorfeld der Planungen zwischen Bund, Berlin und Brandenburg zu erheblichen Kontroversen in Bezug auf den Standort gekommen war, zeigten sie sich im Planfeststellungsverfahren einig und befürworteten gemeinsam Schönefeld, was am Ende eine hohe Strategiefähigkeit aufzeigt.[1227] In Berlin wurde beim Planfeststellungsantrag trotz erheblicher Kritik von den Flughafenausbaugegnern, einheitlich gehandelt, z.B. ließen die Flughafeneigentümer nach wie vor Standortalternativen unberücksichtigt.[1228] In Frankfurt a.M. kam es

---

[1224] § 10 LuftVG.
[1225] Bundesverwaltungsgericht: Pressemitteilung. Eilanträge gegen Flughafen Berlin-Schönefeld weitgehend erfolgreich, a.a.O.; Frankfurter Allgemeine Zeitung: Frankfurter Flughafen: Bisher 260 Klagen gegen Ausbaupläne, a.a.O.
[1226] Bundesverwaltungsgericht: Pressemitteilung. Grünes Licht für Flughafen Berlin-Schönefeld aber Einschränkung des Nachtflugbetriebs, a.a.O.; BVerwG 4C 8.09.
[1227] Flughafen Berlin Schönefeld GmbH: Presseinformation. Meilenstein für die Zukunft des Berlin-Brandenburger Luftverkehrs, a.a.O.
[1228] Brandenburgisches Landesamt für Bauen, Verkehr und Straßenwesen: Anhörungsverfahren für das Vorhaben „Ausbau des Flughafens Berlin Schönefeld", a.a.O., S. 4.

dagegen sogar zur Klage durch einen der befürwortenden politischen Akteure. Die Stadt Frankfurt, die sich zunächst für das Planfeststellungsverfahren ausgesprochen hatte, klagte gegen den Planfeststellungsbeschluss.[1229] Hier führten wechselnde Koalitionen zu völlig neuen politischen Zielrichtungen und erschwerten die Institutionalisierung des Verfahrens. Die Flughafengegner kämpften in beiden Fällen von Beginn an gegen das Verfahren an und beteiligten sich insbesondere, um später einen Klageanspruch zu haben.

Beim Vergleich der Erörterungstermine innerhalb des Planfeststellungsverfahrens der Vorhaben in Berlin und Frankfurt ist festzustellen, dass in beiden Fällen die politischen Akteure zwar nach außen betonten, auf die Einwände der betroffenen Akteure eingehen zu wollen, bzw. sich an den Ergebnissen des Mediationsverfahrens zu orientieren, zugleich aber innerhalb der Verfahren ihre Macht nutzten und ihre Interessen durchsetzten.

Um ihre kooperative Haltung sichtbar zu machen, wurde beim Berliner Fall für die Erörterungstermine eine große Halle gemietet, um allen Einwendern ein Forum bieten zu können.[1230] In Frankfurt wurde bei der Erörterung ebenso allen Betroffenen die Möglichkeit gegeben, sich zu beteiligen.[1231] Allerdings führte hier die Aufspaltung der Einwender in drei Gruppen nach Wohnsitz zu Kritik auf Seiten der Flughafengegner, die damit eine Schwächung ihrer Stimmen befürchteten.[1232] Ebenso wurden die Einwender in Berlin zunächst in zwei Gruppen aufgeteilt, was auch dort zu Kritik auf Seiten der Flughafengegner führte.[1233] Gemeinsam ist auch

---

[1229] Schwan, H.: Frankfurt muss gegen Ausbaubeschluss klagen, a.a.O.
[1230] Schwenkenbecher, J.: Berliner und Brandenburger dürfen gemeinsam Flughafen kritisieren, a.a.O.
[1231] Regierungspräsidium Darmstadt:Pressemitteilung: Erörterung zum Flughafenausbau beginnt Mitte September- Einwender kommen zu Beginn in drei regionalen Gruppen zu Wort, a.a.O.
[1232] Initiative Zukunft Rhein-Main: Brief: Planfeststellungsverfahren zum Flughafenausbau: Erörterungstermin, a.a.O.
[1233] Brandenburgisches Landesamt für Bauen, Verkehr und Straßenwesen: Anhörungsverfahren für das Vorhaben „Ausbau des Flughafens Berlin Schönefeld".

beiden Fällen, dass von Regierungsseite versucht wurde, mit den Kommunen während des Planfeststellungsverfahrens zu einem Ausgleich zu kommen und so möglichweise Klagen zu vermeiden. In Frankfurt gab es innerhalb des Dialogforums separate Verhandlungen mit den Kommunen, wobei der Verdacht aufkam, dass einige der Letzteren sich ein Klageverzicht abkaufen ließen. In Berlin versuchte man die Gemeinden durch eine Beteiligung an einer Gesellschaft für die Umfeldentwicklung des Flughafens stärker einzubinden.[1234] In beiden Fällen konnte zu mindestens vermutet werden, dass die zuständigen Behörden einer *manipulierenden Strategie* nachgingen. Letztlich kam es in beiden Fällen innerhalb der Erörterung zu keiner Einigung mit den Flughafengegnern. Nach der Veröffentlichung des Planfeststellungs-beschlusses wurde in beiden Fällen von den Kommunen und Gemeinden, aber auch von Seiten der betroffenen Bürger, gegen den Beschluss geklagt. In Frankfurt stieß insbesondere das eingeschränkte Nachtflugverbot auf Unverständnis der privaten Kläger.[1235] In ihrem Urteil folgten die Richter des VGH Kassel dieser Auffassung.[1236] In Berlin ging es neben der Durchsetzung des Nachtflugverbots nach wie vor um die mangelnde Standortabwägung. In beiden Fällen ließen die Gerichte nur eine bestimmte Anzahl von Musterklagen zu, was in Anbetracht der Tatsache, dass die Klage gegen den Planfeststellungsbeschluss für private Kläger die einzige Möglichkeit bot, gegen den Flughafenausbau vorzugehen, zumindest eine deutliche Einschränkung bedeutete. Auch hier wurde der Planfeststellungsbeschluss nicht vom Gericht aufgehoben, sondern Nachbesserungen in Bezug auf

---

[1234] Stellungnahme zum Ergebnis des Anhörungsverfahrens, a.a.O., S. 36.
Die Welt: Für Großflughafen beginnt 2001 die entscheidende Phase, a.a.O., S. 39.
[1235] IAGL: Pressemitteilung; Klageverein IAGL erstaunt über die Haltung der Kommunen, a.a.O.
[1236] Hessischer Verwaltungsgerichtshof: Pressemitteilung: Ausbau des Flughafens Frankfurt/Main. Bau der neuen Landebahn steht nichts entgegen. Voraussichtlich aber keine planmäßigen Flüge in der Kernnacht. 15.01.2009. URL: http://www.vgh-kassel.justiz.hessen.de/irj/VGH_Kassel_Internet?rid=HMdJ_15/VGH_Kassel_Internet/n av/b74/b7440f40-d6f8-5a11-aeb6-df197ccf4e69,89460d7e-fcd9-de11-f3ef-ef97ccf4e69f,,,11111111-2222-3333-4444-100000005002%26_ic_seluCon=89460d7e-fcd9-de11-f3ef-ef97ccf4e69f%26shownav=false.htm&uid=b7440f40-d6f8-5a11-aeb6-df197ccf4e69&shownav=false. Stand: 13.02.2013.

das Lärmschutzkonzept und das Nachtflugverbot gefordert.[1237] Im Anschluss an die Gerichtsverfahren handelten die Landesregierungen sehr unterschiedlich. Während es in Berlin zu einem Planergänzungsverfahren kam, klagte die Landesregierung im Frankfurter Fall gegen das Urteil vom OVG Kassel.[1238] Beim ergänzenden Planfeststellungs-verfahren wurden nun die Flughafengegner im Berliner Fall stärker einbezogen und die Landesregierungen waren bereit, beim Nachtflug-verbot Zugeständnisse zu machen.[1239] Allerdings gingen diese den Gegnern nicht weitgehend genug, so dass es zu einem erneuten Gerichtsverfahren kam. Bei der erneuten Klage vor dem Bundesverwaltungsgericht erhielten sie jedoch nicht Recht.[1240] So zeigt sich, dass in Berlin nach der Hybridisierung des Planfeststellungsverfahrens, die politischen Akteure zunächst zu einem *einfachen Lernverhalten* bereit schienen.[1241] Allerdings änderten sie ihre Ziele nicht wirklich und lenkten nur zum Teil beim Nachtflugverbot ein, so dass sie nach wie vor die *Macht besaßen, nicht lernen zu müssen.*[1242] In Frankfurt wählte die hessische Landesregierung dagegen den Weg einer Planklarstellung, was ein eher unübliches Verfahren war.[1243] Auch hier war es während des Planfeststellungsverfahrens zu einer Hybridisierung des Verfahrens gekommen, da Beteiligungsrechte und Informations-rechte der

---

[1237] Bundesverwaltungsgericht: Pressemitteilung. Grünes Licht für Flughafen Berlin-Schönefeld aber Einschränkung des Nachtflugbetriebs, a.a.O.
[1238] Ministerium für Infrastruktur und Landesplanung des Landes Brandenburg: Pressemitteilung. Ausbau Flughafen Schönefeld: Unterlagen zum ergänzenden Planfeststellungsverfahren werden ab 29. Oktober in den Gemeinden ausgelegt, a a.O.; Ministerium für Wirtschaft, Verkehr und Landesentwicklung: Pressemitteilung: „Rasche Rechtssicherheit im Interesse aller", a.a.O.
[1239] Ministerium für Infrastruktur und Landesplanung des Landes Brandenburg: Pressemitteilung. Ausbau Flughafen Schönefeld: Unterlagen zum ergänzenden Planfeststellungsverfahren werden ab 29. Oktober in den Gemeinden ausgelegt, a.a.O.
[1240] BVBB: Pressemitteilung. BVBB beschließt Klage gegen den ergänzenden Planfeststellungsbeschluss zum BBI-Nachtflug. 15.1.2010, a.a.O.; BVerwG 4 A 4000.0.
[1241] Ministerium für Infrasturktur und Landwirtschaft des Landes Brandenburg: Pressemitteilung. Flughafen Schönefeld: Erörterungstermine im April, a.a.O.
[1242] Ministerium für Infrastruktur und Raumordnung des Landes Brandenburg: Planergänzungsbeschluss „Lärmschutzkonzept BBI" zum Vorhaben „Ausbau Verkehrsflughafen Berlin-Schönefeld", a.a.O., S. 16f.
[1243] Hessisches Ministerium für Wirtschaft, Verkehr und Landesentwicklung: Pressemitteilung: Wirtschaftsminister Dieter Posch: "Planklarstellung ist unterzeichnet", a.a.O.

Betroffenen beschnitten wurden. Nach dem Gerichtsurteil des Bundesverwaltungsgerichts, zeigte die hessische Landesregierung hier kein Lernverhalten. Nachdem die Landesregierung vor Gericht verlor, entschied sie sich nicht für die übliche Variante eines Planergänzungsverfahren sondern hybridisierte das Verfahren erneut, indem sie den Weg der Planklarstellung wählte, was neue Klagen nach sich ziehen konnte, da die Betroffenen hier nicht angehört wurden.

Die Hybridisierung der Planfeststellungsverfahren führte in beiden Fällen zu Klagen, die die Projekte in Frankfurt und Berlin um ca. 2 Jahre verzögerten, bis ein rechtlich abgesicherter Planfeststellungsbeschluss vor Gericht bestätigt wurde. Die Klagen zum Nachtflugverbot und die anschließenden ergänzenden Verfahren hatten jedoch keine zeitliche Auswirkung auf den Ausbau der Flughäfen, da mit ihnen kein Baustopp verbunden war.

6.6 Privatisierung

Die Privatisierungsbestrebungen des Berliner und Frankfurter Flughafenprojektes verliefen unter sehr unterschiedlichen Ausgangsbedingungen. Im Berliner Fall herrschte zu Beginn unter den Anteileignern die Idee vor, die BBF voll zu privatisieren und damit auch den Neu- bzw. Ausbau zu privatisieren. In Frankfurt ging es von Beginn an nur um eine Teil-Privatisierung. Hier wollte sich vor allem der Bund aus dem Unternehmen verabschieden.[1244] Neben finanziellen Aspekten – und das ist beiden Fällen gleich – ging es aber auch darum, sich aus der Doppelrolle des Unternehmers und der Genehmigungsbehörde zu lösen. Ziel war es damit, mehr Vertrauen bei den Flughafengegnern zu erreichen, da so kein Interessenskonflikt mehr bestehen würde.[1245] Allerdings wurde dieses Ziel in beiden Fällen nicht erreicht. So zog sich Ministerpräsident Koch zwar

---

[1244] Frankfurter Allgemeine Zeitung: Sechs Monate Frist vor weitere Privatisierung, a.a.O.
[1245] Beckers, T. (Co- Autoren: Fritz, J.- S./ Hirschhausen, C. v./ Müller, S.) Privatisierung und Re-Regulierung der deutschen Flughäfen unter Berücksichtigung internationaler Erfahrungen, a.a.O., S. 17.

vom Aufsichtsratsposten des Frankfurter Flughafens zurück, besetzte den Posten jedoch erneut politisch, indem Finanzminister Weimar, ein enger Vertrauter des Ministerpräsidenten, sein Nachfolger wurde.[1246] Darüber hinaus zeigte hier bereits die Teilprivatisierung an, dass nach wie vor politisch Einfluss auf den Flughafen ausgeübt werden sollte. Im Berliner Fall, begannen ebenso Diskussionen über eine Teil-Privatisierung. Der regierende Bürgermeister Diepgen forderte, nicht alle Anteile am Flughafen abzugeben.[1247] Darüber hinaus sollte das Planungsverfahren des neuen Flughafens zunächst staatlich organisiert werden, um die Privatisierung und Ausbauplanung auch getrennt voneinander vollziehen zu können.[1248] Während die Teil-Privatisierung im weiteren Verlauf in Frankfurt relativ still vollzogen wurde, scheiterte sie in Berlin. In beiden Fällen, und dass ist ihnen wiederum gemein, führten die Privatisierungsvorhaben nicht zu mehr Vertrauen bei den Flughafengegnern. Während in Frankfurt der Einfluss der Regierung durch die Teilprivatisierung weiterhin bestand und sie das Verfahren nach wie vor politisch steuerten, versuchten die politischen Akteure in Berlin das ganze Privatisierungsverfahren zu manipulieren. Doppel-mandate der Berliner Finanzsenatorin Fugmann-Heesig führten zum Ausschluss des Bieterkonsortiums Hochtief und letztlich zum Scheitern des gesamten Privatisierungsvorhabens.[1249] Aufgrund der Hybridisierung des Verfahrens musste die Flughafenplanung im Berliner Fall nun staatlich finanziert werden. Ein neuer Finanzplan wurde aufgestellt, der neu zwischen den Anteilseignern verhandelt werden musste.[1250] Darüber hinaus führten die Ungereimtheiten um die Privatisierung nicht zu mehr Vertrauen in das Gesamtprojekt. Das neue

---

[1246] Fraport AG: Aufsichtsrat, a.a.O.
[1247] Wortprotokoll 19. Juli 2001, a.a.O., S. 44, (S. 28).
[1248] Abgeordnetenhaus von Berlin: Bericht. des 1. Untersuchungsausschusses des Abgeordnetenhauses von Berlin – 14. Wahlperiode – „Flughafen Schönefeld II", a.a.O., S. 17.
[1249] OLG Brandenburg 6 Verg 1/99.
[1250] Ministerium für Stadtentwicklung, Wohnen und Verkehr des Landes Brandenburg: Planfeststellungsbeschluss Ausbau Verkehrsflughafen Berlin-Schönefeld, a.a.O., S.338f.

Instrument der Privatisierung führte damit in beiden Fällen nicht zu einer Beschleunigung des Verfahrens. Auch schuf es weder neues Vertrauen bei den Flughafengegnern, noch sicherte es zumindest im Berliner Fall die Finanzierung des Projektes.

7. Fazit

Der Ausbau oder Bau von Großflughäfen in Deutschland benötigt in der Regel zwanzig bis dreißig Jahre und ist mit Verzögerungen behaftet. Als eine Ursache sieht die Implementationsforschung das Problem in der Vielzahl der involvierten Akteure.[1251] Eine zweite Ursache wird in Medien und Politik vor allem in dem gesteigerten Umweltbewusstsein gesehen, der Formierung von Bürgerinitiativen, die sich mehr und mehr gerichtlich gegen solche Projekte wehren. Diese Ursachenbegründung hat zu einem veränderten Ansatz in der Politik geführt, so dass eine Vielzahl an neuen, teils informellen Verfahren (Mediation, Verkehrswegebeschleunigungsgesetz, Flughafenkonzept) eingeführt worden sind. Gleichwohl haben Großprojekte wie der Bau bzw. hier Ausbau von Flughäfen mit erheblichen Verzögerungen von mehreren Jahren zu kämpfen, wie die Fallbeispiele dieser Arbeit, die die Flughäfen Frankfurt und Berlin zum Gegenstand hatten, zeigen.

So stellte sich die Arbeit die Frage, warum nach wie vor Großprojekte unter so langen Planungszeiten leiden. Das führte zurück zur Ursachenforschung. Die Begründung in der Vielzahl der Akteure und ihrer speziellen Interessen zu suchen, wie es die Implementationsforschung zu erklären versucht, reicht nicht mehr aus. Die Fallbeispiele dieser Arbeit wurden an Hand des Konzeptes des Governance-Ansatzes, des Akteursorientierten Institutionalismus und der Organisationtheorie untersucht, die die Ursachen auch in den Institutionen sehen.

Ein Flughafenausbau durchläuft zunächst ein formelles Planungsverfahren, was sich in ein Raumordnungsverfahren, einen zu gestaltenden Landesentwicklungsplan und abschließend ein Planfeststellungsverfahren aufgliedert.[1252] Hinzu kommen, wie bereits erwähnt, neue informelle Verfahrensschritte, wie die Mediation aber auch formelle, wie das

---

[1251] Pressman, J./ Wildawsky, A.: Implementation, a.a.O.
[1252] Bickenbach, F./ Soltwedel, R./ Wolf, H./ Kumkar, L./ Sichelschmid, H.: Ausbau der Flughafeninfrastruktur: Konflikte und institutionelle Lösungsansätze, a.a.O., S. 47.

Verkehrswegbeschleunigungsgesetz oder halbformelle, wie das Flughafenkonzept oder der Masterplan der Bundesregierung.[1253] All diese Verfahren müssen ebenso implementiert werden, wie der Flughafen selbst implementiert werden muss, was hier dem Governance-Ansatz folgend als Institutionalisierung verstanden wird. Als institutionalisiert gilt dabei in der Organisationstheorie ein Verfahren oder eine Regel, wenn sie allgemein anerkannt ist. Dazu durchlaufen Regeln mehrere Phasen, die in Habitualisierung, reziproke Typisierung, Objektivierung und letztlich die Sedimentierung unterschieden werden.[1254] Eine Sedimentierung erfolgt, wenn Institutionen Anerkennung erlangen bzw. wenn die Erwartungen oder Kriterien, die mit ihnen verbunden werden, auch eintreffen. Ebenso verhält es sich mit den informellen und formellen Regeln beim Bau eines Flughafens. Auch sie treffen auf Erwartungen und Kriterien der beteiligten Akteure. So wird beispielsweise beim formellen Planungsverfahren erwartet und dies ist auch als formal rechtliches Kriterium festgelegt, dass die Kommunen, Umweltverbände und Bürgerinitiativen über bestimmte Zugangs-, Informations- und Einspruchsrechte verfügen und diese auch ausüben können. Bei einem informellen Verfahren wie der Mediation haben sich ebenso bestimmte Kriterien entwickelt. Auch hier haben sich Regeln über die Zugangs-, Informations- und Einspruchsrechte entwickelt. So wird zum Beispiel erwartet, dass sich der Leiter der Mediation, der Mediator, gegenüber den verschiedenen Interessen der Akteure neutral verhält.[1255]

[1253] Wörner, J.-D.: Abschlussdokumentation RDF 2000-2008, a.a.O; MEDIATOR GmbH: Mediationsverfahren „Bürgerdialog Flughafen Berlin Brandenburg International", a.a.O.; VerkPBG; Bundeministerium für Verkehr, Bau und Wohnungswesen (Hrsg.): Flughafenkonzept der Bundesregierung 2000, a.a.O.; Bundesministerium für Verkehr, Bau und Stadtentwicklung (Hrsg.): Flughafenkonzept Bundesregierung 2009, a.a.O.; Masterplan zur Entwicklung der Flughafeninfrastruktur -zur Stärkung des Luftverkehrsstandortes Deutschland, a.a.O.

[1254] Berger, P. L./ Luckmann, T.: Die gesellschaftliche Konstruktion der Wirklichkeit, a.a.O., S. 54ff.

[1255] Busch, P.-O.: Konfliktfall Flughafenerweiterung, a.a.O., S. 12.

Genau diese Kriterien oder Erwartungen, die mit den Verfahren verbunden sind wurden auf die Fallbeispiele angewendet. Dabei wurde überprüft, ob es bei der Institutionalisierung der Reglungen gemäß der Transaktionskostentheorie zu Unsicherheiten kommt und ob diese durch opportunistisches oder strategisches Handeln der beteiligten Akteure hervorgerufen werden. Um die Strategien der Akteure einordnen zu können wurde dabei auf die von Oliver unterschiednen fünf strategischen Reaktionen zurückgegriffen, die im Rahmen einer Institutionalisierung auftreten können und von *Kooperation* bis *Manipulierung* reichen.[1256] Weiter wurde untersucht, ob durch das opportunistische oder hier auch als strategisch bezeichneten Handlungsspielraum der involvierten Akteure die Verfahren hybridisiert wurden. Wobei hier unter Hybridisierung die Vermischung von partizipativen und autoritativen Beteiligungsformen verstanden wurde. Daran anschließend wurde überprüft, ob diese Vermischung die Institutionalisierung des Verfahrens behinderte oder aber es zu einem *Lernen* innerhalb der Verfahren kam.

Frankfurt

So konnte im Frankfurter Fall für das informelle Mediationsverfahren tatsächlich festgestellt werden, dass in den verschiedenen Phasen der Mediation partizipative mit autoritären Beteiligungsformen vermischt wurden. Insbesondere die politischen Akteure nutzen dabei ihre politische Macht bzw. ihre strategischen Handlungsspielräume, um Entscheidungen über den Ablauf und den Zugang zum Verfahren zutreffen, ohne die Betroffenen einzubeziehen. In Folge dessen beteiligte sich ein Großteil der Flughafengegner erst gar nicht an der Mediation. Zwar setzte das Mediationsverfahren überhaupt erst Dialogmöglichkeiten zwischen denen, die sich beteiligten in Gang, jedoch war die Dialogbereitschaft durch das strategische Verhalten aller Akteure stark begrenzt. Auch konnten immerhin die Interessenlagen der Befürworter und Gegner deutlich gemacht und Konflikte im Vorfeld des formalen Verfahrens aufgezeigt

---

[1256] Oliver, C.: Strategic Responses to Institutional Processes, a.a.O., S. 152.

werden. Für eine außergerichtliche Einigung reichte es aber nicht. Die Flughafengegner zeigten in allen Phasen der Mediation eine ambivalente Haltung, indem sie stets nur die Teile des Verfahrens, die ihre Position festigen würden, unterstützten. So nahmen sie (je nach „institutioneller" Zugehörigkeit) teils am Verfahren teil, teils verweigerten sie sich. Die strategischen und taktischen Aktionen und Reaktionen wurden (wie bei den Befürwortern) stets der eigenen Interessenlage angepasst. Das Verhalten gipfelte in der Strategie, geeignete Lösungen – auch in Teilen wie Vereinbarungen eines Nachtflugverbots – „herauszupicken". Dabei war es stets das Ziel der Gegner, im weiteren formalen Verfahren für sie relevante Lösungen zu unterstützen und eine starke Ausgangsposition für den Weg der Klage, als weitere Möglichkeit für die Durchsetzung ihrer Ziele zu sichern.

Die Befürworter des Flughafenausbaus, allen voran die Stadt Frankfurt, die Landesregierung und Fraport spielten ihren Handlungsspielraum strategisch und taktisch in den verschiedenen Phasen des Mediationsverfahrens unterschiedlich – auch untereinander – aus. So einigten sie sich im Mediationsverfahren auf ein Nachtflugverbot, *griffen* es jedoch bei dessen Umsetzung *an* (Ausnahmeregulung bei Nachtflügen) und gingen juristisch dagegen vor. [1257] Dabei wurde deutlich, dass gleichzeitig durchgängig versucht wurde, sowohl in *kooperativer* Weise den Dialog aufrecht zu erhalten, als auch bei eindeutigen Interessenlagen auf der Befürworter-Seite *von oben zu steuern*. Somit wiesen die politischen Akteure zwar in den einzelnen Phasen auch *einfaches Lernverhalten* auf, letztlich wurde jedoch autoritären Beteiligungsformen gefolgt, was zu einer Hybridisierung der Mediation führte. Das Mediationsverfahren erhielt dadurch keine ausreichende Legitimation und wurde nicht wirklich

---

[1257] Präsentation Mediation Frakfurt Flughafen 1998-2000: Das Mediationsverfahren, a.a.O., S. 7; Hessisches Ministerium für Wirtschaft, Verkehr und Landesentwicklung: Pressemitteilung: Wirtschaftsminister Dr. Alois Rhiel genehmigt Flughafenausbau mit rechtssicherem Nachtflugverbot, a.a.O.; Hessisches Ministerium für Wirtschaft, Verkehr und Landesentwicklung: Pressemitteilung: „Rasche Rechtssicherheit im Interesse aller", a.a.O.

institutionalisiert. Ohne diese Institutionalisierung ergaben sich jedoch keine Einigungen außerhalb von langwierigen Gerichtsverfahren, so dass das neue Mediationsverfahren auch nicht zu mehr Effizienz im Hinblick auf verkürzte Planungszeiten beitragen konnte.

Ebenso wie beim Mediationsverfahren konnte auch für das bundesweite Flughafenkonzept 2000 und 2009 und den Masterplan festgestellt werden, dass die Verfahren hybridisiert wurden. Hier wurde nun umgekehrt ein hierarchisch ausgelegtes Verfahren mit partizipativen Elementen so vermischt, dass es nicht zur Entfaltung kommen konnte und keinen beschleunigenden Effekt auf die Flughafenplanung ausübten. So beriefen sich zwar die landespolitischen Akteure im formalen Planungsverfahren auf das Flughafenkonzept bei der Bedarfsbegründung. Gleichzeitig legten sie bei der Verkehrsministerkonferenz aber auch fest, dass das Konzept nicht einen übergeordneten Rang in der durch die Länder bestimmten Flughafenplanung haben dürfe. [1258] Damit entzogen sie selbst dem Konzept seine Autorität, so dass es schwer war, den Ausbau des Frankfurter Flughafens und die Notwendigkeit von Nachtflügen insbesondere mit einem bundesweiten Konzept zu begründen. Damit – wie schon bei der Mediation – befürworteten als auch entzogen Flughafengegner und Befürworter dem Konzept ihre Unterstützung je nach Interessenslage, so dass das Konzept und der Masterplan nie wirklich genügend Legitimation entfalten konnten. Dabei war insbesondere auffällig, dass und wie die landespolitischen Akteure einer doppelten Strategie folgten. Zum einen befürworteten sie das Konzept, da sie sich damit eine leichtere Bedarfsbegründung beim Ausbau des Frankfurter Flughafens erhofften, die einer bundesweiten Planung zu Grunde lag. Andererseits befürchteten sie eine Einschränkung ihrer landespolitischen Kompetenzen in der Flughafenplanung und lehnten eine übergeordnete Stellung des Bundes darin ab. Damit konnte das Konzept keine beschleunigende Wirkung auf die

---

[1258] Verkehrsministerkonferenz: Beschluss der Verkehrsministerkonferenz am 22./23. April 2009 in Erfurt. Punkt 5.1 der Tagesordnung, a.a.O., S.1f.

Ausbauplanung des Frankfurter Flughafens entfalten. Im Gegenteil – die unklare Stellung des Konzeptes ermöglichte den Flughafengegnern gegen die darauf bezogene Bedarfsbegründung des Flughafenausbaus zu klagen. Aber nicht nur die Hybridisierung der Verfahren führte zu Klagen und damit zu Verzögerungen. Es zeigte sich hier, dass für die Landesregierung unbefriedigende Ergebnisse der Mediation in das neue Verfahren Flughafenkonzept weiter transferiert wurden, um das Nachtflugverbot doch noch aushebeln zu können. Mit dem Flughafenkonzept 2009 wurden somit die Ergebnisse der Mediation in Bezug auf das Nachtflugverbot wieder in Frage gestellt. Das Flughafenkonzept sprach sich für eine Notwendigkeit von Nachtflügen aus.[1259] Mit dieser Strategie scheiterte die Landesregierung jedoch, wie sich letztlich vor Gericht zeigte.

Auch bei den formalen Verfahren (Raumordnungsverfahren, Landesentwicklungsplan und Regionalplan und Planfeststellung) zeigte sich das Problem der Hybridisierung. Schon beim Raumordnungs-verfahren ergab die Untersuchung, dass das Verfahren hybridisiert wurde, wobei Kompetenzen in dem an sich schon hierarchisch zugeschnittenen Verwaltungsverfahren von landespolitischer Seite überschritten wurden. Das Darmstädter Regierungspräsidium, das für die Beurteilung zuständig war, wurde vom hessischen Wirtschaftsministerium angewiesen, die Nord-West Landebahn als Ausbauvariante zu bevorzugen. [1260] Das Verhalten des Wirtschafts-ministeriums wurde hier gemäß Oliver einer *manipulierenden Strategie* zugeordnet. So wurde die Beurteilung der Ausbauvariante dahingehend abgeändert, obwohl sich in der Einflugschneise ein Chemiewerk befand. In Folge dessen kam es zu zahlreichen Protesten sowie einem Gerichtsverfahren von Seiten des Chemiewerks und letztlich langwierigen Verhandlungen zur Umsiedlung des Chemiewerks Ticona.

[1259] Bundesregierung: Flughafenkonzept der Bundesregierung: Zusammenfassung der Maßnahmen. Leitlinien der Flughafenpolitik des Bundes, a.a.O.
[1260] Frankfurter Rundschau: Flughafen: Landesregierung bestätigt Korrektur an Expertise des RP.15, a.a.O.; Hessisches Ministerium für Wirtschaft, Verkehr und Landesentwicklung: Pressemitteilung: Posch begrüßt Ergebnis des Raumordnungsverfahrens zum geplanten Ausbau des Frankfurter Flughafens, a.a.O.

[1261] Darüber hinaus hatte die Entscheidung im Raumordnungsverfahren Auswirkungen auf das Klageverhalten in den anschließenden Verfahren. Im Landesentwicklungsplan mussten in der Folge daher die Landebahnvarianten neu geprüft werden. Die Institutionalisierung des Raumordnungsverfahrens wurde aufgrund des *manipulierend* strategischen Verhaltens des Wirtschaftsministeriums von Seiten der Flughafengegner in Frage gestellt und führte zu Verzögerungen des Gesamtprojekts um mehrere Jahre. Gleichwohl konnte auch hier festgestellt werden, dass auf eine erheblich *manipulierende* Strategie der Flughafenbefürworter, die dann wiederum auf großen Widerstand bei den Gegnern des Projektes traf, eine Phase des *Lernens* auf Seiten der Befürworter folgte. So lenkte die Staatskanzlei beim Konflikt mit Ticona ein und begann Verhandlungen mit dem Chemiewerk, die letztlich zu dessen Umsiedlung führten. Dieses späte *Lernen* bzw. Einlenken führte dazu, dass das Projekt überhaupt weitergeführt werden konnte. Eine ähnliche Entwicklung zeigte sich auch bei der Institutionalisierung der Landesentwicklungspläne und Regionalpläne, in denen der Flughafen-ausbau begründet und als Fläche festgeschrieben werden musste. So wurden die Kommunen bei der Änderung des Regionalplans Hessen-Süd in Bezug auf die Festlegung des Flughafenausbaus nicht einbezogen, was wiederum einer Hybridisierung des Verfahrens gleichkam. Hier wurden erneut rechtlich zugesicherte Beteiligungsrechte beschnitten, so dass es hier zu einer Vermischung von partizipativen mit autoritativen Beteiligungsformen kam. Bei der Erstellung des Landes-entwicklungsplans kam es zwar nicht zu einer Hybridisierung, aber auch hier wurden die Kommunen nicht frühzeitig einbezogen.

Erneut lenkten die Behörden erst nach einer Klagewelle der Kommunen ein und veränderten ihre Strategie und korrigierten die beanstandeten Fehler. Durch die Klagen verzögerte sich die Rechtsverordnung zur Änderung des Landesentwicklungsplans um elf Jahre. Davon war auch das Planfeststellungsverfahren betroffen, das erst mit einem sicher

---

[1261] VGH Hessen 12 A 2216/05, S. 1.

festgestellten Landesentwicklungsplan 2007 abgeschlossen werden konnte. [1262]

Das Planfeststellungsverfahren litt – wie schon die vorherigen Verfahren – unter der Hybridisierung. Auch hier wurden Beteiligungsrechte der Kommunen und Bürger beschnitten und es kam zu einer Vermischung von autoritativen mit partizipativen vorgesehenen Elementen. Dieses Verhalten führte wiederum zu Klagen von Seiten der Gegner und damit zu Verzögerungen. Darüber hinaus konnten Verzögerungen aber auch darauf zurückgeführt werden, dass das Planfeststellungsverfahren von den Vorverfahren abhängig war (Landesentwicklungsplan) sowie hier erneut Probleme bei der Umsetzung der Ergebnisse der vorangegangenen Verfahren auftauchten (Mediation). So wurden Konflikte, für die bereits Ergebnisse erreicht worden waren, erneut ins formale Verfahren getragen. In dieser Phase der Planung wurden nun einzelne Ergebnisse des Mediationsverfahrens ignoriert und nicht darin verankert (z.B. das Nachtflugverbot). [1263] Hierdurch wurde das Verfahren nicht hybridisiert, sondern die erreichten Kompromisse wurden durch das formale und damit ein rechtlich verbindliche Planfeststellungsverfahren ausgehebelt. In dieser Phase zeigt sich auch, dass sich der Umgang mit dem Frankfurter Fall änderte. Während zu Beginn im informellen Stadium nach außen hin zumindest noch von politischer Seite „Offenheit" gezeigt wurde und die verschiedenen Verfahren durch Hybridisierung von oben gesteuert wurden, *kämpften* die Landesregierung und Fraport in der formalen Phase nachweislich gegen die Ergebnisse der Mediation und letztlich die Wünsche der Flughafengegner an. Dabei ist interessant, wie ein Teil der Befürworter des Flughafenausbaus (Stadt Frankfurt, Fraport) die Seite wechselte und – ähnlich wie die Gegner – ebenfalls Klagen gegen das

---

[1262] Hessisches Ministerium für Wirtschaft, Verkehr und Landesentwicklung: Pressemitteilung: Rhiel: Planfeststellungsbeschluss zum Flughafenausbau erst 2007, a.a.O.
[1263] Hessisches Ministerium für Wirtschaft, Verkehr und Landesentwicklung: Pressemitteilung: „Rasche Rechtssicherheit im Interesse aller", a.a.O.

aufgeweichte Nachtflugverbot beim Verwaltungsgerichtshof einreichte.[1264] So konnte das Planfeststellungsverfahren erst nach einem mehrjährigen Klageweg institutionalisiert werden. Nach dem ergangenen Planfeststellungs-beschluss von 2007 dauerte es noch weitere sechs Jahre bis auch die nachgereichte Planklarstellung zum Nachtflugverbot feststand.

Als ein weiteres Instrument zur Beschleunigung und besseren Legitimation des Flughafenausbaus wurde auch das Verfahren der Privatisierung des Frankfurter Flughafens untersucht. Auch hier konnte eine Hybridisierung festgestellt werden. Wobei die Wahl, eine Teilprivatisierung durchzuführen an sich schon eine hybride oder gemischte Form der Privatisierung ist. Gleichwohl konnte aufgezeigt werden, dass die hessische Landesregierung auch hier das Verfahren *manipulierend* steuerte. Obwohl einerseits Ministerpräsident Koch als Aufsichtsratsvorsitzender zurücktrat, um gerade die Doppelrolle des Landes Hessens als Anteilseigner des Unternehmens Flughafen und Genehmigungsbehörde aufzulösen, beauftrage er andererseits einen politisch ihm nahestehenden Nachfolger.[1265] Damit konnte ein Rückzug der Landesregierung aus dem Flughafenunternehmen nicht wirklich umgesetzt werden. Die Privatisierung wurde daher von den Flughafengegnern eher kritisch betrachtet. Damit verzögerte sich zwar der Flughafenausbau nicht. Die Privatisierung half aber auch nicht, zu mehr Vertrauen zwischen Flughafengegnern und Befürwortern beizutragen.

Berlin

Im Vergleich zum Frankfurter Verfahren zeigte sich im Berliner Fall dagegen eine etwas andere Entwicklung. Das „Projekt BBI" stellte als eine der größten Verkehrsbaumaßnahmen der „Nachwendezeit" eine besondere Herausforderung dar, einerseits wegen seiner Bedeutung als Flughafen der Hauptstadt Berlin, andererseits wegen der immensen Abstimmungsbedürfnisse zwischen dem Bund, dem wiedervereinigten Stadtstaat Berlin und dem neuen Bundesland Brandenburg, die

---

[1264] Frankfurter Rundschau: Flut von Klagen erreicht den Gerichtshof, a.a.O.
[1265] Fraport AG: Aufsichtsrat, a.a.O.

gemeinsam Eigentümer sind.[1266] Das Projekt war insbesondere im Hinblick auf die weitgehend neu anzuwendenden informellen und formalen Planungsinstrumente „unsicheres Terrain".

Im Berliner Fall wurde ebenso wie in Frankfurt ein Mediationsverfahren durchgeführt. Allerdings konnte für die Mediation keine Hybridisierung festgestellt werden. Anstelle einer Hybridisierung wurde das Verfahren nach dessen Beendigung wieder deinstitutionalisiert. Zwar wurden die Dialogmöglichkeiten durch die informellen Verfahren zwischen allen Beteiligten erhöht, jedoch war die Dialogbereitschaft der Befürworter gegenüber den Flughafengegnern nicht wirklich vorhanden. Die Befürworter des Flughafenbaus in Berlin, allen voran die Eigentümer – der Bund, das Land Berlin und das Land Brandenburg – spielten in den verschiedenen Phasen des Mediationsverfahrens strategisch und taktisch das „Reservoir" an Einflussnahme unterschiedlich – auch untereinander – aus, so z.B. in Bezug auf ihre Haltung zum Standort: Schönefeld oder Sperenberg).[1267] Bedingt durch die Vielzahl öffentlicher und privater Akteure wurde eine Vielzahl von Foren und Gruppierungen gegründet, die das Mediationsverfahren erst möglich machten und unterschiedliche Interessengruppen vernetzten. Dabei wurde deutlich, dass gleichzeitig durchgängig versucht wurde, sowohl in kooperativer Weise den Dialog aufrecht zu erhalten, als auch von Seite der Befürworter außerhalb der Mediation *politisch zu steuern*, vor allem hinsichtlich der Standortentscheidung, die – ohne Berücksichtigung der Mediation – zu Gunsten Schönefelds fiel.[1268]

Die Flughafengegner zeigten in allen Phasen eine ambivalente Haltung, indem sie stets nur die Teile des Verfahrens, die ihre Position festigen würden, unterstützten. So nahmen sie (in unterschiedlicher „institutionel-

---

[1266] Bundesministerium für Verkehr, Bau- und Wohnungswesen: Flughafenkonzept der Bundesregierung 2000, a.a.O., S. 57.
[1267] Barbian, T./ Jeglitza, M./ Troja, M.: Das Beispiel „Bürgerdialog Flughafen Berlin Brandenburg International", a.a.O., S. 115.
[1268] Stolpe, M./ Diepgen, E./ Wissmann, M.: Anlage zum Beschluss der Gesellschafterversammlung vom 20. Juni 1996, a.a.O.

ler" Zugehörigkeit) teils am Verfahren teil, teils verweigerten sie sich. Die strategischen und taktischen Aktionen und Reaktionen wurden (wie bei den Befürwortern) stets der eigenen Interessenlage angepasst. Das Verhalten gipfelte in der Strategie, geeignete Lösungen – auch in Teilen, wie Zusagen zum Nachtflugverbot – „herauszupicken". Dabei war es stets das Ziel der Gegner, im weiteren formalen Verfahren für sie relevante Lösungen zu unterstützen und letzten Endes eine starke Ausgangsposition für den Weg der Klage, als Möglichkeit für die Durchsetzung ihrer Ziele, zu sichern.

Aber nicht nur die Ergebnisse des Mediationsverfahrens wurden in Berlin übergangen, auch die Ergebnisse des Raumordnungsverfahrens wurden von den politischen Akteuren ignoriert.[1269] In Berlin wurden die formalen und informellen Verfahren (Raumordnungsverfahren und Mediation) somit zwar objektiv institutionalisiert aber durch zugangsbeschränkte informelle Verfahren – z.B. exklusiv politisch besetzte Gremien – übergangen und damit konterkariert.

Im formalen Verfahren (Landesentwicklungsprogramm, Landesentwicklungspläne und Planfeststellung) änderten die politischen Akteure ihre Vorgehensweise. Hier zeigt sich erstmals auch eine Hybridisierung des Verfahrens. Das wird am Landesentwicklungsprogramm, dem Landesentwicklungsplan engerer Verflechtungsraum, dem Landesentwicklungsplan Standort Flughafen und dem Landesentwicklungsplan Flughafenstandort deutlich. Hier wurde das partizipativ gestaltete Verfahren, das den Gemeinden eine Anhörung zusicherte mit autoritativen Beteiligungsformen vermischt. So wurden die Gemeinden zwar zu einer allgemeinen Notwendigkeit eines neuen Flughafens im Rahmen der Erstellung des Gemeinsamen Landesentwicklungsplans für den engeren Verflechtungsraum Berlin-Brandenburg angehört jedoch anschließend

---

[1269] Ministerium für Landesentwicklung und Raumordnung des Landes Brandenburg; Senatsverwaltung für Stadtentwicklung Berlin (Hrsg.): Gemeinsamer Landesentwicklungsplan Flughafenstandortentwicklung in der Fassung vom 30. Mai 2006, a.a.O., S. 11.

dieser ein Bezug auf den Standort Schönefeld geändert ohne die Gemeinden erneut anzuhören.[1270] Dadurch kam es zu Klagen von Seiten der Gemeinden, die vor Gericht Recht erhielten und die Institutionalisierung der Programme und Pläne um vier Jahre verzögerten. Auch im Planfeststellungsverfahren ließ sich eine Hybridisierung des Verfahrens feststellen, in dem partizipative mit autoritativen Elementen vermischt wurden. Es wurde innerhalb des Verfahrens von Seiten der Befürworter einer *manipulierenden* Strategie gefolgt, wie sich bei Planung der Flugrouten nachvollziehen ließ. Obwohl bereits zu Beginn des Planfeststellungsverfahrens klar war, dass aufgrund veränderter Flugrouten mehr Gemeinden von Fluglärm betroffen sein würden – als zunächst angenommen – wurden diese nicht in das Planfeststellungsverfahren einbezogen.[1271] Diese Entscheidung wurde von Seiten der Landesregierung insbesondere auch getroffen, um – aus zeitlichen Gründen – noch in den Genuss des auslaufenden Verkehrswegebeschleunigungsgesetzes zu kommen, was für die Befürworter den Vorteil hatte, dass der Klageweg allein auf das Bundesverwaltungsgericht beschränkt war. Aber wie im Frankfurter Fall sorgte nicht nur die Hybridisierung für Klagen und damit einer Verzögerung des Planfeststellungsverfahrens. Wie schon in den vorangegangen Verfahren wirkte auch hier immer noch der informelle Beschluss der Flughafeneigentümer zum Standort Schönefeld nach. Daher klagten die Flughafengegner nicht nur gegen den Planfeststellungsbeschluss als solchen sondern gegen die im Vorfeld nicht durchgeführte Standortabwägung. Dies zeigt, dass das Planfeststellungsverfahren von einer Hybridisierung und De-institutionalisierung durch das informelle Entscheidungsgremium der Flughafeneigentümer betroffen war.

Besondere Aspekte im Berliner Fall stellen das Verkehrswegebeschleunigungsgesetz und der Versuch der Privatisierung des

---

[1270] OVG Brandenburg 3 D 4/99 N.
[1271] Bürgerinitiative Kleinmachnow gegen Flugrouten e.V./ Bürgerinitiative Schallschutz Rangsdorf e.V (Hrsg.): Flugrouten-Betrug bei der Planung des Hauptstadtflughafens Berlin Brandenburg BER „Willy Brandt" in Schönefeld, a.a.O.

Berliner Flughafens dar. Beim Verkehrs-wegebeschleunigungsgesetz konnte die Hybridisierung des Verfahrens ausnahmsweise auf das strategische Verhalten der Flughafengegner zurückgeführt werden. Um die auf das Bundesverwaltungsgericht begrenzte Klagemöglichkeit zu umgehen, entwickelten die Flughafen-gegner frühzeitig eine Strategie, hilfsweise immer wieder von neuem gegen den Planfeststellungsbeschluss vorzugehen. Dadurch erweiterte sich der Klagezeitraum bis in das Jahr 2013.[1272] Auf den Beginn des Ausbaus hatte das jedoch nur bedingt Auswirkungen, da nach dem Hauptverfahren gegen den Planfeststellungsbeschluss seit 2006 gebaut werden durfte.

Auch kam es bei der Privatisierung zur Hybridisierung, die diese letztlich komplett scheitern ließ. Dass die Privatisierung nicht vollzogen wurde, lag teils an formalen Vergabefehlern, war aber auch einmal mehr im Berliner Verfahren durch die strategisch *manipulierende* Nutzung von Handlungsspielräumen der beteiligten Akteure bedingt. In Berlin führten nachweislich Doppelmandate von führenden Politikern wie der Berliner Finanzsenatorin Fugmann-Heesig zum Ausschluss des Konsortiums Hochtief.[1273] Hierdurch wurden die Beteiligungsrechte des konkurrierenden Konsortiums eingeschränkt, so dass Verfahren vermutlich durch strategisches Verhalten hybridisiert wurde. In Folge dessen klagte das benachteiligte Konsortium, was wiederum zu Verzögerungen der Privatisierung und letztlich im Scheitern der gesamten Privatisierung mündete, so dass bis ins Jahr 2004 ungeklärt blieb, wie überhaupt der neue Flughafenausbau finanziert werden.[1274]

Es zeigte sich im Berliner Fall, dass der Umgang sowohl mit den neuen als auch mit bekannten Verfahren noch nicht gelernt war oder bewusst ausgehebelt wurde. So erhielten das informelle wie das formelle Verfahren

---

[1272] OVG Brandenburg 11 A 1.13, S. 2.
[1273] OLG Brandenburg 6 Verg 1/99.
[1274] ebda.; Ministerium für Stadtentwicklung, Wohnen und Verkehr des Landes Brandenburg: Planfeststellungsbeschluss: Ausbau Verkehrsflughafen Berlin-Schönefeld, a.a.O., S. 338f.

in Berlin zwar zunächst Zuspruch und Legitimation, beide wurden aber gleichzeitig deinstitutionalisiert. Das führte wiederum zu Unsicherheit und ließ die Flughafengegner bewährte Verfahren, wie die Anrufung von Gerichten bevorzugen. Auf Seiten der politischen Akteure zeigten diese sich erst bei Entzug der Zustimmung oder nach dem Klageverfahren zum Einlenken und damit auch zu einem *einfachen Lernverhalten* bereit.

Der Bau von Großprojekten wird so zu einer doppelten Implementation. Ein solches Großprojekt muss nicht nur konkret gebaut und fertig gestellt werden. Auch jedes einzelne Verfahren, das für die Umsetzung notwendig ist, muss implementiert werden.

Inzwischen haben Großprojekte wie der Bau eines neuen Bahnhofs in Stuttgart („Stuttgart 21") zu erheblichen Protesten geführt und den Ruf nach neuen partizipartiven Verfahren vehement aufgebracht. So wird darüber nachgedacht, Mediationsverfahren verbindlich festzuschreiben.[1275] Dabei wird jedoch übersehen, dass Mediations-verfahren nicht als Allheilmittel für die sich verändernden Steuerungs-möglichkeiten von Politik zu verstehen sind. Mediationsverfahren müssen ebenso Legitimation erhalten, wie die Planungsprojekte selbst. Entscheidend ist, dass die Spielregeln geändert werden müssen, um neue Konflikte zu bearbeiten. Diese dürfen aber nicht innerhalb der tradierten Strukturen definiert werden. So zeigt sich bei beiden Fallbeispielen, das die Verzögerungen solcher Projekte nicht aus mangelnden Steuerungsmöglichkeiten der Politik erwachsen, wie es der systemtheoretische Ansatz ausmacht, sondern im Gegenteil, dass die politischen Akteure nicht wirklich bereit sind und auch die Macht besitzen, sich auf neue Beteiligungsformen nicht einlassen zu müssen. Problematisch ist dabei auch, dass neben den Mediationsverfahren häufig weitere Verfahren eingeführt werden, die nicht für mehr Kooperation sprechen, sondern die Kooperation eher begrenzen. Hier sind das Verkehrswegebeschleunigungsgesetz, das auf verkürzte Planungsverfahren setzte und auch die Privatisierung zu nennen, die auf

---

[1275] Handelsblatt: Mediation bei Großprojekten im Gespräch, a.a.O.

weniger Beteiligungsrechte der betroffenen Akteure abzielen. So stellt sich die Frage, ob Verfahren, die mehr Partizipation versprechen, politisch in letzter Konsequenz gewollt sind.

Nach außen mag es als Erfolg gewertet werden, dass der Konflikt in Frankfurt um eine vierte Landebahn oder der Konflikt um den Ausbau des Flughafens Schönefeld nicht mit einer gewaltsamen Protestkultur einherging und die Flughäfen, wenn auch verspätet, doch überhaupt ausgebaut wurden und werden. Bei der näheren Betrachtung der Verfahren zeigt sich jedoch, dass sich die Proteste in Frankfurt und Berlin sehr schnell professionalisiert haben und diese sich den neuen Verfahren anpassen. Die neuen Regelungsverfahren werden von Befürworten wie Gegnern in ihre Strategie integriert, verändert, hybridisiert oder durch andere Verfahren umgangen, so dass sie ihrer eigentlichen Funktion kaum noch gerecht werden.

Die Frage, inwieweit die neuen informellen Dialogverfahren Einfluss auf den zeitlichen Ablauf der Planung und Implementierung der Flughafenausbauten hatten, ist schwer zu beantworten. Die aufgetretenen Verzögerungen sind den Verfahrensschritten nur begrenzt zuzuordnen. Konflikte wurden im Vorfeld durch das „informelle Verfahren" zwar anders als in der Vergangenheit ausführlich diskutiert, aber es ist schwer einzuschätzen, wie sich die Kontrahenten ohne diesen neuen Weg des Dialogs verhalten hätten. Festzuhalten bleibt jedoch, dass informelle Verfahren nach wie vor nur geringe Chancen haben, sich auch tatsächlich in einem sehr formalen Verwaltungsablauf voll zu entfalten und somit Verzögerungen und langwierigen Gerichtsverfahren vorzubeugen. Gleichwohl ist sicherlich auch festzustellen, dass sich partizipative Modelle gesellschaftlich institutionalisiert haben und gegenwärtig und in absehbarer Zukunft nicht mehr fortzudenken sind.

Wenn nun auf die Fragestellung für beide Fallbeispiele zurückgeblickt wird, warum die formellen und informellen Verfahren nicht oder nur zum Teil zu mehr Effizienz bei der Umsetzung des Flughafenprojektes beigetragen haben, so hat die vergleichende Untersuchung aufzeigen können, dass im Frankfurter Fall die Hybridisierung der informellen Verfahren als eine wesentliche Ursache für die mangelnde Effizienz zu verstehen ist, im Berliner Fall dagegen im Wesentlichen die Ursache im *Ignorieren* von informellen wie formellen Verfahren liegt. Die Interpretation und/oder die Hybridisierung institutioneller Regeln kann die Verzögerungsproblematik verstärken, die solchen Projekten anhaftet, statt sie zu verringern. Die Verknüpfung von Entscheidungsverfahren führt dabei nicht nur zu einer Verminderung ihrer Leistungsfähigkeit, weil miteinander unverträgliche Verfahren sich gegenseitig blockieren, sondern weil die beteiligten Akteure bei der Anwendung oder Einführung von Regeln über Handlungsspielräume verfügen, die sie *opportunistisch* oder auch *strategisch* einsetzen.

Mit Hilfe des Ansatzes von Oliver, der die verschiedenen strategischen Reaktionen auf Prozesse der Institutionalisierung erfasst, konnte als eine wesentliche Ursache für die mangelnde Effektivitätssteigerung von Regelungsverfahren im Rahmen von Projekten die Nutzung von Handlungsspielräumen der involvierten Akteure identifiziert werden. Hierdurch wurde aufgezeigt, wie sich die Akteure im Prozess der Institutionalisierung von Regelungsverfahren zur Erreichung ihres Ziels strategisch *vermeidend, trotzend* oder *manipulierend* verhalten und damit die Verfahren hybridisieren oder aber *ignorierend* übergehen.[1276] Auf dieser Grundlage aufbauend zeigte sich, dass die verschiedenen Akteure nur begrenzt zum *Lernen* bereit waren und dies auch nur taten, wenn sie *nicht die Macht besaßen* sich durchzusetzen.

[1276] Oliver, C.: Strategic Responses to Institutional Processes, a.a.O., S. 152.

Literaturverzeichnis und Dokumentenverzeichnis:

L	**Überblick Literaturverzeichnis**	
L 1	**Literaturverzeichnis – Allgemein**	**382**
L 2	**Literarturverzeichnis – Frankfurt**	**385**
L 2.1	Zeitungen – Frankfurt	**386**
L 2.2	Zeitungen-Online – Frankfurt	386
L 3	**Literaturverzeichnis – Berlin**	**389**
L 3.1	Zeitungen – Berlin	390
L 3.2	Zeitungen-Online – Berlin	390
D	**Überblick Dokumentenverzeichnis**	
D1	**Dokumentenverzeichnis – Allgemein**	**393**
D 2	**Dokumentenverzeichnis – Frankfurt**	**394**
D 3	**Dokumentenverzeichnis – Berlin**	**409**

L1 Literaturverzeichnis – Allgemein

Argyris, C./ Schön, D. A.: Organizational Learning: A Theory of Action. Reading (Mass.): Addisson-Wesley, 1978

Beck, U.: Entgrenzung der Politik: Zum Verhältnis von politischer Steuerung und technisch-ökonomischen Wandel in der Risikogesellschaft. In: ders.: Risikogesellschaft. Auf dem Weg in eine andere Moderne. Frankfurt am Main: Suhrkamp, 1986

Becker, G. S.: Der ökonomische Ansatz zur Erklärung menschlichen Verhaltens. Tübingen: Mohr (Paul Siebeck) 1982 (1965)

Benz, A.: Policies als erklärende Variable in der politischen Theorie. In: Benz, A./ Seibel, W. (Hrsg.) Theorieentwicklung in der Politikwissenschaft – Eine Zwischenbilanz. Baden-Baden: Nomos, 1997, 303-322

Berger, P. L./ Luckmann, T.: Die gesellschaftliche Konstruktion der Wirklichkeit. Eine Theorie der Wissenssoziologie. Frankfurt am Main: Fischer Taschenbuch Verlag, 1969 (1966)

Bickenbach, F./ Soltwedel, R./ Wolf, H. et.ali.: Ausbau der Flughafeninfrastruktur: Konflikte und institutionelle Lösungsansätze. Berlin, Heidelberg: Springer, 2005

Brede, H.: Grundzüge der öffentlichen Betriebswirtschaftslehre. 2. Ausg. Oldenbourg: Oldenbourg Wissenschaftsverlag, 2005

Breidenbach, S.: Mediation. Struktur, Chancen und Risiken von Vermittlung in Konflikten. Köln: Dr. Otto Schmidt,1995

Burgi, M.: Funktionale Privatisierung und Verwaltungshilfe. Tübingen: Mohr (Paul Siebeck), 1999

Delbanco, H.: Die Änderung von Verkehrsflughäfen. Berlin: Duncker und Humblot, 1998

Deutsch, K. W.: Politische Kybernetik: Modelle u. Perspektiven. Freiburg (im Breisgau): Rombach, 1969

Di Maggio, P.J./ Powell, W. W.: Introduction. In: Ders. (Hrsg.): The New Institutionalism in Organizational Analysis. Chicago: The University of Chicago Press, 1991, 1-38

Duden: Das Fremdwörterbuch.7. Aufl. Mannheim, Zürich: Dudenverlag, 2001

Fietkau, H.-J./Weidner, H.: Umweltverhandeln. Konzepte, Praxis und Analysen alternativer Konfliktregelungsverfahren. Berlin: Ed. Sigma, 1998

Fisher, R./ Ury, W.: Das Harvard-Konzept. Sachgerecht verhandeln – erfolgreich verhandeln. Frankfurt am Main: Campus Verlag, 2009 (1984)

Fuchs, G./ Hehn, M.: Umweltmediation. Förderverein Umweltmediation e.V. Bonn, 1999

Gimmler, A.: Institution und Individuum: Zur Institutionentheorie von Max Weber und Jürgen Habermas. Frankfurt a. M, New York: Campus Verlag, 1998

Göhler, G. (Hrsg.): Institutionenwandel. Opladen: Westdeutscher Verlag, 1997

Günther, B.: Mediation in öko-sozialen Gestaltungsprozessen. In: Apel H./Günther B.: Mediation und Zukunftswerkstatt: Prozeßwerkzeuge für die Lokale Agenda 21. Frankfurt am

Main, 1998, 34-144

Hucke, J.: Politische Handlungsspielräume: Möglichkeiten und Probleme ihrer empirischen Bestimmung. Bad Honnef: Bock, 1980

Jepperson, R.: Institutions, institutional effects, and instiutionalism. In: Powell, W./ DiMaggio, P.: The new institutionalism in organizational analysis. Chicago: University of Chicago Press, 1991, 143-164

Kessen, S./ Troja, M.: Die Phasen und Schritte der Mediation als Kommunkiaktionsprozess. In: F. Haft/Schlieffen v.S.: Handbuch Mediation. München: C.H. Beck, 2002, § 16

Lehmbruch, G.: Parteienwettberwerb im Bundesstaat. Regelsysteme und Spannungslagen im Institutionengefüge der Bundesrepublik Deutschland. 2. überarb. Aufl., Opladen: Westdeutscher Verlag, 1998

Lepsius, R. M.: Institutionalisierung und Deinstitutionalisierung von Rationalitätskriterien. In: Göhler, G. (Hrsg.): Leviathan. Sonderheft 16, Opladen: Westdeutscher Verlag, 1997, 57-69

Lipset, S. M.: Some Social Requisites of Democracy: Economic Development and Political Legitimacy. In: The American Political Science Review. Vol. 53, No. 1/ March 1959

Luhmann, N.: Grenzen der Steuerung. In: ders.: Die Wirtschaft der Gesellschaft. Frankfurt am Main: Suhrkamp,1988

Luhmann, N.: Organisationen im Wirtschaftssystem. In: Ders. (Hrsg.): Soziologische Aufklärung. 3. Aufl., Opladen: Westdeutscher Verlag, 1993, 390-414

Luhmann, N.: Politische Steuerung: Ein Diskussionsbeitrag. In: Politische Vierteljahresschrift. 30. Jg., Heft 1/ 1989, 4-9

March, J. G./ Simon, H. A.: Organizations. New York: John Wiley & Sons, 1958

Mayntz, R.: Governance Theory als fortentwickelte Steuerungstheorie. In: G. F. Schuppert (Hrsg.), Governance-Forschung. Vergewisserung über Stand und Entwicklungslinien. Bd. 1, Berlin 2005, S.11-19

Mayntz, R.: Politische Steuerung: Aufstieg, Niedergang und Transformation einer; Theorie. In: von Beyme, K./ Offe, C. (Hrsg.), Politische Theorien in der Ära der Transformation, PVS-Sonderheft 26/1995, 148-168

Mayntz, R./ Scharpf, F. W.: Kritierien, Voraussetzungen und Einschränkungen aktiver Politik. In: ders.: Planungsorganisation – Die Diskussion um die Reform von Regierung und Verwaltung des Bundes. München: Piper, 1973, 115-145

Mayntz, R./ Scharpf, F.W.: Gesellschaftliche Selbstregulierung und politische Steuerung. Frankfurt am Main: Campus Verlag, 1995

Mayntz, R./ Scharpf, F. W.: Planungsorganisation – Die Diskussion um die Reform von Regierung und Verwaltung des Bundes. München: Piper, 1973

Mayntz, R./ Scharpf F. W. Steuerung und Selbstorganisation in staatsnahen Sektoren. In: dies. (Hrsg.): Gesellschaftliche Selbstregelung und politische Steuerung. Frankfurt am Main, New York: Campus Verlag, 1995, 9-38

Meuer, D./ Troja, M.: Mediation im Öffentlichen Bereich-Status und Erfahrungen in Deutschland 1996-2002. Abschlussbericht eines Forschungsprojektes im Rahmen des DFG-

Schwerpunktsprogramms " Mensch und globale Umweltveränderungen". Oldenburg: MEDIATOR, 2004

Meyers Konversations-Lexikon: Bastardagium – Bastardpflanzen. 4. Aufl., Leipzig, Wien: Verlag des Bibliographischen Instituts, 1888

Nohlen, D./ Grotz, F. (Hrsg.): Kleines Lexikon der Politik. 5. überarb. u. erweit. Aufl. München: C.H. Beck, 2011

Oliver, C.: Strategic Responses to Institutional Processes. In: Academy of Management Review. Vol. 16, No. 1/ 1992, S.145-179

Parson, T.: The Social System. London: Free Press, 1951

Pompl, W.: Luftverkehr – eine ökonomische und politische Einführung. 5. Aufl., Heidelberg, Berlin, New York: Springer, 2007

Pressman, J./ Wildawsky, A.: Implemenation. How great expectations in Washington are dashed in Oakland: or, Why it's amazing that Federal programs work at all, this being a saga of the Economic Development Administration as told by two sympathetic observers who seek to build morals on a foundation of ruined hopes. The Oakland Project. Berkley, Los Angeles, London: University of California Press, 1984

Quack, S.: Zum Werden und Vergehen von Institutionen. Vorschläge für eine dynamische Governanceanalyse. In: Schuppert, G. F.: Governance Forschung. Vergewisserung über Stand und Entwicklungslinien. Berlin: Nomos Verlag 2005, S. 346-370

Rucht, D.: Flughafenprojekte als Politikum: Die Konflikte in Stuttgart, München und Frankfurt. Frankfurt am Main: Campus Verlag, 1984

Scharpf, F.W.: Politische Steuerung und Politische Institution. In: Politische Vierteljahreszeitschrift, 30. Jg, Heft 1/ 1989, 10-21

Scharpf, F.W.: Interaktionsformen. Akteurszentrierter Institutionalismus in der Politikforschung. Opladen: Leske + Buderich, 2000

Scott, R. W.: Institutions and Organizations. Thousand Oaks (CA): Sage 2001

Scott, R.W.: Institutions and Organizations. Thousand Oaks (CA): Sage 1995

Siegel, T.: Mediation in der luftverkehrsrechtlichen Planfeststellung. In: Ziekow (Hrsg.): Flughafenplanung, Planfeststellungsverfahren, Anforderungen an die Planungsentscheidung. Berlin: Duncker & Humblot, 2002, 77-116

Storr, S.: Der Staat als Unternehmer. Tübingen: Mohr (Paul Siebeck), 2001

Susskind, L./ Cruikshank, J.: Breaking the Impasse: Consensual Approaches to Resolving Public Disputes. New York: Basic Books, 1987

Toffler, A.: Der Zukunftsschock. 2. Aufl., Bern, München, Wien: Scher Verlag,1970

Walgenbach, P.: Institutionalistische Ansätze in der Organisationstheorie. In: Kieser, A.: Organisationstheorien. Stuttgart: Kolhammer, 1995, 269-301

Weber, M.: Macht und Gesellschaft. In: ders.: Wirtschaft und Gesellschaft – Grundriss der verstehenden Soziologie. 5. Aufl.,Tübingen: Mohr (Paul Siebeck), 2002

Williamson, O.: The Economic Institutions of Capitalism. Firms Markets, Relational Contracting. New York: Free Press, 1985

Winkler, E.: Handlungsspielräume in Entscheidungsprozessen: Dargestellt am Planfeststellungsverfahren zur Flughafenerweiterung Stuttgart. Konstanz: Hartung-Gorre, 1993

Wolf, H.: Privatisierung der Flughäfen? Zu den Rahmenbedingungen für eine effiziente Flughafenpolitik nach der Liberalisierung des EU-Luftverkehrs. In: Die Weltwirtschaft. 2. Ausg./1996, 190-218

Yin, R. K.: Case study research: Design and methods. 4. Ausg.,Thousand Oaks, London, New Delhi, Singapore: Sage Publications, 2009

Zilch, K./ Diederichs, C. J./ Katzenbach, R. (Hrsg.): Handbuch für Bauingenieure: Technik, Organisation und Wirtschaftlichkeit-Fachwissen in einer Hand. Berlin, Heidelberg: Springer, 2001

Zilleßen, H. (Hrsg.): Mediation. Kooperatives Konfliktmanagement in der Umweltpolitik. Opladen, Wiesbaden: Westdeutscher Verlag, 1998

L2 Literaturverzeichnis – Frankfurt

Beckers, T. (Co-Autoren: Fritz, J.-S./ Hirschhausen/ et al.) Privatisierung und Re-Regulierung der deutschen Flughäfen unter Berücksichtigung internationaler Erfahrungen. Vortrag auf den 19. Verkehrswissenschaftlichen Tagen am 22.09.2003 an der TU Dresden. 2003

Bora, A./ Wolpert, M.: Das Mediationsverfahren Flughafen aus der Sicht der Teilnehmer und Beobachter? Daten zur Evaluation. In: Wörner, J.-D.: Das Beispiel Frankfurt Flughafen. Mediation und Dialog als institutionelle Chance. Dettelbach: J.H. Röll, 2003

Breidenbach, S.: Mediation – Struktur, Chancen und Risiken von Vermittlung und Konflikt. Köln: Dr. Otto Schmidt, 1995

Busch, P.-O.: Konfliktfall Flughafenerweiterung. Eine kritische Würdigung des Verfahrens „Mediation – eine Zukunftsregion im offnen Dialog" zum Flughafen Frankfurt, Main. Report 8 Frankfurt am Main: Hessische Stiftung Friedens- und Konfliktforschung, 2000

Dumann, F.: Privatisierungsentwicklung im deutschen Flughafensektor. In: GAP. Berlin Juli 2005 (Arbeit basiert auf Diplomarbeit)

Eichel, H.: Politik durch Dialog – Neue Kommunikationsformen. In: Wörner, J.-D.: Das Beispiel Frankfurt Flughafen – Mediation und Dialog als institutionelle Chance. Dettelbach: J.H. Röll, 2003

Ewen, C.: Das Mediationsverfahren zum Frankfurter Flughafen aus der Sicht von Mediationsexperten – Christoph Ewen im Gespräch mit Markus Troja und Meinfried Striegnitz. In: Wörner, J.-D.: Das Beispiel Frankfurter Flughafen – Mediation und Dialog als institutionelle Chance. Dettelbach: J.H. Röll, 2003

Geis, A.: Umstritten, aber wirkungsvoll: die Frankfurter Flughafen-Mediation. Report 13 Frankfurt am Main: Hessische Stiftung Friedens- und Konfliktforschung, 2003.

Hänsch, K./ Niethammer, F./ Oeser, K.: Vermittlung und Interesse – Die Mediatorengruppe als Verfahrensinnovation. In: Wörner, J.-D.: Das Beispiel Frankfurter Flughafen – Mediation und Dialog als institutionelle Chance. Dettelbach: J.H. Röll, 2003

Herberg, G.: Meilenenstein für Flughafenprojekt. Berlin Brandenburg International. In: Bayerischer Monatsspiegel. 4 + 5/1999

Lewin, D.: Das "Mediationsverfahren" und das "Regionale Dialogforum Flughafen Frankfurt" – Bereicherung oder Gefahr für rechtstaatliche Planung?. In: Sofia-Diskussionsbeiträge zur Institutionenanalyse, Nr. 1-3 Darmstadt, 2001

Meister, H.-P.: Institutionelle Verankerung von Dialog und Mediation. In: Wörner J.-D. (Hrsg.): Das Beispiel Frankfurter Flughafen. Dettelbach: J.H. Röll 2003, S. 241-260

Rojahn, H.J.: Beteiligungsverfahren oder Mediation? Konfliktbearbeitung zum Ausbau des Frankfurter Flughafens (1998-2000). In: Perspektive Mediation. Heft 3/ 2006

Wörner, J.-D.: Das Beispiel Frankfurt Flughafen. Mediation und Dialog als institutionelle Chance. Dettelbach: J.H. Röll, 2003

Wörner, J. -D.: Von der Startbahn 18 West zur Politik von Morgen – Die Beiträge im Überblick. In: ders. (Hrsg.): Das Beispiel Frankfurt Flughafen – Mediation und Dialog als institutionelle Chance. Dettelbach: J.H. Röll, 2003, 17- 22

L 2.1 Zeitungen – Frankfurt

Deckstein, D. v./ Pieper, D.: Neue Startbahn: Interview mit Lufthansa-Chef Jürgen Weber über verärgerte Kunden, Verluste im innerdeutschen Flugverkehr und seine Forderung nach Ausbau des Frankfurter Flughafens. In: Spiegel, Nr. 47/ 17. 11.1997

Frankfurter Allgemeine Zeitung: Fraport beantragt Nachtflugverbot. Nr. 295/19.12.2002, S. 17

Hanack, P.: Die Botschaft lautet: So nicht. Kommunen fordern Stopp des Raumordnungsverfahrens / Einwendungen und Klagen. In: Frankfurter Rundschau. 26.01.2002

Köhler, M.: Lufthansa Cargo erhöht bei Nachtflugverbot den Druck. In: Frankfurter Allgemeine Zeitung. Frankfurt 29.08.2009

Schöppner, B.: „Schwarzer Tag für die Mainstädte". In: Frankfurter Neue Presse. 12.06.2012

L 2.2 Zeitungen-Online – Frankfurt

Bebenburg, P.v.: Jein zum Nachtflugverbot. In: Frankfurter Rundschau. 24.08.2007. URL: http://www.fr-online.de/spezials/jein-zum-nachtflugverbot,1472874,2802560.html. Stand: 23.07.20012

Bebenburg, P.v./ Schmidt, V.: Berliner Kritik lässt Posch kalt. In: Frankfurter Allgemeine Zeitung: 29.05.2012: URL: http://www.fr-online.de/flughafen-frankfurt/nachtflugverbot-berliner-kritik-laesst-posch-kalt,2641734,16131076.html. Stand: 25.09.2012

Bebenburg, P./ Schmidt, V.: Nachtflugverbot: Berliner Kritik lässt Posch kalt. In: Frankfurter Runschau Online. 29.05.2012. URL: http://www.fr-online.de/flughafen-frankfurt/nachtflugverbot-berliner-kritik-laesst-posch-kalt,2641734,16131076.html. Stand: 26.07.2012

Börnecke, S./ Schubert, W.:127 000 Einsprüche gegen Ausbau. In: Frankfurter Rundschau Online. 08.09.2005. URL: http://www.fr-online.de/spezials/127-000-einsprueche-gegen-ausbau,1472874,2868566.html. Stand: 23.06.2012

Der Tagesspiegel: Ausbau deutscher Flughäfen: Die Regierung arbeitet an einem Flughafenkonzept, doch noch vor der Vorlage hagelt es Kritik. 02.07.2000. URL: http://www.tagesspiegel.de/wirtschaft/ausbau-deutscher-flughaefen-die-regierung-arbeitet-an-einem-flughafenkonzept-doch-noch-vor-der-vorlage-hagelt-es-kritik/151132.html. Stand: 26.03.2007

Frankfurter Allgemeine Zeitung: Aus für Nachtflüge in Sicht. 14.03.2012.URL: http://www.faz.net/aktuell/rhein-main/bundesverwaltungsgericht-aus-fuer-nachtfluege-in-sicht-11684578.html. Stand: 23.07.2012

Frankfurter Allgemeine Zeitung: Bund verkauft seine Fraport-Anteile. 26.10.2005. URL: http://www.faz.net/aktuell/wirtschaft/wirtschaftspolitik/haushalt-bund-verkauft-seine-fraport-anteile-1279388.html. Stand: 04.10.2012

Frankfurter Allgemeine Zeitung: Flughafenausbau: Grandke sieht "schwerwiegenden Rückschlag" nach Leipziger Urteil. 20.11.2003. URL: http://www.faz.net/aktuell/rhein-main/flughafenausbau-grandke-sieht-schwerwiegenden-rueckschlag-nach-leipziger-urteil-1131647.html. Stand: 23.04.2011

Frankfurter Allgemeine Zeitung: Flughafenausbau. Ticona zieht wegen Abflugrouten in Frankfurt vor Gericht. 26.08.2005. URL: http://www.faz.net/aktuell/rhein-main/wirtschaft/flughafenausbau-ticona-zieht-wegen-abflugrouten-in-frankfurt-vor-gericht-1254591.html. Stand: 23.04.2009

Frankfurter Allgemeine Zeitung: Frankfurter Flughafen: Bisher 260 Klagen gegen Ausbaupläne. 25.03.2008. URL: http://www.faz.net/aktuell/rhein-main/region/frankfurter-flughafen-bisher-260-klagen-gegen-ausbauplaene-1513123.html. Stand: 03.10.2011

Frankfurter Allgemeine Zeitung: Im Gespräch Dieter Posch (FDP), Verkehrsminister „Das Gericht ist keine politische Arena". 09.03.2012. URL: http://www.faz.net/aktuell/rhein-main/im-gespraech-dieter-posch-fdp-verkehrsminister-das-gericht-ist-keine-politische-arena-11678677.html. Stand: 26.07.2012

Frankfurter Allgemeine Zeitung: Nachtflüge: Bund soll mitbestimmen. Minister Posch strebt zunächst Klärung in Leipzig an. 15.09.2009. URL: http://www.faz.net/frankfurter-allgemeine-zeitung/rhein-main-zeitung/nachtfluege-bund-soll-mitbestimmen-1853573.html. Stand: 22.07.2012

Frankfurter Allgemeine Zeitung: Nachtflugverbot: Offenbach will gegen Poschs Planklarstellung klagen. 30.05.2012. URL: http://www.faz.net/aktuell/nachtflugverbot-offenbach-will-gegen-poschs-planklarstellung-klagen-11768749.html. Stand: 31.02.2013

Frankfurter Allgemeine Zeitung: Sechs Monate Frist vor weitere Privatisierung. 23.07.2003. URL: http://www.faz.net/aktuell/rhein-main/flughafen-frankfurt-sechs-monate-frist-vor-weitere-privatisierung-1116640.html. Stand: 05.10.2012

Frankfurter Neue Presse: Planfeststellung zu Frankfurter Flughafen wackelt. 27.03.2012.

URL: http://www.fnp.de/fnp/region/hessen/planfeststellung-zu-frankfurter-flughafen-wackelt_rmn01.c.9677551.de.html. Stand: 26.09.2012

Frankfurter Rundschau: Flughafen: Landesregierung bestätigt Korrektur an Expertise des RP.15. JUNI 2002. URL: http://www.fr-online.de/spezials/flughafen--landesregierung-bestaetigt-korrektur-an-expertise-des-rp,1472874,2892656.html. Stand: 26.11.2011

Frankfurter Rundschau: Flut von Klagen erreicht den Gerichtshof.08.02.2008. URL: http://www.fr-online.de/spezials/flughafenausbau-flut-von-klagen-erreicht-den-gerichtshof,1472874,2685012.html. Stand: 29.09.2013

Frankfurter Rundschau: Geld für Lärm. Streit unter den Airportgegnern. 13.04.2007. URL: http://www.fr-online.de/spezials/geld-fuer-laerm,1472874,2819650.html. Stand: 18.02.2011

Frankfurter Rundschau: Städte lassen sich Klagerecht nicht nehmen. Vier Kommunen in der Region verhandeln mit Flughafenbetreiber Fraport über Lärmschutz / Geheimgespräche dementiert. 21.04.2007. URL: http://www.fr-online.de/spezials/staedte-lassen-sich-klagerecht-nicht-nehmen,1472874,2819284.html. Stand: 06.03.2010

Frankfurter Rundschau: Streit um das Konzept der Bundesregierung. 07.08.2002. URL: http://www.fr-online.de/spezials/flughafenausbau-streit-um-konzept-der-bundesregierung,1472874,2892150.html. Stand: 07.08.2012

Haupt, G./ Warnecke, C. im Gespräch mit Roland Koch: „Es bleibt dabei: Wir bekommen ein Nachtflugverbot – mit extrem wenigen Ausnahmen. Möglicherweise in einstelliger Zahl." In: Frankfurter Neue Presse. 19.12.2009. URL: http://www.hessen.de/irj/hessen_Internet?rid=HStK_15/hessen_Internet/nav/dea/dea5072f-a961-6401-e76c-d1505eb31b65,,,,11111111-2222-3333-4444-100000005002%26_ic_uCon_zentral=5185. Stand: 14.04. 2012

Koch, Roland: Es bleibt dabei: Wir bekommen ein Nachtflugverbot – mit extrem wenigen Ausnahmen. Ministerpräsident Roland Koch im FNP-Interview. 19.12.2009. URL: http://www.roland-koch.de/2009/12/19/koch-es-bleibt-dabei-wir-bekommen-ein-nachtflugverbot-%E2%80%93-mit-extrem-wenigen-ausnahmen/. Stand: 12.10.2010

Lattka, H.: Anti-Lärm-Pakt: „Das Papier nicht wert, auf dem er steht". In: Frankfurter Allgemeine Zeitung. 17.09.2007. URL: http://www.faz.net/aktuell/rhein-main/region/anti-laerm-pakt-das-papier-nicht-wert-auf-dem-er-steht-1462309.html. Stand: 14.01.2013

Manager Magazin Online: Abgang bei Fraport. 04.09.2003. URL: http://www.manager-magazin.de/unternehmen/karriere/0,2828,264234,00.html. Stand: 05.10.2012

Rippegather, J.: Klar zur Landung. In: Frankfurter Rundschau Online, 20.10.2011. URL:http://www.fr-online.de/flughafen-frankfurt/flughafen-ausbau-klar-zur-landung,2641734,11040336.html. Stand: 13.04.2012

Sattar, M.: Roland Koch: Alles auf null?. In: Frankfurter Allgemeine Zeitung. 19.01.2009. URl: http://www.faz.net/themenarchiv/2.1242/landtagswahl-hessen/roland-koch-alles-auf-null-1752424.html. Stand: 23.10.2011

Schubert, W.: Flughafenanrainer wollten Abbruch der Anhörung. In: Frankfurter Rundschau. 08.04.2003. URL: http://www.fr-online.de/spezials/flughafenanrainer-wollten-abbruch-der-anhoerung,1472874,2890494.html. Stand: 24.09.2012

Schultheis J.: Mediation zum Flughafenausbau. Dialogforum am Ende. In: Frankfurter Rundschau Online. 04.03.2008. URL: http://www.fr-online.de/spezials/mediation-zum-flughafenausbau--dialogforum-am-ende-,1472874,2880322.html. Stand: 23.09.2011

Schwan, H.: Sechs Monate Frist vor weitere Privatisierung. In: Frankfurter Allgemeine Zeitung. 23.07.2003. URL: http://www.faz.net/aktuell/rhein-main/flughafen-frankfurt-sechs-monate-frist-vor-weitere-privatisierung-1116640.html. Stand: 04.10.2012

Schwan, H.: Verfahren zu Flughafen-Ausbau. Die Erwartungen an Leipzig sind hoch. In: Frankfurter Allgemeine Zeitung. 07.03.2012. URL: http://www.faz.net/aktuell/rhein-main/verfahren-zu-flughafen-ausbau-die-erwartungen-an-leipzig-sind-hoch-11676116.html. Stand: 03.10.2012

Schwan, H.: Frankfurt muss gegen Ausbaubeschluss klagen. In: Frankfurter Allgemeine Zeitung:. 16.01.2008. URL:http://www.faz.net/aktuell/rhein-main/wirtschaft/flughafen-ausbau-frankfurt-muss-gegen-ausbaubeschluss-klagen-1515488.html. Stand: 24.09.2012

Spiegel-Online: Frankfurt: Anwohner planen Massenklagen gegen Flughafen-Ausbau.18.12.2007. URL: http:/www.spiegel.de/wirtschaft/0,1518,524171,00.html. Stand: 02.01. 2008

Süddeutsche Zeitung: Flughafen-Ausbau in Frankfurt: Ein ganzes Chemiewerk wird verlagert. 30.11.2006. URL:http://www.sueddeutsche.de/wirtschaft/flughafen-ausbau-in-frankfurt-ein-ganzes-chemiewerk-wird-verlagert-1.905167-2. Stand: 10.03.2009

Süddeutsche Zeitung: Luftverkehr – Flughafen: Lufthansa will Zeitgrenze für Nachtflüge aufweichen. 24.7.2012. http://newsticker.sueddeutsche.de/list/id/1341272. Stand. 29.7.2012

Der Tagesspiegel: Ausbau deutscher Flughäfen: Die Regierung arbeitet an einem Flughafenkonzept, doch noch vor der Vorlage hagelt es Kritik. 02.07.2000. URL: http://www.tagesspiegel.de/wirtschaft/ausbau-deutscher-flughaefen-die-regierung-arbeitet-an-einem-flughafenkonzept-doch-noch-vor-der-vorlage-hagelt-es-kritik/151132.html. Stand: 26.03.2007

Thelen, P.: Verkehrskonzept: Bundesländer bekennen sich zum Flughafenausbau. In: Handelsblatt. 23.04.2009. URL: http://www.handelsblatt.com/politik/deutschland/verkehrskonzept-bundeslaender-bekennen-sich-zum-flughafenausbau/3163064.html. Stand: 27.10.2011

Venn, L.: „Das Ding wird vor Gericht entschieden". Reaktionen auf Aussage des RP zur neuen Landebahn. In: Frankfurter Rundschau. 12.06.2002. http://www.fr-online.de/spezials/-das-ding-wird-vor-gericht-entschieden-,1472874,2916602.html. Stand: 23.03.2011

Wiesbadener Kurier: Special – Flughafenausbau. 19.12.2002. URL: http://www.wiesbadener-kurier.de/special/flughafenausbau/index.htm?skip=10. Stand: 06.06.2005

L3 Literaturverzeichnis – Berlin

Barbian, T./ Jeglitza, M./ Troja, M: Das Beispiel „Bürgerdialog Flughafen Berlin Brandenburg International". In: Zilleßen, H. (Hrsg.): Mediation. Kooperatives Konfliktmanagement in der Umweltpolitik. Opladen: Westdeutscher Verlag, 1998

Bork, H.-R./ Heinritz, G./ Wießner, R.: Raumentwicklung und Umweltverträglichkeit. 50. Deutscher Geographentag Potsdam 1995. Stuttgart: Franz Steiner, 1996

Büchner, C./ Franzke, J.: Das Land Brandenburg. Kleine politische Landeskunde. Brandenburgische Landeszentrale für politische Bildung. 2. überarb. Aufl. Potsdam, 2009

Döring, T.: Wirtschaftliche Aspekte einer Vereinigung der Länder Brandenburg und Berlin. In: Deutsches Institut für Wirtschaftsforschung. Beiträge zur Strukturforschung. Heft 157. Berlin: Duncker & Humblot, 1995

Erbguth, W.: Luftverkehr und Raumordnung – am Beispiel der Flughafenplanung. In: Neue Zeitschrift für Verwaltungsrecht, 22. Jg., Heft 2/ 2003, 144-148

Gelen, T./ Siebeck, F. C.: Landes- und Flughafenplanung in Berlin/Brandenburg. In: LKV, Heft 9/ Baden Baden: Nomos, 2002

VCD (Hrsg.): Flugverkehr & Umwelt. Nr. 10 Berlin, April 2006

Zilleßen, H.: Mediation als innovative Form der Partizipation Beispiel "Bürgerdialog Flughafen Berlin Brandeburg. In: Deutsche Gesellschaft für Technische Zusammenarbeit (Hrsg.): Mediation/Konfliktmanagement im Umweltbereich und seine Bedeutung im Rahmen der technischen Zusammenarbeit – Dokumentation eines Fachgesprächs am 10.11.1995 in der GTZ. Eschborn, 1995

L 3.1 Zeitungen – Berlin

Desselberger, A./ Wilke, O.: Großflughafen: Die Sperenberg-Offensive. In: Focus. Nr. 1/1996, 30.12.1995

Frankfurter Allgemeine Zeitung: Hochtief und IVG müssen beim Flughafen Berlin nachbessern. Nr. 16/13.03.2002

Frankfurter Allgemeine Zeitung: Der Streit um den Berliner Großflughafen geht weiter. 01.11.2001

Mügelheimer Bote: Großflughafen Schönefeld: Jetzt werden die Wichen gestellt. Wie sich Müggelheim wappnet. 10. Jahrgang, Ausg. 03/2004

Spangenberg, A.: „Paragraph eins: Jeder macht seins!" Strafanzeige gegen Verkehrsminister Meyer wegen Schönefeld Anhörung. In: Der Tagesspiegel. 06.06.2001

Der Spiegel: Lust am Schweben. Nr. 39/ 30.09.1991

Der Spiegel: Zwei Staaten, eine Stadt. Nr. 52/ 25.12.1989

Ungefug, H.-G.: Aus für das Märchenschloß. In: Die Zeit. 10/ 03.03.1995

L 3.2 Zeitungen-Online – Berlin

Berliner Morgenpost: Vom Mauerfall zur Einheit. 19.01.2010. URL: http://www.morgenpost.de/printarchiv/berlin/article1241501/Vom-Mauerfall-zur-Einheit.html. Stand: 08.10.2012

Bernhardt, G.: Bürgermeister der umliegenden Gemeinden über Airport-Entscheidung entrüstet. Schutzgemeinschaft gegen Großflughafen. In: Berliner Zeitung. 31.05.1996. URL: http://www.berliner-zeitung.de/archiv/buergermeister-der-umliegenden-gemeinden-ueber-airport-entscheidung-entruestet-schutzgemeinschaft-gegen-grossflughafen,10810590,9132110.html. Stand: 13.01.2013.

Beyerlein, A./ Schwenkenbecher, J. im Interview mit Manfred Stolpe: „Damals war nicht mehr zu erreichen". Berliner Zeitung. 26.05.2011. URL: http://www.berliner-zeitung.de/archiv/warum-brandenburgs-frueherer-ministerpraesident-manfred-stolpe-vor-15-jahren-wider-seine-eigene-ueberzeugung-dem-flughafenstandort-schoenefeld-zustimmte--damals-war-nicht-mehr-zu-erreichen-,10810590,10789070.html. Stand: 15.01.2013

Bruske, K.: Auch nach dem Raumordnungsverfahren bleibt der künftige Standort ungewiß. Der Großflughafen Berlin-Brandenburg -- wohin mit ihm?: Schlechte Karten für Schönefeld-Süd. In:

Berliner Zeitung. 18.11.1994. URL: http://www.berliner-zeitung.de/archiv/auch-nach-dem-raumordnungsverfahren-bleibt-der-kuenftige-standort-ungewiss-der-grossflughafen-berlin-brandenburg----wohin-mit-ihm--schlechte-karten-fuer-schoenefeld-sued,10810590,8885238.html. Stand: 13.03.2013

Der Tagesspiegel: "Am Nachtflugverbot wird nicht gerüttelt". 11.03.2008. URL: http://www.tagesspiegel.de/berlin/brandenburg/schoenefeld-am-nachtflugverbot-wird-nicht-geruettelt/1186662.html. Stand: 13.01.2013

Desselberger A.: Mit dem größten Anhörungsverfahren Deutschlands beginnt die heiße Phase des Großflughafens Schönefeld. In: Focus Online. 12.03.2001. URL: http://www.focus.de/politik/deutschland/berlin-airport-in-der-warteschleife_aid_187431.html. Stand: 24.01.2013

Die Welt: Für Großflughafen beginnt 2001 die entscheidende Phase. 02.01.2001. URL: http://www.welt.de/print-welt/article425687/Fuer-Grossflughafen-beginnt-2001-entscheidende-Phase.html. Stand: 31.03.2013

Die Zeit: Gericht verbietet Flugroute über Wannsee. 24.01.2013. URL: http://www.zeit.de/politik/deutschland/2013-01/ber-flugrouten-urteil. Stand: 21.01.2013

Fülling, F.: BBI-Start um mehr als ein halbes Jahr verschoben. In: Morgenpost Online. 25.06.2010. URL: http://www.morgenpost.de/berlin-aktuell/article1332014/BBI-Start-um-mehr-als-ein-halbes-Jahr-verschoben.html. Stand: 27.10.2011

Handelsblatt: Eröffnung soll auf Oktober 2013 verschoben werden. 03.09.2012. URL: http://www.handelsblatt.com/unternehmen/handel-dienstleister/berliner-flughafen-eroeffnung-soll-auf-oktober-2013-verschoben-werden/7090152.html. Stand: 10.11.2012

Hochtief: IR-News. Start frei für den neuen Flughafen Berlin Brandenburg International. 31.03.1999. URL: http://www.hochtief.de/hochtief/738.jhtml?pid=6638. Stand: 23.01.2013

Kurbjuweit K.: Nach der Berliner Flughafen-Affäre stellt sich für viele Politiker jetzt die Mandatsfrage (Meinung). 04.08.1999. URL: http://www.tagesspiegel.de/berlin/nach-der-berliner-flughafen-affaere-stellt-sich-fuer-viele-politiker-jetzt-die-mandatsfrage-meinung/85098.html. Stand: 23.01.2013

Lessen v. C.: Flughafen Schönefeld: Wir privatisieren – aber nicht um jeden Preis. In: Der Tagesspiegel. 26.08.2001. URL: http://www.tagesspiegel.de/berlin/flughafen-schoenefeld-wir-privatisieren-aber-nicht-um-jeden-preis/251400.html. Stand: 19.01.2013

Lutz, M.: Diepgen macht Tempo bei Airportplanung. In: Die Welt. 07.02.2001. URL: http://www.welt.de/print-welt/article432540/Diepgen-macht-Tempo-bei-Airportplanung.html. Stand: 13.6.2013

Mara, M.: Flughafen Schönefeld: Kein Dissens zum Großflughafen in der Landesregierung. In: Der Tagesspiegel. 29.08.2001. URL: http://www.tagesspiegel.de/berlin/brandenburg/flughafen-schoenefeld-kein-dissens-zum-grossflughafen-in-der-landesregierung/252094.html. Stand: 19.01.2013

Märkische Allgemeine: „Wir standen für Sperenberg". Manfred Stolpe (SPD) über die Flughafen-Krise und die neue Rolle von Matthias Platzeck im Aufsichtsrat. 13.01.2011. URL: http://www.maerkischeallgemeine.de/cms/beitrag/12452826/62249/Manfred-Stolpe-SPD-ueber-die-Flughafen-Krise-und.html. Stand: 20.02.2013

Schümann T.: Hochtief baut in Schönefeld. In: Die Welt. 19.08.1998. URL: http://www.welt.de/print-welt/article630849/Hochtief-baut-in-Schoenefeld.html. Stand: 22.01.2013

Schwenkenbecher, J.: Berliner und Brandenburger dürfen gemeinsam Flughafen kritisieren. In: Berliner Zeitung. 25.03.2001. URL: http://www.berliner-zeitung.de/archiv/wegen-der-geringen-teilnehmerzahl-und-der-proteste-wird-die-trennung-der-gegner-des-airport-ausbaus-aufgehoben-berliner-und-brandenburger-duerfen-gemeinsam-flughafen-kritisieren,10810590,9908442.html. Stand: 18.01.2013

Schwenkenbecher, J.: Sechs Gemeinden klagen gegen Flughafen-Pläne. Gericht prüft Entscheidung für Schönefeld. In: Berliner Zeitung. 22.08.2001. URL: http://www.berliner-zeitung.de/archiv/sechs-gemeinden-klagen-gegen-flughafen-plaene-gericht-prueft-entscheidung-fuer-schoenefeld,10810590,9929376.html. Stand: 13.01.2013

Schwenkenbecher, J.: Umlandgemeinden des geplanten Grossflughafens klagten mit Erfolg gegen Standortbestimmung. Schönefeld-Planung kommt vor Verfassungsgericht. In: Berliner Zeitung. 20.03.2002. URL: http://www.berliner-zeitung.de/archiv/umlandgemeinden-des-geplanten-grossflughafens-klagten-mit-erfolg-gegen-standortbestimmung-schoenefeld-planung-kommt-vor-verfassungsgericht,10810590,9983598.html. Stand: 13.01.2013

Steyer, C.-D./ Kurpjuweit, K.: Großflughafen Berlin: In der Warteschleife. In: Der Tagesspiegel. 23.04.2001. URL: http://www.tagesspiegel.de/berlin/brandenburg/grossflughafen-berlin-in-der-warteschleife/222048.html. Stand: 20.01.2013

Sucher, J.: Baustopp für Schönefeld: Zeitplan für Hauptstadt-Airport steht auf der Kippe. In: Der Spiegel. 14.04.2005. URL: http://www.spiegel.de/wirtschaft/baustopp-fuer-schoenefeld-zeitplan-fuer-hauptstadt-airport-steht-auf-der-kippe-a-351311.html. Stand: 15.01.2013

Zwicker, M.: Großflughafen endgültig begraben. In KN-Online. 23.03.2013. URL: http://www.kn-online.de/Lokales/Segeberg/Grossflughafen-endgueltig-begraben. Stand: 24.04.2013

Zieger, S.: Expertise könnte Flughafenausbau kippen. Wissenschaftler bezweifeln die Kompetenz des Lärmgutachtens für den Großflughafen Schönefeld. In: Die Welt. 09.09.2000. URL: http://www.welt.de/print-welt/article532616/Expertise-koennte-Flughafenausbau-kippen.html. Stand: 16.01.2013

D1 Dokumentenverzeichnis – Allgemein

Ausschuss für Verkehr, Bau und Stadtenwicklung: Entwurf eines Gesetzes zur Beschleunigung von Planungsverfahren. Berlin 25. 10. 2006

Bayern im Web: Flughafen München. O.J., URL:http://www.bayern-im-web.de/oberbayern/muenchen/flughafen-muenchen.php, Stand: 10.01.2011

Bund Länder Arbeitsgruppe Flughafenkapazitäten: Auszüge aus dem Bericht vom 3. September 1999 der Bund/ Länder Arbeitsgruppe Flughafenkapazitäten an die VKM. Konzept für die Kapazitätsentwicklung des dezentralen Flughafensystems in Deutschland. Auszüge mit Aktualisierungen der Länder aus 2000. In: Bundeministerium für Verkehr, Bau und Wohnungswesen (Hrsg.): Flughafenkonzept der Bundesregierung. Berlin 2000

Bundeministerium für Verkehr, Bau und Wohnungswesen (Hrsg.): Flughafenkonzept der Bundesregierung. Berlin 2000

Bundesamt für Bauwesen und Raumordnung, Bundesministerium für Verkehr Bau und Stadtentwicklung: Forschungsprogramme – Bereich Raumordnung. Dezember 2000 . URL: http://www.bbsr.bund.de/cln_032/nn_21942/BBSR/DE/FP/ReFo/Raumordnung/Oeffentlichkeit sbeteiligungRaumordnung/01__Start.html. Stand: 07.01.2012

Bundesministerium der Finanzen (Hrsg.): Beteiligungsbericht 2012. Köln 2012

Bundesministerium für Verkehr, Bau und Stadtentwicklung: Pressemitteilung: Tiefensee: Neues Flughafenkonzept soll Luftverkehrsstandort Deutschland stärken. Berlin 13. 6.2008

Bundesministerium für Verkehr, Bau und Wohnungswesen: Grundlagen für die Zukunft der Mobilität in Deutschland. Bundesverkehrswegeplan 2003. Berlin 2003

Bundesministerium für Verkehr, Bau-, und Wohnungswesen: Integrierte Verkehrspolitik: Unser Konzept für eine mobile Zukunft. Verkehrsbericht 2000. Berlin November 2000

Bundesregierung: Entwurf des Flughafenkonzeptes 2008 der Bundesregierung. September 2008

Bundesverband der Deutschen Luftverkehrswirtschaft: Initiative Luftverkehr für Deutschland: Gemeinsame Plattform von Luftverkehrsbranche und Politik. 2012. URL: http://www.bdl.aero/de/bdl/initiative-luftverkehr-fuer-deutschland/#&panel3-6. Stand: 26.07.2012

Gesetz zur Beschleunigung von Planungsverfahren für Infrastrukturvorhaben (InfraStrPlanVBeschlG) vom 09.12.2006 BGBl. I S. 2833 (Nr. 59), 2007 I S. 691. Artikel 13

Luftverkehr für Deutschland (Hrsg.): Masterplan zur Entwicklung der Flughafeninfrastruktur - zur Stärkung des Luftverkehrsstandortes Deutschlands im internationalen Wettbewerb. Berlin Oktober 2004

Luftverkehr für Deutschland (Hrsg.): Masterplan zur Entwicklung der Flughafeninfrastruktur - zur Stärkung des Luftverkehrsstandortes Deutschland. Frankfurt Dezember 2006

Luftverkehrsgesetz (LuftVG) in der Fassung der Bekanntmachung vom 10. Mai 2007 (BGBl. I S. 698), das durch Artikel 1 des Gesetzes vom 8. Mai 2012 (BGBl. I S. 1032) geändert worden ist. § 10

Planungsvereinfachungsgesetz (PlVereinfG) vom 17. Dezember 1993 (BGBl. I S. 2123)

Raumordnungsgesetz (ROG) vom 22. Dezember 2008 (BGBl. I S. 2986), das zuletzt durch Artikel 9 des Gesetzes vom 31. Juli 2009 (BGBl. I S. 2585) geändert worden ist. Abschnitt 2 – Raumordnung in den Ländern § 15 Raumordnung

Raumordnungsverordnung (RoV) vom 13. Dezember 1990 (BGBl. I S. 2766), die zuletzt durch Artikel 5 Absatz 35 des Gesetzes vom 24. Februar 2012 (BGBl. I S. 212) geändert worden ist. § 1 Nr. 12 Einzelnorm

Statistisches Bundesamt (Hrsg.): Verkehr. Verkehr im Überblick 2010. Fachserie 8, Reihe 1.2, Wiesbaden 2011

Statistisches Bundesamt (Hrsg.): Statistisches Jahrbuch 1997 für die Bundesrepublik Deutschland. Stuttgart 1997

Verkehrsministerkonferenz: Beschluss der Verkehrsministerkonferenz. Punkt 2 Nr. 3. der Tagesordnung. Magdeburg 16./17. April 1998

Verkehrsministerkonferenz: Beschluss der Verkehrsministerkonferenz am 22./23. April 2009 in Erfurt. Punkt 5.1 der Tagesordnung: Flughafenkonzept der Bundesregierung. Erfurt 22./23.4.2009

Verkehrswegeplanungsbeschleunigungsgesetz (VerkPBG) vom 16. Dezember 1991 (BGBl. I S. 2174), das zuletzt durch Artikel 13 des Gesetztes vom 9. Dezember 2006 (BGBl. I S. 2833 (2007, 691)) geändert worden ist

Verwaltungsgerichtsordnung (VWGO) in der Fassung der Bekanntmachung vom 19. März 1991 (BGBl. I S. 686), die zuletzt durch Artikel 5 Absatz 2 des Gesetzes vom 24. Februar 2012 (BGBl. I S. 212) geändert worden ist. § 68 und § 70

Verwaltungsverfahrensgesetz (VwVfG) in der Fassung der Bekanntmachung vom 23. Januar 2003 (BGBl. I S. 102), das zuletzt durch Artikel 2 Absatz 1 des Gesetzes vom 14. August 2009 (BGBl. I S. 2827) geändert worden ist. § 74 Abs. 2

D2 Dokumentenverzeichnis – Frankfurt

ADV/ BARIG: Gemeinsame Pressemitteilung ADV und BARIG. Zukunft Luftverkehr Deutschland BARIG und ADV ziehen an einem Strang. 22.09.2008

ADV: Deutschland braucht leistungsfähige Flughäfen: Vorschläge der Arbeitsgemeinschaft Deutscher Verkehrsflughäfen (ADV) für die Luftverkehrspolitik der neuen Bundesregierung. Berlin Oktober 2005

ADV: Pressemitteilung: Stellungnahme des Flughafenverbandes ADV zum Flughafenkonzept des Bundes – Entwurf vom 4. März 2009. 17.03.2009

BARIG: Pressemitteilung: Flughafenkonzept – Verkehrsminister verspielt Lufthoheit. 23.03.2009

BBI: Pressemitteilung: Stellungnahme des BBI zum Sieben Punkte Programm zur Reduzierung des Fluglärms. 30.07.2010. URL: http://bbi.unser-forum.de/PresseBBI/2010/2010_06_30_fluglaermreduzierung.htm. Stand. 23.10.2011

BBI/ BUND: Pressemitteilung: Bürgerinitiativen und BUND sammeln Unterschriften gegen

Änderung des Landesentwicklungsplans. 22.07.2005. URL: http://www.flughafen.unser-forum.de/?show=UUPw. Stand: 04.05.2012

BBI: Presemitteilung: Lärm kann man nicht abkaufen. 18.04.2007. URL: http://www.flughafen.unser-forum.de/?show=Uzri. Stand: 23.10.2011

BBI: BBI-Chronik 1998: Juni 1998. URL: http://bbi.unser-forum.de/Chronik/1998.htm. Stand: 07.11.2011

BBI: Chronik 2000: April. April 2000. URL: http://bbi.unser-forum.de/Chronik/2000.htm. Stand: 08.07.2009

BBI: Pressemitteilung: 20.000 Bürger protestieren gegen den Landesentwicklungsplan. 26.09.2005. URL: http://bbi.unser-forum.de/PresseBBI/2005/05_09_26_Unterschriften_gegen_LEP.htm. Stand: 23.04.2011

BBI: Pressemitteilung: Betrogen, nicht wegen schwacher Argumente unterlegen! 21.08.2009. URL: http://www.fluglaerm-eppstein.de/Presse/PMitt/2009/090821c.htm. Stand: 02.10.2012

BBI: Pressemitteilung: Durch Kochs Rücktritt wird das Genehmigungsverfahren nicht fairer Die Bürgerinitiativen werten das Manöver als neuen Täuschungsversuch. 04.09.2003. URL:http://bbi.unser-forum.de/PresseBBI/2003/03_09_04_genehmigungsverfahren.htm. Stand: 07.10.2012

BBI: Pressemitteilung: Poschs Amtszeit endet mit einer Kampfansage an die Bevölkerung. 26.10.2012. URL:http://www.flughafen-bi.de/. Stand: 04.10.2012

BBI: Pressemitteilung: Regionales Dialogforum am Ende. Ausstieg der Kommunen verbessert juristische Chancen!. 24.05.2003. URL: http://bbi.unser-forum.de/PresseBBI/2003/03_05_24_dialogforum.htm. Stand: 24.02.2011

BBI: Pressemitteilung: Scoping -Termin zur geplanten Nord-West-Bahn. 04.04.2003. http://bbi.unser-forum.de/PresseBBI/2003/03_04_04_scoping.htm. Stand: 23.04.2011

BBI: Pressemitteilung: Wirtschaftsministerium manipuliert Kernaussage des Regierungspräsidenten im Gutachten zum Raumordnungsverfahren!. 14.06.2002

BBI: Schützenhilfe des Bundesverkehrsministeriums für einen Wortbruch in nie gekannter Dimension. Wiesbaden 16.12.2009

BBI: Termine: Veranstaltungen von Bürgerinitititaven. Juli 2006. URL: http://bbi.unser-forum.de/termine/termine.htm. Stand: Juli 2006

BBI: Über uns: Bündnis der Bürgerinitiativen – Kein Flughafenausbau. 31.08.2000. URL: http://www.flughafen-bi.de/. Stand: 08.06.2008

BBI: Unsere Ziele. Mai 2012. URL: http://bbi.unser-forum.de/unsereziele.htm. Stand: Mai 2012

Boddenberg, M.: Die CDU hat Wort gehalten. Ausbau und Nachtflugverbot kommen! Offener Brief des Generalsekretärs der CDU Hessen Michael Boddenberg. 21.12.2007

BUND Hessen/NABU: Archiv: Mehr Aufrichtigkeit in der Flughafen Debatte. 10.-12.05.2000. URL: http://www.bund-hessen.de/themen_und_projekte/flughafen_frankfurt/archiv/mehr_aufrichtigkeit_landtagsheari ng_2000/. Stand: 12.11.2009

BUND Hessen: Archiv: Rede zur Demonstration gegen die Flughafenerweiterung. 3.3.2000 URL: http://www.bund-hessen.de/themen_und_projekte/flughafen_frankfurt/archiv/rede_zur_demonstration_gegen_die_flughafenerweiterung_2000/. Stand: 05.01.2010

BUND Hessen: Ausbau des Frankfurter Flughafens. Entwurf zur Änderung des Landesentwicklungsplans liegt zur Stellungnahme aus. Landesregierung will Flughafenausbau "Variante Nordwest" festschreiben!. 2005. URL: http://www.bund-hessen.de/themen_und_projekte/flughafen_frankfurt/archiv/landesentwicklungsplan_aenderungsentwurf_2005/. Stand: 30.10.2011

BUND Hessen: Flugverkehr schädigt Mensch, Klima und Umwelt – kein Ausbau des Frankfurter Flughafens. 21.03.1998. URL: http://www.bund-hessen.de/themen_und_projekte/flughafen_frankfurt/archiv/resolution_der_landes_deligierten_versammlung_1998/. Stand: 08.07.2006

BUND Hessen: Pressemitteilung: Ausbau des Frankfurter Flughafens: Koch muss eingreifen. 27.07.2007. URL: http://www.bund-hessen.de/index.php?id=9055&tx_ttnews[tt_news]=10923&tx_ttnews[backPid]=9019. Stand: 21.08.2011

BUND Hessen: Pressemitteilung: BUND erwartet Neuauflage des Erörterungstermins. 03.04.2006. URL:http://www.bund-hessen.de/nc/themen_und_projekte/flughafen_frankfurt/pressearchiv_flughafen/detail/browse/15/artikel/bund-erwartet-neuauflage-des-eroerterungstermins-1/?tx_ttnews%5BbackPid%5D=11834&cHash=d4d3d156bebde48090ec418fd678b81f. Stand: 26.09.2012

BUND Hessen: Pressemitteilung: BUND fordert Transparenz: Keine Verhandlungen ohne Öffentlichkeit.11.04.2007. URL: http://www.bund-hessen.de/nc/presse/pressemitteilungen/detail/artikel/bund-fordert-transparenz-keine-verhandlungen-ohne-oeffentlichkeit/. Stand: 30.09.2012

BUND Hessen: Pressemitteilung: BUND gegen Landesentwicklungsplan – Probleme bleiben ungelöst. 22.09.2005. URL: http://www.zukunft-rhein-main.de/?show=algd. Stand: 24.03.2011

BUND Hessen: Pressemitteilung: BUND sieht schwerwiegende Verfahrensfehler beim Erörterungstermin. 15.09.2005. URL: http://www.bund-bergstrasse.de/nc/presse/pressemitteilungen/detail/archiv/2005/september/artikel/eroerterungstermin-ausbau-des-frankfurter-flughafens/?tx_ttnews%5BbackPid%5D=3658&cHash=413e9c5b1ab56e4976e6115de011e5d7. Stand: 29.07.2011

BUND Hessen: Pressemitteilung: BUND stellt Befangenheitsantrag gegen die Richter des Flughafen-Senates. 12.08.2008. URL: http://www.bund-hessen.de/nc/themen_und_projekte/flughafen_frankfurt/pressearchiv_flughafen/detail/archiv/2008/dezember/artikel/ausbau-des-frankfurter-flughafens-wir-sind-entsetzt-bund-stellt-befangenheitsantrag-gegen/?tx_ttnews%5BbackPid%5D=11834&cHash=7bff4ebff0e6ae80a5913a65e54c0f53. Stand: 01.10.2012

BUND Hessen: Pressemitteilung: Ein großartiger Erfolg der Ausbaugegner. 08.11.2006. URL: http://www.bund-hessen.de/nc/themen_und_projekte/flughafen_frankfurt/pressearchiv_flughafen/detail/artikel/ein-grossartiger-erfolg-der-flughafen-ausbaugegner/. Stand: 29.10.2012

BUND Hessen: Pressemitteilung: Ein Signal für das Scheitern des Flughafenausbaus. BUND begrüßt Rücktritt des Ministerpräsidenten als Fraport-Aufsichtsratsvorsitzender. 04.09.2003. URL: http://www.bund-hessen.de/nc/presse/pressemitteilungen/detail/artikel/bund-begruesst-ruecktritt-des-ministerpraesidenten-als-fraport-aufsichtsratsvorsizender/. Stand: 07.10.2012

BUND Hessen: Pressemitteilung: Pressearchiv Flughafen. 05.10.2007. URL: http://www.bund-hessen.de/nc/themen_und_projekte/flughafen_frankfurt/pressearchiv_flughafen/detail/browse/10/artikel/ausbau-des-frankfurter-flughafens-cct-klageverfahren-erfolgreich-abgeschlossen/?tx_ttnews%5BbackPid%5D=11834&cHash=9f9ba06b1e6d4eb1fbce204. Stand: 05.01.2008

BUND Hessen: Pressemitteilung: Regionales Dialogforum ist nur ein Feigenblatt. 11.06.2003. URL: http://www.bund-hessen.de/index.php?id=9055&tx_ttnews[tt_news]=10848&tx_ttnews[backPid]=9019. Stand: 21.08.2011

BUND Hessen: Pressemitteilung: Urteil des Verwaltungsgerichtshofes zum Flughafenausbau Frankfurt Eine schallende Ohrfeige für die Landesregierung zum Nachtflugverbot! BUND bedauert Zustimmung des Gerichts zur rücksichtslosen Naturvernichtung. 21.08.2009. URL: http://www.bund-hessen.de/index.php?id=9055&tx_ttnews%5Btt_news%5D=11728&tx_ttnews%5BbackPid%5D=9019. Stand: 02.10.2012

BUND Hessen: Pressemitteilung: Wortbruch der Landesregierung treibt die Verbände aus dem Dialogforum. 13.12.2000.URL: http://www.bund-hessen.de/nc/themen_und_projekte/flughafen_frankfurt/pressearchiv_flughafen/detail/browse/38/artikel/wortbruch-der-landesregierung-treibt-die-verbaende-aus-dem-dialogforum/?tx_ttnews%5BbackPid%5D=11834&cHash=2e19b9ceb54b24a11a0a4f273878d9f. Stand: 10.03.2012

BUND Hessen: Pressemittteilung: Erörterungstermin Ausbau des Frankfurter Flughafens. 16.9.2005. URL: http://www.bund-bergstrasse.de/nc/presse/pressemitteilungen/detail/archiv/2005/september/artikel/eroerterungstermin-ausbau-des-frankfurter-flughafens/?tx_ttnews%5BbackPid%5D=3658&cHash=413e9c5b1ab56e4976e6115de011e5d7. Stand: 13.09.2012

BUND Hessen & Rheinland-Pfalz: Kein Ausbau des Frankfurter Flughafens – Kein Flughafensystem "Frankfurt – Hahn". 17.09.2002. URL: http://www.bund-hessen.de/themen_und_projekte/flughafen_frankfurt/archiv/kein_ausbau_des_frankfurter_flughafens_2002/. Stand: 21.03.2011

BUND Hessen: Stellungnahme des BUND zum "Flughafenkonzept der Bundesregierung" – Entwurfsfassung vom 28. August 2000 nach Ressortabstimmung. Haan 13.09.2000

BUND Hessen: Stellungnahme zum Raumordnungsverfahren zur Erweiterung des Frankfurter Flughafens. 29.02.2002

BUND Hessen: Stellungnahme: Flughafenkonzept der Bundesregierung mangelhaft. Kapazitäten effizient nutzen statt ausbauen. Berlin 06.08.2008

BUND Hessen: Stellungnahme: Zu den Scopingunterlagen der Fraport AG zum Ausbau des Flughafen Frankfurts. 07.04.2003. URL: http://cms.bund-hessen.de/hessen/dokument/scoping_stellungnahme.pdf. Stand: 23.09.2012

BUND Hessen: Wichtige Fakten aus dem Erörterungstermin im Raumordnungsverfahren. 25.04.2002. URL: http://www.bund-hessen.de/themen_und_projekte/flughafen_frankfurt/archiv/eroerterungstermin_im_raumordn ungsverfahren_2002/. Stand: 29.10.2011

BUND/ NABU/ SDW: Stellungnahme: Scoping – Unterlagen für die Umweltverträglichkeitsprüfung (UVPG) im Genehmigungsverfahren für die Erweiterung des Frankfurter Flughafens. Schreiben an das Regierungspräsidium Darmstadt 16.10.2000

BUND: Kritische Stellungnahme des BUND zum „Masterplan zur Entwicklung der Flughafeninfrastruktur – zur Stärkung des Luftverkehrsstandortes Deutschland im internationalen Wettbewerb" der „Initiative Luftverkehr". Frankfurt am Main 22.11.2004

Bundesamt für Bauwesen und Raumordnung, Bundestministerium für Verkehr Bau und Stadtenwicklung: Forschungsprogramme – Bereich Raumordnung. Dezember 2000. URL: http://www.bbsr.bund.de/cln_032/nn_21942/BBSR/DE/FP/ReFo/Raumordnung/Oeffentlichkeit sbeteiligungRaumordnung/01__Start.html. Stand: 7. 01.2012

Bundesministerium für Verkehr Bau und Wohnungswesen: Bundesverkehrswegeplan. 2012. URL: http://www.bmvbs.de/DE/VerkehrUndMobilitaet/Verkehrspolitik/Infrastrukturplanung/Bundesve rkehrswegeplan/bundesverkehrswegeplan_node.html. Stand: 07.07 2012

Bundesministerium für Verkehr, Bau und Stadtentwicklung: Initiative "Luftverkehr für Deutschland" 2003. 2003. URL: http://m.bmvbs.de/SharedDocs/DE/Artikel/LR/initiative-luftverkehr-fuer-deutschland.html?nn=84754. Stand: 27.10.2010

Bundesvereinigung gegen Fluglärm: Brief an das Regierungspräsidium Darmstadt. Einwendung zum Raumordnungsverfahren „Ausbau Flughafen Frankfurt". Mörfelden-Walldorf 29.01.2002

Bundesverwaltungsgericht 4. Senat: Urteil: Verwaltungsstreitsache. Aktenzeichen: 4 C 13.07. 21.02.2008

Bundesverwaltungsgericht 4. Senat: Urteil: In den Verwaltungsstreitsachen. Aktenzeichen: 4 C 8.09. 04.04.2012

Bundesverwaltungsgericht: Pressemitteilung: Ausbau Flughafen Frankfurt am Main: Normenkontrollanträge gegen Landesentwicklungsplan. 31.3.2011. URL: http://www.bverwg.de/presse/pressemitteilungen/pressemitteilung.php?jahr=2011&nr=26. Stand: 01.02.2012

Bundesverwaltungsgericht: Pressemitteilung: Klage des BUND gegen den Ausbau des Frankfurter Flughafens erfolglos. 14.04.2011. URL: http://www.bverwg.de/enid/6781a1d1ced946c0f1a5f69c54673803,f115687365617263685f64 6973706c6179436f6e7461696e6572092d093133363835093a095f7472636964092d0931333 33334/Pressemitteilungen/Pressemitteilung_9d.html. Stand: 03.10.2012

Bundesverwaltungsgericht: Pressemitteilung: Planmäßige Flüge in der Mediationsnacht weiterhin unzulässig – Kontingent für die Gesamtnacht auf durchschnittlich 133 Flüge beschränkt – Schallschutz für gewerbliche Grundstücke nachbesserungsbedürftig. 04.04.2012

Bundesverwaltungsgerichtshof 4. Senat: Urteil: Normenkontrollsache. Aktenzeichen: 4 CN 6.03. 20.11.2003

Bündnis 90/Die Grünen Bundestagsfraktion: Pressemitteilung: Flughafenkonzept 2008 – Ausbaukonzept für große Flughäfen zum Schaden für Klima und Anwohner. Berlin. 16.06.2008

Bündnis 90/Die Grünen Landtagsfraktion Hessen: Pressemitteilung: Revision zum Nachtflugverbot. GRÜNE: Warum verschweigt Landesregierung Begründung?. 25.03.2010

Bürgerinitiative Kelsterbach:. Musterbrief zum Downloaden. 2005. URL: http://www.bi-kelsterbach.de/. Stand: 15.11 2009

Bürgerinitiative WIDEMA gegen Fluglärm: Über Uns: 2000. 24.04.2000. URL: http://www.widema.de/widema/ueberuns/index.html. Stand: 09.06. 2008

CDU/ CSU/ SPD: Gemeinsam für Deutschland. Mit Mut und Menschlichkeit. Koalitionsvertrag von CDU, CSU und SPD. Berlin 10.10.2005

CDU/CSU Bundestagsfraktion: Pressemitteilung: Fischer: Flughafenkonzept ist inkonsequent und wenig zukunftsorientiert. Berlin 31.08.2000

Deutscher Bundestag: Plenarprotokoll 16/61, Berlin 27.10.2006

Deutscher Bundestag: Antrag: Luftverkehrsstandort Deutschland sichern. BT-Drucksache 15/3312, Berlin 15.06. 2004

Deutscher Bundestag: Beschlussempfehlung und Bericht des Ausschusses für Verkehr, Bau und Stadtentwicklung (15. Ausschuss), BT-Drucksache 16/3158, Berlin 25.10.2006

Deutscher Bundestag: Schriftliche Fragen mit den in der Woche vom 26. Februar 2001 eingegangenen Antworten der Bundesregierung. BT-Drucksache 14/5415, Berlin 02.03.2001

Deutsches Verkehrsforum: Pressemitteilung: Luftverkehrsbranche unterstützt Entwurf des Flughafenkonzepts / Klares Bekenntnis zum Luftverkehr. 19.09.2008

FDP Fraktion Hessen: Pressemitteilung: Landesentwicklungsplan / Nachtflugverbot. Dieter Posch: „Transparenz und rechtsstaatliches Verfahren muss oberstes Ziel sein". 04.09.2006

Flughafen unser Forum: Koch plant Rücktritt als Aufsichtsratsvorsitzender der Fraport. 04.09.2003. URL: http://www.flughafen.unser-forum.de/?show=yhgR. Stand: 07.10.2012

Flughafen unser Forum: Kurz erklärt: Was ist ein Erörterungstermin ?. 23.08.2005. URL: http://www.flughafen.unser-forum.de/?show=hpCs. Stand: 03.05.2012

Flughafen Unser Forum: Wörner und Landesregierung: Kommunen sollen zurück ins RDF. 12.06.2003 URL: http://www.flughafen.unser-forum.de/?show=nGOx. Stand: 04.07.2009

Forum Flughafen und Region: Konvent. 2012. URL: http://www.forum-flughafen-region.de/forum/ffr/konvent/. Stand: 26.07.2012

Fraport AG: Aufsichtsrat, o.J. URL: http://www.fraport.de/content/fraport-ag/de/unternehmen/aufsichtsrat.html. Stand: 06.10.2012

Fraport AG: Ausbau Flughafen Frankfurt Main: Unterlagen zum Planfeststellungsverfahren. Antragsteil A2. Antragsbegründung. Frankfurt am Main Februar 2007

Fraport AG: Ausbauprogramm Flughafen Frankfurt/Main. Unterlagen zum Raumordnungsverfahren. Auswahl der Ausbauvarianten AG. Frankfurt am Main. A5, 2001

Fraport AG: Neue Landebahn. 21.10.2011. URL: http://www.fraport.de/content/fraportag/de/entwicklung_frankfurtairport/neue_landebahn.html. Stand: 02.01.2012

Fraport AG: Pressemitteilung: Fraport AG reicht Antragsunterlagen für Planfeststellungsverfahren ein. 09.09.2003. URL: http://www.presseportal.de/pm/31522/479281/fraport-ag-reicht-antragsunterlagen-fuer-planfeststellungsverfahren-ein. Stand: 23.04.2011

Fraport AG: Pressemitteilung: Fraport-Antrag für Raumordnungsverfahren eingebracht / Vorstandsvorsitzender Dr. Bender: "Weiterer Meilenstein auf dem Weg zum Ausbau". Frankfurt am Main. 27.08.2001

Fraport AG: Zunahme des Flugverkehrs und die Fluglärmbelastung Zunahme des Flugverkehrs und die Fluglärmbelastung: 1. Wird der Flugverkehr in Frankfurt mit dem Betrieb der Landebahn Nordwest ansteigen? Wie viele Flugbewegungen mehr wird es zukünftig geben?. 2012. URL: http://www.fraport.de/content/fraport-ag/de/infoservice_fluglaerm/fragen-aus-der-region/4--wird-der-flugverkehr-in-frankfurt-mit-dem-betrieb-der-landeba.html. Stand: 09.06.2012

Gemeinnütziges Umwelthaus GmbH: Die Archive des Mediationsverfahrens Flughafen Frankfurt und des Regionalen Dialogforums. 2012. URL: http://www.forum-flughafen-region.de/service/archive-mediation-rdf/. Stand: 07.05.2012

Gesetz über die Umweltverträglichkeitsprüfung (UVPG) in der Fassung der Bekanntmachung vom 24. Februar 2010 (BGBl. I S. 94), das zuletzt durch Artikel 5 Absatz 15 des Gesetztes vom 24. Februar 2012 (BGBl. I S. 212) geändert worden ist. § 14i

Gesetz- und Verordnungsblatt für das Land Hessen: Änderung des Landesentwicklungsplans Hessen 2000 nach § 8 Abs. 7 HLPG – Erweiterung Flughafen Frankfurt Main – Vom 22. Juni 2007. Nr. 15. Teil 1. Wiesbaden 2007

Gesetz zu dem Landesplanungsvertrag vom 6. April 1995. Vom 20. Juli 1995 (GVBl.I/95, [Nr. 17], S.210) Artikel 7 Abs. 2 Landesentwicklungsprogramm

Hessen Landtagsfraktion SPD: Pressemitteilung: Andrea Ypsilanti (SPD): Wir Sozialdemokraten sagen Ja zum Flughafenausbau unter den Bedingungen der Mediation. 31.05.2007

Hessische Landesregierung: Koalitionsvereinbarung – Für die 14.Wahlperiode des Hessischen Landtags zwischen Bündnis 90/die Grünen und SPD 1995-1999. Wiesbaden 1995

Hessische Landesregierung: Kraftvolle Politik für ein starkes Land Hessen – Startklar für die Zukunft. Informationen über die Leistungen in der 16. Legislaturperiode. Wiesbaden 2007

Hessische Landesregierung: Pressemitteilung: Roland Koch fordert Vereinfachung und Beschleunigung von Großprojekten. Wiesbaden 18.10.2005

Hessischer Landtag: Antrag der Landesregierung betreffend Verordnung über die Änderung des Landesentwicklungsplans Hessen 2000 – Erweiterung Flughafen Frankfurt/Main; hier: Zustimmung durch den Hessischen Landtag 114. Sitzung. Wiesbaden 06.09.2006

Hessischer Landtag: Änderungsantrag der Fraktion BÜNDNIS 90/DIE GRÜNEN. LT-Drucksache 16/3075. Wiesbaden 15.11.2004

Hessischer Landtag: Antwort der Landesregierung auf die Große Anfrage der Fraktion der FDP betreffend Ausbau des Frankfurter Flughafens Drucksache 16/2417. LT-Drucksache. 16/3688. Wiesbaden 23.02.2005

Hessischer Landtag: Plenarprotokoll 16/135, Sitzung, Wiesbaden 31.05.2007

Hessischer Landtag: Plenarprotokoll 16/149. Sitzung, Wiesbaden 11.12.2007

Hessischer Landtag: Politische Grundsatzentscheidung – Auszug aus dem Beschluss des Hessischen Landtags vom 21.06.2000. 22.06.2000. URL: http://www.hessen.de/irj/HMWVL_Internet?rid=HMWVL_15/HMWVL_Internet/sub/815/81514 2e4-1999-701e-76cd-3b5005ae75d5,,22222222-2222-2222-2222-222222222222,1111111. Stand: 01.08.2007

Hessischer Landtag: Stenographischer Bericht. Öffentliche Anhörung. 47. Sitzung des Ausschusses für Wirtschaft und Verkehr. 50. Sitzung des Ausschusses für Umwelt, ländlichen Raum, und Verbraucherschutz. 16. Wahlperiode, Wiesbaden 13.02.2007

Hessischer Landtag: Stenographischer Bericht. Öffentliche Anhörung ohne Beschlussprotokoll. 51. Sitzung des Ausschusses für Wirtschaft und Verkehr. 55. Sitzung des Ausschusses für Umwelt, ländlichen Raum und Verbraucherschutz. 16. Wahlperiode, Wiesbaden 06.03.2007

Hessischer Verwaltungsgerichtshof 12. Senat: Urteil: Flugroutenplanung und Störfallanlagen. Aktenzeichen: 12 A 2216/05. 24.09.2006

Hessischer Verwaltungsgerichtshof 4. Senat: Urteil: Nichtigkeit des Regionalplans Südhessen 2000. Aktenzeichen: 4 N 406/04. 26.07.2004

Hessischer Verwaltungsgerichtshof 4. Senat: Urteil: Regionalplan; Genehmigung; geänderte tatsächliche Verhältnisses. Aktenzeichen: 4 N 177/05. 03.11.2005

Hessischer Verwaltungsgerichtshof: Erweiterung des Flughafens Frankfurt/Main – Ausbaugegner setzen Einsicht in die Verfahrensakten gerichtlich durch. 05.01.2006. URL: http://www.vgh-kassel.justiz.hessen.de/irj/VGH_Kassel_Internet?rid=HMdJ_15/VGH_Kassel_Internet/sub/ead/ead7df79-401a-a11a-eb6d-f197ccf4e69f,,,11111111-2222-3333-4444-100000005003%26overview=true.htm. Stand: 27.09.2012

Hessischer Verwaltungsgerichtshof: Presseinformation. Klagen der Städte Flörsheim am Main, Hattersheim am Main und Hochheim am Main sowie privater Kläger aus diesen Städten gegen den Frankfurter Flughafenbetrieb abgewiesen Nr.: 44/03. 23.12.2003

Hessischer Verwaltungsgerichtshof: Pressemitteilung: Ausbau des Flughafens Frankfurt/Main. Bau der neuen Landebahn steht nichts entgegen. Voraussichtlich aber keine planmäßigen Flüge in der Kernnacht. 15.01.2009. URL: http://www.vgh-kassel.justiz.hessen.de/irj/VGH_Kassel_Internet?rid=HMdJ_15/VGH_Kassel_Internet/nav/b74/b7440f40-d6f8-5a11-aeb6-df197ccf4e69,89460d7e-fcd9-de11-f3ef-ef97ccf4e69f,,,11111111-2222-3333-4444-100000005002%26_ic_seluCon=89460d7e-fcd9-de11-f3ef-ef97ccf4e69f%26shownav=false.htm&uid=b7440f40-d6f8-5a11-aeb6-df197ccf4e69&shownav=false. Stand: 13.02.2013

Hessischer Verwaltungsgerichtshof: Pressemitteilung: Normenkontrollanträge gegen Änderung des Landesentwicklungsplans abgelehnt. 10.2.2010. URL: http://www.vgh-kassel.justiz.hessen.de/irj/VGH_Kassel_Internet?rid=HMdJ_15/VGH_Kassel_Internet/sub/243/24394857-d3b6-21f0-12f3-1e2389e48185,,,11111111-2222-3333-4444-

100000005003%26overview=true.htm. Stand: 23.04.2011

Hessisches Landesplanungsgesetz (HLPG) vom 6. September 2002. Zuletzt geändert durch Art. 11c G zur Änd. der Hessischen Gemeindeordnung und anderer Gesetze vom 16.12.2011 (GVBl. I S. 786) § 18 Abs. 6 Raumordnungsverfahren

Hessisches Ministerium der Finanzen: Unmittelbare Beteiligungen des Landes Hessen an privatrechtlichen und öffentlich-rechtlichen Unternehmen. 01.05.2012

Hessisches Ministerium für Wirtschaft und Technik: Planfeststellungsbeschluß betreffend Ausbau des Flughafens Frankfurt/Main. In: Staatsanzeiger für das Land Hessen. Nr. 18, Wiesbaden 1971

Hessisches Ministerium für Wirtschaft Verkehr und Landesentwicklung: Planfeststellungsbeschluss zum Ausbau des Frankfurter Flughafens. Wiesbaden 18.12.2007

Hessisches Ministerium für Wirtschaft Verkehr und Raumordnung: Regionaler Raumordnungsplan Südhessen 1995: Beschlossen durch die Regionale Planungsversammlung beim Regierungspräsidium Darmstadt am 10. Juni 1994, festgestellt durch die Hessische Landesregierung am 9. März 1995, bekanntgemacht vom Hessischen Minister für Wirtschaft, Verkehr und Landesentwicklung mit Erlaß vom 26. April 1995 (StAnz. 26/1995), Nr. 7.4/1995

Hessisches Ministerium für Wirtschaft, Verkehr und Landesentwicklung: Regionalpläne. 2. Juli 2009. URL: http://www.landesplanung-hessen.de/regionalplaene/regionalplan-mittelhessen/plankarte-pdf/. Stand: 4. Januar 2012. Berlin/ Brandenburg: Regionalplanung. 2013. URL: http://gl.berlin-brandenburg.de/regionalplanung/. Stand: 13.03.2013

Hessisches Ministerium für Wirtschaft, Verkehr und Landesentwicklung: Zusammenfassende Erklärung: Zur Änderung des Landesentwicklungsplans Hessen 2000 – nach § 8 Abs. 7 HLPG – Erweiterung Flughafen Frankfurt Main -. Wiesbaden 2006

Hessisches Ministerium für Wirtschaft, Verkehr und Landesentwicklung: Änderung des Landesentwichlungsplans Hessen 2000 nach § 8 Abs. 7 HLPG – Erweiterung Flughafen Frankfurt Main -. Wiesbaden September 2006

Hessisches Ministerium für Wirtschaft, Verkehr und Landesentwicklung: Daueraufgabe Fluglärm – Über 30 Maßnahmen umgesetzt. 2012. URL: http://www.wirtschaft.hessen.de/irj/HMWVL_Internet?cid=f72a67fdd48be9cd9ccb328fcd4b242e. Stand: 26.04.2012

Hessisches Ministerium für Wirtschaft, Verkehr und Landesentwicklung: Änderung der Flugbetriebsbeschränkungen des Planfeststellungsbeschlusses zum Ausbau des Verkehrsflughafens Frankfurt Main vom 18. Dezember 2007 zur Anpassung an das Urteil des Bundesverwaltungsgerichtes vom 4. April 2012 (BVerwG 4 C 8.09 u. a.). Wiesbaden 29.05.2012

Hessisches Ministerium für Wirtschaft, Verkehr und Landesentwicklung: Pressemitteilung: Wiesbaden 20.04.2012

Hessisches Ministerium für Wirtschaft, Verkehr und Landesentwicklung: Pressemitteilung: Verkehrsminister Dieter Posch: "Flughafenkonzept der Bundesregierung wird seiner Aufgabe nicht gerecht – Die Bundesregierung entzieht sich ihrer Verantwortung für den Luftverkehrsstandort Deutschland". Erfurt 22.04. 2009

Hessisches Ministerium für Wirtschaft, Verkehr und Landesentwicklung: Zusammenfassende

Erklärung: Zur Änderung des Landesentwicklungsplans Hessen 2000 – nach § 8 Abs. 7 HLPG – Erweiterung Flughafen Frankfurt Main. Wiesbaden 2006

Hessisches Ministerium für Wirtschaft, Verkehr und Landesentwicklung: Pressemitteilung: Posch begrüßt Ergebnis des Raumordnungsverfahrens zum geplanten Ausbau des Frankfurter Flughafens. 11.06.2002

Hessisches Ministerium für Wirtschaft, Verkehr und Landesentwicklung: Landesentwicklungsplan Hessen 2000. 13.12.2000

Hessisches Ministerium für Wirtschaft, Verkehr und Landesentwicklung: Pressemitteilung: Landesregierung genehmigt Regionalplan Südhessen 2000 neu. 24.08.2004

Hessisches Ministerium für Wirtschaft, Verkehr und Landesentwicklung: Pressemitteilung: Dr. Alois Rhiel: "Planfeststellungsbeschluss zur Erweiterung des Frankfurter Flughafens im Jahr 2007 zu erwarten". 25.05.2004

Hessisches Ministerium für Wirtschaft, Verkehr und Landesentwicklung: Pressemitteilung: Kabinett beschließt Änderung des Landesentwicklungsplans. 15.09.2006

Hessisches Ministerium für Wirtschaft, Verkehr und Landesentwicklung: Pressemitteilung: Wirtschaftsminister Dr. Rhiel: Rechtliche Klarheit und Sicherheit für die Planungsverfahren in Südhessen gewährleistet. 24.08.2004

Hessisches Ministerium für Wirtschaft, Verkehr und Landesentwicklung: Pressemitteilung: Rhiel: Planfeststellungsbeschluss zum Flughafenausbau erst 2007. 25.05.2004

Hessisches Ministerium für Wirtschaft, Verkehr und Landesentwicklung: Pressemitteilung: Ergänzende PVF-Unterlagen werden vom 23.3.-23.4.2007 offengelegt. 16.02.2007

Hessisches Ministerium für Wirtschaft, Verkehr und Landesentwicklung: Pressemitteilung: Wirtschaftsminister Dr. Alois Rhiel genehmigt Flughafenausbau mit rechtssicherem Nachtflugverbot. 18.12.2007

Hessisches Ministerium für Wirtschaft, Verkehr und Landesentwicklung: Pressemitteilung: Planfeststellungsbehörde sieht erheblichen und grundsätzlichen Klärungsbedarf. 16.12.2009

Hessisches Ministerium für Wirtschaft, Verkehr und Landesentwicklung: Pressemitteilung: Rhiel: Ergänzende Öffentlichkeitsbeteiligung im Planfeststellungsverfahren zum Ausbau des Frankfurter Flughafens. 07.11.2006. URL: http://www.wirtschaft.hessen.de/irj/HMWVL_Internet?rid=HMWVL_15/HMWVL_Internet/nav/4a0/4a0600d8-05e5-4701-e76c-d3b5005ae75d,11b20f14-0512-ce01-d5ce-7b44e9169fcc,,,11111111-2222-3333-4444-100000005004%26_ic_uCon_zentral=11b20f14-0512-ce01-d5ce-7b44e9169fcc%26overview=true.htm&uid=4a0600d8-05e5-4701-e76c-d3b5005ae75d. Stand: 23.07.2012

Hessisches Ministerium für Wirtschaft, Verkehr und Landesentwicklung: Planfeststellungsverfahren, o.J. URL: http://www.wirtschaft.hessen.de/irj/HMWVL_Internet?rid=HMWVL_15/HMWVL_Internet/sub/a09/a09142e4-1999-701e-76cd-3b5005ae75d5,,22222222-2222-2222-2222-222222222222,11111111-2222-3333-4444-100000005003.htm. Stand: 23.08.2012

Hessisches Ministerium für Wirtschaft, Verkehr und Landesentwicklung: Pressemitteilung: Wirtschaftsminister Dr. Alois Rhiel genehmigt Flughafenausbau mit rechtssicherem Nachtflugverbot.18.12.2007. URL: http://www.wirtschaft.hessen.de/irj/HMWVL_Internet?rid=HMWVL_15/HMWVL_Internet/nav/4

a0/4a0600d8-05e5-4701-e76c-d3b5005ae75d,5df1bff1-dfae-611a-eb6d-f144e9169fcc,,,11111111-2222-3333-4444-100000005004%26_ic_uCon_zentral=5df1bff1-dfae-611a-eb6d-f144e9169fcc%26overview=true.htm&uid=4a0600d8-05e5-4701-e76c-d3b5005ae75d. Stand: 23.09.2012

Hessisches Ministerium für Wirtschaft, Verkehr und Landesentwicklung: Pressemitteilung: „Rasche Rechtssicherheit im Interesse aller". Wiesbaden 04.01.2012

Hessisches Ministerium für Wirtschaft, Verkehr und Landesentwicklung: Pressemitteilung: Wirtschaftsminister Dieter Posch: "Planklarstellung ist unterzeichnet". 30.05.2012

Hessisches Ministerium für Wirtschaft, Verkehr und Landesentwicklung: Ergebnisse der Arbeiten zu V5. Privatisierung des Flughafens. Beschluss der Mediationsgruppe am 27. August 1999 Wiesbaden/Frankfurt a. M. 02. 12.1999

Hessisches Ministerium für Wirtschaft, Verkehr und Landesplanung: Historie: VII. Planfeststellungsverfahren. 2011. URL: http://www.hessen.de/irj/HMWVL_Internet?rid=HMWVL_15/HMWVL_Internet/sub/a09/a0914 2e4-1999-701e-76cd-3b5005ae75d5,,22222222-2222-2222-2222-222222222222,11. Stand: 23.12.2011

IAGL: Pressemitteilung; Klageverein IAGL erstaunt über die Haltung der Kommunen. Unterstützung der privaten Kläger bleibt gewährleistet. 22.8.2006: URL: http://www.iagl.de/pressemitteilungen.htm. Stand: 30.10.2012

Ibrügger, L.: Rede des Parlamentarischen Staatssekretärs beim Bundesminister für Verkehr, Bau- und Wohnungswesen, Dipl.-Ing. Lothar Ibrügger, MdB, "Ausbau der Infrastruktur im Luftverkehr" anlässlich der Veranstaltung des Deutschen Vekehrsforums. o.O. 28. Oktober 1999. URL: http://www.bmvbw.de/cms-aussen-spezial/externalViews/External. Stand: 15. April 2004

Interessengemeinschaft zur Bekämpfung des Fluglärms (IGF): Pressemitteilung: Klarstellung in Sachen Nachtflugverbot führt zur Rechtsunsicherheit. 29.05.2012: URL: http://www.ig-fluglaerm.de/. Stand: 04.10.2012

Intraplan: Gutachten G 8: Ausbau Flughafen Frankfurt Main:. Luftverkehrsprognosen 2020 für den Flughafen Frankfurt Main und Prognose zum landseitigen Aufkommen am Flughafen Frankfurt Main. Aktualisierung des Gutachtens G8 vom 30.7.2004. München 12.09.2006

Intraplan: Gutachten G8: Luftverkehrsprognosen 2015 für den Flughafen Frankfurt Main. München 30.7. 2004; Fraport: Band B 11: Ausbau Flughafen Frankfurt Main. Planungsgrundlagen Kap. 3 Planungsparameter Flugbetriebsanlagen. Frankfurt. 20.08.2004

KAG: Beschlussfassung zum Ausbau des Frankfurter Flughafens (Beschluss 1). 29.02.2000. URL: http://www.kag-flughafen-ffm.de/. Stand: 21.3.2011

KAG: Forderungen und Beschlüsse: Beschlussfassung zum Ausbau des Frankfurter Flughafens (Beschluss 1). 29.02.2000 URL: http://www.kag-flughafen-ffm.de/ . Stand: 23.11.2009

KAG: Forderungen und Beschlüsse: Forderungen der Kommunalen Arbeitsgemeinschaft Flughafen Frankfurt am Main an die Hessische Landespolitik. 18.02.1999. URL: http://www.kag-flughafen-ffm.de/. Stand: 23.11.2009

KAG: KAG-Stellungnahme zum Raumordnungsverfahren Ausbau des Frankfurter Flughafens. Schreiben an das Regierungspräsidium Darmstadt. 19.12.2001

KAG: Protokoll der Mitgliedervesammlung am 22.8.2000 im Landratsamt Groß-Gerau. 22.08.2000. URL: http://www.kag-flughafen-ffm.de/220800.HTM. Stand: 08.06.2008

KAG: Stellungnahme der KAG Flughafen zum Änderungsentwurf des Landesentwicklungsplans Hessen 2000. Schreiben an das Hessische Ministerium für Wirtschaft, Verkehr und Landesentwicklung. 09.09.2005. URL: http://www.kag-flughafen-ffm.de/StellLEP.HTM. Stand: 27.10.2011

KAG: Stellungnahme zum Planfeststellungsantrag Ausbau des Frankfurter Flughafens. Schreiben an das RP. 30.05. 2005. URL: http://www.kag-flughafen-ffm.de/PF%20Stell.HTM. Stand: 72.10.2011

KAG: Zukunft Rhein-Main/ ADF/ BVF/ BBI/ BUND Hessen/ ZRM: Brief an Bundesminister Wolfgang Tiefensee: Resolution zum Entwurf des Flughafenkonzeptes der Bundesregierung. 09.09.2008

Kreis Groß Gerau: Pressemitteilung: Ministerpräsident vergleicht Schönefeld und Frankfurt: Siehr: "Falsche Schlussfolgerungen". 31.07.2006. URL: http://www.flughafen.unser-forum.de/?show=TkUU. Stand: 03.10.2009

Kreis Groß-Gerau: Pressemitteilung: Siehr sieht neue Verzögerungen beim Flughafenausbau. Schallende Ohrfeige für Fraport. 08.11.2006 URL: http://www.zukunft-rhein-main.de/?show=MZhe. Stand: 29.09.2012

Kreis Groß-Gerau: Pressemitteilung: "Vergiftetes Abschiedsgeschenk!". 29.05.2012. URL: http://www.gg24.de/kreis-gross-gerau-news/items/vergiftetes-abschiedsgeschenk-von-wirschaftsminister-posch-085.html. Stand: 04.10.2012

Kreis Groß-Gerau: Pressemitteilung: Flughafenausbau: Kreis Groß-Gerau fordert rechtliches Gehör! 10.07.2008. URL: http://www.kreisgg.de/fileadmin/Datencenter/Buergerservice/Broschueren/Amtsblattarchiv/AmtsblattGG29-08.pdf. Stand: 01.10.2012

Main-Taunus-Kreis/ Stadt Flörsheim/ Stadt Hattersheim am Main/ Stadt Hochheim am Main: Gemeinsame Presseerklärung: Scoping-Termin erfüllt derzeit nicht kommunale Erwartungen!. 10.4.2003. URL: http://www.dfld.de/Presse/PMitt/2003/030410b.htm. Stand: 12.10.2012

Main-Taunus-Kreis/ Landeshauptstadt Mainz/ Stadt Flörsheim am Main/ Stadt Hattersheim am Main, Stadt Hochheim am Main: Offener Brief zum Ausbau des Flughafens Frankfurt am Main an Ministerpräsident Roland Koch. 2007

Mainz/ Flörsheim/ Hattersheim/ Hochheim: Pressemitteilung: „Nicht willkürlich – aber auch nicht unbedenklich". Beschwerdeführer sehen "gelbe Karte" für Verfahrensweise des VGH Kassel. 03.03.2009. URL: http://www.mainz.de/WGAPublisher/online/html/default/ekog-7psnhk.de.html;jsessionid=0AD7CE51173556FF845E47A9ACEF5C88?. Stand. 01.10.2012

Mediationsgruppe Flughafen Frankfurt am Main: Geschäftsordnung der Mediationsgruppe Flughafen Frankfurt. Frankfurt am Main. 1998

Mediationsgruppe Flughafen Frankfurt am Main: Bericht. Mediation Flughafen Frankfurt/Main. 2000

Mediationsgruppe Flughafen Frankfurt am Main: Dokumentation zum Mediationsverfahren Flughafen Frankfurt am Main. Leitfaden durch den Diskussionsprozess und die Ergebnisse. Wiesbaden 2000

NABU: Erklärung des Landesvorstandes der Natur-Freunde Hessen zum Abschluss des Raumordnungsverfahrens (ROV) für den Ausbau des Frankfurter Flughafens. Langenselbold. 15.06.2002

Philipp-Gerlach, U./ Teßmer, D.: Brief an RP Darmstadt im Auftrag des Bund für Umwelt und Naturschutz Deutschland: Betreff: Planfeststellungsverfahren zum Ausbau des Frankfurter Flughafens. Hier: Einwendung. Frankfurt 11.03.2005

Positionspapier der Ministerkonferenz für Raumordnung: Raumordnerische Anforderungen an die Kooperation der deutschen Flughäfen in der Europäischen Union o.O. 18. November 1999

Präsentation Mediation Frakfurt Flughafen 1998-2000: Das Mediationsverfahren. 2008. URL: http://www.forum-flughafen-region.de/fileadmin/files/Archiv/Archiv_Mediation-Dokumentation/Mediationsverfahren_Flughafen_Frankfurt_ppt_aus_Internetseite.pdf. Stand: 08.08.2009

Rechtsanwältin Fridrich: Raumordnungsverfahren nach dem Hessischen Landesplanungsgesetz (HLPG) für den Ausbau des Flughafens Frankfurt/Main. Schreiben an das Regierungspräsidium Darmstadt 30.02.2002

Regierungspräsidium Darmstadt: Mitteilung: Fortsetzung des Erörterungstermins.14.03.2006. URL: http://www.fluglaerm-eppstein.de/Presse/PMitt/2006/060314f.htm. Stand: 28.09.2012

Regierungspräsidium Darmstadt: Pressemitteilung. Ab 17. Januar 2005 sollen die Planfeststellungsunterlagen in 57 Kommunen ausgelegt werden. 06.12.2004. URL: http://www.rp-darmstadt.hessen.de/irj/RPDA_Internet?rid=HMdI_15/RPDA_Internet/nav/3b5/3b570537-4663-2111-1010-436e7de30ba3,d2b20cd2-0b8a-ed01-d5ce-7b44e9169fcc,,,11111111-2222-3333-4444-100000005004%26_ic_uCon_zentral=d2b20cd2-0b8a-ed01-d5ce-7b44e9169fcc%26overview=true.htm&uid=3b570537-4663-2111-1010-436e7de30ba3.
Stand: 04.06.2011

Regierungspräsidium Darmstadt: Pressemitteilung: EÖT Flughafenausbau: Abbruch- und Aussetzungsanträge abgelehnt. 21.09.2005

Regierungspräsidium Darmstadt: Pressemitteilung: Erörterung zum Flughafenausbau beginnt Mitte September- Einwender kommen zu Beginn in drei regionalen Gruppen zu Wort -. 19.7.2005

Regierungspräsidium Darmstadt: Pressemitteilung: Planfeststellungsverfahren für den geplanten Ausbau des Flughafens Frankfurt Main – Pressetermin. 03.04.2006. URL: http://www.rp-darmstadt.hessen.de/irj/RPDA_Internet?rid=HMdI_15/RPDA_Internet/nav/3b5/3b570537-4663-2111-1010-436e7de30ba3,7d260011-0e22-1d01-d5ce-7b44e9169fcc,,,11111111-2222-3333-4444-100000005004%26_ic_uCon_zentral=7d260011-0e22-1d01-d5ce-7b44e9169fcc%26overview=true.htm&uid=3b570537-4663-2111-1010-436e7de30ba3.
Stand: 23.08.2012

Regierungspräsidium Darmstadt: Pressemitteilung: RP Darmstadt fordert Unterlagen von der Fraport AG nach. 17.02.2004. URL: http://www.rp-darmstadt.hessen.de/irj/RPDA_Internet?rid=HMdI_15/RPDA_Internet/nav/3b5/3b570537-4663-2111-1010-436e7de30ba3,12610889-80b8-1e01-d5ce-7b44e9169fcc,,,11111111-2222-3333-4444-100000005004%26_ic_uCon_zentral=12610889-80b8-1e01-d5ce-7b44e9169fcc%26overview=true.htm&uid=3b570537-4663-2111-1010-436e7de30ba3.
Stand: 06.50.2011

Regierungspräsidium Darmstadt: Pressemitteilung: RP Dieke zieht positive Bilanz des Erörterungstermins. 04.04.2006

Regierungspräsidium Darmstadt: Pressemitteilung: RPDA: "Bürgernachmittag" beginnt später. Beim Erörterungstermin zum Flughafenausbau haben Privatpersonen freitags ab 15:30 Uhr Vorrang. 23.01.2005

Regierungspräsidium Darmstadt: Projektgruppe Flughafen. Scoping-Termin. 07.04.2003.

Regierungspräsidium Darmstadt: Projektgruppe Flughafen: Erörterungstermin in dem Raumordnungsverfahren für das Vorhaben der Fraport AG zur Erweiterung des Flughafens Frankfurt/Main. Frankfurt am Main 08.04.2002

Regierungspräsidium Darmstadt: Raumordnungsverfahren Flughafen Frankfurt Main. Landesplanerische Beurteilung. Darmstadt 10.06.2002

Regierungspräsidium Darmstadt: Unterrichtungsschreiben RP Darmstadt 2. Flughafen Frankfurt Main AG. Raumordnungsverfahren nach dem Hessischen Landesplanungsgesetz (HLPG) und dem Raumordnungsgesetz (ROG) hier: Ausbau des Flughafens Frankfurt. Scopingtermin vom 02. bis 04. November 2000. Frankfurt am Main 20.02.2001

Regionales Dialogforum (Hrsg.): Absichtserklärung zur Konkretisierung eines Anti-Lärm-Paktes des RDF Regionales Dialogforum. Sondersitzung. Frankfurt am Main 26.4.2007

Regionales Dialogforum (Hrsg): Archiv-RDF – Konstituierende Sitzung. 23.06.2000. URL: http://www.forum-flughafen-region.de/fileadmin/files/Archiv/Archiv_RDF_Doku_allg._Teil/Beschluss_Hessisches_Kabinett_20.06.2000.pdf. Stand: 07.08.2009

Regionales Dialogforum (Hrsg.): Codex: Allgemeine Verfahrensregeln für das Regionale Dialogforum. Frankfurt am Main. 2000

Regionales Dialogforum (Hrsg.): Dialog-Brief: Die Zeiten werden härter, das Planfeststellungsverfahren naht. Interview mit Bürgermeister Engisch. Rüsselheim 2003

Regionales Dialogforum (Hrsg.): Dialog-Brief: Sieben Punkte zur Umsetzung der Mediation. Ein persönliches Resümee des RDF-Vorsitzenden. Frankfurt am Main April 2008

Regionales Dialogforum (Hrsg.): Dialog-Brief: Regionales Dialogforum beendet seine Arbeit Acht Jahre Dialog: Erfolge und Kritik. Frankfurt am Main August 2008

Regionales Dialogforum: Gemeinsame Erklärung: Fraport, Lufthansa, Barig, Deutsche Flugsicherung, Landesregierung Hessen, Regionales Dialogforum. 12.12.2007

Regionales Dialogforum (Hrsg.): Geschäftsordnung des Regionalen Dialogforums. Frankfurt am Main 19.03. 2004

Regionales Dialogforum (Hrsg.): Pressemitteilung RDF vom 14. September 2007. Überwiegende Mehrheit des RDF begrüßt den Anti-Lärm-Pakt. Frankfurt am Main 2007

Regionalplan Südhessen 2000 in der Fassung der Genehmigung der Hessischen Landesregierung vom 14.11.2000 (StAnz. 6/2001)

SDW Hessen: Flughafen Frankfurt: Das Regionale Dialogforum. URL: http://www.sdwhessen.de/Aktuelles/Positionen/Flughafen/flughafen.htm. Stand: 09.07.2009

SDW Hessen: Pressemitteilung: Schutzgemeinschaft Deutscher Wald tritt aus dem

Regionalen Dialogforum aus. Reaktion auf Planfeststellungsbeschluss ohne Nachtflugverbot. Wiesbaden 21.12.2007

SPD: Pressemitteilung: Flughafen Frankfurt am Main, Uwe Frankenberger (SPD): Es gibt viele gute Gründe gegen die Revision. 25.3.2010

SPD-Fraktion Hessen: Pressemitteilung: Jürgen Walter (SPD): Wirtschaftsminister Rhiel muss Klartext reden. 04.09.2006

Stadt Kelkheim (Taunus): Sitzungsvorlage: Kelkheim 07.01.2002

Stadt Kelsterbach: Rathaus,Verwaltung. Das Ticona-Werk und die geplante Landebahn sind nicht vereinbar. 2003. URL: http://www.kelsterbach.de/rathaus-verwaltung/verwaltung/aemter-und-abteilungen/stabsstelle-oeffentlichkeitsarbeit/pressemitteilungen/detailansicht.html?tx_ttnews%5Bsearch_date_select_or_year%5D=-1&tx_ttnews%5Bsearch_date_selector_month%5D=-1&tx_ttnews%5Bpointer%5D=233&tx_ttnews%5Btt_news%5D=84&tx_ttnews%5BbackPid%5D=145&cHash=034becd672. Stand: 01.07.2011

Stadt Mainz: Pressemitteilung: Mainz geht juristisch gegen Planklarstellung vor. 13.07.2012

Stadt Offenbach AG Flughafen: Einwendung der Stadt Offenbach 2. Offenlage. Mai 2007

Stadt Offenbach- AG Flughafen: Planfeststellungsverfahren Flughafenausbau Frankfurt. Flughafenausbau Landebahn Nordwest: Stellungnahme/Einwendungen der Stadt Offenbach (Leitsätze). Februar 2005

Stadt Offenbach- AG Flughafen: Raumordnungsverfahren Flughafenausbau Frankfurt Main: Stellungnahme der Stadt Offenbach am Main Teil A (Leitsätze). Dezember 2001

Stadt Raunheim: Pressemitteilung: Raunheims Klage bringt mehr Nachtruhe. Verwaltungsgerichtshof in Kassel entscheidet für Ausbau, aber auch zugunsten erweiterten Nachtschutzes. 21.08.2009. URL: http://www.fluglaerm-eppstein.de/Presse/PMitt/2009/090821g.htm. Stand: 01.10.2012

Stadtwerke Frankfurt am Main: Beteiligungsstruktur. 01.09.2012. URL: http://www.stadtwerke-frankfurt.de/209.html. Stand: 4.10.2012

Störfall-Kommission: Ergebnis der Beratungen der AG FFM. 30.01. 2004

Ticona: Ticona Kelsterbach zieht um. Stand: Oktober 2007. URL: http://www.ticona.com/de/print/inform_d_1007_site_management.pdf. Stand: 02.03.2009

Umwelthaus GmbH: Satzung der Gemeinnützigen Umwelthaus GmbH. 2009

Verband für Allgemeine Luftfahrt/ German Business Aviation Association/ Interessengemeinschaft der Regionalflughäfen: Bedeutung der Allgemeinen Luftfahrt, Business Aviation, Regionalflughäfen und Verkehrslandeplätze in Deutschland. Gemeinsames Positionspapier. Berlin, Egelsbach, Mannheim Februar 2007

Wörner, J.-D. (Hrsg.): Abschlussdokumentation RDF 2000-2008. Wiesbaden 2010

Wörner, J.-D. (Hrsg.): Regionales Dialogforum Flughafen Frankfurt. Jahresbericht RDF Juni 2000/Juni 2001. Frankfurt November 2001

Wörner, J.-D. (Hrsg.): Dialogforum Flughafen Frankfurt/Main. Jahresbericht RDF Juli 2003/Juni 2004. Frankfurt am Main 2004

Wörner, J.D. (Hrsg.): Dialogforum Flughafen Frankfurt/Main. Jahresbericht RDF Juli 2006/Juni 2008. Frankfurt am Main 2008

ZRM/ BBI/ BUND: Gemeinsame Presseerklärung: ZRM, BUND und Bürgerinitiativen warnen vor politischem Schnellschuss bei Planergänzung: Minister Posch muss den politischen Gestaltungsspielraum nutzen!. 08.05.2012. URL: http://bbi.unser-forum.de/PresseBBI/2012/2012-05-09-planergaenzung.htm. Stand: 26.07.2012

ZRM: Alle Argumente sprechen gegen den Ausbau! Anhörungsverfahren zum geplanten Flughafenausbau abgeschlossen. 28.03.2006. URL: http://www.zukunft-rhein-main.de/?show=fbvj. Stand: 29.09.2012

ZRM: Brief: Planfeststellungsverfahren zum Flughafenausbau: Erörterungstermin. 02.09.2005

ZRM: Erörterungstermin – Bericht vom 09.01.2006. Akteneinsicht – Streit um die konkrete Regelung. 09.01.2006. URL: http://www.zukunft-rhein-main.de/?show=ocYJ?show=ocYJ?show=ocYJ. Stand: 27.09.2012

ZRM: Erörterungstermin – Bericht vom 19.09.2005. "Datenschutzskandal" – wurden die Einwendungen an Lufthansa weitergegeben?. 19.09.2005. URL: http://www.zukunft-rhein-main.de/?show=WFhD. Stand: 27.09.2012

ZRM: Erörterungstermin – Bericht vom 16.09.2005. "Der Tag der Bürgermeister". 16.9.2005. URL: http://www.zukunft-rhein-main.de/?show=PMNh. Stand: 27.09.2012

ZRM: Erörterungstermin – Bericht vom 13.09.2005. Neue Welle von Abbruchanträgen. 13.09.2005. URL: http://www.zukunft-rhein-main.de/?show=mSYZ. Stand: 26.09.2012

ZRM: Pressemitteilung: "Brutalstmöglicher Wortbruch" beim Nachtflugverbot. 16.12.2009. URL: http://www.zukunft-rhein-main.de/?show=ovCu. Stand: 03.10.2012

ZRM: Pressemitteilung: Siehr: "Längst überfälliger Schritt". 04.09.2003. URL: http://www.zukunft-rhein-main.de/?show=sFEE. Stand: 07.10.2012

ZRM: Pressemitteilung: Vorgelegte Unterlagen im Scoping-Verfahren weiterhin massiv in der Kritik. 08.04.2003. URL: http://www.mainz.de/C1256D6E003D3E93/vwLookupImagesforLoad/Scopingverfahren08042003.pdf/$FILE/Scopingverfahren08042003.pdf. Stand: 24.09.2012

D3 Dokumentenverzeichnis – Berlin

Abgeordnetenhaus von Berlin: Bericht. des 1. Untersuchungsausschusses des Abgeordnetenhauses von Berlin – 14. Wahlperiode – „Flughafen Schönefeld II". Drucksache 14 /1515. 21.09.2001

Abgeordnetenhaus von Berlin: Vorlage – zur Kenntnisnahme – über Bericht über das Flughafenkonzept in der Region Berlin-Brandenburg. Drucksache 13/624. Berlin 04.07. 1996

Aufsichtsrat PPS: Konzept zur Privatisierung der BBF und Privatfinanzierung des BBI. September 1997

Baumann Rechtsanwälte: Presseerklärung. Überflug des Müggelsees Bürgerverein

Friedrichshagen und GRÜNE LIGA Berlin kündigen gemeinsame EU-Beschwerde an. 26.01.2012

Baumann Rechtsanwälte: Presseerklärung: Bundesverwaltungsgericht entscheidet zu Anhörungsrüge der Kläger im Verfahren für den Ausbau des Flughafens Berlin-Schönefeld. 28.8.2006. URL: http://www.baumann-rechtsanwaelte.de/aktu/download/2808Presseerkl_FBS.pdf. Stand: 16.01.2013

Baumann Rechtsanwälte: Pressekonferenz. Thema: Der rechtliche Widerstand gegen den Ausbau des Flughafens Schönefeld geht unvermindert weiter! Verfassungsbeschwerde. 21.08.2006. URL: http://www.baumann-rechtsanwaelte.de/aktu/download/2108Verfassungsbeschwerde.pdf. Stand: 16.01.2013

BBF: Vorlage zu Punkt 5 der Tagesordnung für die 10. Sitzung des Aufsichtsrates der Berlin Brandenburg International Holding GmbH am 21. Marz 1994. Flughafen Berlin Brandenburg International. Stand der Antragsunterlagen für das Raumordnungsverfahren. 28.02.1994

Berlin Senator für Verkehr und Betriebe: Flughafenentwicklung in der Region Berlin. 8. Berliner Verkehrswerkstatt. 16.Oktober 1992. Berlin 1992

Berlin-Brandenburg Airport: Pressemitteilungen: Zum Flughafen Berlin-Brandenburg. 07.01.2013. URL:http://preview.berlin-airport.de/de/presse/pressemitteilungen/2013/2013-01-07-zum-flughafen-berlin-brandenburg/index.php. Stand: 16.01.2013

Brandenburgisches Landesamt für Bauen, Verkehr und Straßenwesen: Anhörungsverfahren für das Vorhaben „Ausbau des Flughafens Berlin Schönefeld". Stellungnahme zum Ergebnis des Anhörungsverfahrens. Aktenzeichen 6441/1. Berlin 14.06.2002

Brandenburgisches Oberlandesgericht: Beschluss. Aktenzeichen:. 6 Verg 1/99. 03.08.1999

Bundesvereinigung gegen Fluglärm: Presseerklärung: Die Bundesvereinigung gegen Fluglärm informiert: Gerichtsurteil erzwingt neue Planungsverfahren BBI Berlin Schönefeld in Frage gestellt. 25.08.2001. URL:http://www.bvbb-ev.de/pfv/BVBB-Pressemitteilungen/BVBB-Pressemitteilung__24_08_0/PE_zum_Urteil/pe_zum_urteil.html. Stand: 13.01.2013

Bundesverwaltungsgericht 4. Senat: Beschluss. In der Verwaltungsstreitsache. Aktenzeichen 4 A 1067.06. 23.08.2006

Bundesverwaltungsgericht 4. Senat: Urteil. Verwaltungsstreitsache. Aktenzeichen 4 A 5000.10. 31.07.2012

Bundesverwaltungsgericht 4. Senat: Urteil. Verwaltungsstreitsache. Aktenzeichen 4 A 4000.09. 13.10.2011

Bundesverwaltungsgericht: Pressemitteilung. Eilanträge gegen Flughafen Berlin-Schönefeld weitgehend erfolgreich. 14.04.2005. URL: http://www.bverwg.de/presse/pressemitteilungen/pressemitteilung.php?jahr=2005&nr=21. Stand: 15.01.2013

Bundesverwaltungsgericht: Pressemitteilung. Grünes Licht für Flughafen Berlin-Schönefeld aber Einschränkung des Nachtflugbetriebs. 16.03.2006, URL: http://www.bverwg.de/presse/pressemitteilungen/pressemitteilung.php?jahr=2006&nr=15, Stand: 15.01.2013

Bürgerinitiative Fluglärmfreie Havelseen: Kirche Caputh will Ruhe am Himmel – Offener Brief an Ramsauer & Platzeck. 01.06.2011. URL: http://www.fluglaermfreie-havelseen.de/2011/06/01/kirche-caputh-will-ruhe-am-himmel-offener-brief-an-ramsauer-platzeck/. Stand: 31.01.2013

Bürgerinitiative Kleinmachnow gegen Flugrouten e.V./ Bürgerinitiative Schallschutz Rangsdorf e.V (Hrsg.): FLUGROUTEN-BETRUG bei der Planung des Hauptstadtflughafens Berlin Brandenburg BER „Willy Brandt" in Schönefeld. Die Chronologie. Juni 2012

Bürgerinitiative Kleinmachnow gegen Flugrouten e.V.: Pressemitteilung. Vor der Verhandlung beim Bundesverwaltungsgericht in Leipzig: Lügengebäude der BER-Planfeststellung zusammengebrochen. Juni 2012

BVBB: BVBB-Konzept für einen Flughafen Berlin Brandenburg International. 11.08.2012. URL: http://www.bvbb-ev.de/index.php/bvbb-vorschlag-1999. Stand: 31.01.2013

BVBB: INFO 38. Schönefeld: Landesentwicklungsplan verstößt gegen Schönefeld Planung für Flughafen erneut ohne Grundlage. März 2005. URL: http://bvbb-ev.de/ar1/html/bvbb-infos.html. Stand: 13.01.2013

BVBB: INFO 4. Großflughafen Schönefeld auf ganz wackligen Beinen. Juli 1997. URL: http://bvbb-ev.de/ar1/html/bvbb-infos.html. Stand: 13.01.2013

BVBB: Pressemitteilung. BVBB beschließt Klage gegen den ergänzenden Planfeststellungsbeschluss zum BBI-Nachtflug. 15.01.2010. URL: http://www.bvbb-ev.de/index.php/pressemitteilungen-als-liste/53-bvbb-beschliesst-klage-gegen-den-ergaenzenden-planfeststellungsbeschluss-zum-bbi-nachtflug. Stand: 17.01.2013

BVBB: Pressemitteilung. BVBB-Kläger ziehen vor das Bundesverfassungsgericht. Neue Qualität des Kampfes gegen Fluglärm. 01.12.2011. URL: http://www.bvbb-ev.de/index.php/pressemitteilungen-als-liste/612-bvbb-klaeger-ziehen-vor-das-bundesverfassungsgericht. Stand: 17.01.2013

Bundesverfassungsgericht: In dem Verfahren über die Verfassungsbeschwerde. 1 BvR 2722/06, Absatz-Nr. (1 – 98). 20.02.2008. URL: http://www.bverfg.de/entscheidungen/rk20080220_1bvr272206.html. Stand: 16.01. 2013

Europäisches Amtsblatt. Ausschreibung. 11.09.1997. In: Abgeordnetenhaus von Berlin: Bericht. des 1. Untersuchungsausschusses des Abgeordnetenhauses von Berlin – 14. Wahlperiode – „Flughafen Schönefeld II". Drucksache 14/1515. 21.09.2001

Flughafen Berlin Brandenburg: Pressemitteilung. Gütliche Einigung Privatisierungsverfahren wird beendet. 22.05.2003. URL: http://www. Berlin-airport.de/bbi/rub Deutsch/rubPressecenter. Stand 02.03.2009

Flughafen Berlin Brandenburg: Pressemitteilung. Geschäftsführung der Berliner Flughäfen begrüßt das deutliche Signal zum Bau des BBI. 29.08.2002. http://preview.berlin-airport.de/de/presse/pressemitteilungen/2002/2002-08-30-signal-bau/index.php. Stand: 23.01.2013

Flughafen Berlin Schönefeld GmbH: Ausbau des Flughafens Schönefeld. Wegweiser für den Planfeststellungsantrag. Berlin 1999

Flughafen Berlin Schönefeld GmbH: Presseinformation. Meilenstein für die Zukunft des Berlin-Brandenburger Luftverkehrs, 17.12.1999

Friedrichshagener Bürgerinitiative: Schutzgut Mensch und Demokratie – zur Geschichte der Flughafenplanung des BBI. 26.5.2011. URL: http://www.fbi-berlin.org/archives/652. Stand:

31.01.2013

Gemeinsame Landesplanungsabteilung Berlin-Brandenburg (Hrsg.): Raumordnungspläne. 2012. URL: http://gl.berlin-brandenburg.de/landesentwicklungsplanung/plaene/index.html. Stand: 07.01.2012.

Gemeinsame Obere Luftfahrtbehörde Berlin-Brandenburg: Anhörungsbericht Planergänzungsverfahren „Lärmschutzkonzept BBI" zum Vorhaben „Ausbau des Verkehrsflughafens Berlin-Schönefeld". 24.07.2008

Gemeinsame Obere Luftfahrtbehörde Berlin-Brandenburg: Planergänzungsverfahren „Lärmschutzkonzept BBI" zum Vorhaben „Ausbau des Verkehrsflughafens Berlin-Schönefeld". 07. April 2008 – 11. April 2008. Erörterung der Stellungnahmen der Träger öffentlicher Belange, anerkannter Verbände und sonstigen Stellen. 14. April 2008 - 25. April 2008. Erörterung der fristgerechten Einwendungen Betroffener. 24.07.2008

Gemeinsames Landesentwicklungsprogramm der Länder Berlin und Brandenburg (Landesentwicklungsprogramm – LEPro). Anlage 1. November 2003. In: Senatsverwaltung Justiz (Hrsg.): Gesetz und Verordnungsblatt. Verordnung über den Landesentwicklungsplan Flughafenstandortentwicklung. 59. Jahrgang, Nr. 40/ Berlin 14.11.2003

Hochtief: HOCHTIEF-Konsortium kämpft weiter um Berliner Flughafen-Projekt. 03.08.2000

Land Brandenburg: Neugliederungsstaatsvertrag. 18.07.1995. URL: http://www.stk.brandenburg.de/cms/detail.php/lbm1.c.375780.de. Stand: 12.02.2013

Landtag Brandenburg: Antwort der Landesregierung auf die Große Anfrage Nr. 42 der Fraktion der PDS LT-Drucksache 2/4466. LT-Drucksache 2/4901. 05.01.1998

Landtag Brandenburg: Antwort der Landesregierung auf die Kleine Anfrage 175 des Abgeordneten Christoph Schulze Fraktion der SPD Drucksache 2/570 Standort Großflughafen. LT-Drucksache 2/832. 06.06. 1995

Landtag Brandenburg: Antwort der Landesregierung auf die Kleine Anfrage Nr. 2590 des/der Abgeordneten Christoph Schulze Fraktion der SPD. Erlass der Rechtsverordnung zum Landesentwicklungsplan Flughafenstandortentwicklung (LEP FS). 3. Wahlperiode. LT-Drucksache 3/6875. 12.12.2003

Landtag Brandenburg: Antwort der Landesregierung auf die Kleine Anfrage Nr. 1777 der Abgeordneten Anita Tack Fraktion der PDS. Neue Planungsgrundlagen am Standort Schönefeld für den Flughafen Berlin. Brandenburg International (BBI). LT-Drucksache 3/4623. Potsdam 28.08.2002

Landtag Brandenburg: Antwort der Landesregierung auf die Kleine Anfrage 1115 der Abgeordneten Dr. Saskia Ludwig CDU-Fraktion. LT-Drucksache 5/2855. 28.03.2011

Landtag Brandenburg: Beschlußempfehlung und Bericht des Untersuchungsausschusses 2/1 zur Aufklärung des Grunderwerbs in Berlin und Schönefeld durch die Berlin Brandenburg Flughafen Holding GmbH (BBF) und die Flughafen Berlin-Schönefeld GmbH (FBS). 2. Wahlperiode. Drucksache 2/3630. 11.02.1997

Maschke, C./ Hecht, K.: Gutachterliche Stellungnahm zu den lärmmedizinischen Gutachten M8 und M 9. „Ausbau Flughafen Schönefeld". 09.06.2000

MEDIATOR GmbH: Projektblatt „Mediationsverfahren „Bürgerdialog Flughafen Berlin Brandenburg International". o.J. URL:

http://www.mediatorgmbh.de/data/downloads/projektblatt_%20mediationsverfahren_buergerd ialog_flughafen_bbi%20.pdf. Stand. 13.02.1013

Ministerium für Infrastruktur und Landesplanung des Landes Brandenburg: Pressemitteilung. Ausbau Flughafen Schönefeld: Unterlagen zum ergänzenden Planfeststellungsverfahren werden ab 29. Oktober in den Gemeinden ausgelegt. 29.10.2007. URL:http://www.mil.brandenburg.de/cms/detail.php/bb1.c.142490.de. Stand: 19.01.2013

Ministerium für Infrastruktur und Landesplanung des Landes Brandenburg: Pressemitteilung. Flughafen Schönefeld: Erörterungstermine im April. 11.03.2008. URL: http://www.mil.brandenburg.de/cms/detail.php/bb1.c.142428.de. Stand: 20.01.2013

Ministerium für Infrastruktur und Raumordnung des Landes Brandenburg: Planergänzungsbeschluss „Lärmschutzkonzept BBI" zum Vorhaben „Ausbau Verkehrsflughafen Berlin-Schönefeld". 20.10.2009

Ministerium für Infrastruktur und Raumordnung des Landes Brandenburg: Geschäftsordnung der Fluglärmkommission für den Verkehrsflughafen Berlin-Schönefeld in der Fassung vom 1.9.2008. 28.01.2009

Ministerium für Landesentwicklung und Raumordnung des Landes Brandenburg/ Senatsverwaltung für Stadtentwicklung Berlin (Hrsg.): Gemeinsamer Landesentwicklungsplan Flughafenstandortentwicklung in der Fassung vom 30. Mai 2006. Potsdam 2006

Ministerium für Stadtentwicklung, Wohnen und Verkehr des Landes Brandenburg: Planfeststellungsbeschluss Ausbau Verkehrsflughafen Berlin-Schönefeld. Teil B – Sachverhalt. 13.8.2004, S. 220 in Anlehnung an: von Przychowski (1996)

Ministerium für Stadtentwicklung, Wohnen und Verkehr des Landes Brandenburg: Planfeststellungsbeschluss Ausbau Verkehrsflughafen Berlin-Schönefeld. Aktenzeichen.: 44/1-6441/1/101. Potsdam 13. August 2004

Ministerium für Umwelt, Naturschutz und Raumordnung des Landes Brandenburg: Internationaler Flughafen Berlin-Brandenburg: Ergebnisse der Standortsuche: überarbeiteter Auszug aus der Präsentation der Ergebnisse der Sitzung der Interministeriellen Kommission Luftverkehr (IMK) am 20. August 1992. 1992

Ministerpräsident Stolpe: Regierungserklärung von Ministerpräsident Manfred Stolpe am 6. Dezember 1990 vor dem Landtag Brandenburg. Brandenburger unverzichtbar im geeinten Deutschland. 06.12.1990

Oberverwaltungsgericht Berlin- Brandenburg 11. Senat: Urteil: Flugroutenfestsetzungsverfahren BER. Aktenzeichen 11 A 1.13. 23.01.2013

Oberverwaltungsgericht Brandenburg 3. Senat: Beschluss: Normenkontrollverfahren. Aktenzeichen: 3 D 26/99.NE. 21.03.2002

Oberverwaltungsgericht Brandenburg 3. Senat: Urteil: Normenkontrollverfahren. Aktenzeichen 3 D 4/99.NE. 24.08.2001

Oberverwaltungsgericht Brandenburg 3. Senat: Urteil: Normenkontrollverfahren. Aktenzeichen: 3 D 104/03.NE. 10.02.2005

Schutzgemeinschaft Umlandgemeinden Flughafen Schönefeld: Satzung der Schutzgemeinschaft „Umlandgemeinden Flughafen Schönefeld". Waltersdorf, 15.06.1996

Schutzgemeinschaft Umlandgemeinden Flughafen Schönefeld: Presseerklärung der Schutzgemeinschaft. Standortfestlegung Schönefeld im Landesentwicklungsplan eV durch OVG für nichtig erklärt. 25.08.2001. URL: http://www.bvbb-ev.de/pfv/BVBB-Pressemitteilungen/BVBB-Pressemitteilung__24_08_0/PE_zum_Urteil/pe_zum_urteil.html. Stand: 13.01.2013

Senatskanzlei Berlin/ Staatskanzlei Brandenburg: Bericht über den Stand und die Perspektiven der Zusammenarbeit der Länder Berlin und Brandenburg vom März 2000. März 2000. URL: http://www.berlin-brandenburg.de/politik-verwaltung/dokumente/berichte/index.html#Verkehr. Stand: 22.02.2013

Senatskanzlei: BBI: Wowereit beim ersten Spatenstich. 05.09.2006. URL: http://www.berlin.de/rbmskzl/rathausaktuell/archiv/2006/09/05. Stand: 16.01.2013

Senatsverwaltung für Stadtentwicklung Berlin/ Ministerium für Landwirtschaft/ Umweltschutz und Raumordnung des Landes Brandenburg. Gemeinsame Landesplanungsabteilung Berlin-Brandenburg: Raumordnungsverfahren im gemeinsamen Planungsraum Berlin-Brandenburg. Potsdam 2001

Senatsverwaltung für Stadtentwicklung und Umwelt: Verkehrsflughafen Berlin-Schönefeld / Berlin Brandenburg (BER). 2013. URL: http://www.stadtentwicklung.berlin.de/verkehr/politik_planung/luft/schoenefeld/index.shtml. Stand: 15.01.2013

Senatsverwaltung für Stadtentwicklung, Ministerium für Landwirtschaft, Umweltschutz und Raumordnung, Gemeinsame Landesplanungsabteilung Berlin-Brandenburg: Landesentwicklungsplan für den engeren Verflechtungsraum Brandenburg Berlin LEP eV. 2. März 1998. 3. Auflage, o.O. November 2002

Senatsverwaltung für Stadtentwicklung: Nachnutzung Flughafen Tegel. Berlin März 2009

Senatsverwaltung für Stadtentwicklung; Ministerium für Landwirtschaft, Umweltschutz und Raumordnung; Gemeinsame Landesplanungsabteilung Berlin-Brandenburg: Gemeinsamer Landesentwicklungsplan für den engeren Verflechtungsraum Brandenburg-Berlin, o.O. 2.3.1998

Senatsverwaltung Justiz (Hrsg.): Gesetz und Verordnungsblatt. Verordnung über den Landesentwicklungsplan Flughafenstandortentwicklung vom 28. Oktober 2003. 59. Jhg., Nr. 40/ Berlin 14. 11.2003

Senatsverwaltung Justiz (Hrsg.): Gesetz- und Verordnungsblatt für das Land Brandenburg Teil II – Verordnungen. Verordnung zur Änderung der Verordnung über den Landesentwicklungsplan Flughafenstandortentwicklung vom 30. Mai 2006. 62. Jhg., Nr. 21/ Berlin15.6.2006

SPD Fraktion des Abgeordnetenhauses von Berlin: Grundsätze zur Berliner Luftverkehrspolitik. Berlin 30.01.1990

Staatskanzlei des Landes Brandenburg: Pressemitteilung: Zu den Ergebnissen der Kabinettsitzung am 9.3.1999 teilt der stellvertretende Regierungssprecher Winfried Muder mit: Landesentwicklungsplan für Flughafen Schönefeld beschlossen. 09.03.1999. URL: http://www.stk.brandenburg.de/presse/1999/p100399.htm. Stand: 23.02.1013

Staatsvertrag über das gemeinsames Landesentwicklungsprogramm der Länder Berlin und Brandenburg (Landesentwicklungsprogramm) und über die Änderung des Landesplanungsvertrages. Berlin 07.08.1997

Stolpe, M.; Diepgen, E./ Wissmann, M.: Anlage zum Beschluss der Gesellschafterversammlung vom 20. Juni 1996. Konsensbeschluß. 28.05.1996

Verfassungsgericht des Landes Brandenburg: Beschluss: Kommunalverfassungsbeschwerde. Aktenzeichen: VerfGBbg 7/99. 21.10.1999

Verfassungsgericht des Landes Brandenburg: Beschluss: Kommunalverfassungsbeschwerde. Aktenzeichen: VfGBbg 217/03. 07.10.2005

Verordnung über die einheitliche Durchführung von Raumordnungsverfahren im gemeinsamen Planungsraum Berlin-Brandenburg. (Gemeinsame Raumordnungsverfahrensverordnung- GROVerfV) Vom 14. Juli 2010 (GVBl.II/10, [Nr. 47]) § 5 Abs. 1 Beteiligung

Verwaltungsvereinbarung über Organisation, Verfahren und Finanzierung der Gemeinsamen Landesplanungsabteilung der Länder Berlin und Brandenburg, o.O. 06.04.1995

Vorschaltgesetz zum Landesplanungsgesetz und Landesentwicklungsprogramm für das Land Brandenburg (VorschGLPIG). 6.12.1991. § 4 Ziff. 11

Wortprotokoll vom 17. Juli 2001, S. 28. In: Abgeordnetenhaus von Berlin: Bericht. des 1. Untersuchungsausschusses des Abgeordnetenhauses von Berlin – 14. Wahlperiode – „Flughafen Schönefeld II". Drucksache 14 /1515. 21.09.2001

Wortprotokoll vom 19. Juli 2001, S. 22. In: Abgeordnetenhaus von Berlin: Bericht. des 1. Untersuchungsausschusses des Abgeordnetenhauses von Berlin – 14. Wahlperiode – „Flughafen Schönefeld II". Drucksache 14 /1515. 21.09.2001

Wortprotokoll 19. Juli 2001, S. 44, S. 28. In: Abgeordnetenhaus von Berlin: Bericht. des 1. Untersuchungsausschusses des Abgeordnetenhauses von Berlin – 14. Wahlperiode – „Flughafen Schönefeld II". Drucksache 14 /1515. 21.09.2001

Wortprotokoll vom 1. September 2001, S. 18. In: Abgeordnetenhaus von Berlin: Bericht. des 1. Untersuchungsausschusses des Abgeordnetenhauses von Berlin – 14. Wahlperiode – „Flughafen Schönefeld II". Drucksache 14 /1515. 21.09.2001

Zilleßen, H.: Lebenslauf. 2005. URL: www.viemediation.at/.../Lebenslauf_Zillessen.doc. Stand: 09.11.2012

Tabellen- und Abbildungsverzeichnis

Tabelle 2.1 Three Pillars of Institutions 24

Tabelle 2.2 Strategische Reaktionen auf institutionelle Erwartungen 42

Tabelle 4.1 Passagieraufkommen ausgewählter Flughäfen im Vergleich 2000 76

Tabelle 4.2 Frachtaufkommen 2000 78

Abbildung 5.1: Bürgerdialog Flughafen Berlin Brandenburg International 260

Anhang

Übrsicht 1: Teilnehmer des Gesprächskreises Flughafen:

Name	Position Institution/Firma/Verein
D. Wilhelm Bender	Vorstandsvorsitzender der Flughafen Frankfurt Main AG
Jörn Dulige	Beauftragter der Evangelischen Kirchen in Hessen am Sitz der Landesregierung
Hans Eichel	Ministerpräsident des Landes Hessen
Peter Härtling	Schriftsteller
Dieter Hooge	Vorsitzender des DGB-Landesbezirks Hessen
Dr. Hartmut Johnsen	Autor des Buches „Der Startbahn WestKonflikt – Ein politisches Lehrstück?"
Prälat Dr. Franz Kaspar	Kommissariat der Katholischen Bischöfe im Lande Hessen
Roland Kern	Richter am Staatsgerichtshof
Lothar Klemm	Hessischer Wirtschaftsminister
Klaus Peter Möller	MdL, Präsident des Hessischen Landtages
Dr. Frank Niethammer	Vorsitzender der Arbeitsgemeinschaft der Hessischen Industrie- und Handelskammern
Prof. E.h. Kurt Oeser	Pfarrer i.R., Stadtverordnetenvorsteher Mörfelden-Walldorf
Rupert von Plottnitz	Hessischer Justizminister (für das Umweltministerium)
Petra Roth	Oberbürgermeisterin der Stadt Frankfurt
Karl Starzacher	Hessischer Finanzminister, Vorsitzender des Aufsichtsrates der Flughafen Frankfurt Main AG
Hans Joachim Suchan	Staatssekretär, Chef der Hessischen Staatskanzlei

Quelle: Mediationsgruppe Flughafen Frankfurt am Main: Dokumentation zum Mediationsverfahren, a.a.O., S. 146.

Übersicht 2: Teilnehmer der „Mediation – eine Zukunftsregion im offenen Dialog"

Name	Institution/Firma/Verein Position
Herbert Becker	(Flughafen Frankfurt/Main Aktiengesellschaft Vorstandsbeauftragter für externe Kontakte)
Karl Eugen Becker	(Deutsche Angestellten Gewerkschaft, Landesverband Hessen Landesverbandsleiter)
Peter Benz	(Stadt Darmstadt Oberbürgermeister)
Martin Gaebges	(Board of Airline Representatives in Germany e.V. (BARIG) Generalsekretär)
Rüdiger Bonneß	(Deutsche Flugsicherung GmbH Leiter Unternehmenskontakte)
Ingrid Boretty	(Stadt Offenbach Stadträtin für Umwelt, Verkehr und Soziales)
Bernhard Brehl	(Hessischer Städte und Gemeindebund/Stadt Mörfelden-Walldorf Bürgermeister)
Hildebrand Diehl	(Landeshauptstadt Wiesbaden Oberbürgermeister)
Dr. Klaus B. Dott	(Vereinigung hessischer Unternehmerverbände Mitglied des Präsidiums)
Erhard Engisch	(Stadt Kelsterbach Bürgermeister)
Klaus-Peter Güttler	(Hessisches Ministerium für Wirtschaft, Verkehr und Landesentwicklung Leiter der Verkehrsabteilung)
Herbert Haas	(Stadt Raunheim Bürgermeister)
Wenzel Mayer	(Ministerium für Umwelt Energie, Jugend, Familie und Gesundheit Leiter der Immissionsschutzabteilung)
Richard Müller	(Offenbacher Vereinigung gegen den Fluglärm e.V. Vorsitzender)
Viktor Pompe	(Deutsche Lufthansa Aktiengesellschaft Koordinator für Flughafenangelegenheiten)
Dirk-Oliver Quilling	(Stadt Neu-Isenburg Bürgermeister)
Gernot Riediger	(Bundesministerium für Verkehr Stellvertretender Leiter des Referates LR 11)
Gerold Schaub	(Deutscher Gewerkschaftsbund, Landesbezirk Hessen Bezirksleiter)
Joachim Vandreike	(Stadt Frankfurt Bürgermeister)
Ewald Vollrath	(Industrie- und Handelskammer Frankfurt am Main Mitglied der Ausschüsse Verkehr, Tourismus und Außenwirtschaft)
Dieter Wolf	(Stadt Flörsheim Bürgermeister)

Quelle: Mediationsgruppe Flughafen Frankfurt/Main: Dokumentation zum Mediationsverfahren, a.a.O., S. 147.

Übersicht 3: Teilnehmerliste „Regionales Dialogforum"

Name	Institution
Wörner, Johann-Dietrich Prof. Dr.	Vorsitzender RDF
Amend, Dr. Guido	Kath. Bistümer in Hessen
Antenbrink, Michael	Stadt Flörsheim, Hessischer Städte- und Gemeindebund
Becker, Heinz-Peter	Stadt Mörfelden-Walldorf, Hessischer Städte- und Gemeindebund
Beisel, Ralph	Arbeitsgemeinschaft Deutscher Verkehrsflughäfen
Benz, Peter	Stadt Darmstadt, Hessischer Städtetag
Brehl, Bernhard	Stadt Mörfelden-Walldorf, Hessischer Städte- und Gemeindebund
Debling, Hans-Peter	Arbeitsgemeinschaft hessischer Industrie- und Handelskammern
Diede-Stützel, Rita	Deutsche Lufthansa AG
Dott, Dr. Bernhard Klaus	VhU e. V.
Dulige, Jörn	EKHN
Ehinger, Bernd	Hessischer Handwerkstag
Eikmann, Prof. Dr. Thomas	Landesärztekammer Hessen
Eisenhart Rothe, Christoph von	SDW Landesverband Hessen e. V.
Engelhardt, Hans-Joachim	Stadt Raunheim, Hessischer Städte- und Gemeindebund
Engisch, Erhard	Stadt Kelsterbach, Hessischer Städte- und Gemeindebund
Felde, Klaus zum	ver.di
Feuchtinger, Klaus	Stadt Darmstadt, Hessischer Städtetag
Fongern, Georg	Vereinigung Cockpit e. V
Franssen, Hans	Stadt Hattersheim, Hessischer Städte- und Gemeindebund
Gaebges, Martin	BARIG e. V.
Gieler, Prof. Dr. Uwe	Landesärztekammer Hessen
Gieltowski, Stefan	Stadt Rüsselsheim, HessischerStädtetag
Grandke, Gerhard	Stadt Offenbach, Hessischer Städtetag
Größle, Matthias	Arbeitsgemeinschaft hessischer Industrie- und Handelskammern
Grewatta, Ernst	Bürgerinitiative WiDeMa e. V.
Heeremann, Raphael von	Bundesvereinigung der Deutschen Fluggesellschaften
Heldmaier, Harm	Bürgerinitiative WiDeMa e. V.
Herr, Dr. Caroline	Landesärztekammer Hessen
Heyne, Jürgen	Hessischer Handwerkstag
Jakubeit, Prof. Dr. Barbara	Fraport AG
Johnson, Mark	Deutsche Lufthansa AG
Jühe, Thomas	Stadt Raunheim, Hessischer Städte- und Gemeindebund
Karesch, Christel	Bürgeraktion Pro Flughafen e. V.
Kaspar, Prof. Dr. Franz	Kath. Bistümer in Hessen
Kaumanns, Burkhart	Vereinigung Cockpit e. V.
Korf, Willy	Fachverband Spedition und Logistik
Kraft, Michael	DFS Deutsche Flugsicherung GmbH
Krebs, Ulrich	Stadt Flörsheim, Hessischer Städte- und Gemeindebund
Kröger, Uwe	Vereinigung Cockpit e. V.
Layer, Peter	Stadt Rüsselsheim, Hessischer Städtetag
Lindstaedt, Dr. Wolfgang	Arbeitsgemeinschaft hessischer Industrie- und Handelskammern
Müller, Richard	Fluglärmkommission

Munck, Angelika	Stadt Hochheim, Hessischer Städte- und Gemeindebund
Nierobisch, Bernd M	Arbeitsgemeinschaft Deutscher Verkehrsflughäfen
Ockel, Manfred	Stadt Kelsterbach, Hessischer Städte- und Gemeindebund
Olbert, Prof. Dr. Heinrich	DFS Deutsche Flugsicherung GmbH
Olschewsky, Berthold	Stadt Dreieich, Hessischer Städte- und Gemeindebund
Pompe, Viktor	Deutsche Lufthansa AG
Quilling, Dirk-Oliver	Stadt Neu-Isenburg, Hessischer Städte- und Gemeindebund
Raettig, Lutz	VhU e. V.
Reichel, Wolfgang	Stadt Mainz und Landkreis Mainz-Bingen
Schaub, Gerold	ver.di
Schindler, Harald	Stadt Hochheim, Hessischer Städte- und Gemeindebund
Schneider, Horst	Stadt Offenbach, Hessischer Städtetag
Schölch, Prof. Dr. Manfred	Fraport AG
Schulte, Dr. Stefan	Fraport AG
Schwarz, Edwin	Stadt Frankfurt, Hessischer Städtetag
Treber, Dirk	Bundesvereinigung gegen Fluglärm e. V.
Weiß, Paul-Gerhard	Stadt Offenbach, Hessischer Städtetag
Winter, Dr. Detlef	Arbeitsgemeinschaft Deutscher Luftfahrtunternehmen
Wolf, Johannes	Stadt Raunheim, Hessischer Städte- und Gemeindebund
Zimmer, Dieter	Stadt Dreieich, Hessischer Städte- und Gemeindebund
Hessische Landesregierung	
Borchmann, Gerlinde	Hessische Staatskanzlei
Sewering, Dr. Holger	Hessische Staatskanzlei

Quelle: Wörner, J.-D. (Hrsg.): Abschlussdokumentation RDF 2000-2008, a.a.O., S. 155f.

Übersicht 4: Ministerpräsidenten (MP) Hessen; Minister für Wirtschaft und Technik; Minister Wirtschaft, Verkehr und Technologie; Minister Wirtschaft, Verkehr und Landesentwicklung während des Flughafenausbaus

Zeitraum: Kabinett	MP Hessen	Minister Hessen
Börner III 04.07.84-23.04.87	Börner, Holger (SPD)	**Wirtschaft u. Technik** Steger, Ulrich (SPD)
Wallmann 23.04.87-05.04.91	Wallmann, Walter (CDU)	**Wirtschaft u. Technik** Schmidt, Alfred (FDP)
Eichel I 05.04.91-05.04.95	Eichel, Hans (SPD)	**Wirtschaft, Verkehr u. Technologie** Welteke, Ernst (SPD – bis 26.01.94) **Wirtschaft, Verkehr, Technologie und Europangelegenheiten** Klemm, Lothar (SPD –ab 26.01.94)
Eichel II 05.04.95-07.04.99		**Wirtschaft, Verkehr u. Landesentwicklung** Klemm, Lothar (SPD)
Koch I 07.04.99-05.04.03	Koch, Roland (CDU)	**Wirtschaft, Verkehr u. Landesentwicklung** Posch, Dieter (FDP)
Koch II 05.0403-05.04.09		**Wirtschaft, Verkehr u. Landesentwicklung** Rhiel, Alois (CDU)
Koch III 05.04.09-31.08.10		**Wirtschaft, Verkehr u. Landesentwicklung** Posch, Dieter (FDP)
Bouffier 31.08.10	Bouffier, Volker (CDU)	**Wirtschaft, Verkehr u. Landesentwicklung** Posch, Dieter (FDP) Florian Rentsch (FDP)

Quelle: Hessische Staatskanzlei: Die Hessischen Ministerpräsidenten seit 1945. 2011. URL: http://www.stk.hessen.de/irj/HStK_Internet?cid=46ad9250893b77c69ee47bd4ad5bda08. Stand: 05.05.2012; Hessisches Ministerium für Wirtschaft Verkehr und Landesentwicklung: Staatsminister. 2012. URL: http://www.wirtschaft.hessen.de/irj/HMWVL_Internet?cid=2ca81fe82614ed5c6199d19a497bb864. Stand: 05.05.2012

Übersicht 5: Oberbürgermeister von Frankfurt am Main

Frankfurt Zeitraum	Oberbürgermeister
Wallman 1977- 1986	Wallmann, Walter (CDU)
Brück 1986-1989	Brück, Wolfram (CDU)
Hauff 1989 -1991	Hauff, Volker (SPD)
Schoeler 1991-1995	Von Schoeler, Andreas (SPD)
Roth I 5.07.1995-2001	Roth, Petra (CDU)
Roth II 2001-28.01.2007	
Roth III 28.01.2007-1.07.2012	
Feldmann 1.07.2012	Feldmann, Peter (CDU)

Quelle: Frankfurt: Chronik der ehemaligen Frankfurter Oberbürgermeister. O.J.. URL: http://www.frankfurt.de/sixcms/detail.php?id=3946&_ffmpar[_id_inhalt]=9048573. Stand: 16.04.2013; Frankfurt: Der Oberbürgermeister. O.J.. URL: http://www.frankfurt.de/sixcms/detail.php?id=9576259. Stand: 16.04.2013

Übersicht 6: Ministerpräsidenten (MP) Brandenburg und Minister für Stadtentwicklung, Wohnen und Verkehr; Minister für Umwelt, Naturschutz u. Raumordnung; Minister für Landwirtschaft, Umweltschutz und Raumordnung; Minister für Infrastruktur und Raumordnung, Infrastruktur und Landwirtschaft

Brandenburg Zeitraum	MP	Minister
Stolpe I 1. 11.1990 - 11.10. 1994	Stolpe, Manfred (SPD)	**Stadtentw., Wohnen u. Verkehr** Wolf, Jochen (SPD –bis 31.08.93) Meyer, Hartmut (SPD –ab 31.08.93)
Stolpe II 11.10.1994-13.10.1999		**Umwelt, Naturschutz u. Raumordnung** Platzeck, Matthias (parteilos/SPD) **Stadtentw., Wohnen u. Verkehr** Meyer, Hartmut (SPD)
Stolpe III 13.10.1999-26.06.2002		**Landwirtschaft, Umweltschutz u. Raumordnung** Birthler, Wolfgang (SPD) Stadtentw., Wohnen u. Verkehr Meyer, Hartmut (SPD)
Platzeck I 26.06.2002-19.09.2004	Platzeck, Matthias (SPD)	**Landwirtschaft, Umweltschutz u. Raumordnung** Birthler, Wolfgang (SPD) Stadtentw., Wohnen u. Verkehr Meyer, Hartmut (SPD – bis 24.10.03) Szymanski, Frank (SPD – ab 24.10.03)
Platzeck II 13.10.2004-06.11.2009		**Infrastruktur u. Raumordnung** Szymanski, Frank (SPD – bis 29.11.06) Dellmann, Reinhold (SPD –ab 13.12.06)
Platzeck III 06.11.2009 -		**Infrastruktur und Landwirtschaft** Lieske, Jutta (SPD – bis 24.02.10) Vogelsänger, Jörg (SPD – ab 25.02.10)

Quelle: SPD Brandenburg: Geschichte. O.J. URL: http://www.spd-brandenburg.de/landesverband/geschichte.html. Stand: 16.04.2013; Brandenburgische Landeszentrale für politische Bildung: Chronik Landesregierung. O.J. URL: http://www.politische-bildung-brandenburg.de/themen/chronik-der-landesregierung.
Brandenburgische Landeszentrale für politische Bildung: Chronik Landesregierung. O.J. URL: Stand: 16.04.2013; Ministerpräsident: http://www.politische-bildung-brandenburg.de/themen/chronik-der landesregierung/ministerpr%C3%A4sident. Stand: 16.04.2013; Brandenburgische Landeszentrale für politische Bildung: Chronik Landesregierung. Infrasturktur und Landwirtschaft. O.J. URL:http://www.politische-bildung-brandenburg.de/themen/chronik-der-landesregierung/infrastruktur-und-landwirtschaft. Stand: 16.04.2013; Brandenburgische Landeszentrale für politische Bildung: Chronik Landesregierung. Umwelt-Gesundheit und Verbraucherschutz. O.J. URL: http://www.politische-bildung-brandenburg.de/themen/chronik-der-landesregierung/umwelt-gesundheit-verbraucherschutz

Übersicht 7: Berliner Regierende Bürgermeister und Senatoren für Stadtentwicklung und Umweltschutz, Senatoren Wirtschaft und Technologie; Senatoren für Bauen, Wohnen und Verkehr; Senatoren für Stadtentwicklung, Umweltschutz und Technologie; Senatoren für Stadtentwicklung; Senatoren für Stadtentwicklung und Umwelt

Berlin Zeitraum	Regier. Bürgermeister	Senatoren
Diepgen III 24.01.91- 1996	Diepgen, Eberhard (CDU)	**Stadtentwicklung u. Umweltschutz** Hassemer, Volker (CDU) **Verkehr u. Betriebe** Haase, Herwig (CDU) **Wirtsch. u. Technologie** Meisner, Norbert (SPD)
Diepgen IV 1996-1999		**Bauen, Wohnen u. Verkehr** Klemann, Jürgen (CDU) **Stadtentw., Umweltsch.; u. Technologie** Strieder, Peter (SPD)
Diepgen V 1999-16.06.2001		**Stadtentwicklung** Strieder, Peter (SPD) **Wirtschaft u. Technologie** Branoner, Wolfgang (CDU)
Wowereit I 16.06.2001-17.01.2002	Wowereit, Klaus (SPD)	**Wirtschaft u. Technologie** Von Friesen, Juliane (parteilos/Grüne) **Stadtentwicklung** Strieder, Peter (SPD)
Wowereit II 17.01.2002-22.11.2006		**Stadtentwicklung** Strieder,Peter (SPD –bis 07.04.04) Junge-Reyer, Ingeborg (SPD – ab 07.04.04)
Wowereit III 23.11.2006-24.11.2011		**Stadtentwicklung** Junge-Reyer, Ingeborg (SPD)
Wowereit IV 24.11.2011-		**Stadtentwicklung und Umwelt** Müller, Michael (SPD)

Quelle: Berlin: Senat Diegen II (1991-2001). O.J. URL: https://www.berlin.de/rbmskzl/rbm/senatsgalerie/diepgen2.html. Stand: 15.04.2013; Berlin: Senat Wowereit (2001). URL:https://www.berlin.de/rbmskzl/rbm/senatsgalerie/wowereit.html. Stand: 15.04.2013

Zusammenfassung

Der Ausbau oder Bau von Großflughäfen in Deutschland benötigt in der Regel 20 bis 30 Jahre und ist mit erheblichen Verzögerungen behaftet. Als eine Ursache sieht die Implementationsforschung das Problem in der Vielzahl der Akteure.[1277] Eine zweite Ursache wird in Medien und Politik vor allem in dem gesteigerten Umweltbewusstsein gesehen, der Formierung von Bürgerinitiativen, die sich mehr und mehr gerichtlich gegen solche Projekte wehren. Diese Ursachenforschung hat zu einem veränderten Ansatz in der Politik geführt, so dass eine Vielzahl an neuen teils informellen Verfahren (Mediation, Verkehrswegebeschleunigungsgesetz, Flughafenkonzept.) eingeführt worden ist. Gleichwohl haben Großprojekte wie der Ausbau von Flughäfen mit erheblichen Verzögerungen von mehreren Jahren zu kämpfen, wie die Fallbeispiele dieser Arbeit, die die Flughäfen Frankfurt und Berlin/Brandenburg zum Gegenstand haben, zeigen. So stellte sich in der Arbeit die Frage, warum nach wie vor diese Großprojekte unter so langen Planungszeiten leiden. Das führte zurück zur Ursachenforschung. Die Begründung in der Vielzahl der Akteure und ihrer speziellen Interessen zu suchen, wie es die Implementationsforschung versucht, reicht nicht mehr aus, so wurden die Fallbeispiele in dieser Arbeit an Hand des Governance-Ansatzes, des Akteursorientierten Institutionalismus und der Organisationtheorie untersucht, die die Ursachen auch in den Institutionen sehen.[1278]

Die vergleichende Untersuchung der formellen und informellen Verfahrensschritte beim Ausbau der Großflughäfen Frankfurt am Main und Berlin

---

[1277] Pressman, J./ Wildawsky, A.: Implementation. How great expectations in Washington are dashed in Oakland: or, Why it's amazing that Federal programs work at all, this being a saga of the Economic Development Administration as told by two sympathetic observers who seek to build morals on a foundation of ruined hopes. The Oakland Project. Berkley, Los Angeles, London 1984.

[1278] Scharpf, F.W.: Politische Steuerung und Politische Institution. In: Politische Vierteljahreszeitschrift, 30. Jg, Heft 1/ 1989, 10-21; Scott, R.W.: Institutions and Organizations. Thousand Oaks (CA) 2001; March, J.G./ Simon, H.A.: Organizations. New York: 1958.

Brandenburg International hat aufzeigen können, dass im Frankfurter Fall die Hybridisierung der informellen Verfahren als eine wesentliche Ursache für die mangelnde Effizienz zu verstehen ist, im Berliner Fall dagegen im Wesentlichen die Ursache im *Ignorieren* von informellen wie formellen Verfahren liegt. Die Interpretation und/oder die Hybridisierung institutioneller Regeln kann die Verzögerungsproblematik verstärken, die solchen Projekten anhaftet, an Stelle sie zu verringern. Wobei hier unter Hybridisierung die Vermischung von partizipativen und autoritativen Beteiligungsformen verstanden wurde. Die Verknüpfung von Entscheidungsverfahren führt dabei nicht nur zu einer Verminderung ihrer Leistungsfähigkeit, weil miteinander unverträgliche Verfahren sich gegenseitig blockieren, sondern weil die beteiligten Akteure bei der Anwendung oder Einführung von Regeln über Handlungsspielräume verfügen, die sie *opportunistisch* oder auch *strategisch* einsetzen.

Mit Hilfe des Ansatzes von Oliver, die die verschiedenen strategischen Reaktionen auf Prozesse der Institutionalisierung umschreibt, konnten so die Ursachen für die mangelnde Effektivitätssteigerung von Regelungsverfahren im Rahmen von Projekten durch das Entscheidungsverhalten korporativer Akteure identifiziert und der Nutzung von Handlungsspielräumen zugeordnet werden. Hierdurch wurde aufgezeigt, wie sich die Akteure im Prozess der Institutionalisierung von Regelungsverfahren zur Erreichung ihres Ziels strategisch *vermeidend, trotzend* oder *manipulierend* verhalten und damit die Verfahren hybridisieren oder aber *ignorierend* übergehen.[1279] Auf dieser Grundlage aufbauend zeigte sich, dass die verschiedenen Akteure nur begrenzt zum *Lernen* bereit waren und dies auch nur taten, wenn sie *nicht die Macht besaßen,* sich durchzusetzen.

[1279] Oliver, C.: Strategic Responses to Institutional Processes. In: Academy of Management Review. Vol. 16, No. 1/ 1992, S.145-179 (152).

Summary

The expansion or construction of major airports in Germany usually takes 20 to 30 years and is subject to significant delays. Implementation research sees the problem in the large number of stakeholders.[1280] A second cause is identified in the increase of environmental awareness in the general public. This has led to new strategies in politics. The number of new – mainly informal – procedures (Mediation, Transportation Route Planning Acceleration Act , Airport Concept) have been introduced. However, major projects such as the expansion of airports have long delays of several years of conflict, as the case studies of this paper reveal. This leads back to the central question of this paper: The study analyses why these major projects still suffer from such long planning periods. Previous studies of implementation research have emphasized the problem of the increasing number of protagonists and their special interests, but this restriction does not take into account further aspects. Therefore, the case studies in this paper follow the concepts of governance theory, actor-centred institutionalism and organizational theory.[1281] It is obvious that a major reason for delays results from the task management of institutions.

The comparative study of formal and informal processes in the development of the major German airports of Frankfurt and Berlin/Brandenburg International shows varying results. In the Frankfurt case, it is the hybridization of informal and formal rules as well as the regulation process which should be regarded as major causes for the lack of efficiency.

[1280] Pressman, J./ Wildawsky, A.: Implementation. How great expectations in Washington are dashed in Oakland: or, Why it's amazing that Federal programs work at all, this being a saga of the Economic Development Administration as told by two sympathetic observers who seek to build morals on a foundation of ruined hopes. The Oakland Project. Berkley, Los Angeles, London 1984.

[1281] Scharpf, F. W.: Politische Steuerung und Politische Institution. In: Politische Vierteljahreszeitschrift, 30. Jg, Heft 1/ 1989, 10-21; Scott, R.W.: Institutions and Organizations. Thousand Oaks (CA) 2001; March, J.G./ Simon, H.A.: Organizations. NewYork 1958.

Hybridization means the mixture of participatory and authoritative forms of participation. In the Berlin case, it is mainly the disregard of informal and formal rules as well as of regulations. The interpretation and/or the hybridization of institutional rules may increase the problem of delay of such projects instead of reducing them. The combination of different decision making procedures leads to a decline in their performance because mutually incompatible methods block each other. In addition, state and non-state actors have the potential to act in an opportunistic or strategic way.

In reference to the approach of Oliver who describes different strategic responses to processes of institutionalization, one can identify the lack of increased effectiveness of control methods in the framework of such projects. Furthermore, it becomes obvious that a reason can be found in the decision making process of corporate actors and the way they use their scope of action.[1282]

The study shows the behaviour of acting individuals, groups of persons and authorities participating in an institutional process. Aiming to achieve their objective, they can act strategically: *acquiescing, compromising, avoiding, defying* or *manipulating* and thus *hybridize* or *ignore* the planning and implementation process.[1283] As a result it becomes clear that the majority of acting persons and institutions concerned were reluctant to *learn*. Only when they recognized the loss of the ability to assert themselves, they changed their approach of collaboration towards co-operation.

[1282] Oliver, C.: Strategic Responses to Institutional Processes. In: Academy of ManagementReview. Vol. 16, No. 1/ 1992, S.145-179 (152).
[1283] ibid., p. 152.

The manufacturer's authorised representative in the EU is Springer Nature Customer Service Centre GmbH, Europaplatz 3, 69115 Heidelberg, Germany. If you have any concerns regarding our products, please contact ProductSafety@springernature.com

Printed and bound by CPI Group (UK) Ltd, Croydon, CR0 4YY

25/03/2026

02078192-0006